国防特色规划教材·信息与通信技术

水声通信理论与应用

张　歆　张小蓟　编著

西北工业大学出版社

北京航空航天大学出版社　北京理工大学出版社
哈尔滨工业大学出版社　哈尔滨工程大学出版社

内容简介

本书系统、深入地阐述了水声通信系统的基本概念、基本原理和基本分析方法。在重点论述水声通信技术基本理论的基础上，力求充分反映当前国内外水声通信技术的最新发展成果。

全书共10章。内容包括绪论、水声信道的传播特性与声场模型、时变多径水声信道的分析与仿真、水声通信系统中的调制技术、多径水声信道中的自适应均衡技术、水声信道中的多普勒频移估计与补偿、水声衰落信道中的分集技术、扩频水声通信技术、正交频分复用技术、水声网络技术等。

本书内容丰富，概念清晰，理论分析严谨，由浅入深，注重理论联系实际。每章还列举了一定数量的例题，并附有思考题和练习题，便于读者深入学习和研究。

本书可以作为水声通信专业高年级本科生和研究生的教科书，也可以作为从事水声通信研究的工程技术人员的参考书。

图书在版编目(CIP)数据

水声通信理论与应用/张歆，张小蓟编著. —西安：西北工业大学出版社，2012.11 (2024.8重印)

(国防特色规划教材·信息与通信技术)

ISBN 978-7-5612-3505-8

Ⅰ.①水… Ⅱ.①张… ②张… Ⅲ.①水声通信—高等学校—教材 Ⅳ.①E96

中国版本图书馆CIP数据核字(2012)第246044号

水声通信理论与应用

张歆　张小蓟　编著

责任编辑　李阿盟

*

西北工业大学出版社出版发行

西安市友谊西路127号(710072)　发行部电话：029-88493844　传真：029-88491147

http://www.nwpup.com

西安五星印刷有限公司　各地书店经销

*

开本：787×960　1/16　印张：22.75　字数：487千字

2012年11月第1版　2024年8月第3次印刷

ISBN 978-7-5612-3505-8　定价：79.00元

前　言

随着海洋研究与海洋开发以及国防建设的发展，对水下各种探测、采集、勘探数据的需求大增。借助于水声信道进行水下信息的传送，具有其他通信方式所不可替代的作用和优势。因此，在近二三十年间，水声通信技术与理论得到迅速发展，受到国内外水声物理学与无线通信领域研究人员的广泛重视。

水声通信是一门涉及水声物理学与无线通信技术的综合性新兴学科。本书作为水声通信专业的教材，全面、系统地介绍了水声通信的基本理论与技术。本书在重点论述水声通信基本理论的基础上，结合笔者的研究成果和文献收集，力求充分反映当前国内外水声通信技术的最新研究成果及其发展趋势。

本书为“十一五”国防特色规划教材，内容丰富，概念清晰，理论分析严谨，逻辑性强，由浅入深，注重一般通信理论与水声通信的结合。为了帮助读者掌握基本理论与分析方法，每章都列举了一定数量的例题。笔者在水声信道和通信技术方面的部分研究成果也以例题的形成给出，为了方便读者深入研究，每章还附有相关的参考文献。

全书共 10 章。第 1 章为绪论，概述了水声通信系统的基本组成、性能指标，水声信道与水声通信技术研究的历史、现状与发展趋势。第 2 章为水声信道的传播特性与声场模型，介绍水声信道的主要传播特性以及描述声场传播的声场模型。第 3 章为时变多径水声信道的仿真与分析，介绍了水声信道衰落的类型、时变多径信道的仿真方法。第 4 章为水声通信系统中的调制技术，介绍频移键控调制和相移键控调制技术。第 5 章、第 6 章是水声通信系统中的信号处理方法，介绍了均衡器结构和自适应均衡算法，多普勒频移估计与多普勒补偿的方法。第 7 章为水声衰落信道中的分集技术，概述了水声信道中的分集技术、MIMO 系统与空时编码。第 8 章为扩频水声通信技术，介绍了直接序列扩频和跳频扩频的基本原理、性能及其在水声 通信中的应用。第 9 章为正交频分复用技术，介绍了 OFDM 的基本原理、关键技术及在水声通信系统中的应用。第 10 章为水声网络技术，介绍了水声网络的概念、拓扑结构和网络协议体系结构，并介绍了水声网络的应用实例。

本书由张歆主持编著，并撰写了其中第 1,2,3,5,6,9,10 章，张小蓟撰写了第

4,7,8章,赵瑞琴参与了第10章的撰写工作,刘宗伟博士提供了第2章Kraken模型的部分仿真结果,孙超教授、黄建国教授在百忙之中对本书进行了详细的审稿,并提出了大量宝贵的改进意见。本书在撰写过程中还得到了笔者单位的支持和其他同事的帮助,得到了西北工业大学教务处和出版社的大力支持,本书的责任编辑同志也付出了辛勤的劳动,在此一并表示感谢。

由于经验与水平有限,本书在内容选材及论述中难免有不妥之处,恳请广大读者批评指正。

编著者

2012年7月

目　录

第1章 绪 论

21世纪是人类全面认识、开发、利用和保护海洋的世纪。开发和利用海洋资源，对于我国的长远发展具有越来越重要的意义。现代海洋开发的突出特点是融合了高科技成果，其深度和广度取决于海洋科学与技术的突破和发展的程度。

随着海洋开发和国防建设的发展，利用水声通信技术传递信息的需求大为增加。水声通信以声波为信息的载体，借助于海洋信道进行数据或控制信息的传输。20世纪初，水声通信系统就开始用于海面控制平台与水下潜水员之间控制信息的传递。1945年，美国研制出第一套运行良好的水下无线电话系统，用于潜艇间的通信。在20世纪80年代前，水声通信主要用于军事领域，其技术研究和应用范围都受到限制。而今，从军事领域到商用领域，水声通信都得到了广泛的应用，水声通信的研究吸引了越来越多的关注，各种通信技术，从数字相干调制、扩频技术、自适应均衡到多载波调制、多输入多输出系统、水下通信网络技术等都已成为水声通信技术的研究领域。

从通信的角度看，水声通信系统与无线电通信系统无论在信道特性还是在系统组成上都有许多相似之处，但在性能指标以及技术实现等诸多方面，两者都有很大的不同。其关键在于水声信道具有复杂多变的传输特性，对高数据率、高可靠性的水声通信提出了很多挑战，也使得水声通信技术的发展落后于无线电通信技术。从20世纪80年代起，随着水声通信系统商用价值的凸现和水声通信技术的进步，特别是在相干检测通信技术的成功应用之后，水声通信系统得到迅速的发展，在信道特性和通信技术方面都出现了许多新的研究课题。这些研究课题的最新成果又促进了水声通信系统的发展，扩大了水声通信系统的应用，使得水声通信逐渐成为综合了水声物理学与无线通信技术的新的研究学科。

下面将对水声通信系统的组成、水声通信系统的特点、水声通信的研究现状及其发展等做简要概述。

1.1 水声通信系统的组成和主要性能指标

1.1.1 水声通信系统的基本组成

目前，水声通信系统大多为数字通信系统，其主要组成部分包括发射/接收换能器、编码器/译码器、调制器/解调器、水声信道等，如图1-1所示。下面就系统中各部分的基本功能做一简要说明。

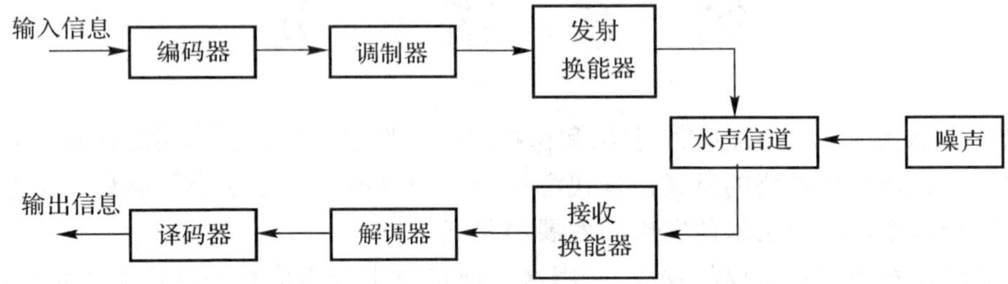

图 1-1 水声数字通信系统的组成

1. 信道和噪声

信道是指以传输介质为基础的信号通道，是由有形或无形的线路为信号传输提供的一条通道。抽象地说，它是指允许信号通过的一段频带，它让信号通过，同时又对信号加以限制和损害。

水声信道是指以声波为信息的载体，借助于海水介质的无线传输通道。海水介质以及海面、海底等边界条件具有复杂多变的传输特性，使得水声信道对信号的传输有着更为严重的影响。

信道的传播特性直接影响通信系统的性能。根据研究对象的不同，需要对实际的信道建立不同的数学模型，以反映信道对通信信号的影响。

噪声通常是通信系统中各种设备及信道所固有的噪声和干扰的统称。系统分析时，通常把噪声视为各种噪声和干扰的集中表现而抽象加入到接收机的输入端。按照噪声来源的不同，可将噪声分为内部噪声和外部噪声。内部噪声通常是指通信系统中各种设备的工作噪声，而外部噪声通常是从信道中引入的。

水声信道的噪声通常称为海洋环境噪声，其来源包括由鱼、虾、各种哺乳动物等引起的生物发声，由风、雨、地震扰动引起的潮汐、波浪、湍流等水静压力效应产生的噪声，以及行船、港口工业噪声等人为噪声等。与水声信道的传输特性一样，海洋环境噪声具有明显的时变性，并随频率发生变化。

2. 编码与译码器

编码与译码器通常包括信源编码器/译码器和信道编码器/译码器。在数字通信系统中，信源输出的模拟信号或数字信号，需要变成二进制数字信号进行传输。这种将模拟或数字信源的输出有效地变成二进制数字序列的过程，称为信源编码；将二进制数字序列转换为模拟或数字信源输出的过程称为信源译码。完成上述功能的器件，称为信源编码器/译码器。在某些数字通信系统中,如图像传输系统中,信源编码除了要将模拟信号转换成二进制数字信号外,还需要完成数据压缩的任务,以便在有限的时间内传输动态图像显示所需的大量数据。

由于通信系统性能不完善,以及噪声和干扰的影响,数字信号在传输过程中可能会发生差错,导致信息传输质量下降。为了使这种差错控制在所允许的范围内,就需要采用差错控制技术。纠错编码技术就是其中的一种,其相应的实现电路称为纠错编码器/译码器或信道编码器/译码器。纠错编码/译码又称差错控制编码/译码,属信道编码范畴。信道编码技术主要研究检错、纠错概念及其基本实现方法。编码器是根据输入的信息码元产生相应的监督码元或冗余码元来实现对差错进行控制的,而译码器根据这些码元进行检错或纠错。

除此之外,若在通信系统中采用了其他旨在提高系统性能的编码技术,则在系统中要有相应的编码器/译码器。例如在水声多输入多输出(MIMO)系统中,通常采用空时编码来获得空间分集,因此系统中还将包括空时编码器/译码器。

3. 调制器与解调器

编码器输出的信号是数字基带信号,若将它直接送至信道中传输,就称为数字信号的基带传输。基带传输使用有线信道,传输的距离有限。

进行远距离无线信号的传输需要借助于载波。将数字基带信号调制在载波上,变成数字载波信号的过程称为调制。调制的作用是将输入的基带数字信号变换为适合于信道传输的频带信号。常见的数字调制方式有振幅键控(ASK)、频移键控(FSK)、相移键控(PSK)等。在水声通信系统中应用的主要是后两种。反过来,从已调载波信号中分离出基带信号的过程称为解调。

除了基本的载波调制技术外,水声通信系统通常还采用其他调制技术,如多载波调制技术等,来改善通信系统的性能。在这种情况下,系统中要包括相应的调制器/解调器,如多载波调制器/解调器等。

调制与解调是数字通信系统的核心,是最基本的也是最重要的技术之一。

4. 同步

同步是数字通信系统中必不可少的一部分。所谓同步就是要使通信系统的收发两端在时间和频率上保持步调一致。这种同步通常包括载波同步、位同步、帧同步等。数字通信离不开同步,同步系统性能的好坏,直接影响着通信系统性能的优劣。

以上为水声数字通信系统的一般模型,实际应用时,因要求和功能不同,其组成框图会发生变化。例如在保密通信中,还要增加加密器/解密器等。通信中的保密问题,不论在军事中,还是在经济生活中,都显得越来越重要,保密通信已成为数字通信的重要技术之一。

1.1.2 水声通信系统的主要性能指标

通信的任务是快速、准确地传递信息。因此评价一个通信系统优劣的主要性能指标是系统的有效性和可靠性。有效性是指在有限时间、给定信道内所传输的信息内容的多少，即指传输的效率问题；而可靠性是指接收信息的准确程度，也就是传输的质量问题。对于大多数水声通信系统来说，有效性可用传输速率和频带（谱）利用率（或称频谱效率）来衡量，可靠性可用差错率来衡量。

1. 传输速率

(1) 码元（符号）速率

码元（符号）速率是指单位时间内通信系统所传输的码元或符号数目，记为 R_B，其单位为 B（波特）。码元传输速率又称传码率或波特率。

数字信号有多进制和二进制之分，码元速率与进制数无关，只与传输的码元时间 T（单位：s）有关，即

$$R_B = \frac{1}{T} \quad (B) \tag{1-1}$$

(2) 信息速率

信息速率是指单位时间内通信系统所传输的信息量，记为 R_b，其单位是 b/s。信息传输速率又称为传信率或比特率。

根据信息量的定义，每个码元或符号都含有一定比特（bit）的信息量。因此，码元速率和信息速率有确定的关系，即

$$R_b = R_B H \quad (b/s) \tag{1-2}$$

式中 H—— 信源中每个码元所含的平均信息量（熵）。

当每个码元都等概率传送时，信息量有最大值 lb$M$，信息速率达到最大，即

$$R_b = R_B \mathrm{lb} M \quad (b/s) \tag{1-3}$$

式中 M —— 码元的进制数。

对于二进制码元（$M=2$），码元速率和信息速率在数值上是相等的。

不同传输速率的通信信号会受到不同的信道传输特性的影响。例如，在浅海水平方向传输的水声信道中，多径效应会使高速率传输的信号中出现码间干扰，造成严重的信号失真；而在深海垂直传输的信道中，这种信号失真就会少很多。因此，水声通信系统能够达到的传输速率与其应用的信道环境有很大的关系。

(3) 频带利用率

由于水声信道的传输速率与通信系统的应用环境有很大关系，所以，当比较不同通信系统

的有效性时，单看它们的传输速率是不够的，还应看在这样的传输速率下所占信道的频带宽度。因此，真正衡量数字通信系统传输效率的应该是频带利用率，即数字通信系统在每单位频带内所允许的码元传输速率，记为 η，即

$$\eta=\frac{R_B}{W}\qquad (\mathrm{B/Hz}) \tag{1-4}$$

式中　W　　数字信号所占用的系统带宽，它取决于码元速率 R_B。

频带利用率(或称频谱效率) 也可以用每单位频带内所允许的信息传输速率来表征。这时式(1-4) 中的 R_B 用 R_b 代替，其单位为 $\mathrm{b\cdot s^{-1}/Hz}$。

大多数水声信道由于受到通信距离和所用频率的影响，可用带宽严重受限，因此，从理论上说，频带利用率高的通信系统更适合应用于水声信道。

【例 1-1】　已知二进制数字信号在 2 min 内共传送了 72 000 个码元，(1) 其码元速率和信息速率各为多少？ (2) 如果码元宽度不变，但改为八进制数字信号，则其码元速率为多少？ 信息速率又为多少？

解　(1) 在 2 min 即 2×60 s 内传送了 72 000 个码元，则码元速率 R_{B2} 和信息速率 R_{b2} 分别为

$$R_{B2}=72\ 000/(2\times 60)=600\ \mathrm{B}$$
$$R_{b2}=R_{B2}\,\mathrm{lb}2=R_{B2}=600\ \mathrm{b/s}$$

(2) 若改为八进制，则

$$R_{B8}=72\ 000/(2\times 60)=600\ \mathrm{B}$$
$$R_{b8}=R_{B8}\,\mathrm{lb}8=1\ 800\ \mathrm{b/s}$$

2. 差错概率

衡量数字通信系统可靠性的指标是差错概率。差错概率也有几种含义不同的定义。

(1) 码元差错概率(误码率)

码元差错概率是指通信系统所传输的码元的总数目中发生差错的码元数目所占的比值，记为 P_e，即

$$P_e=\frac{\text{错误码元数}}{\text{传输总码元数}} \tag{1-5}$$

(2) 信息差错概率(误比特率)

信息差错概率是指通信系统所传输的信息(比特) 的总数目中发生差错的信息(比特) 数目所占的比值，记为 P_b，即

$$P_b=\frac{\text{错误比特数}}{\text{传输总比特数}} \tag{1-6}$$

信息差错概率又称为误信率。在二进制码元的情况下，码元差错概率和信息差错概率在数值上是相等的。

影响误码率的因素有两个：一是系统设计不完善，二是各种干扰和噪声的存在。前者的影响原则上可以通过正确的设计加以消除，而后者的影响总是存在的，无法避免。通信系统中通常采用差错控制技术来降低误码率，提高可靠性。

【例 1-2】 已知一八进制数字通信系统的信息速率为 12 000 b/s，在接收端半小时内共测得出现了 216 个错误码元，试求系统的误码率。

解 信息速率 R_{b8}、码元速率 R_{B8} 和误码率 P_e 分别为

$$R_{b8}=12\ 000\ \text{b/s}$$

$$R_{B8}=R_{b8}/\text{lb}8=4\ 000\ \text{b/s}$$

$$P_e=\frac{216}{4\ 000\times 30\times 60}=3\times 10^{-5}$$

1.2 水声通信系统的特点

从系统组成、工作原理和性能指标来看，水声通信系统与无线电通信系统有很多相似之处。但由于信道特性的不同，水声通信系统具有一些不同于无线电通信系统的特点。具体来说，水声通信呈现以下主要的特点。

1. 水声通信是应用于水下的无线通信

水声通信是一种应用于水下的、特殊的无线通信，这有两方面的含义。第一，水声通信不同于通过电缆或光纤传输的有缆通信，是一种借助于水声信道来传送信息的无线通信。与空中的无线通信系统一样，水声通信系统会受到水下无线信道，即水声信道传播特性的影响。由于受到海面和海底反射、折射，以及海水中不均匀介质起伏的影响，海水介质形成的水声信道具有复杂的、时变多径的传播特性，会造成信号的衰落。第二，水声通信不同于空气中借助于电磁波传输的无线通信，而是一种借助于声波传输的无线通信。目前，声波是海水中最为有效的传输介质，相对于电磁波、光波来说，声波在海水中的传输距离最远。另外，声波的标称传播速度为 1 500 m/s，远低于电磁波的传播速度（3×10^8 m/s）；而且，不同海域、不同深度的声速会随时间发生变化，形成不同的声速剖面。声速剖面及其时变性是造成水声信道时变多径传播特性的主要因素之一，会对水声通信信号造成严重影响。

2. 水声信道是带限的、时变的和多径衰落的信道

与无线电通信系统一样，水声通信系统的性能与水声信道的传播特性密切相关。声波在传播时有能量损耗（传播损失），且近似与频率的二次方成正比，随着传播距离的增加而显著增加。这使得信道的可用带宽受限，中、远距离信道中的传输带宽在几百赫到几千赫之间。

由于受到海水中不均匀介质和海面、海底的反射和折射，大多数水平方向传播的声波，特

别是浅海信道中的声波的传播都是多路径的，多径时延在几十到上百毫秒之间；这些传播路径（多径结构）是时变的，而且与信道的深度、传输距离、发射、接收换能器的位置等密切相关。

由于海水起伏以及多径传播，信号会受到信道衰落的影响，且按照传播方向和水文条件的不同，衰落过程有很大的不同，通常呈现频率选择性衰落；信道中相位起伏对相位调制系统中的相位跟踪及相干检测性能的影响很大。

除了发射和接收系统之间的相对运动引起多普勒频移外，发射和接收换能器之间深度的相对变化也会引起时变性，造成多普勒频移。由于声波的传播速度（1 500 m/s）远低于无线电通信系统中的电磁波传播速度，水声信道中多普勒频移的影响要比无线电信道中大得多。

水声信道的这些传播特性不仅影响了水声通信系统的性能和方案设计，也使得水声信道传播特性的分析和仿真成为通信系统研究的重要内容之一。

3. 大多数水声通信系统是数字通信系统

大多数水声通信系统是数字通信系统，这是因为随着数字技术的发展，可以更多地采用数字信号处理方法和技术来分析和处理水声通信信号，使通信系统具有更好的抗信道干扰的能力，降低误码率，提高可靠性。

由于受到水声信道衰落，特别是相位起伏的影响，所以数字频率调制技术（如频移键控调制）及非相干检测一直被水声通信系统所采用。直到自适应相位跟踪和信道均衡技术在水声通信系统中取得成功后，相位调制和相干检测技术才在水声通信系统中得到应用。

4. 水声通信系统性能指标可以用数据率×距离性能表征

水声通信系统的性能与水声信道的传播特性密切相关，而信道的特性与信号频率、传输距离、信道水深等因素有关，因此，以某个单一指标来衡量水声通信系统的性能指标的优劣没有实际意义。D. B. Kilfoyle 等人通过对各种包含试验的文献汇总后发现，可以用数据率（kb/s）×传输距离（km）来粗略比较各系统的性能。到目前为止，大多数水声通信系统的性能指标一般在 40 kb/s×km 以下。

1.3　水声通信系统的分类

目前，大多数水声通信系统都是数字通信系统，系统的分类可以按照所用信道的情况、调制解调的方式、通信的业务来进行划分，也可以按照发射机和接收机克服多径衰落的方式来进行划分。

1. 按照在信道中传播的方向和条件来分

按通信系统所应用的水声信道的深度可以将系统分为浅海和深海水声通信系统；按照系

统传输距离的不同，可以分为近距离和远距离水声通信系统；按照信号是在海底和海面间传输还是在水平方向从一点到远距离另一点的传输，相应地分为垂直信道和水平信道水声通信系统。

2. 按照信号检测的方式来分

按照通信信号调制解调方式的不同，可以分成非相干检测和相干检测水声通信系统，如采用频移键控和差分相移键控调制的系统通常采用非相干解调方法，因而被称为非相干检测系统，而采用相移键控和正交幅度调制的系统通常采用相干解调方法，被称为相干检测系统。

3. 按通信的业务来分

按照通信的业务来分，水声通信系统有声遥测、声遥控、潜艇通信、水下电话、图像通信系统等。通信业务不同，对通信系统性能的要求也不同，如对声遥测、图像通信等涉及大量数据传输的系统，高数据率是必要的；而对于声遥控系统，可靠性是首要的性能指标。

4. 按照采用分集的方式来分

对这种分类方式起重要作用的是分集的概念。分集技术是指将通信信号经过多个独立衰落的子信道进行冗余传输，从而获得分集增益，用来改善系统性能的技术。显分集是指通过信号设计、增加发射、接收设备等，在时间、频率、几何空间或波形空间上形成明显的独立衰落的子信道；而隐分集是指没有采用额外的设备，但利用信道中内在的独立衰落信道，如多径信道，通过信号处理来获得分集增益的技术。按照系统中是否使用了分集可以把通信系统分为三类：①没有采用分集的；②只采用显分集技术的；③至少有隐分集处理的。

1.4 水声通信系统的研究与发展

20 世纪初，水声通信技术就开始被用来进行信息的传输，但水声信道恶劣的传播特性阻碍了其技术发展，使得水声通信系统的应用也受到局限。近年来，随着先进信号处理技术在水声通信系统中的应用，水声通信技术取得了长足的进步和发展，其研究也受到越来越多的关注。20 世纪 80 年代初期以来，水声通信的进步可归纳为以下 6 个研究领域：①水声信道物理学的研究，包括水声信道的模化、仿真和测量；②接收机结构的研制，主要体现为功能强大的信号处理机的使用和各种自适应信号处理算法的研究；③各种应用于衰落信道的分集技术的研究；④编码技术，包括图像传输所需的压缩编码和能提高系统可靠性的纠错编码技术的研究；⑤水下网络系统的研究；⑥能减少多径效应影响的新型调制方式的研究。下面将按水声信道研究和水声通信技术研究分别对上述领域已取得的进步和未来的发展趋势进行综述。

1.4.1 水声通信信道的研究

无论何种通信模式，水声信道的传播特性对水声通信系统的效率和可靠性等都产生了强烈的影响。在设计通信系统之前，研究人员都必须对水声信道的特性如传播损失、环境噪声、多径干扰和时变特性等有充分的了解。因此，信道研究是水声通信研究的一个重要方面，其研究内容包括影响通信的主要物理效应的测量与分析、时变多径信道的建模以及多径衰落信道中信号处理算法的性能仿真和系统的性能评估等。

在通信系统中，信道以两种方式影响信号。首先，当信号从发射机经由信道传输到接收机时，信道能改变它的形状。这种形状的改变除幅值变化和时间延迟外，还会出现频率的变化，产生与时间、频率和空间有关的选择性衰落。其次，信道会影响接收信号的信号噪声比。早期，由于水声通信系统的调制与解调方式比较简单，通信速率低，对信息处理的速度、实时性的要求也不高，信噪比是信道研究的重要性能指标，水声信道的研究重点放在传播损失等声场特性和信噪比等参量上，用声场模型和统计方法对各种信道条件下信道的传播损失、随机起伏等影响信噪比的因素进行分析和估计。

随着高速率水声通信的出现，波形失真对系统性能的影响越来越大，仅研究信噪比这个参量，或仅用增加发射功率等方法来改善通信质量，已远远不够。因此，信道的研究逐渐转移到信道的时变、多径特性，以及由此造成的信号衰落方面。

水声信道的研究主要是通过建立信道模型来为通信系统的设计和性能评估提供理论参考的。信道模型以数学或算法的形式来表征信道的输入输出关系，它可以通过测量或基于信道传播的物理模型得到。水声信道模型研究的焦点是如何更真实地模化水声信道的时变、多径衰落特性。水声信道模型主要有两类：一是反映信道主要物理效应和信号传输过程的物理模型，二是描述信号衰落的统计模型。一个最佳的水声信道模型是物理模型和统计模型的有效结合。

1. 水声信道的物理模型

信道的物理模型是在信道测量的基础上建立的，模型的输入通常为信道测量的物理量，测量物理量的数量、精度及其时变性决定了模型的真实度。按照模型中是否引入了时变性，可将信道仿真方法大致分为两类。第一类模型通常采用二维（距离和深度）声线模型对信道进行模化，仿真信道的多径结构。模型的输入参数主要是水声信道中静态的声速值、信道/发射机/接收机深度、距离以及信号频率等。模型中考虑了造成信号传播损失的主要因素，可以给出本征声线及其传播损失、传播时间等，由此可得到信道静态的多径时延、冲激响应等。第二类模型是对海洋动态过程进行仿真，对引起信道时变性的主要因素如风动海面、内波的扰动及紊流影响等进行分析，从而得到每根本征声线的幅度和相位变化，根据本征声线的统计特性得到信道的冲激响应。这类模型的仿真通常需要借助于描述信道效应的理论模型和实际信道的测量数据，与信道的测量联系紧密。

2. 水声信道的统计模型

信道的物理模型虽然可以反映信号传输的物理过程，但这种过程往往是针对某种特定信道的，不具有一般性。因此，可以在水声信道测量和物理模型的基础上对信道进行统计描述，建立时变信道的统计模型，描述某一类水声信道的一般传播特性。

在信道的统计模型方面，通常用统计分布来描述信道衰落，即在给定多径结构的条件下，对每根本征声线进行统计估计。当信道中存在大量散射分量时，通常假定接收信号的复包络是一个复高斯过程。当过程的均值为零时，衰落信号的幅度服从瑞利(Rayleigh) 分布；若信道中存在直达分量，则幅度服从赖斯(Rician) 分布。而相位或到达时间通常假设为均匀分布或迟延双边指数分布等。信道中的频率扩展也可以通过统计估计得到。这些模型在静态物理模型中加入了时变性，可以描述具有相似传输特性的一类信道，更具一般性。但如何选择合适的统计分布及其参数值是模型建立的难点，通常需要根据信道测量来估计。

还可以用时变信道冲激响应的自相关函数及其傅里叶变换 —— 信道散射函数 —— 来描述信道的时变性。作为二维的功率谱密度函数，散射函数表示信道能量在时间轴和频率轴上的分布。散射函数在频率轴上的分布反映信道频率选择性衰落的特性，其均方根宽度为多普勒扩展；散射函数在时间轴上的分布反映信道时间选择性衰落的特性，其均方根宽度为多径扩展。时变信道的散射函数需要通过大量的信道测量和统计分析获得，因此成本较高。对一些通信系统来说，信道的特性可以简单地用多普勒扩展和多径扩展来描述。利用这些分布和测量，可以建立时变多径信道的抽头时延线模型。

以上简要介绍了水声信道仿真的两类主要方法。目前，研究水声通信系统及其关键技术的一个重要步骤是借助于信道模型对其性能进行仿真分析。因此，一个能反映信道动态特性的传播模型，将能够对水声信道的物理限制有更深的理解，从而为克服这些限制的系统设计提供帮助。

由于水声信道的复杂性和多变性，要用某一种模型来仿真各种条件下的水声信道是不现实的。水声信道仿真的主要任务是针对通信系统在某一类信道的实际应用，从复杂的实际海洋信道中抽取主要的影响因素，建立简化的信道模型，使其能够反映这类实际信道的基本特点。

水声信道仿真是一个新兴的、重要的研究领域，它将一般通信信道模型和海洋信道的动态物理过程紧密地联系在一起，而动态水声信道的模化将成为今后信道仿真研究的重点。

1.4.2　水声通信技术的研究

在20世纪初，水下有缆通信开始使用，用电缆在潜水员和水面控制船之间传递信息。真正有可靠性保证的无线水声模拟通信系统出现在第二次世界大战之后，系统采用了模拟调制技术，用于潜艇间的通信。但在20世纪70年代末以前，很少有水声调制的公开报道，而且这些模拟调制技术无法减小信道衰落所带来的信号失真。随着与水声信道具有相似衰落特性的无线高频信道中通信技术的发展，新一代的水声通信系统也开始采用数字调制和复杂的纠错编码技术，通过数字信号处理技术来抵消多径传播和频率扩展的影响，通过纠错编码来增加传输的可靠性。

在最初的水声信道研究中，水声信道衰落被近似为复高斯过程，即接收信号的复包络为瑞利分布，其相位为均匀分布。在这种衰落条件下，非相干调制比相干调制更适合于水声信道，因而频移键控调制技术在水声通信系统中得到了广泛应用。但为了减小多径干扰的影响，在信号码元间通常加入保护时间，从而使得系统的传输速率受到限制。20世纪90年代初，美国伍兹霍尔海洋研究所(WHOI)成功地进行了一系列基于相位调制和相干检测的水声通信试验，建立了人们对高速率、相干水声通信的信心，有更高频带利用率的相位调制技术得到大量的研究，相应的水声通信系统的性能得到极大改善。随着水声通信技术的进步与发展，对大容量、高可靠的水声通信系统的需求越来越多，各种先进的通信技术和信号处理技术得到研究，以期提高水声通信系统的性能。其中，抗码间干扰技术、多载波调制技术以及抗衰落的分集技术是研究的热点。近年来，水下网络研究的重要性日益体现，水声通信系统性能的提高也使得水声通信技术的研究从点对点通信扩大到点对多点的通信，从而使得水声网络的研究成为可能。水声网络技术的研究对海洋环境监测与保护、灾害预报、海洋开发，以及海上国防建设等方面具有重要意义。

下面对水声通信与水声网络技术的研究与发展进行简要综述。

1. 非相干检测水声通信技术

作为一种能量检测(非相干检测)技术，频移键控调制系统对水声信道的时间和频率扩展有很强的适应能力。大多数的水声频移键控系统还采用了一些技术措施来减小或回避多径传播引起的码间干扰(ISI)所造成的信号失真，如采用保护时间、多频分集以及纠错编码等技术。因此，频移键控调制在水声通信系统中得到了广泛的应用。

美国的数字声遥测系统(DATS)是采用非相干检测的典型系统，用在呈现频率选择性衰落和相位极不稳定的环境中。由于使用了功能很强的处理器，数字声遥测系统采用了40～55 kHz的高频载波、多频移键控(MFSK)调制、移相阵列波束形成、基于锁相环的载波跟踪及纠错编码来保证系统的性能。海试结果表明，在20 m水深，200 m距离的信道中，数字声遥测系统的数据率可达 400 b/s，误码率为 3×10^{-3}。

美国伍兹霍尔海洋研究院在 20 世纪 80 年代末研制了一个用来与运动中的水下航行器进行数据传输的声遥测系统，它将 20 ~ 30 kHz 的系统带宽划分为 16 个子带，每个子带内采用四频移键控（QFSK）调制，每个子带的传输速率为 78 b/s，在 5 km 的传播距离上，最大数据率可达 5 kb/s。

虽然目前相干水声通信已成为研究热点，但非相干方案，如多频移键控仍在广泛应用，以便在恶劣的信道，如无法获得稳定的相位参考的信道中获得稳健的通信性能。

目前，非相干接收技术的发展主要在于更有效的、能力更强的硬件研制上。非相干系统研制面临的主要任务是自适应地调节系统的参数以达到最佳化，能适应各种信道环境，从而达到最远的传播距离、最高的数据率和可靠性。

2. 相干检测水声通信技术

虽然非相干检测的频移键控系统比较稳健，但它较低的频带利用率，使得其很不适合在带宽受限的水声信道进行宽带信号的高速率传输。因此，在近十几年中，随着水声通信技术的发展和对系统性能要求的提高，水声通信技术的研究主要集中在有更高带宽利用率的相位相干调制技术和抑制多径的信号处理方面。

对于高速率水声通信来说，时变起伏及多径传输带来的码间干扰是相干接收的主要障碍。非相干接收机都努力回避码间干扰的影响，而相干接收机则必须主动减小码间干扰的影响，估计和跟踪信道冲激响应的时变性，以获得可靠的相位参考。

在 20 世纪 80 年代初，相干通信主要依赖于差分相移键控，以回避时变信道中相位跟踪的复杂性。虽然差分相移键控系统能减少相位跟踪的困难，但无法避免码间干扰的影响，因此它们主要用于深海垂直信道或距离很近的水平信道，这种信道的多径时延很小，相位稳定性好。在中远距离的水平信道或更复杂的信道中，要达到更高的数据率，相位相干系统还必须能处理接收信号中的码间干扰。

美国东北大学和伍兹霍尔海洋研究所在声遥测系统的联合研制中，在接收机中使用了判决反馈均衡器（DFE）和二阶数字锁相环（DPLL），通过对载波相位和均衡器参数的联合估计，进行相干检测。伍兹霍尔海洋研究所研制的系统在各种水声环境中进行了试验，其数据率从深海远距离信道的 2 kb/s 到浅海中距离信道的 40 kb/s。

这种联合判决反馈均衡器和数字锁相环的接收机结构在水声相干接收机的发展中具有里程碑的意义，它已成为目前水声相干通信系统中一种常用的结构，能有效改善系统的动态性能。

采用相位相干检测和通过信号处理方法来抑制码间干扰，实现高速传输已成为可能，但由于水声信道的复杂性，虽然水声通信的数据率远小于无线电通信的数据率，但是水声通信系统也需要更复杂的接收机结构和自适应算法，以至于很难保证器件能有效而实时地完成实际的高数据率通信。因此,一些研究方向,如降低接收机结构和自适应算法的复杂度,以保证实时完成信号处理;抑制水声信道中的噪声和干扰,以保证系统能应用于各种信道;采用新的调制与编码技术,以便更好地改善信道的带宽利用率性能等,仍将是水声通信技术研究的焦点。

虽然目前水声通信技术的研究热点集中在相干检测和高速率传输上,但这些技术能否应用到各种场合还取决于水声信道的传播条件和通信系统性能指标的要求。因为相干通信在解调时需要正确的相位参考,若在时变衰落较大的信道中,不能获得稳定的相位参考,则相干通信无法取得良好的效果;高速率传输要求接收机有较高的数据采集率和大的计算量,这有可能造成较大的功耗,因此无法在靠电池供电的接收机中长期使用;而且许多应用如潮汐监测、采油装置的控制等所需传送的数据较少,无需高速率传输。因此,目前以及今后的水声数字通信将是各种调制方式和数据传输速率并存的。

3. 自适应信号处理技术

水声信道是典型的时延、多普勒双扩展信道。时延扩展会在接收信号中引入码间干扰,这是影响高速率水声通信系统性能的主要因素之一。因此,能够有效抵消码间干扰的自适应均衡技术,包括线性均衡器和判决反馈均衡器以及相应的自适应均衡算法都得到了广泛研究。线性均衡器和最小均方(LMS)自适应算法的结构简单,算法复杂度低,因而在信道变化缓慢、多径扩展小的信道中得到了应用。但在快时变、大多径扩展的信道中,还需要判决反馈均衡器和递归最小二乘(RLS)算法来跟踪信道的快速变化,以抵消严重的码间干扰。

水声通信系统中采用的典型的自适应均衡器结构是 M. Stojanovic 等人提出的内嵌二阶数字锁相环的判决反馈均衡器,用锁相环快速而稳定地跟踪由于信道快速时变或发射和接收端的相对运动所带来的多普勒频移,用均衡器跟踪复杂的、相对慢变的信道响应,用 RLS 算法来修正均衡器参数。多次海洋试验的结果表明了该结构及其自适应算法的可行性。M. Stojanovic 等人还将自适应均衡器与多信道接收组合结合在一起,形成多信道均衡器。其试验表明,采用多信道均衡器与采用一个波束形成器加单信道均衡器所得到的信噪比性能是相近的,且接收组合能显著改善相干系统的整体性能。

近几年,均衡技术研究的重点在于减小接收机的计算复杂度,提高均衡及跟踪的能力。同时,其他一些方法,如无需训练序列的盲均衡、最大似然序列估计(MLSE)等也得到研究[11-14]。

由于起伏海面的声散射,以及发射机和接收机之间的相对运动,接收信号中会出现多普勒频移。当发射机与接收机之间有多条传播路径时,多个简单的多普勒频移就形成了多普勒扩展。对于采用频率调制的水声通信系统来说,多普勒扩展可能会影响接收机中窄带滤波器的设计,但对信号的检测影响不大。而对采用相干相位调制相移键控的通信系统来说,多普勒扩展以及所引起的相位偏差会影响接收信号载波的恢复和相位的跟踪。多普勒扩展对移动中的水声通信系统的影响尤为严重,例如,当水下航行器以 30 kn(约为 55.5 km/h) 的速度移动时,移动速度与声速之比约为 1/100;而对于无线电信道,当运动速度为 100 km/h 时,移动速度与电波速度之比约为 $1/10^8$。这意味着水声信道中的相对多普勒频移远大于无线电信道中的相对多普勒频移,从而使得水声通信系统中的时间同步非常困难。

相位相干水声通信系统可以采用联合同步和自适应均衡的接收机来抵消码间干扰,补偿由于信道时变引起的相位偏差。但当发射机与接收机之间的相对运动速度超过一定值时,均衡器就会发散,失去补偿能力。在这种情况下,必须在联合同步和均衡之前对多普勒频移进行估计和补偿。

多普勒补偿的基本方法是首先对接收信号进行多普勒估计,然后利用插值的方法进行多普勒补偿,其中多普勒估计是关键技术。目前在水声通信系统中,主要的多普勒估计方法有两类:一类是利用接收信号的相关处理来估计时延和多普勒频移。为了快速得到估计值,需要用到一组相关器,因此,结构较复杂,计算量较大。另一类方法是在数据分组前后插入相同的匹配信号,利用两匹配信号的相关峰在发射端和接收端的时间变化来估计多普勒频移。该方法简单、有效,但估计的是整个数据分组的平均多普勒频移。当发射机与接收机之间不是匀速的相对运动时,该方法得到的多普勒估计有较大误差。

4. 扩展频谱技术

扩展频谱技术,简称扩频技术,包括直接序列扩频(DSSS)和跳频扩频(FHSS),由于它具有良好的抗多径干扰性能和隐蔽性,所以在水声通信系统中有较多的应用。在直接序列扩频通信系统中采用了远大于信道相干带宽的扩频信号,能够分辨出多径分量,接收端可以利用 Rake 接收机将这些可分辨的多径分量相干组合,从而获得信噪比改善,起到频率分集的作用。基于直接序列扩频的码分多址(CDMA)技术是水下网络系统中比较有前景的多址接入方式,因而得到广泛研究。

C. Loubet 对低信噪比(低于 0 dB)环境中的直接序列扩频通信进行了分析和试验。Loubet 指出,在多径水声信道中,若信道中的信噪比高于 15 dB,则最好的也是最简单的抗多径方法是采用自适应均衡方法,如采用判决反馈均衡器,均衡技术可使数据率最佳化。仿真和试验表明,均衡技术应用的信噪比下限为 10~15 dB。当信噪比低于 0 dB 时,通常采用扩频技术以确保可靠而稳健的传输。Loubet 在 5~45 n mile,20~50 km 两个不同区域对不同码长、不同扩频序列、不同数据率的直接序列扩频系统进行了试验。

L. Freitag 等人分析了水声信道对直接序列扩频和跳频扩频水声通信的影响,提出了两种抗码间干扰的直接序列扩频接收机结构:一种是在标准解扩器后接直接判决和相位跟踪;另一种则采用 chip(码片)速率的自适应均衡器和解扩器。文献[17]给出了在浅海信道对直接序列扩频信号、跳频扩频信号,以及两种直接序列扩频接收机的试验结果。

F. Blackman 等人对基于 Rake 接收机和基于预测反馈均衡器的两种直接序列扩频接收机进行了仿真和试验。基于 Rake 接收机的直接序列扩频接收机复杂度低,而预测反馈均衡直接序列扩频接收机可以以 chip 速率修正接收机参数，因而更适用于快时变信道。两种接收机在时延扩展达 2～50 个 chip 长度、最大相对运动速度为 15 kn 的环境中进行了试验，其结果表明，两种接收机的差异在于跟踪时变信号的能力，预测反馈均衡接收机可以在 chip 级上跟踪信号的相位和时延；若在数据处理前能进行精确的多普勒修正，则 Rake 接收机也能提供较好的性能且实现更为简单。

有关水声扩频系统的研究可参见文献[17]～[21]。

5. 多载波调制与正交频分复用技术

多载波调制（MCM）技术把单个高速率的数据流分成多个并行的低速率的数据流，用低速率数据流去调制多个载波来并行传输数据。在保持相同数据率的条件下，可以采用较长的码元时间，将频率选择性衰落信道转换为非频率选择性衰落信道，从而大大降低了码间干扰。在多载波调制技术中，正交频分复用（OFDM）技术具有频谱利用率高、抗多径能力强、实现方便等优点，因而得到了广泛研究。OFDM 采用正交子载波，允许子载波的频谱部分重叠，因而比一般频率复用技术有更高的带宽利用率。OFDM 技术在水声通信系统中的应用研究已经开始，其研究的重点，也即难点问题是如何在多普勒扩展严重的水声信道有效地跟踪信号载波的变化，减小子载波间的干扰（ICI）对信号检测的影响。

2000 年，美国纽约 Polytech 大学 B. C. Kim 等人研究的 OFDM 通信系统在不同水文条件下进行了试验。该系统带宽为 3 kHz，采用编码 OFDM 调制，有 768 个子载波，子载波间隔为3.91 Hz，调制采用 QPSK，通信速率约为 3 584 b/s，采用了循环前缀来抑制码间干扰、估计多普勒频移，并采用了信道估计和均衡。试验时，水深 200 m 左右，距离为 3～7 km。试验结果显示当信噪比大于 15 dB 时，误码率可以小于 1%。

伍兹霍尔海洋研究所的 B. S. Li 等人研究的 OFDM 系统选择在插入循环前缀的位置补零来降低系统的功耗，并采用基于插入导频的最小方差（LS）算法和变换域的信道插值算法实现信道估计与均衡。系统于 2005 年 9 月进行了海试。试验系统采用了一个垂直布放的 12 个阵元的接收阵，通信距离为 2.5 km，海域水深约 12 m。系统带宽为 24 kHz，有 1 024 个子载波，通信速率为 22.7 kb/s。试验的误码率大约在 10^{-2}～10^{-3}之间，但是如果取 12 个阵元中的 4 个或以上进行联合解调的话，可以实现无误接收。

有关水声 OFDM 系统的研究参见文献[22]～[29]。

6. 分集技术与多输入多输出系统

分集组合技术是通信系统中比较常用且有效的抗衰落技术。分集技术利用发射信号在时间、频率和空间上的冗余，通过对所有传输路径上信号的线性组合来获得分集增益，改善接收端的信噪比。频率分集，如多频移键控是水声通信系统中常用的分集技术。但无论是频率分集还是时间分集都会降低带宽效率，因而限制了它们在高速率水声通信系统中的应用。空间分集由于具有较高的频谱利用率，近年来受到水声通信研究的广泛重视。空间分集包括发射分集和接收分集。接收分集的典型形式为分集组合、阵处理和多信道的均衡。

接收分集是不需要扩展系统带宽而获得空间分集的标准方法，在远距离的水声通信系统中应用较多。近年来，在发射端采用多天线来实现发射分集的技术吸引了大量科研人员的研究。将发射分集与空时编码(STC)技术结合，能够获得与接收分集同样的抗信道衰落的性能。如果能将发射分集和接收分集同时使用，形成多输入多输出(MIMO)系统，则可以显著改善通信系统的容量。MIMO 系统与空时编码的核心思想是利用多径来获得较高的频谱利用率和性能增益，这对功率和带宽双受限的水声通信很有吸引力，因此得到了大量的研究。

伍兹霍尔海洋研究所的 B. S. Li 等人在 OFDM 系统的基础上设计了两发射、四接收的 MIMO - OFDM 系统，2007 年进行了试验，采用 1/2 码率低空度奇偶校验码(LDPC)编码和 QPSK 调制，数据率为 12.18 kb/s，信号带宽为 12 kHz，在 1.5 km 的传输距离上实现了近乎无误码传输。在 2008 年的试验中，采用两发射、三发射和四发射的系统方案，在接收端使用迭代 LDPC 译码、最小均方误差(MMSE)均衡和连续干扰抵消检测算法，频谱效率最高达到 3.5($b \cdot s^{-1}$)/Hz，在 62.5 kHz 的信号带宽上实现了 125.7 kb/s 的数据率。

Zhang J. 等人对一种低复杂度的单载波频域 Turbo 均衡 MIMO 方案进行了试验，系统采用 2×12 的 MIMO 结构，QPSK 调制，载波频率为 11.5 kHz，信号带宽为3.906 kHz，当距离为 400 m 和 1 km 时，误比特率(BER)分别为 1.2%和 1.8%。

M. Stojanovic 等人针对水声信道存在的大多径时延限制的问题，提出一种低复杂度的自适应信道估计算法，并在 1 km 距离的浅海信道进行了试验。试验系统采用 3×12 的 MIMO 结构，10 kHz 的信号带宽，4PSK，8PSK 调制，子载波数为 1 024。试验验证了算法的可靠性。

有关水声 MIMO 系统以及空时编码的研究可参见文献[29]～[38]。

7. 水下网络技术

随着点对点水声通信技术取得长足的进步和自主水下航行器的发展，水下网络系统的需求大增，水下网络技术得到迅速发展，多用户水声通信技术、网络拓扑结构和网络协议、低码率数据压缩技术、水下网络与空中、陆地无线网络的连接等水声通信新技术的研究受到广泛关注。

水下网络是借助于水声通信建立起来的无线网络，因而也被称为水声网络。最早的水声网络是自主海洋采样网(AOSN，Autonomous Ocean Sampling Network)，它是推动水声网络发展的典型应用之一。AOSN 项目由美国海军研究办公室(ONR，Office of Naval Research)资助，其目标是开发一个以水下机器人为移动传感器平台的智能水下采集网络，将智能水下机器人接入网络来提高观察和预测海洋的能力，预测海洋的物理学、生物学和化学特性。

Seaweb 是目前最为成功的水下网络系统。Seaweb 是一种布放在海底的水声传感器网络，借助于水声通信链路将固定节点、移动节点和网关节点连接成网。为了验证 Seaweb 这个概念的可行性，美国从1998年起启动了一个每年度的Seaweb试验，目的在于推动Telesonar（一种水声调制解调器（modem））和Seaweb技术的发展。在1998年Seaweb试验中，Telesonar为ATM875，其带宽为5 kHz，采用MFSK调制，传输速率为50 b/s。网络采用分簇结构，由簇头负责管理网络拓扑、路由和节点访问信道，以及与网关节点的通信。簇内采用时分多址（TDMA）接入方式，簇间采用频分多址（FDMA）接入方式。携带RACOM（无线/水声通信调制解调器）的浮标作为网关，将接收到的来自水下网络主节点的传感器数据通过无线电链接到岸上的控制中心。在1998年Seaweb试验中，水深10 m，节点有效链接可达4 km，网关到节点的有效距离为7 km。试验结果证明了采用分簇的方式构成广域水声网络的可行性。1998年Seaweb试验的意义在于验证了水声网络的概念，推动了ATM875等水声modem的改进。2001年Seaweb试验及其后的试验在网络覆盖域、资源优化、网络容量和质量服务等方面进一步完善，并采用了许多新技术，如扩展频谱信号、定向水声换能器、信道实时估计、自适应调制、随机网络初始化和节点测距与定位等。在2005年的试验中，Seaweb网成功实现对移动目标无人水下航行器（UUV）的定位，且定位精度不低于GPS。

Seaweb系统提出了水声网络的概念，其成功试验显示了水声网络的可行性。和水声通信技术一样，由于水声信道传输特性的复杂性，水声网络技术的研究也面临着挑战，水声网络需要更多适合海洋环境和应用环境的组网技术。

总之，随着水声通信技术的进步，水声通信系统的性能得到显著改善，为水声通信系统扩展了更多的应用；新的应用反过来又提出了更多、更新的研究内容，对水声通信系统的性能提出了更高的要求，从而进一步促进了水声通信技术的发展。

1.5　本书的概貌

本书将介绍目前在水声通信系统中常用的通信技术、原理以及通信信号处理方法，着重于水声信道时变、多径传输特性的描述与模化方法，水声通信系统中的调制技术、补偿信道失真的信号处理方法、分集技术、扩频技术、多载波调制技术以及水声网络技术等。本书共分10章。

第1章为绪论。第2章是水声信道的传输特性与物理模型，主要介绍水声信道的传输特性及其对水声通信的影响，水声信道中的环境噪声，描述声场传播的声场模型，信道的数学模型与信道容量等。

第3章介绍时变多径水声信道的仿真与分析，着重于水声信道的数学表示和信道的时变数学模型，水声信道的信道冲激响应及其统计特性的分析与测量，时变多径信道的衰落类型及其表征，时变多径信道的仿真等。

第4章介绍水声通信系统中常用的调制方式及接收机结构，主要介绍频移键控调制，相移键控调制，加性高斯白噪声信道中的最佳接收机，以及数字调制技术在水声通信系统中的应用等。

第 5 章介绍多径水声信道中的自适应均衡技术，介绍多径信道中码间干扰的影响，多径信道中的最佳接收机，线性均衡器，判决反馈均衡器，以及自适应均衡算法，应用于水声相干通信系统中的联合同步与自适应均衡技术，多信道均衡，盲均衡方法等。

第 6 章介绍水声信道中的多普勒频移估计与补偿方法，着重于基于信号模糊函数和基于数据分组长度的多普勒频移估计方法，多普勒补偿方法等。

第 7 章介绍水声衰落信道中的分集技术，主要介绍分集组合的概念，水声通信系统中的分集技术，多径分离与 Rake 接收，多输入多输出系统与发射分集，空时编码等。

第 8 章介绍水声扩频通信技术，主要介绍扩频系统的组成，直接序列扩频和跳频扩频的原理，扩频系统的同步方法，以及水声扩频通信技术等。

第 9 章介绍正交频分复用技术，介绍正交频分复用的基本原理，信号检测，信道估计，同步技术，峰均功率比问题，以及在水声通信系统中的应用。

第 10 章介绍水声网络技术，着重介绍水声网络的概念，网络的拓扑结构，网络协议体系结构，水声信道对网络技术的影响，并重点介绍了水下网络的实例——Seaweb。

思考与练习题

1－1　简述水声通信系统的一般组成，并简要说明各组成部分的功能与作用。

1－2　在数字通信系统中，其可靠性与有效性的定义是什么？各有哪些重要指标？与一般的无线数字通信系统相比，水声通信系统的数据率指标有何特点？

1－3　已知八进制数字信号每个码元占有的时间为 1 ms，试求其码元速率和信息速率。

1－4　若八进制信号以 20 000 B/s 的速率传送，则 10 s 传输的信息量是多少？若误码率为 10^{-6}，则 100 s 的时间内错码数为多少？

1－5　水声通信的主要特点是什么？

1－6　简述水声通信的主要研究内容。

1－7　查阅、总结水声通信新技术及发展趋势。

参考文献

[1] Proakis J G. 数字通信[M]. 4 版. 张力军，等，译. 北京：电子工业出版社，2003.
[2] 樊昌信，张甫翊，等. 通信原理[M]. 5 版. 北京：国防工业出版社，2001.
[3] 汪德昭，尚尔昌. 水声学[M]. 北京：科学出版社，1981.
[4] 张辉，曹丽娜. 现代通信原理与技术[M]. 西安：西安电子科技大学出版社，2005.
[5] 王兴亮，达新宇，等. 数字通信原理与技术[M]. 西安：西安电子科技大学出版社，2002.

[6] 欧阳长月. 数字通信——传输原理及应用[M]. 北京:北京航空航天大学出版社,1990.
[7] Kilfoyle D B, Baggeroer A B. The state of the art in underwater acoustic telemetry [J]. IEEE Journal of Oceanic Engineering, 2000, 25(1):4 - 27.
[8] 戴耀森. 高频时变信道[M]. 北京:人民邮电出版社, 1985.
[9] Catipovic J, Baggeroer A B, et al. Design and performance analysis of a digital acoustic telemetry system for the short range underwater channel [J]. IEEE Journal of Oceanic Engineering, 1984, 9(4):245 - 252.
[10] Stojanovic M S. Recent advances in high-speed underwater acoustic communications [J]. IEEE Journal of Oceanic Engineering, 1996, 21(2):125 - 136.
[11] Stojanovic M S, Catiporic J A, Proakis J G. Phase coherent digital communication for underwater acoustic channels [J]. IEEE Journal of Oceanic Engineering, 1994, 19 (1):100 - 111.
[12] Stojanovic M S. Adaptive multi - channel combining and equalization for underwater acoustic communications [J]. J. Acoust. Soc. Amer, 1994, 94(3):1621 - 1631.
[13] Stojanovic M S. Reduced - complexity multi - channel processing of underwater acoustic communication signals [J]. J. Acoust. Soc. Amer, 1995, 98(2):961 - 972.
[14] Chitre M, Shahabudeen S, et al. Recent advances in underwater acoustic communications & networking [C]// IEEE Proc. OCEANS 2008, 2008:1 - 10.
[15] Johnson M, Freitag L, Stojanovic M. Improved Doppler tracking and correction for underwater acoustic communications [C]// IEEE Proc. ICASSP 1997, Munich, Germany, 1997:575 - 578.
[16] Sharif B S, Neasham J, et al. A computationally efficient Doppler compensation system for underwater acoustic communications [J]. IEEE Journal of Oceanic Engineering, 2000, 25(1): 52 - 60.
[17] Loubet G, Capellano V, Filipiak R. Underwater Spread—Spectrum Communications [C]// MTS/IEEE Proc. OCEANS 1997, Oct. 6 - 9,1997, 1:574 - 579.
[18] Freitag L, Stojanovic M, Singh S, et al. Analysis of Channel Effects on Direct-Sequence and Frequency-Hopped Spread-Spectrum Acoustic Communication [J]. IEEE Journal of Oceanic Engineering, 2001, 26 (4): 586 - 593.
[19] Freitag L, Stojanovic M. MMSE acquisition of DSSS acoustic communications signals [C]// MTS/IEEE TECHNO—OCEANS 2004. OCEANS 2004, Nov. 9 - 12,2004, 1:14 - 19.
[20] Stojanovic M, Freitag L. Hypothesis-feedback equalization for direct-sequence spread spectrum underwater communications[C]// MTS/IEEE Conference and Exhibition.

OCEANS 2000, Sept. 11 - 14,2000, 1: 123 - 128.

[21] 张歆,彭记肖,李国梁. 采用 FSK 调制的直接序列扩频水声通信技术[J]. 西北工业大学学报,2007,25(2):177 - 180.

[22] Kim B C, Lu I T. Parameter studies of OFDM underwater communications systems [C]// MTS/IEEE Proc. OCEANS 2000, Sept. 2000, 2:1251 - 1255.

[23] Li B S, Zhou S L, Stojanovic M, et al. Pilot-tone based ZP-OFDM Demodulation for an Underwater Acoustic Channel[C]// MTS/IEEE Proc. OCEANS, Sept. 18 - 21, 2006:1 - 5.

[24] Stojanovic M. OFDM for underwater acoustic communications: Adaptive synchronization and sparse channel estimation[C]// IEEE Conf. Acoustics, Speech and Signal Processing, 2008. ICASSP 2008, March 31 - April 4, 2008:5288 - 5291.

[25] Prassati F, Lafon C, Laurent P A, et al. Experimental assessment of OFDM and DSSS modulations for use in littoral waters underwater acoustic communications [C]// OCEANS-EUROPE. June 20 - 23,2005:826 - 831.

[26] Chitre M, Ong S H, Potter J. Performance of coded OFDM in very shallow water channels and snapping shrimp noise [C]// IEEE/MTS Proc. OCEANS 2005. Washington DC,2005:18 - 23.

[27] Andrey K M, Preisig J C. Underwater Acoustic Communications with Multi-Carrier Modulation[C]// OCEANS 2006, Sept. 2006:1 - 6.

[28] Huang J G, Sun J, He C B, et al. High-Speed Underwater Acoustic Cornrnunication Based on OFDM[C]// IEEE Symp. on Microwave, Antenna, Propagation and EMC Technologies for Wireless Communications, Aug. 8 - 12, 2005:1135 - 1138.

[29] Li B S, Zhou S L, Stojanovic M, et al. MIMO - OFDM over an underwater acoustic channel[C]// OCEANS 2007, Sept. 29 - Oct. 4, 2007:1 - 6.

[30] Li B S, Huang J, Zhou S L, et al. Further results on high-rate MIMO-OFDM underwater acoustic communications[C]// OCEANS 2008, Sept. 15 - 18,2008:1 - 6.

[31] Li B S, Huang J, Zhou S L, et al. MIMO-OFDM for High-Rate Underwater Acoustic Communications [J]. IEEE Journal of Oceanic Engineering, 2009, 34(4): 634 - 644.

[32] Zhang J, Zheng Y R, Xiao C S. Frequency-domain equalization for single carrier MIMO underwater acoustic communications [C]. OCEANS 2008, Sept. 15 - 18, 2008:1 - 6.

[33] Zhang J, Zheng Y R, Xiao C S. Frequency-domain turbo equalization for MIMO underwater acoustic communications[C]. OCEANS 2009-EUROPE, OCEANS 2009,

May 11 - 14,2009:1 - 5.

[34] Hakegard J E, Grythe K. Effects of Channel Estimation Errors in OFDM-MIMO-Based Underwater Communications[C]// International Conf. Advanced Information Networking and Applications Workshops, WAINA 2009, May 26 - 29,2009:1130 - 1135.

[35] Stojanovic M. Adaptive Channel Estimation for Underwater Acoustic MIMO - OFDM Systems[C]// IEEE DSP/SPE 2009, Jan. 4 - 7, 2009:132 - 137.

[36] 邓红超，巩玉振，蔡惠智. 基于 MIMO - OFDM 的高速水声通信技术研究[J]. 通信技术, 2009, 42(11): 37 - 39.

[37] 张歆，李永. 水声多径信道中的空时分组扩频编码方案 [J]. 西北工业大学学报, 2009, 27 (4):503 - 506.

[38] 张歆，张小蓟. 水声多径信道中的标识延迟空时扩展发射分集 [J]. 电子与信息学报, 2009, 8:2024 - 2027.

[39] Rice J, Creber B, et al. Evolution of Seaweb underwater acoustic networking[C]// IEEE Conf. OCEANS 2000, 2000, 3:2007 - 2017.

[40] Proakis J G, Sozer E M, et al. Shallow water acoustic networks[J]. IEEE M. Communications, 2001, 39(11): 114 - 119.

[41] Chitre M, Shahabudeen S, et al. Recent advances in underwater acoustic communications & networking[C]// IEEE Proc. OCEANS 2008, 2008:1 - 10.

[42] 李淑秋，李启虎，张春华. 第六讲　水下声学传感器网络的发展和应用 [J]. 物理, 2006, 35(11):945 - 952.

第2章 水声信道的传播特性与声场模型

水声信道的传输特性对水声通信系统的性能有着重要的影响。在中长距离的水声信道中，长达几十毫秒的多径时延可能造成几十到上百个码元间的干扰，使得接收信号出现严重失真，这大大限制了通信系统的传输速率；按传播方向和水文条件的不同，水声信道会出现或快或慢、平坦或选择性的衰落过程；高频吸收损失和低频环境噪声使得在浅海中远距离的信道中，系统可用带宽不足几千赫兹；由于信道的随机起伏，对信号的相位跟踪比较困难，需要采用复杂的接收机结构实现信号的相干检测。这些因素都对高速、大容量和高可靠的水声通信提出了挑战。因此，水声信道传输特性的研究是水声通信系统的有效设计和应用的基础。本章首先介绍水声传播的主要特性及其影响，然后简要描述声波传播的声场模型，最后介绍信道和噪声的数学模型。

2.1 水声信道的传播特性及对水声通信的影响

众所周知，理想的传输信道是无损均匀介质构成的无限空间，声信息在传播过程中不产生任何畸变，但实际的海洋信道具有独特的内部结构和上、下表面。一般来说，作为水声信道的海洋介质具有一个随机起伏的软表面。海洋介质中有分散或密集的非均匀散射体，如鱼群、浮游生物等；还存在不同大小的冷暖水团、层流、湍流、内波及涡流。海水中声波的传播速度具有明显的深度变化和微弱的水平变化，同时还有随机起伏的部分，当存在密度梯度时会有显著的内波运动。海水和海底沉积层有粗糙的分界面，而一般海底具有分层结构和水平变化。可见，作为信息传输通道的水声信道是十分复杂多变的，并具有明显的地区性和季节性。水声信道这种复杂、多变的性能会对声信号产生许多不同的影响。从通信的角度来看，其主要的物理效应是声能量的传播损失、声传播的多径效应以及声信号的起伏效应等。下面首先从海洋信道中的声速与声波传播模型入手，介绍水声信道的主要物理效应及其对通信系统的影响。

2.1.1 海洋中的声速与声波传播模型

海洋中的时变、空变特性，实际上与海洋介质各种不同时空尺度的运动过程相关，这些运动过程或者影响到边界条件，或者影响到海洋介质的声速分布，最终对声信号的传输造成影响。因此，海洋中的声波传播速度(声速)是决定海洋中许多声传播特性的主要的海洋学变量之一，它随深度、季节、地理位置和在固定位置上的时间而变化，这种时变、空变性是海水介质物理性质随机不均匀的结果。声速是声场分析中的基本物理量，对声波的传播特性有着重要的影响。

一般来说，声速是海水中温度、深度和盐度的函数，它随温度、深度和盐度的增加而增加。有许多经验公式基于温度、盐度和深度来计算声速。例如，文献[3]中，尤立克给出的经验公式为

$$c(T_e,S_e,z)=1\,449.2+4.6T_e-0.055T_e^2+0.000\,29T_e^3+(1.34-0.01T_e)(S_e-35)+0.016z \tag{2-1}$$

式中　c —— 声速(m/s)；

T_e —— 海水温度(℃)

S_e —— 盐度(‰)

z —— 测量处的深度(m)。

式(2-1)的适用范围是：$0\leqslant T_e\leqslant 35$℃，$0\leqslant S_e\leqslant 45$‰，$0\leqslant z\leqslant 1\,000$ m。声速与环境因素的函数关系导致在不同的环境中有不同的声速特性。

温度对声速的影响最大，而且在海面附近的温度较海底（特别是深海）随时间和空间的变化范围更大。因此，在海面附近，声速可以在 1 430 ~ 1 530 m/s 范围内变化。声速可以通过温度与深度记录仪、声速仪、电导、温度与密度(CTD)记录仪等声学仪器在现场测量，得到声速（或温度）随深度的变化值，这种声速与深度的函数关系称为声速剖面。

一般来说，当水平传播距离不是特别远（几百千米以内）时，海水温度都可假定是水平分层均匀地分布形式，一般是"三层"结构，它们具有不同的特征和不同的出现可能性。在近海表面层，一方面由于阳光照耀，被加热的海水深度可达 10 m 左右；另一方面，由于蒸发、降雨和辐射而变冷，冷水或含盐分大的水因为变重而下降。加上风浪搅拌，使得表面层形成一个混合层。此混合层对声波具有声道的作用。在长时间风平浪静的日照条件下，此混合层将消失，被温度随深度下降的水层代替。深水处是稳定的均匀冷水等温层，它的温度接近 4℃，几乎不变。在此层中，由于压力对声速的影响，声速随深度的增加而增加，具有正声速梯度。在这两层之间，温度由热变冷而形成跃变层，包括季节跃变层和主跃层。季节跃变层的特征是有负的声速梯度，即声速随深度的增加而减小。在夏、秋两季，季节跃变层强烈而界线分明；而在冬、春季节，跃变层趋于与混合层合并。季节跃变层之下为主跃层，它受季节的影响很小。在主跃层的负声速梯度和深海的正声速梯度之间有一声速极小值，相应于该声速最小值的深度称为声道轴。表面混合层和季节跃层有着明显的季节性和地区性，例如，浅海冬季可能不存在跃层，高纬度地区冬季混合层可深达数百米，而夏季几乎不存在混合层。

1. 深海声速剖面与传播模型

深海中声速的三层剖面分布，形成声波在海洋中传播的波导效应。典型的声速剖面和声线图如图 2-1 所示。对于近海面声源，声波传播有三种不同的模式，即表面声道、海底反射和会聚区（如图 2-1(b) 中的曲线 a,b,c 所示）；对于深海声源，声传播有两种不同的模式，即

SOFAR声道模型和折射—海面反射—折射(RSR)模型(如图2-1(b)中的曲线 d,e 所示)。

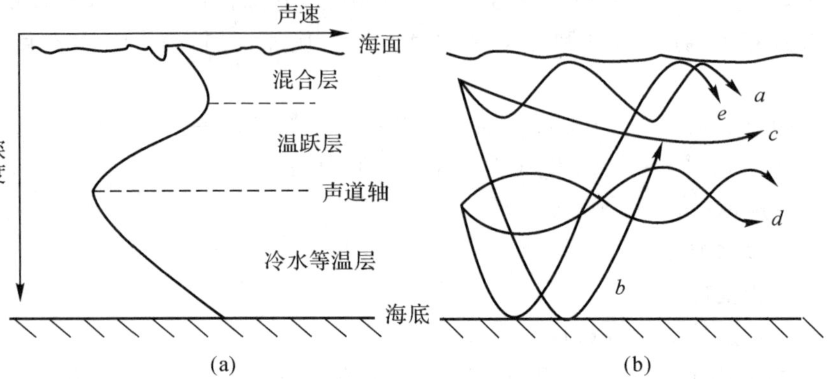

图2-1 典型深海声速剖面与声线图(参见参考文献[4]图7.2.2)

(a) 声速剖面; (b) 声线图

表面声道是由海水静压力形成的正梯度声速而形成的。声道内在一定开角范围内的声信号基本不受海底特性的影响;声线每经一次海面反射,都有一些能量损失,其损失大小与海面的不平整度有关。在声道内,制约传播衰减的主要环境因素是:① 混合层的厚度;② 混合层下的负梯度;③ 海面的海况。

海底反射模型需要有较强的负梯度声速剖面,声线经过表面混合层向下弯曲,经海底反射返回介质。虽然海底的反射会有较大的能量损失(与底质结构有关),但只要有足够的能量,一次海底反射也能在较远的距离上形成声场。在声线图中,相邻声线的交汇所形成的包络是焦散线,当焦散线与海面相交时,在海面或邻近海面的区域内会出现高声强区,称之为会聚区。在会聚区内,海洋类似透镜的作用使得表面的声线聚集或聚焦。在会聚区内,由于声线不经海底弹跳与海面反射,声能损失较少,声波可以传播很远的距离。

与表面混合层一样,在深海等温层中也会由于正梯度而形成具有良好传播条件的SOFAR声道。SOFAR信道是声传播最理想的信道,声能可以在一个与界面无接触的"管道"内接近无扩展损失地传播,因此,有时能传播数千千米的路程。在深海RSR模型中也存在一条不受海底和表面层影响的可靠路径。

Munk根据海洋介质的指数分层规律,给出了SOFAR声道声速剖面的典型形式:

$$c(z)=c_{\min}\{1+\varepsilon[e^{-\eta}-(1-\eta)]\} \tag{2-2}$$

式中 z —— 海水中的深度(m);

$c_{\min}$ —— 声速极小值(m/s);

η —— $\eta=2(z-z_A)/B$,z_A 为声速极小值的位置(m),B 为波导宽度(m);

ε —— 偏离极小值 $c_{\min}$ 的量级。

例如,一种典型的情况:$B=1\ 000$ m,$z_A=1\ 000$ m,$c_{\min}=1\ 500$ m/s,$\varepsilon=0.57\times10^{-2}$。

2. 浅海声速剖面与传播模型

一般来说，在沿岸浅海及大陆架上，声速剖面受较多因素的影响，变得不规则和不可预报，并且受海面加热或冷却、盐度变化和海流的影响很大。平均来说，有比较明显的季节性。在冬季的典型声速剖面是等温层，而在夏季则为负跃层，在连续平静海况的时期为负梯度。典型的声速剖面及声线图如图 2－2 所示。对于浅海情况，由于受海底影响，传播模型较为复杂，通常深部冷水层不十分明显，波导效应主要表现为海底与海面间的多次反射和折射形式，其能量损失决定于声速剖面分布和海底底质的声学性质。经海底反射的能量和透入海底的能量与频率有关。对于很低频率的声波，海底反射能力极差而透射能力较强，可以穿透较深的海床；而对于高频声波，海底的反射能量强，而透射能力很差。

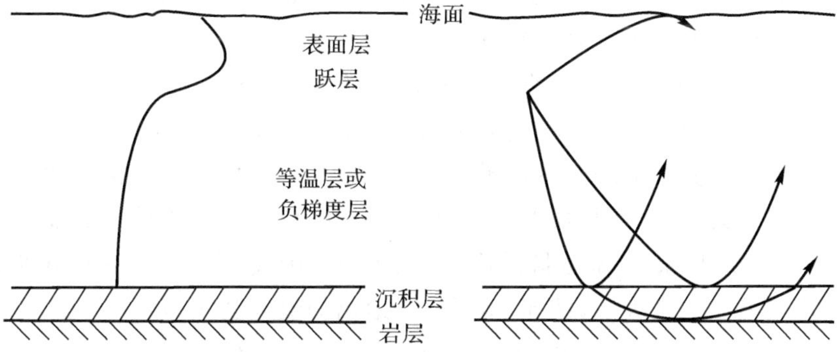

图 2－2　典型浅海声速剖面与声线图(参见参考文献[4]图 7.2.3)

2.1.2　声能量的传播损失及其计算的经验公式

声信号从声源向接收点的传播过程中，信号能量会逐渐减弱，这在远距离传输和高频应用情况下表现得更为明显。这是由于海水介质不是理想的无耗损介质。在水声学中，常采用传播损失来概括海洋中各种信号能量损耗的效应，它定量地描述距声源 1 m 处的声能量到远处任一点时衰减的大小，表示为距声源 1 m 处的声强 I_0 和远处任一点处的声强 I 的比值：

$$TL = 10\lg \frac{I_0}{I} \quad (\mathrm{dB}) \tag{2-3}$$

式中　TL —— 传播损失；

I —— 声强，单位面积内的声压流，表示为

$$I = \frac{p^2}{\rho c} \tag{2-4}$$

式中 p—— 声压；

ρ—— 海水密度；

c—— 海水中的声速。

乘积 ρc 通常称为声阻抗。传播损失是与介质中声场分布有关的物理参量，与介质空间的几何结构和物理特性有直接的关系。造成传播损失的原因主要有 4 个：① 波阵面的几何扩展；② 海水的吸收；③ 边界损失；④ 散射。传播损失主要表现为扩展损失和衰减损失。扩展损失是当声能从声源向外传播时，波阵面扩大而引起的能量有规律减弱的几何效应。对于无限均匀介质空间，扩展是球面扩展，声强随距离的二次方减少，而扩展损失随距离的二次方而增加；但对非均匀有限空间，则是非球面扩展，损失的大小与介质中声速分布和界面条件有关。由于折射和界面反射，海洋声传播信道大都呈现波导效应，这时的扩展损失通常呈柱面扩展的特点，扩展损失随距离的一次方增加。在海洋中，由于声速的非均匀性，扩展损失一般与通信系统应用的地区、季节、深度甚至波束方向有关。

衰减损失包括吸收、散射和声能泄露。声能量的吸收表现为海水介质的吸收和界面介质（如海底）的吸收，它包含着声能量转变成热能的过程，因而代表了声能量在传播介质中的真正损失。海水介质吸收实际上是介质粒子的相对运动所产生的黏滞摩擦和化学离子的弛豫效应的结果。与扩展损失一样，吸收损失也随距离而变化，它通常用吸收系数 α(dB/km，dB/ky，分贝 / 千码，1 ky＝0.914 km) 来定量描述。α 表示由于吸收，每传播 1 km，声强衰减 α(dB)。吸收系数可以用经验公式来表示，例如 Hoffman 给出的经验公式为

$$\alpha=\frac{1.776f^{1.5}}{32.768+f^{3}}+\frac{16.54\times10^{4}p}{1+32.768f^{3}}\left(\frac{0.650\ 53f_{T}f^{2}}{f^{2}+f_{T}^{3}}+\frac{0.026\ 847f^{2}}{f_{T}}\right)\ (\mathrm{dB/ky}) \tag{2-5}$$

式中 p —— 大气压；

f —— 信号频率；

f_T—— 与温度有关的弛豫频率。

Fisher 和 Simmoms 给出的表达式为

$$\alpha=A_{1}p_{1}\frac{f^{2}}{f_{1}^{2}+f^{2}}f_{1}+A_{2}p_{2}\frac{f^{2}}{f_{2}^{2}+f^{2}}f_{2}+A_{3}p_{3}f^{2} \tag{2-6}$$

式中 A_1, A_2, A_3, f_1, f_2 —— 温度的复杂函数；

p_1, p_2, p_3 —— 压力的函数。

式(2－6) 等号右边的 3 项分别表示海水中主要成分硼酸、硫酸镁以及黏滞性的影响，如图 2－3 所示(Fisher-Simmons 表达式在零深度处三个温度上的吸收系数与频率的关系曲线)。

海水中的吸收系数还与海水的深度有关。在海洋中所遇到的流体静压力的范围内，压力的影响使吸收系数按照因子$(1-6.54\times10^{-4}p)$ 减小，式中，p 是以大气压为单位的压力。取一大气压作为 4℃(39℉) 时 10.3 m(约为 33.9 ft) 深度上水的压力当量，尤立克给出了在水下

d(ft，1 ft ≈ 0.304 8 m) 深处的吸收系数 α_d 与深度为零处的值 α_0 之间的关系为

$$\alpha_d = \alpha_0(1 - 1.93 \times 10^{-5} d) \tag{2-7}$$

因此，深度每增加 304.8 m(1 000 ft)，海水中的声吸收减小约 2%。在 4 572 m(15 000 ft) 深处的吸收系数减为海表面处吸收值的 71%。

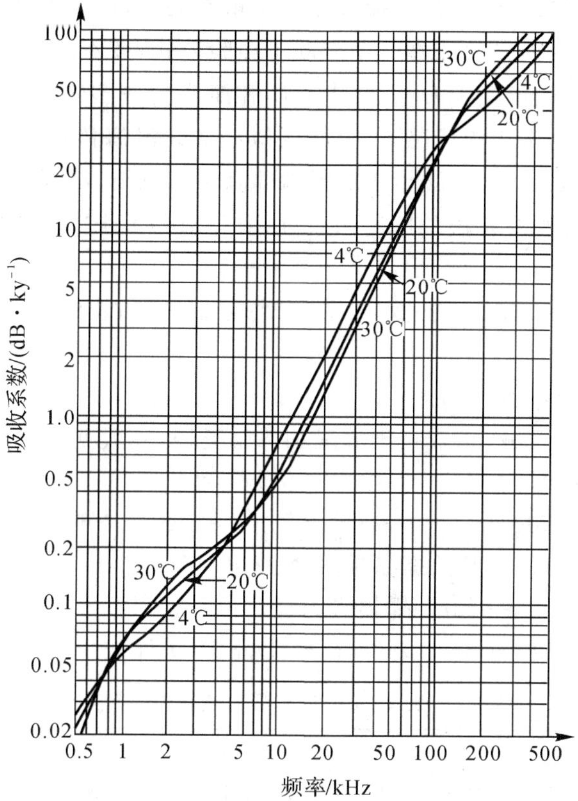

图 2-3 在三个温度上的海水吸收系数(参见参考文献[3] 图 5.5，pH = 8，盐度为 35‰)

吸收系数与温度、深度有关，特别是与声信号的频率有密切的关系，它随频率的增加而显著地增加。对于窄带信号，介质的吸收仅引起声信号幅度或能量的衰减；但对于宽带信号，吸收和频率的关系可使信号波形产生畸变。海底的吸收损失与海底介质、声波入射方向以及信号频率有关，而且海底的吸收损失远大于海水中的吸收损失。海水中的声吸收特性是水声信道的一个重要特性。

除此之外，粗糙海面、海底以及海水中微结构的散射也会造成声能量的损失。

由于声能量的扩展与传输距离有关，声能量的吸收与传输距离和信号频率都有关，因而水声信道中的传播损失与距离和频率有关，并随距离和频率的增加而增加。传播损失的这一特

性使得高频信号在远距离传输时受到很大的衰减,从而大大降低了信道的可用带宽。例如,一个几十米的近距离传输系统,其信道可用带宽达几十万赫;一个几千米的中距离系统,其信道可用带宽缩小为几万赫;而一个几十千米的远距离系统,信道带宽只有几千赫。这种带限信道无疑会对通信系统的性能带来很多限制。

分析水声通信系统的性能时,传播损失是一个重要的量,可用来估算通信系统的传播距离及系统可用带宽等。传播损失的计算可以借助于经验公式,按不同的信道情况进行估算。

在浅海中,声传播损失依赖于海面、海水介质和海底的许多物理参数。在这些参数,尤其是海底的声速和密度结构未知的情况下,只能近似地估计浅海传播损失。下面的经验公式是尤立克依据约 10^5 个 0.1 ~ 10 kHz 频率范围内的测量值总结得到的。设 D_h 是海水深度(ft),定义 $H=[(D_h+L)/8]^{1/2}$,L 是层的厚度(ft),H 用千码(ky)计算。在近距离范围内,即距离 r 小于 H,传播损失为

$$TL=20\lg r+\alpha r+60-k_L \quad (\text{dB}) \tag{2-8}$$

式中 r—— 距离(ky);

α—— 海水吸收系数(dB/ky);

k_L—— 近场异常衰减,它依赖于海况和海底类型,其数据参见表 2-1。

在中等距离范围内,即 $H\leqslant r\leqslant 8H$,传播损失为

$$TL=15\lg r+\alpha r+\alpha_T(r/H-1)+5\lg H+60-k_L(\text{dB}) \tag{2-9}$$

式中 α_T—— 浅海衰减系数,其数据参见表 2-2。

对于远距离区域,即 $r>8H$,传播损失为

$$TL=10\lg r+\alpha r+\alpha_T(r/H-1)+10\lg H+64.5-k_L(\text{dB}) \tag{2-10}$$

表 2-1 近场异常衰减 k_L 单位:dB

海况		0		1		2		3		4		5	
		沙底	泥底	沙底	泥底	沙底	泥底	沙底	泥底	沙底	泥底	沙底	泥底
频率/kHz	0.1	7.0	6.2	7.0	6.2	7.0	6.2	7.0	6.2	7.0	6.2	7.0	6.2
	0.2	6.2	6.1	6.2	6.1	6.2	6.1	6.2	6.1	6.2	6.0	6.2	6.0
	0.4	6.1	5.8	6.1	5.8	6.1	5.8	6.1	5.8	6.1	5.8	4.7	4.5
	0.8	6.0	5.7	6.0	5.6	5.9	5.6	5.3	5.0	4.3	3.9	3.9	3.6
	1.0	6.0	5.6	5.9	5.6	5.7	5.3	4.6	4.2	4.1	3.7	3.8	3.4
	2.0	5.8	5.4	5.3	4.9	4.2	3.8	3.8	3.4	3.5	3.1	3.1	2.8
	4.0	5.7	5.1	3.9	3.5	3.6	3.1	3.2	2.8	2.9	2.4	2.6	2.2
	8.0	4.3	3.8	3.3	2.8	2.9	2.5	2.6	2.2	2.3	1.9	2.1	1.7
	10.0	3.9	3.4	3.1	2.6	2.7	2.2	2.4	2.0	2.2	1.7	2.0	1.6

表 2-2　浅海衰减系数 α_T　　单位：dB

海况		0		1		2		3		4		5	
		沙底	泥底	沙底	泥底	沙底	泥底	沙底	泥底	沙底	泥底	沙底	泥底
频率/kHz	0.1	1.0	1.3	1.0	1.3	1.0	1.3	1.0	1.3	1.0	1.3	1.0	1.3
	0.2	1.3	1.7	1.3	1.7	1.3	1.7	1.3	1.7	1.3	1.7	1.4	1.7
	0.4	1.6	2.2	1.6	2.2	1.6	2.2	1.6	2.2	1.7	2.4	2.2	3.0
	0.8	1.8	2.5	1.8	2.5	1.9	2.6	2.2	3.0	2.4	3.8	2.9	4.0
	1.0	1.8	2.7	1.9	2.7	2.1	2.9	2.6	3.7	2.9	4.1	3.1	4.3
	2.0	2.0	3.0	2.4	3.5	3.1	4.4	3.3	4.7	3.5	5.0	3.7	5.2
	4.0	2.3	3.6	3.5	5.2	3.7	5.5	3.9	5.8	4.1	6.2	4.3	6.4
	8.0	3.6	5.3	4.3	6.3	4.5	6.7	4.7	6.9	5.0	7.3	5.1	7.5
	10.0	4.0	5.9	4.5	6.8	4.8	7.2	5.0	7.5	5.2	7.8	5.3	8.0

参考文献[1]给出了另一种形式的经验公式，这个经验公式是在混合层中，3.5～7.5 kHz 的频率范围内传播损失的经验公式。其特点是以海况为海面环境参数，在距离 30 ky，层厚 80～220 ft，2～5 级海况的范围内，与试验结果的标准偏差为 7 dB。

按照参考文献[1]，在近距离，即当 $r \leqslant (0.122H)^{0.5}$ 时，传播损失为

$$TL = 20\lg r + (A+B)r + 60 \quad (\mathrm{dB}) \tag{2-11}$$

在远距离，即当 $r > (0.122H)^{0.5}$ 时，传播损失为

$$TL = 10\lg r + 5\lg H + 50.9 + (A+B)r \quad (\mathrm{dB}) \tag{2-12}$$

式中　r——距离(ky)；

H——层厚(ft)；

A——吸收系数(dB/ky)；

B——漏射系数(dB/ky)。

A 和 B 表示为

$$A = \left[\frac{1.776f^{1.5}}{32.768+f^3} + \frac{1}{1+32.768/f^3}\left(\frac{0.650\,53f_tf^2}{f^2+f_t^3} + \frac{0.026\,847f^2}{f_t}\right)\right] \quad (\mathrm{dB/ky}) \tag{2-13}$$

式中　$f_t = 21.9\times 10^{\frac{6t+118}{t+273}}$；

f——频率(kHz)；

t——摄氏温度(℃)。

$$B = \frac{26.6f}{[(1\,452+3.5t)H]^{0.5}}(1.4)^n \tag{2-14}$$

式中　n——海况。

在水声学中，还可以利用声场模型来计算传播损失。

2.1.3 声传播的多径效应

和无线电信道一样，由于介质空间的非均匀性以及海面、海底边界的影响，水声信道存在多径现象。也就是说，在一定波束宽度内发出的声波可以沿几种不同的路径到达接收点，且当声波在不同路径中传播时，由于路径长度和声速的差异，到达该点的声波能量和时间也不相同，从而引起信号的衰落，造成波形畸变。

造成多径传播的主要机理是声线弯曲以及海底、海面的反射与折射等。由图 2-1(b) 和图 2-2 可以看到，当声波在不同的层、海底和海面间传播时会造成多次的反射和折射，从而形成各个不同的传播路径，而且声源和接收机之间不同距离的多径结构是不同的，沿不同类型的路径到达接收机的传播时间和传播损失也不相同。由于海面、内波、水团、湍流等的影响，多径结构通常是时变的，且与通信系统的相对位置有关。如图 2-4 所示为相同发射深度、不同接收深度时，用射线模型计算出来的本征声线图。一般将由声源发射到达接收机的声线称为本征声线。仿真的信道水深为 50 m，发射机与接收机相距 6 km，发射换能器水深为 22 m，信号频率为 10 kHz。图 2-4(a) 中，接收换能器深度为 25.5 m，有 3 条本征声线；图 2-4(b) 中，接收深度为 32.5 m，有 2 条本征声线。可见，接收机在水下不同的位置上，所得到的信号传播路径不同。

声波不仅在海洋信道的边界会出现反射和折射，实际上，由于不均匀水团的作用，折射现象可以出现在水平方向，形成水平折射多径。当然，水平多径更多地是来自大幅度起伏不平的海底，它不受距离的限制，因此，多径时延有时可达几十到数百毫秒的量级。

多径传播在单个接收器上产生信号的幅度和相位起伏；由于沿不同路径传播的时间不同，多路径会导致信号畸变，并使得信号的持续时间和频带被扩展，信道呈现选择性衰落特性，严重时会造成数字信号的码间干扰(ISI，Inter-Symbol Interference)。在水平传播的浅海水声信道，码间干扰会有几十到几百个码元宽度。例如，传播距离为 1 ～ 10 km 的浅海信道，当数据率为 10 kb/s 时，10 ms 的多径扩展会造成近 100 个码元间出现码间干扰。

多径传播造成的码间干扰是影响水声通信系统数据率和差错概率的主要因素，在强多径环境中，实现高速的可靠传输无疑是水声通信系统最富有挑战性的任务。

分析多径传播常用射线模型，由它可得到信道的多径结构。

2.1.4 声传播的起伏效应

以上对声传播的分析都是基于介质是水平均匀的分层结构，实际上介质不但在空间分布上不均匀，而且是随机时变的，因此声场也是随机时变、空变的。当声波在海水中传播时，介质的随机不均匀性表现为：海水中任一点的声速是一个时间的随机变量，在同一时刻、空间不同点的声速也呈现随机分布。海水中的随机特性主要起源于：① 海水中的湍流运动造成的非均匀水团，也称温度微结构；② 内波的随机扰动；③ 随机运动的海面。由于海洋中不均匀体的运动，声信号在传播时将产生信号的起伏，造成信号幅度的衰落和相位的旋转。

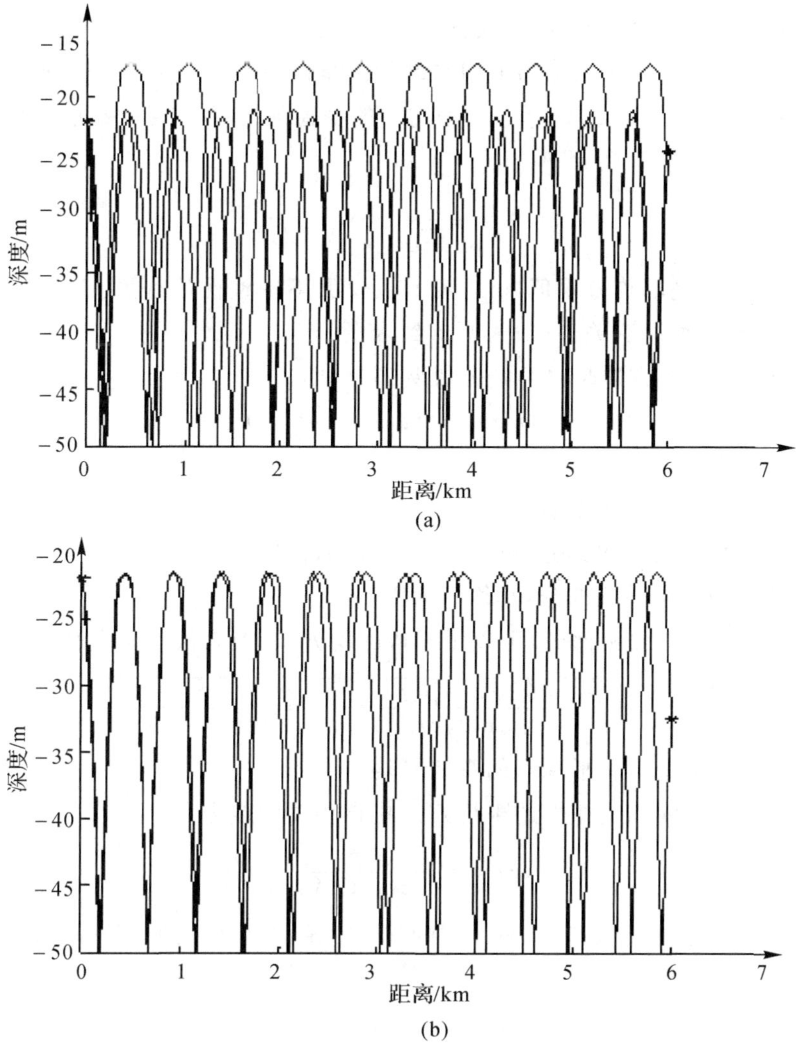

图 2-4　不同接收深度时的声线图

(a) 接收深度为 25.5 m；(b) 接收深度为 32.5 m

1. 运动海面引起的声场起伏

海洋表面由于和大气接触，受温度和气流的影响，经常呈现波浪、涌或涟漪之类的不平整性，这种不平整表面使声波在海面的反射中引进了随机反射或漫反射成分，从而引起海水介质中声信号的随机起伏和频率扩展，而且起伏较大，也较快。

海面不平整性可用海面质点偏离平均水面的垂直位移 $\xi(x, y, t)$ 来表示。$\xi(x, y, t)$ 被称为随机波浪场，一般可假定 $\xi(x, y, t)$ 是均匀的平稳随机场。绝大部分实际的波浪质点位移 $\xi(x, y, t)$ 的分布符合高斯分布

$$f(\xi)=\frac{1}{\sqrt{2\pi}\,\sigma_{\xi}}\exp\left(-\frac{\xi^2}{2\sigma_{\xi}^2}\right) \tag{2-15}$$

式中 σ_{ξ}—— 海面波高的均方根值(m)，表示了海面不平整性的程度，其大小与引起海面不平整的海况有关，一般为厘米到米量级。

传统的声场起伏描述方法是将声场分成两部分，即

$$p(t,r)=\bar{p}(t,r)+\tilde{p}(t,r) \tag{2-16}$$

式中 p—— 声压；

r—— 与空间有关的变量；

$\bar{p}(t,r)$—— 声场中的平均部分，也是声场的稳态部分；

$\tilde{p}(t,r)$—— 声场的纯随机部分，其均值为零。

声场的起伏就是指其随机部分，可以用起伏的均方差，即起伏率来表征，表示为

$$\sigma_p(r)=\sqrt{\frac{\langle|p(t,r)-\bar{p}(t,r)|^2\rangle}{\langle|p(t,r)|^2\rangle}}=\sqrt{\frac{\langle|\tilde{p}(t,r)|^2\rangle}{\langle|p(t,r)|^2\rangle}} \tag{2-17}$$

式中 $\langle\cdot\rangle$—— 当声场是广义平稳时的系综平均。

描述声场起伏的时间变化特性的声场归一化自相关函数为

$$R_p(\tau,r)=\frac{\langle p(t,r)p^*(t+\tau,r)\rangle}{\langle|p(t,r)|^2\rangle} \tag{2-18}$$

当声场是广义平稳时，$R_p(\tau, r)$ 只是时间差 τ 的函数，可以用时间平均来代替系综平均。

将声场表示成指数形式

$$p(t,r)=A(t,r)\mathrm{e}^{\mathrm{j}\theta(t,r)} \tag{2-19}$$

那么，起伏率可用声场的振幅起伏率 σ_A^2 和相位起伏率 σ_θ^2 来表示。

对于式(2-15)描述的波浪场，海面散射场的平均相干成分的反射系数是 $\exp(-R_\varepsilon^2)$，非相干成分对相干成分的强度比是 $\exp[(-R_\varepsilon^2)-1]$，其中，$R_\varepsilon$ 是瑞利参数，可以表示为

$$R_\varepsilon=\frac{2\pi f_0}{c}\sigma\sin\theta_0 \tag{2-20}$$

式中　f_0 —— 信号频率(Hz)；

c —— 声速(m/s)；

σ —— 波高的均方根值(m)；

θ_0 —— 掠射角。

瑞利参数 R_ε 也可以用来描述海面不平整度的统计特性，它在物理上可以理解为由于不平海面所引起的声波散射相对于镜像反射波的均方根相移，因此，其大小也反映了不同入射波频率和掠射角下海面的相对不平整性。当 $R_\varepsilon \ll 1$ 时，海面可以看成是平静的，主要是一反射体，在镜像反射角产生相干反射；而当 $R_\varepsilon \gg 1$ 时，海面近似为声粗糙的，作为散射体，在所有方向上发出不相干的散射。这些非相干散射随海面粗糙度的大小而不同程度地遍布在空间中，引入不同的随机起伏和距离扩展。在某些理论假设条件下，可以证明不平整海面的振幅反射系数，即反射幅度与入射幅度之比 η 可以简单地表示为

$$\eta = e^{-R_\varepsilon} \tag{2-21}$$

当 $R_\varepsilon < 1$ 时，海面反射信号的幅度分布通常为赖斯分布，幅度和相位起伏率都接近于 $R_\varepsilon/\sqrt{2}$；当 $R_\varepsilon > 1$ 时，幅度分布接近于瑞利分布，起伏率接近于最大饱和值 0.52，实际测量值在 0.3 ～ 0.5 之间。由于起伏与掠射角有关，因此，随着距离的增加，海面的掠射角变小，因而海面反射的幅度起伏率减小，海面的作用越来越趋于完全镜面反射。

当海面运动时，波浪的垂直运动会叠加到入射声波的频率上，在反射声波的频谱中产生上、下边频和频率扩展，扩展的频谱是海面波浪谱的复制。

目前，描述海浪谱经常采用 Pierson - Moskowity(P - M) 谱，对于充分发展的风动重力波谱，它是一个有方向的谱

$$S(\omega,\theta) = \frac{ag^2}{\omega^5}\left[\exp\left(-\beta\frac{\omega_0^4}{\omega^4}\right)\right]F(\omega,\theta^*,v) \tag{2-22}$$

式中　$a = 8.1\times10^{-3}$；

ω—— 波浪的角频率；

g—— 重力加速度，$g = 9.8\ \mathrm{m/s^2}$；

$\beta = 0.74$；

$\omega_0 = g/v_{19.5}$，为海面上高 19.5 m 处的风速(m/s)；

$F(\omega,\theta^*,v)$—— 波谱的束宽因子，它与波的角频率、风速及与风向的夹角 θ 有关。

2. 温度微结构产生的起伏

海水是不均匀的，含有温度微结构(水团)。这些温度微结构在某些自然现象(如气压、涌浪、潮汐等)影响下会产生随机运动，从而使声波传播信号产生起伏。物理上这种起伏是由温度微结构对应声速的折射率 $c/\bar{c}$ 的随机变化引起的，$\bar{c}$ 为平均声速。

在一定的时间和空间范围内，可以认为湍流引起的起伏过程在时间上是平稳的，在空间上是均匀且各向同性的。由于起伏的空间-时间尺度均较小，因而称之为“微”结构。

湍流温度起伏的特性可以用温度起伏或声速的相对变化量的方差 μ^2 和水团尺度，即微结构的自相关半径 a 做定量描述。在相关半径 a 内，温度变化是相关的。对于各向同性的水团，温度的自相关函数通常表示为高斯函数的形式

$$R(d)=\mathrm{e}^{-(d/a)^2} \tag{2-23}$$

式中 d—— 声波在传播方向上的距离。

在这种描述下，可以把温度微结构形象地看成是具有一定温度和尺度的水团，这些水团在空间随机地分布着。当声波通过这些水团时，将产生折射和散射，从而使声信号产生起伏。

水团尺度 a、温度起伏或声速相对变化量 μ^2 可以通过温度测量得到。声速相对变化量 μ^2 定义为

$$\mu^2 \xlongequal{\text{def}} \left(\frac{\Delta\bar{c}}{\bar{c}}\right)^2 \tag{2-24}$$

式中 $\Delta\bar{c}$ —— 声速的均方偏差；

$\bar{c}$—— 平均声速。

在不同的海区用不同的方法测得的 μ^2 和 a 的数据差别很大。μ^2 大致在 $10^{-8}\sim10^{-9}$ 范围内，a 的数据就更为分散。

由温度微结构产生的声传播起伏，通常是以短脉冲系列的振幅起伏率来表示的，理论上可以得到起伏与微结构的关系。若用 P 表示脉冲传播时的声压强的绝对值，则在近距离和高频，即当 $r \ll ka^2$ 时，其中，$k=2\pi/\lambda=2\pi f/c$，r 是距离，由射线理论可得声压起伏率 σ_A 为

$$\sigma_A=\sqrt{\frac{\overline{(P-\bar{P})^2}}{(\bar{P})^2}}=\sqrt{\frac{4}{15}\sqrt{\pi}-\frac{\mu^2 r^3}{a^3}} \tag{2-25}$$

式中，横线表示对大量短脉冲或连续信号包络求平均。在近距离，产生起伏的主要物理过程可以认为是不均匀水团的声聚焦和发散。在远距离和低频，即当 $r \gg ka^2$ 时，由波动理论得到

$$\sigma_A(r)=\sqrt{\frac{\sqrt{\pi}}{2}\mu^2 k^2 ar} \tag{2-26}$$

在远距离，不均匀体的散射是起伏的主要因素。温度微结构的弱散射理论表明，振幅起伏与相位起伏具有完全不同的时间尺度。

3. 内波产生的起伏

海洋中的温度跃层结构不是固定不动的，与海面的波浪运动类似，它也做波浪运动，称为内波。内波是海洋介质中非均匀水层在重力作用下的随机波动。形成内波的驱动因素很多，如强烈的风、潮、流，海面空气层中的压力起伏以及经过海底丘陵和山的流等。内波是一种重

力波，一般比海面波浪有更大的波长和幅度。在浅海，内波反映在水平薄层上下起伏，例如夏季浅海跃层在深度上的变化，这种变化的周期与风浪、潮汐和季节流的作用及海面上的气压变化有关；在深海，内波表现在地球运动和季节流引起的声道结构的变化。内波对声场的扰动主要是通过对海水介质中声速分布的扰动引起的，由于声速是影响声场的重要参数，因此，它对海洋中的声场有很大的影响。近年来，内波的研究日益受到重视。

海洋中内波的参数变化范围很大。在开阔深海，长的低频内波可以有日周期或半日周期，波长为数十到数百千米；短的高频内波(一般在浅海)有数分钟和数小时的周期。如果将非均匀薄层中最小温度非均匀水团垂直位移记作 ξ，则薄层的波动(即内波)可以表示为 $\xi(t,z)$，它满足波动方程

$$\frac{\partial^2 \xi(t,z)}{\partial t^2} + f_N^2(z)\xi(t,z) = 0 \tag{2-27}$$

式中 f_N—— 薄层自由振动频率，它与介质密度 ρ 和重力加速度 g 有关，也称瓦依沙拉频率(Vaisa 频率)。

$$f_N^2(z) = -g\left[\frac{1}{\rho}\frac{\mathrm{d}\rho}{\mathrm{d}z} + \frac{g}{c^2}\right] \approx -\frac{g}{\rho}\frac{\mathrm{d}\rho}{\mathrm{d}z} \tag{2-28}$$

参考文献[1]给出了折射指数起伏率 μ 与内波的关系是

$$\mu = -\frac{f_N}{g}\varepsilon\xi \tag{2-29}$$

式中 ε—— 常数。

因此，从内波的运动可以计算声场的起伏。

内波对低频远距离传播中的信号起伏有重要的影响。一般情况下，内波对单路径有较大的相位随机调制，而对振幅起伏的影响则很小；但对远场条件，存在独立多径叠加效应，声场起伏也能反映到幅度上。

4. 信号起伏的统计学

除了海面、非均匀水团和内波会引起声场起伏外，源和接收机的随机运动、近海表面层气泡、深海浮游生物散射层也是影响声场起伏的因素。起伏造成接收信号出现时变、空变现象，呈现选择性衰落。

在实际的水声信道中，信号场的散射与起伏是一个十分复杂的问题，因为它是有规律非均匀性所构成的边界问题与各种随机起伏因素引起的散射场的叠加。目前，只能是抽取某项主要机理而简化其他问题来加以研究。

不同因素产生的声信号起伏的时空尺度是不一样的，通常可分为三种，见表 2-3。

表 2-3　不同起伏的时间尺度

<table>
<tr><td rowspan="6">小尺度</td><td rowspan="3">表面波浪</td><td>弱风</td><td>1 ～ 3 s</td></tr>
<tr><td>中风</td><td>8 ～ 10 s</td></tr>
<tr><td>强风</td><td>20 ～ 30 s</td></tr>
<tr><td rowspan="2">内波</td><td>浅海</td><td>数分钟 ～ 数十分钟</td></tr>
<tr><td>深海</td><td>数十分钟 ～ 数小时</td></tr>
<tr><td>湍流</td><td colspan="2">10^{-2} ～ 10^{-2} s</td></tr>
<tr><td>中尺度</td><td>内波、潮、惯性起伏</td><td colspan="2">数小时 ～ 1 天</td></tr>
<tr><td>大尺度</td><td>季节流、潮汐等</td><td colspan="2">数天 ～ 季节</td></tr>
</table>

小尺度的起伏，通常可以考虑为随机过程。

从前面的介绍可知，在海洋中距声源一定距离的信号起伏是声在不均匀的运动介质中传播造成的。海洋中不均匀体包括粗糙海面、温度和盐度的微结构，以及海洋中的生物体。又由于海流、湍流以及声源或接收机相对介质的运动，上述不均匀体彼此之间或相对于声源或接收机始终运动着。由于在水声信道中存在着多径传播，接收的信号可能是从声源沿着多条路径传播过来的稳定的成分以及随机时变的成分的组合。在近距离，直达（稳定）成分较强，随机成分的影响可以忽略；但随着距离的增大，直达成分将逐渐衰减，随机成分将逐渐淹没稳定的直达成分。因此，在足够远的距离上，接收信号将主要由振幅和相位都在随机变化的成分组成。于是，在任何距离上，接收信号都可以看成是稳定分量与随机分量之和，其振幅分布仅取决于随机分量在总的平均功率中所占比例的大小。

这种稳定（常数）分量与随机分量的和的振幅（包络）通常服从赖斯分布。设稳定分量表示为 s，稳定分量与随机分量的和表示为 r，其方差为 σ^2，则 r 的概率密度函数表示为

$$f_R(r)=\frac{r}{\sigma^2}\exp\left(-\frac{r^2+s^2}{2\sigma^2}\right)\mathrm{I}_0\left(\frac{rs}{\sigma^2}\right),\qquad r\geqslant 0 \tag{2-30}$$

式中　$\mathrm{I}_0(x)$ —— 宗量为 x 的零阶贝塞尔函数

一方面，当 r 中的稳定成分为零，接收信号全部是随机分量时，赖斯分布变成瑞利分布

$$f_R(r)=r\exp\left(-\frac{r^2}{2\sigma^2}\right),\qquad r\geqslant 0 \tag{2-31}$$

另一方面，如果稳定分量很大，即当 $rs\gg 1$ 时，则分布变为高斯(Gaussian) 分布

$$f_R(r)=\sqrt{\frac{r}{2\pi s\sigma^2}}\exp\left[-\frac{(r-s)^2}{2\sigma^2}\right],\qquad r\geqslant 0 \tag{2-32}$$

一般来说，在靠近声源或在会聚区，接收信号中的随机分量很小，仅有单一的、较强的主要传播路径的信号，接收信号的包络趋于高斯分布。当接收信号主要由散射分量组成时，如在深

海高频声场中，接收信号的包络服从瑞利分布。一般来说，当存在很多传播路径时，分布也趋于瑞利分布。

在这种存在随机起伏的信道中，相干检测只能用在起伏级足够低或有稳定的直达分量的情况下，以保证通信系统能进行载波提取和跟踪。信道起伏还引起信道冲激响应的时变性，造成通信信号的衰落。

2.1.5　多普勒扩展

发射机和接收机之间的相对运动、粗糙海面的散射不仅会引起信道起伏，而且会造成发射机和接收机间传播距离的增加或减少，从而引起接收信号在时间上的扩展或压缩。如果发射信号的带宽相对于其中心频率来说很小，则时间上的变化可以模化为信号的频移。在时间窗内信号的平均频移称为信号的多普勒频移，去掉这个平均频移后，信号中的剩余频率起伏称为多普勒扩展。

由发射机和接收机的相对运动造成的多普勒频移 f_d 与相对运动的速度 v、声传播速度 c 以及信号频率 f_0 有关。可以用相对多普勒频移 $f_d/f_0=v/c$ 来表示多普勒频移的影响程度。考虑到水声信道中标称的声传播速度为 1 500 m/s，远低于无线电信道中的传播速度 3×10^8 m/s，因此，多普勒频移对水声通信系统的影响要比无线电信道严重得多。

发射机和接收机之间相对运动不仅造成接收信号中出现一个多普勒频移，考虑发射机和接收机间有多条传播路径，则多个简单的多普勒频移就形成了多普勒扩展。

相对运动不仅表现为发射机和接收机间距离的变化，而且体现为相对深度的变化。例如，对于只有直达和海面反射两条路径的信道，若发射机和接收机位于同一深度，在声速均匀的情况下，相位偏差为

$$\Delta\varphi=4\pi\frac{f_0 d\sin\theta_0}{c}=4\pi\frac{d\sin\theta_0}{\lambda_0} \tag{2-33}$$

式中　d —— 接收机深度(m)；

　　　λ_0—— 信号波长(m)。

对于水声通信来说，信号频率通常在 1 ～ 30 kHz(信号波长为 0.05 ～ 1.5m) 之间。由于海面起伏或船的运动都会引起相对深度的变化，而掠射角会随着相对距离的变化而变化。按照式(2 - 33)，很小的深度或明显的掠射角变化都会引起严重的相位偏差。

另一个引起多普勒扩展的重要因素是来自运动海面的声散射。在上文提到，海面通常是运动的，运动的海面不仅会引起距离扩展，而且会引起频谱扩展，扩展的频谱是海面波浪谱的复制。运动海面引起的频谱扩展也可以用经验公式来表示。参考文献[5] 给出了由粗糙海面的散射所引起的频率扩展的经验公式

$$D_u=2f_u\left(1+\frac{4\pi f_0\sigma\cos\theta_0}{c}\right) \tag{2-34}$$

式中 D_u —— 频率扩展宽度；

u —— 风速(m/s)；

σ —— 波高(m)，它与风速 u 的关系为 $\sigma = 0.005\,u^{2.5}$；

f_u —— 波浪的频率(Hz)，$f_u = 2/u$。

对于采用相干检测的水声通信系统来说，多普勒扩展会带来相位偏差，造成严重的相位漂移问题，大的多普勒扩展甚至会影响自适应算法的收敛性，严重时会造成均衡器的发散。因此，水声通信系统，特别是存在发射和接收间相对运动的系统，必须要采取技术措施，抵消多普勒扩展的影响。

2.2 水声信道中的环境噪声

在水声信道中，除了信道的传输特性外，影响通信系统性能的另一个主要因素就是海洋环境噪声。海洋环境噪声是水声信道中的一种加性干扰背景场。在水声学中，环境噪声用噪声谱级 *NL*，即所测的噪声值折算到 1 Hz 带宽的值来表示。在水声信道中，不同深度上，环境噪声的来源不同；不同频率上，噪声的特性也不同。研究海洋噪声场的目的在于分析噪声谱级 *NL* 及其时空统计特性与环境因素的关系，找出其规律性，并能做出预报。

2.2.1 环境噪声的构成因素和谱级曲线

环境噪声的各种构成因素如图 2-5 所示。

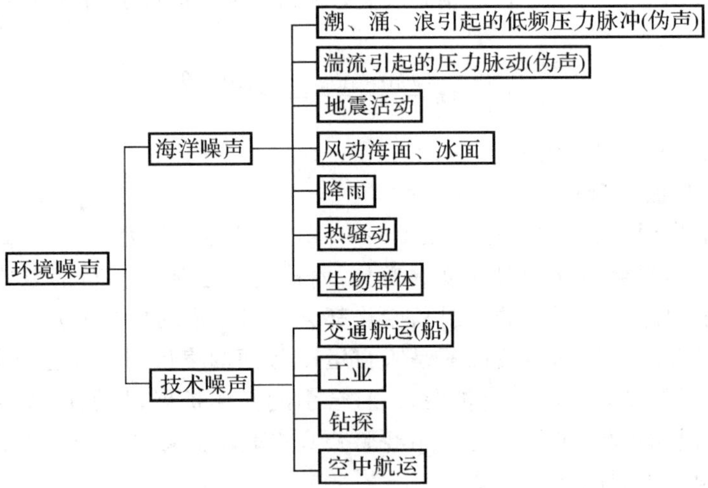

图 2-5 环境噪声的构成因素

Wenz 研究了海洋中湍流等对环境噪声产生的作用，所总结的环境噪声谱级曲线如图 2-6 所示。Wenz 谱级曲线大体上可分成互相覆盖的三段：① 在低频段 1 ~ 100 Hz 内，每倍频程按 −8 ~−10 dB 衰减，主要来源于潮、涌、浪的压力脉动，大尺度湍流以及远处的风暴、地震，其噪声级与风速关系不大。② 在 10 ~ 500 Hz 频段，频谱会出现极值，但极值的位置变动较大，其噪声级也与风速无关。总的来说，这一段频谱较为平缓，主要来源于远处的航船，因此，这段谱级的强弱与航运的频繁程度有关。③ 在 500 ~ 25 000 Hz 频段内，存在一个与风速、海况相关的谱级，每倍频程按 −5 ~−6 dB 衰减，这主要来源于风动海面所产生的风关噪声。

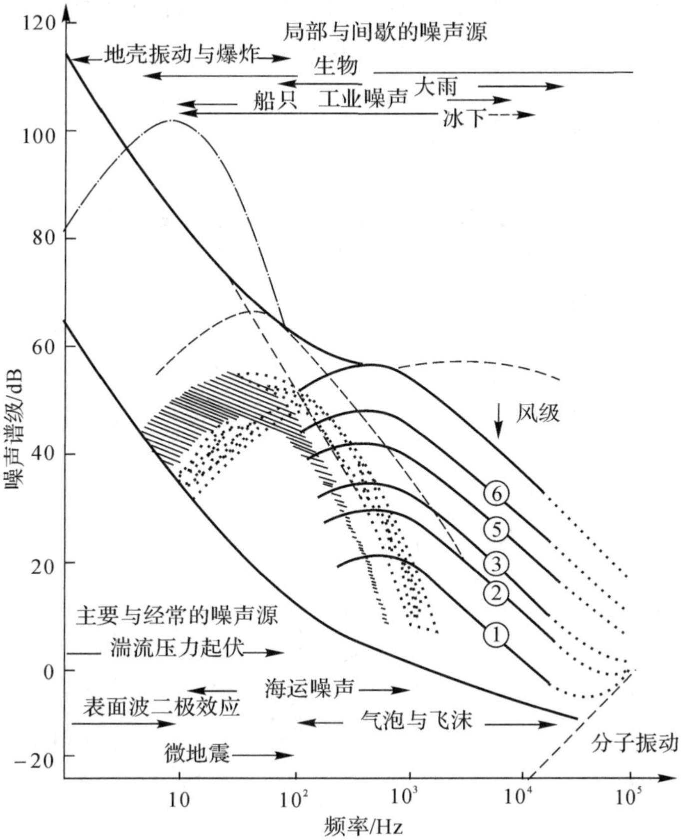

图 2-6　Wenz 谱级曲线(参见文献[1]图 6.2.2)

Piggott 给出的噪声谱级的预报公式为

$$L_0(f) = L_1(f) + L_2(f, u) \tag{2-35}$$

式中　$L_2(f, u)$ —— 风关噪声；

$L_1(f)$ —— 其他形式噪声源(航船或生物) 的贡献。

风关噪声可以写成下列形式：

$$L_2(f,u)=A(f)+20n(f)\lg u \tag{2-36}$$

式中 u—— 风速；

系数 A 与季节、传播条件有关。

造成风关噪声的机制目前还不十分清楚，其主要原因可能有下列几种：① 流体静压（一阶效应）；② 流体静压（二阶效应）；③ 白浪花及气泡，浪花溅泼；④ 湍流伪声；⑤ 空气边界层噪声。高风速时，② ～ ⑤ 可能是主要的，而低风速时，① 和 ② 是主要的。

海洋噪声谱级的高频端由分子热噪声所控制，等效的热噪声谱级可以表示为

$$NL=-115+20\lg f \tag{2-37}$$

2.2.2 深海中的环境噪声

在深海中，环境噪声主要由潮汐以及波浪的水静压力效应、地震扰动、海洋湍流、波浪非线性互作用、行船、海面波浪、热噪声等产生。如图 2-7 所示是深海环境噪声谱的一个例子。噪声谱由斜率不同的几部分组成。

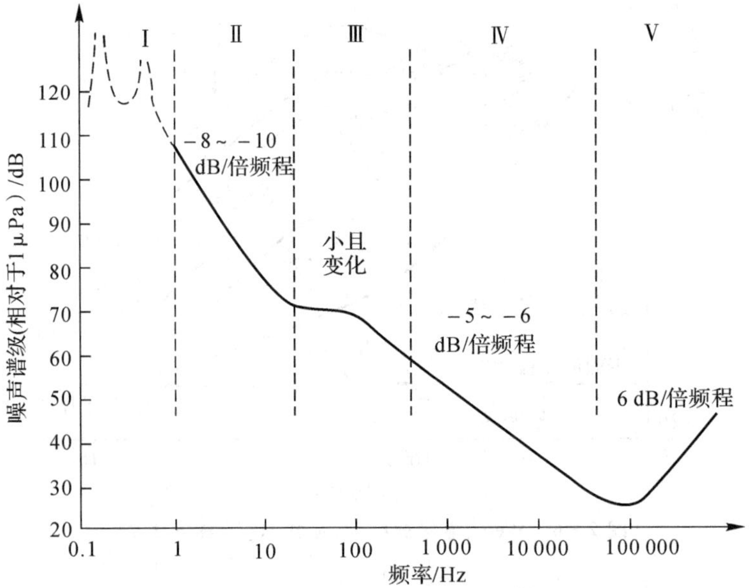

图 2-7 深海噪声谱的举例(参见参考文献[2]图 6.1)

Ⅰ 频带，位于 1 Hz 以下，至今还很不了解这段谱。噪声可能来源于水的静压力效应或地球扰动。

Ⅱ 频带，谱斜率为 －8 ～－10 dB/ 倍频程，其噪声源最有可能是大洋湍流。

Ⅲ 频带，环境噪声谱变平，远处行船是主要的噪声源。

Ⅳ 频带，是具有 －5 ～－6 dB/ 倍频程的 Knudsen 谱。噪声的来源是海面，因而谱级与风速有关。

Ⅴ 频带，主要是海水分子运动产生的热噪声，其特征是有 6 dB/ 倍频程的正斜率。

为了预报噪声谱级，需要有不同条件下的平均典型环境噪声谱，如图 2-8 所示是不同航运和风速条件下的平均环境噪声谱。

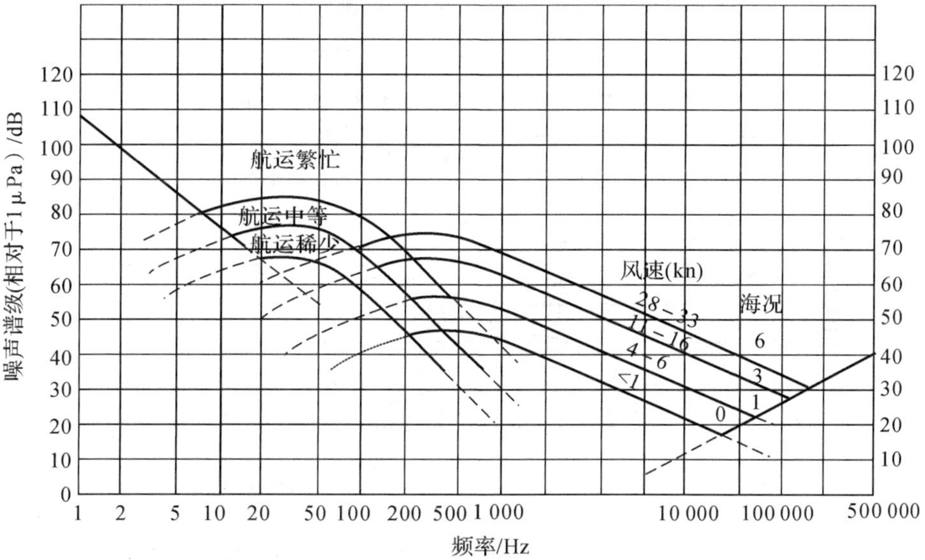

图 2-8　深海平均环境噪声谱(参见参考文献[3]图 7.5)

2.2.3　浅海环境噪声

与比较稳定的深海环境噪声相反，在近海、海湾和港口，环境噪声的变化很大，浅海环境噪声的声源在不同的时间和不同的地点都显著地不同。除了有与深海相同的噪声源外，工业噪声、水下生物噪声及潮汐流产生的噪声共同形成了嘈杂的环境。

在浅海中，某一频率下的背景噪声由三类不同形式的噪声混合而成：行船及工业噪声、风关噪声和生物噪声。在一个特定的时间和地点，噪声级取决于这些噪声源混合的情况，因而随时间、地点而变。因此，在海湾、港口以及近海地区，仅能给出噪声级的粗略指示。

在近海，如大陆架上，在很宽的频段内，主要由风速决定噪声级。Piggott 的测量表明，在 10 ～ 3 000 Hz 频率间，风速增加一倍，噪声级增加 7.2 dB，由风产生噪声的各种过程(风生成波浪的水静压力效应、浪花及粗糙海面的直接声辐射等）在近海都会产生噪声级。如图 2-9 所示为 Piggott 得到的几种风速下的噪声谱。与外海中的 Knudsen 谱相比，当频率高于 500 Hz 时，近海中的噪声谱级比深海噪声谱级高 5 ～ 10 dB。

当不存在行船和生物噪声，只有风关噪声对环境噪声有贡献时，所测得的噪声级仅与风速有关，而与换能器深度、海深，以及测点处的其他特征都没有关系。当风速在 5 kn 以上时，风速增加一倍，谱级以增加 6 dB 的变化率增高。低频和低风速时，浅海要比深海安静，这是由于浅海的恶劣传播条件阻断了远处噪声的传播，但当存在行船、生物噪声或其他人为噪声时，浅海是十分嘈杂和变化剧烈的环境。有关近海、浅海噪声谱的进一步的例子参见参考文献[3]。

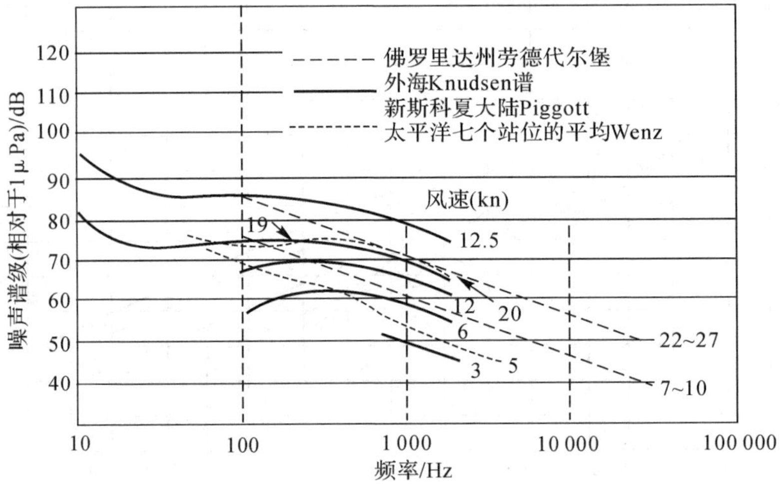

图 2-9　以风速作为参量的近海噪声谱级(参见参考文献[3]图 7.8)

和许多水声参量一样，环境噪声有明显的变化性。一方面，当频率高于 10 kHz 时，环境噪声谱级会因为吸收而随着深度的增加而降低。另一方面，环境噪声的谱级有随频率的增加而降低的趋势，而信号的传播损失则随频率的增加而增加，存在一个最佳的信号频率。因此，根据环境噪声谱级的预报，可以为通信系统最佳信号频率的选择提供参考。

环境噪声是影响水声通信系统接收信噪比的重要因素之一，因而噪声谱级的预报可以为通信系统的性能评估和设计提供参考。

【例 2-1】 设通信信号的载波频率 $f=1$ kHz，发射声源级 $SL=190$ dB，采用全向接收换能器，信道水深 100 m，声速曲线示意图如图 2-10 所示。设发射换能器和接收换能器位于水下 20 ～ 30 m 之间，问当通信距离为 70 km 时，到达接收机输入端单位频带内的等效信噪比为多少？

解　信道的水深 $D_h=100$ m(328.4 ft)，层厚 $L=40$ m(131.2 ft)，于是有

$$H=\sqrt{(D_h+L)/8}=\sqrt{(328.4+131.2)/8}=7.6\ \text{ky}$$

通信距离 $r=70\ \text{km}=76.6\ \text{ky}>8H=60.8\ \text{ky}$，因此按照式(2-10)计算传播损失。

$TL=10\lg r+\alpha r+\alpha_T(r/H-1)+10\lg H+64.5-k_L$

参照图2-3，在零深度处，20℃水温，当 $f=1$ kHz时，海水的吸收系数约为 $\alpha_0=0.06$ dB/ky，在水深 $d=30$ m $=98.4$ ft 处，按照式(2-6)，吸收系数为

$$\alpha=\alpha_0(1-1.93\times10^{-5}\times98.4)\approx0.06\ \text{dB/ky}$$

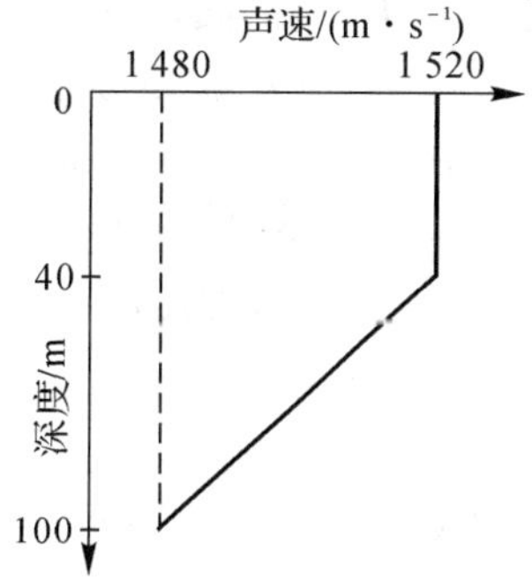

图 2-10　声速示意图

设海底底质为沙底，3级海况(15 kn风速)，查表2-1得 $k_L=4.6$ dB，查表2-2得 $\alpha_T=2.6$ dB，代入式(2-10)得

$TL=10\lg 76.6+0.06\times76.6+2.6\times(76.6/7.6-1)+10\lg 7.6+64.5-k_L=115.7$ dB

参照图2-9，在3级海况，当 $f=1$ kHz时，由风关噪声产生的噪声谱级 $NL\approx70$ dB。

采用全向接收换能器，因而接收指向性指数 $DI=0$。由被动声呐方程可得，到达接收端的单位频带内的等效信噪比(SNR)为

$$\text{SNR}=SL-TL-NL+DI=190-115.7-70=4.3\ \text{dB/Hz}$$

2.3　声场模型

2.2节简要介绍了水声信道中对通信性能影响较大的物理效应，这些物理效应体现了声波在海洋中的复杂传播规律。在水声学中，通常用声场模型来描述声波的传播规律。

声波实质上是介质中质点的机械扰动，由于扰动引起该质点邻近的介质密度、压力变化，这种变化的压力就是声压，它反映了该质点位置上声信息的特征。声波的传播过程是一种波动过程，这一波动过程可用波动方程来描述。波动方程是描述声场传播的所有数学模型的理论基础，声场分析就是在给定定解条件下解波动方程，从而得到波动过程的一般规律。

在均匀理想流体介质中，小振幅声波的三维波动方程为

$$\nabla^2 p=\frac{1}{c^2}\frac{\partial^2 p}{\partial t^2} \tag{2-38}$$

式中　p —— 声压；

c —— 声速；

∇^2 —— 拉普拉斯算子，表示为

$$\nabla^2=\frac{\partial^2}{\partial x^2}+\frac{\partial^2}{\partial y^2}+\frac{\partial^2}{\partial z^2}$$

在稳定的简谐声源产生的稳态声场中，波动方程式(2-38)简化为

$$\nabla^2 p+k^2 p=0 \tag{2-39}$$

式中 k —— 波数，$k=\omega/c$；

ω —— 源角频率，$\omega=2\pi f$。

方程式(2－39)又称为 Helmholtz 方程，是频域的波动方程。

在一般宏观非均匀介质中，密度 ρ 和声速 c 均是空间函数，此时不能直接得到关于 p 的波动方程，可以引入波函数

$$\psi \stackrel{\text{def}}{=\!=} \frac{1}{\sqrt{\rho}}p \tag{2-40}$$

得到关于 ψ 的波动方程为

$$\boldsymbol{\nabla}^2\psi+K^2(x,y,z)=0 \tag{2-41}$$

其中

$$K^2=k^2+\frac{1}{2\rho}\boldsymbol{\nabla}^2\rho-\frac{3}{4}\left(\frac{1}{\rho}\boldsymbol{\nabla}\rho\right)^2 \tag{2-42}$$

对于一般非均匀介质空间，严格求解方程式(2－39)或方程式(2－41)都是复杂的甚至是不可能的，即使在某些特定条件下有解，也往往是高级超越函数形式，不能给出十分直观的物理图像。因此对于实际海洋信道，往往按其物理和几何特征分成几种特殊类型来讨论，以求得方程的近似解；不同的解的形式形成了不同的声场模型。一般常用的声场模型有以下 5 种：射线理论模型(ray theory models)、简正波模型(normal models)、多途扩展模型(multipath expansion models)、快速场模型(fast field models)、抛物线方程模型(PE，Parabolic Equation models)。这 5 种模型还可以进一步细分为与距离有关的和与距离无关的。与距离无关意味着模型假设是柱面对称的，也就是说，信道是水平的分层信道，声传播的特性仅是深度的函数。与距离有关则意味着海水介质的某些特性不仅是深度的函数，还是距离和掠射角的函数。与距离有关还细分为与距离和深度有关的二维(2D)模型和与距离、深度和掠射角有关的三维(3D)模型。

2.3.1 射线理论模型

在经典射线声学的范畴内，对声场的描述是由射线(声线)来传递声能量的，从声源出发的声线按一定的路径到达接收点，接收到的声能是所有到达声线，也称本征声线的叠加结果。由于声线都有一定的路径，相应地有一定的到达时间和强度。由此，在射线声学的范围内有两个基本的方程：一个是用于确定声线行走规律的程函(Eikonal)方程，另一个是用于确定声线强度的强度方程。这两个方程可以在一定的近似条件下得到。

在射线理论中，波动方程的近似解为声压幅度函数 $A(x, y, z)$ 和相位函数 $P(x, y, z)$ 的乘积，即

$$\psi(x,y,z)=A(x,y,z)\mathrm{e}^{\mathrm{i}P(x,y,z)} \tag{2-43}$$

将式(2－43)代入 Helmholtz 方程式(2－39)，并将实部和虚部分开可得

$$\frac{1}{A}\nabla^2 A-[\nabla P]^2+k^2=0 \tag{2-44}$$

和

$$2[\nabla A\cdot\nabla P]+A\nabla^2 P=0 \tag{2-45}$$

对于高频声源，满足

$$\frac{1}{A}\nabla^2 A\ll k^2 \tag{2-46}$$

即 $A(x,y,z)$ 在一个波长的空间范围内近似为常数，这时方程式(2-44)可简化为

$$[\nabla P]^2=k^2 \tag{2-47}$$

即为程函方程，由它可以确定声线的轨迹；式(2-45)为强度方程，由它可以确定声线的强度。

汪德昭给出了在分层介质中，射线声场的表示为

$$\psi(x,z)=\sqrt{\frac{W\cos\theta_0}{R\left(\frac{\partial R}{\partial\theta}\right)_{\theta_0}\sin\theta_z}}\,\mathrm{e}^{ikx+ik\int_0^z\sqrt{n^2(z)-\xi^2}\,\mathrm{d}z} \tag{2-48}$$

式中　W —— 单位立体角辐射功率；

θ_0 —— 声源处声线的掠射角；

θ_z —— 任一深度 z 处的掠射角；

$n(z)$ —— 折射率；

ξ —— 分离常数；

R —— 距离。

射线理论最重要的实用结果就是 Snell 定律，它描述在声速变化的介质中声线的折射规律。Snell 指出，在等速层组成的介质中，在层的边界上，声线的掠射角 $\theta_1,\theta_2,\cdots$ 与层中的声速 $c_1,c_2,\cdots$ 有关，其关系式为

$$\frac{\cos\theta_1}{c_1}=\frac{\cos\theta_2}{c_2}=\cdots=\mathrm{const} \tag{2-49}$$

射线理论是几何声学的近似理论，不考虑传输中声能的衰减，声线图可给声场以直观、形象的理解，是解算声场的一种重要方法；但若声线在一个波长的范围内发生弯曲或声强发生变化，这种方法就不能给出可信赖的声场图像，因此只适应高频声传输情况。Etter 给出了判断高频的近似方法为

$$f>10c/H \tag{2-50}$$

式中　f —— 频率；

H —— 层高；

c —— 声速。

虽然射线模型从理论上说可以应用于与距离有关的问题中，但实际应用时，由于实现的复杂度而很少采用三维模型，更多的是采用一维或二维模型。二维模型在处理与距离有关的问

题时有三种解决方法:① 将整个的距离分成离散的距离段,在每段中,环境参数保持不变。首先在第一个距离段进行声线跟踪,然后选择一些声线映射到第二个距离段中;在其余距离段重复上述过程,直到在整个距离段得到完整的声线轨迹。② 将声速曲线表示成深度的分段线性函数,于是在这些曲线之间的距离-深度平面被划分成三角扇面区域,在每个扇面声速随距离和深度线性变化,声线轨迹对应于扇面中的圆弧。③ 允许环境参数随距离缓慢变换,用三次样条函数对声速曲线进行拟合,采用与第一种方法类似的方法,得到不同距离段的声线轨迹,但相邻距离段的轨迹采用线性插值的方法获得。

处理与距离有关的射线跟踪模型时,遇到的主要问题是如何在不同距离段的相邻测量点处保证声速曲线的平滑过渡。在实际应用时,这体现为两个问题:一是用插值法得到的过渡区域的声速曲线应具有可靠的物理意义;二是由此得到的声线轨迹必须是可计算的。具体的方法可参见参考文献[2]。

射线模型可以描绘出发射机与接收机之间信号的传输路径,并给出每条路径的传播损失和传播时间。因此,对多径信道的传播特性进行分析和仿真时,射线模型是一种常用的分析工具。

2.3.2 简正波模型

简正波解是波动方程的精确积分解,它用简正波(特征函数)来描述声传播,每一个特征函数都是波动方程的一个解,把简正波叠加起来,以满足边界条件和源条件,就得到简正波解。对于无水平梯度的分层介质中的点源声场,简正波场可表示为柱坐标下深度函数$U(z)$和距离函数$\varphi(r)$的乘积,即

$$\psi(r,z)=U(z)\varphi(r) \tag{2-51}$$

将式(2-51)代入式(2-39),并进行变量分离可得

$$\frac{\mathrm{d}^2U}{\mathrm{d}z^2}+(k^2-\xi^2)\varphi=0 \tag{2-52}$$

$$\frac{\mathrm{d}^2\varphi}{\mathrm{d}r^2}+\frac{1}{r}\frac{\mathrm{d}\varphi}{\mathrm{d}r}+\xi^2\varphi=0 \tag{2-53}$$

式(2-52)为深度方程,即简正波方程,它给出了声波在深度方向上的驻波解;式(2-53)为距离方程,它给出了声波在距离方向上的行波解,描述了声波的传输特性。

简正波方程式(2-52)可归结为特征值问题,它的解称为Green函数;距离方程式(2-53)是一个零阶Bessel方程,它的解是零阶Hankel函数。

在远场近似条件下,简正波解可表示为

$$\psi(r,z)=g(r,p)\sum\frac{u_m(z_s)u_m(z)}{\sqrt{k_m}}\mathrm{e}^{\mathrm{i}(k_m r-\delta_m r\frac{\pi}{4})} \tag{2-54}$$

式中　$g(r,\rho)$ —— 距离 r 和密度 ρ 的函数，表示声波的几何分布；

u_m —— 相对于空间频率 k_m 的第 m 号简正波，u_m 和 k_m 分别是简正波方程式 (2－52) 的特征向量和特征值；

δ_m —— 衰减系数，是各种平面波衰减、介质衰减、海水吸收及边界损失的总和。

简正波模型是浅海声场分析的一个重要工具，特别是当考虑海底参数影响时，它能完整地给出由海洋固有简正方式决定的声传播特性。简正波模型适合分层介质中的点源声场，它忽略了各简正波之间的相互作用和模型的连续谱结构。一般来说，对于一定频率的声信号，仅有有限阶次的简正波可以在信道中传播，频率越高，可传播的简正波的阶次也越高；频率越低，简正波数就越少，相应的模型计算量也越少。因此，简正波模型在低频应用时具有精度高、运算量少的优点。

与射线模型相比，简正波模型的一个优点是在给定的频率和源深条件下，可以计算出所有深度和距离上的传播损失，而在射线模型中，当发射深度或接收深度发生变化时，需要重新计算传播损失。但简正波模型在计算时需要了解海底结构的信息。

2.3.3　多途展开模型

在多途展开模型中，波动方程的积分解表示为有限个局部积分的和，每个局部积分对应一个特定的声线路径；多途展开模型又称为 WKB(Wentzel, Kramer, Brillouin) 方法，因为它在求解简正波方程式(2－52) 时使用了 WKB 近似。WKB 近似通过假设声速随深度缓慢变化来简化简正波的解，每号简正波都有一条声线与之对应。WKB 方法在实现时只考虑了一定的简正波模态，因而所得到的声压场表示为有限积分的和。这种方法适用于深海、中高频声传播的模化。

多途展开模型是简正波模型和射线模型的联系桥梁，它一方面有简正波模型的精确性，另一方面又有射线模型的简便性。多途展开模型与射线模型有某些相同的性质，但不同的是多途展开模型考虑了一阶绕射和焦散情况，因而可以用来处理射线理论不能处理的焦散和阴影区现象，对射线理论是一种发展。

2.3.4　快速场模型

快速场模型适用于水平分层非均匀介质。在快速场模型中，$c(r)=c(z)$，即 $k(r)=k(z)$，声场可分解成无限个水平传播的波的叠加，即

$$\psi(r,z)=\int F(\eta,z)\mathrm{e}^{\mathrm{j}2\pi\eta r}\mathrm{d}\eta \tag{2-55}$$

式中　r —— 柱坐标下的距离；

z —— 垂直坐标；

$F(\eta,z)$ —— 给定定解条件下方程

$$\frac{\mathrm{d}^2F(\eta,z)}{\mathrm{d}z^2}+4\pi^2[k^2(z)-\eta^2]F(\eta,z)=0 \tag{2-56}$$

的解。由已知 $k^2(z)$ 和边界条件，求方程式(2-56)的数值解法可解得 $F(\eta,z)$，而后用FFT方法确定 $\psi(r,z)$，该结果对所有频率都是精确的。运算中把声速分布简化成指数形式可以大大简化计算，但这使得对一般的信道中的声速分布的处理变得困难，需要有相对多的应用经验。

2.3.5 抛物线方程模型

在波传播问题中，采用抛物线近似方法最早可以追溯到20世纪40年代，首先应用于远距离对流层无线电波的传播中，随后被应用于微波波导、激光束传播等传播问题中，1973年在水声传播问题中首次应用。

在抛物线方程(PE)模型中，波动方程是用柱坐标表示的。该模型的关键是在假定能量传播速度与横波或纵波声速相近的条件下，用抛物方程代替式(2-53)中的椭圆方程

$$\frac{\partial^2\varphi}{\partial r^2}+\frac{1}{r}\frac{\partial\varphi}{\partial r}+\frac{\partial^2\varphi}{\partial z^2}+k^2n^2\varphi=0 \tag{2-57}$$

假定 φ 取如下形式：

$$\varphi(r,z)=F(r,z)R(r) \tag{2-58}$$

以 k^2 为分离常数进行变量分离可得

$$\frac{\partial^2R}{\partial r^2}+\frac{1}{r}\frac{\partial R}{dr}+k^2R=0 \tag{2-59}$$

$$\frac{\partial^2F}{\partial r^2}+\frac{\partial^2F}{\partial z^2}+\left(\frac{1}{r}+\frac{2}{R}\frac{\partial R}{\partial r}\right)\frac{\partial F}{\partial r}+k^2n^2F-k^2F=0 \tag{2-60}$$

式(2-59)为零阶Bessel方程，其解为第一类零阶Hankel函数：

$$R=\mathrm{H}_0^{(1)}(kr) \tag{2-61}$$

在远场条件下取其渐进形式

$$R=\sqrt{\frac{2}{\pi kr}}\,\mathrm{e}^{\mathrm{i}(kr-\pi/4)} \tag{2-62}$$

将其代回式(2-60)中，并假定

$$\frac{\partial^2F}{\partial r^2}\ll 2k\left(\frac{\partial F}{\partial r}\right) \tag{2-63}$$

就可得到

$$\frac{\partial^2F}{\partial r^2}+2\mathrm{i}k\frac{\partial F}{\partial r}+k^2(n^2-1)F=0 \tag{2-64}$$

这就是抛物线方程，方程中 n 为深度 z、距离 r 及掠射角 θ 的函数。

PE 模型在数值计算中可用递推的方法求解，由简正波模型提供初始位置的声场状态，在以后的距离上就可以顺次递推求解新的声场状态。PE 模型特别适用于水平不均匀介质的远场传播特性的分析，它和射线模型、简正波模型不同的是考虑了声波的衍射及各号简正波间的耦合效应。但 PE 模型存在相位误差的问题，该误差随距离的增大而产生积累。

以上介绍了 5 种常用的波动方程的近似算法，每一种算法都各有其优、缺点。在实际应用中声场模型的选取要根据具体问题的性质来加以选择。

用声场模型可以对信道的传播损失、频率特性、多径结构、时变冲激响应等进行分析和预测，例如，传播损失可以非常方便地从波动方程的解中得到

$$TL = 10\lg\,[p^2]^{-1} = -20\lg\,|\,p\,| \tag{2-65}$$

2.4　常用声场分析模型与方法

上一节介绍了 5 种声场模型。虽然有了声场模型的近似表达式，但根据这些近似表达式求得实际信道的数值解，是个复杂的过程。在模型的选择和应用时，需要考虑信道的几何结构、边界、信号频率、发射和接收点的位置等。

目前，在水声通信中，声场模型主要用于估计信道的传播损失和多径结构，因此，比较常用的声场模型是简正波模型和射线模型。总的来说，简正波模型可以给出声场一个形式上完整的解，但其解不易解释，不易处理实际的边界条件，易于加入源函数，适合于低频、远距离的计算。射线模型很容易给出声线结构，易于加入边界条件，与声源无关，不能处理绕射问题，适合于高频的计算。

下面简要介绍目前常用的两种声场分析的模型和方法：一种是参考文献[8]中给出的 Kraken 简正波模型，另一种是参考文献[9]介绍的射线模型。

2.4.1　Kraken 简正波模型

1. Kraken 简正波方程解

在式(2-52)中给出了独立的简正波方程，它还可以进一步细化为

$$\rho(z)\,\frac{\mathrm{d}}{\mathrm{d}z}\left[\frac{1}{\rho(z)}\,\frac{\mathrm{d}u_m(z)}{\mathrm{d}z}\right] + \left[\frac{\omega^2}{c^2(z)} - k_m^2\right]u_m(z) = 0 \tag{2-66}$$

式中　$\rho(z)$ —— 海水密度；

$c(z)$ —— 声速；

${k_m}^2$—— 分离常数，k_m 对 m 号简正波来说是水平波数；

$u_m(z)$ —— 相应于 k_m 的简正波深度函数。

要得到其数值解,需要给出边界条件。假定海面是压力释放的软表面,即海面声压为 0,

$$u_m(0)=0 \tag{2-67}$$

并假定海底为粗糙硬海底,即在深度 $z=D$ 的海底处,质点振动速度为 0,

$$\left.\frac{\mathrm{d}u_m(z)}{\mathrm{d}z}\right|_{z=D}=0 \tag{2-68}$$

软海面的假设比较接近实际情况,而实际的海底应该是沉积层加岩石层加底质层,声波在半无限的底质层逐渐衰减到零,这种情况会使本征值的求解非常复杂。因此这里采用了式(2-68)假定的边界条件,它意味着岩石层足够深,在达到底质层之前,声波已被有效地衰减掉。

在式(2-67)和式(2-68)的边界条件下,简正波的解可写为

$$p(r,z)=\frac{\mathrm{i}}{\rho(z_{\mathrm{S}})\sqrt{8\pi r}}\exp\left(-\frac{\mathrm{i}\pi}{4}\right)\sum_{m=1}^{\infty}\frac{u_m(z_{\mathrm{S}})u_m(z)}{\sqrt{k_m}}\exp(\mathrm{i}k_m r) \tag{2-69}$$

式中 z_{S} —— 源深,即声源的深度。

将模型函数归一化可得

$$\int_0^D \frac{u_m^2(z)}{\rho(z)}\mathrm{d}z=1 \tag{2-70}$$

在式(2-67)和式(2-68)的边界条件下,简正波方程式(2-66)的解是一个复杂的特征值问题,通常用有限差分方法来解,这样可以得到快速精确的解。Kraken 方法也是用有限差分方法,它将整个深度 D 划分成 N 个等间隔的宽度 $h=D/N$,相应地得到 $N+1$ 个点,采用有限差分近似,可将方程式(2-66)的连续问题化成标准的特征值问题:

$$\boldsymbol{A}u_m=h^2k_m^2\boldsymbol{u}_m \tag{2-71}$$

式中 $h^2k_m^2$ —— 矩阵 $\boldsymbol{A}$ 的第 m 个特征值;

$\boldsymbol{u}_m$ —— N 个相应于特征值的特征向量,近似等于模型函数;

$\boldsymbol{A}$ —— $N\times N$ 阶非对称三对角矩阵,表示为

$$\boldsymbol{A}=\begin{bmatrix} a_1 & 1 & 0 & & & & \\ 1 & a_2 & 1 & 0 & & & \\ & & \cdots & & & & \\ & 0 & 1 & a_n & 1 & 0 & \\ & & & & \cdots & & \\ & & & 0 & 1 & a_{N-1} & 1 \\ & & & & & 2 & a_N \end{bmatrix} \tag{2-72}$$

式中 $a_n=-2+h^2\omega^2/c^2(z_n)$;

$c(z)$ —— 随深度变化的声速。

方程式(2-72)是在假定间隔宽度 h 为常数，密度 ρ 为常数情况下得到的。考虑在边界上密度发生了变化，例如在海底层，由海水到沉积层介质密度发生变化，就需要修正 **A** 矩阵中相应的元素，设海底位于 L 层(深度 $z=Lh$)，$q=2\rho_s/(\rho_w+\rho_s)$，其中，$\rho_w$ 为边界上介质(海水)的密度，ρ_s 为边界下介质(沉积层)的密度，则修正后的 **A** 矩阵为

$$\boldsymbol{A}^{\text{mod}}=\begin{bmatrix} a_1 & 1 & 0 & & & & \\ 1 & a_2 & 1 & 0 & & & \\ & & \cdots & & & & \\ & 0 & 1 & a_{L-1} & 1 & 0 & \\ & & 0 & q & qa_L^{\text{int}} & q & 0 \\ & & & \cdots & & & \\ & & & 0 & 1 & a_{N-1} & 1 \\ & & & & & 2 & a_N \end{bmatrix} \tag{2-73}$$

式中　a_L^{int}——$a_L^{\text{int}}=-(1+\dfrac{\rho_w}{\rho_s})+\dfrac{1}{2}[\dfrac{h^2\omega^2}{c^2(z_L^-)}+\dfrac{\rho}{\rho_s}\dfrac{h^2\omega^2}{c^2(z_L^+)}]$；

$c^2(z_L^-)$——边界上声速；

$c^2(z_L^+)$——边界下声速。

若其他深度上介质密度也有变化，则修正矩阵 $\boldsymbol{A}^{\text{mod}}$ 中相应的元素。

修正后的方程式(2-73)仍是一个标准的特征值问题，采用数值分析的方法可求解其特征值及特征向量，也就是求解式(2-69)中的 k_m 和 u_m，由式(2-69)便可求得简正波模型的解。

2. 海底与海面的衰减

简正波模型在计算海底与海面的衰减时，一般是将简正波解中各项都乘以一个指数衰减因子 $\exp(-\delta_m r)$，δ_m 为模型衰减系数，这时式(2-69)改写为

$$p(r,z)=\frac{\mathrm{i}}{\rho(z_s)\sqrt{8\pi r}}\exp\left(-\frac{\mathrm{i}\pi}{4}\right)\sum_{m=1}^{\infty}\frac{u_m(z_s)u_m(z)}{\sqrt{k_m}}\exp(\mathrm{i}k_m r-\delta_m r) \tag{2-74}$$

衰减系数 δ_m 有其确定的物理意义，它表示第 m 号简正波每单位水平距离上的能量损失。对于不同类型的衰减，δ_m 可以通过近似理论得到。当考虑海底吸收时，平面波的波数在底层变成复数形式

$$\frac{\omega}{c_{\text{bot}}(z)}+\mathrm{i}\varepsilon(z) \tag{2-75}$$

式中　c_{bot}——海底声速；

ε——波数在海底层的衰减系数。

当满足 $\omega/c_{\text{bot}}\ll\varepsilon$ 的条件时，通过扰动分析可以得到

$$\delta_m^{ba}=\varepsilon\frac{\omega}{k_m}\int_{\mathrm{D}}^{\infty}\frac{|u_m(z)|^2}{\rho(z)c(z)}\mathrm{d}z \tag{2-76}$$

考虑到海水中的衰减远小于沉积层的衰减，积分限取成从 D 到 ∞，即积分是在沉积层和岩石层中进行的；若沉积层和岩石层中的衰减不同，则 $\varepsilon=\varepsilon(z)$ 是深度的函数。方程式(2-76)将由于海底吸收所造成的模型衰减系数 δ_m^{ba} 与平面波在海底的衰减系数 ε 联系起来。ε 通常也是频率的函数，其经验公式是

$$\varepsilon=0.0028f^{1.75}\quad(\mathrm{dB/km})\tag{2-77}$$

用同样的方法可求得由于粗糙海面与海底散射所造成的衰减，采用小散射情况下的 Kirchoff 近似。对于海面散射，简正波衰减系数为

$$\delta_m^{ss}=\frac{\sigma_s^2\sqrt{\dfrac{\omega^2}{c^2(0)}-k_m^2}}{2\rho_w k_m}\left[\frac{\mathrm{d}u_m(z)}{\mathrm{d}z}\right]_{z=0}^2\tag{2-78}$$

式中 σ_s—— 海面波高的均方值。

对于海底散射，简正波衰减系数为

$$\left.\begin{aligned}&\delta_m^{bs}=\frac{\sigma_b^2\nu_1}{2\rho_w^2\rho_s^2k_m}\left[\frac{\mathrm{d}u_m}{\mathrm{d}z}\right]_{z=D}^2(\rho_s^2\nu_1^2+\rho_w^2\nu_2^2)\\&\nu_1=\sqrt{\frac{\omega^2}{c^2(D^-)}-k_m^2},\quad \nu_2=\sqrt{k_m^2-\frac{\omega^2}{c^2(D^+)}}\end{aligned}\right\}\tag{2-79}$$

式中 σ_b—— 海底粗糙度的均方值，这里假设在海底为匀速的。

总的衰减是由于海底(沉积层和岩石层)的吸收、粗糙海底和海面散射所造成的衰减损失之和，即是式(2-76)，式(2-78)和式(2-79)之和。

【例 2-2】 采用 Kraken 简正波模型的浅海信道计算。浅海信道的参数：当水深为 50～80 m 时，海底地貌属海积平坦或波状平原，沉积层多为泥砂或砂。

信号频率在 1 kHz 以上，采用与距离无关的三层(海水层、沉积层和岩石层)全液态 Kraken 模型来分析。选取的环境参数为水中声速，沉积层的声速、密度、深度和衰减系数等。沉积层衰减系数的估计范围为 0.3～0.9 dB/波长，因为采用全液态模型，假设沉积层足够厚。因此，可使用任意一个大值而不会影响模型的精度。

对以下几种情况进行了分析。

1) 信号频率 1～10 kHz。

2) 水深 50 m，泥底，其海底情况见参考文献[1]提供的参数：密度 $\rho=1.767\ \mathrm{g/cm^3}$，声速 $c=1\ 623\ \mathrm{m/s}$。

3) 水深 200 m，砂底，海底参数为 $\rho=2.034\ \mathrm{g/cm^3}$，$c=1\ 836\ \mathrm{m/s}$。

4) 声速剖面均为负跃层；沉积层厚度取为 3.5 m，σ_s 为 0.1(风速约为 5.16 m/s，对应 1 级海况)，σ_b 为 0.1。

如图 2-11 所示为 50 m 水深时的传播损失图(见图 2-11(a))和 5 条模态曲线(见图 2-11(b))，仿真时，发射深度 $S_D=20\mathrm{m}$，接收深度 $R_D=30\mathrm{m}$，传播距离 $R=100\ \mathrm{km}$。图

2－11(a) 中信号频率 $f=1$ kHz，图 2－11(b) 中信号频率 $f=2$ kHz。

如图 2－12 所示为 200 m 水深时的传播损失图，仿真时，发射深度 $S_D=60$ m，接收深度 $R_D=60$ m，传播距离 $R=100$ km，信号频率 $f=2$ kHz。

如图 2－13 所示为 200 m 水深，50 km 传播距离时信道的频率响应，图 2－13(a) 为幅频响应，图 2－13(b) 为相频响应，仿真时，发射、接收深度均为 60 m。

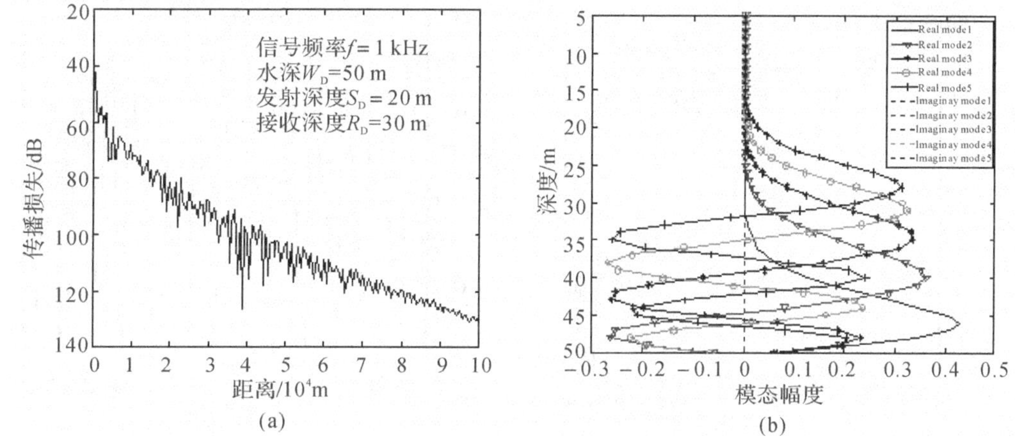

图 2－11　50 m 水深时的传播损失和模态曲线

(a) 信道传播损失；(b)5 条模态曲线

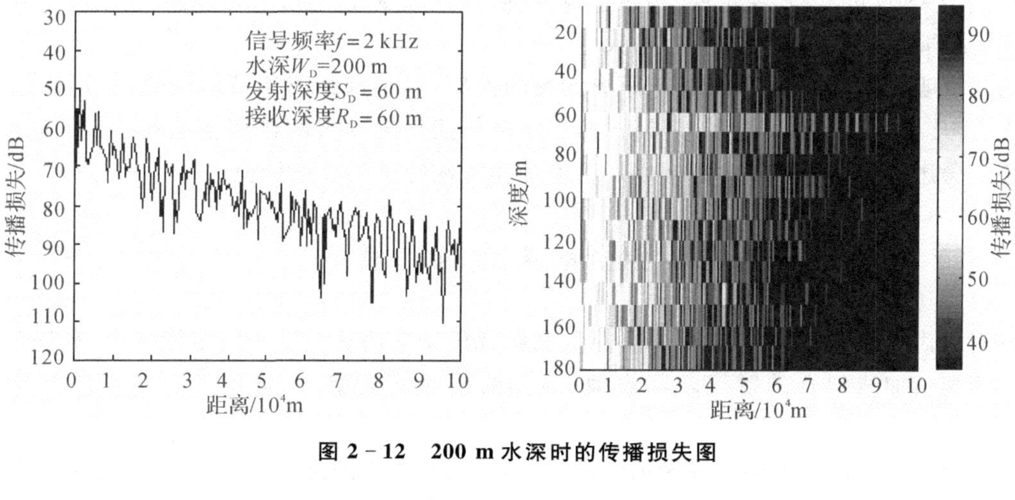

图 2－12　200 m 水深时的传播损失图

Kraken 方法是将整个深度分层，并根据分层结果建立 **A** 矩阵求解其特征值和特征向量，最后求得简正波解。在分层时，层数 N 要满足下式：

$$N > 10Dfc \tag{2-80}$$

式中 D —— 水深加底质层深度；

f —— 信号频率；

c —— 声速。

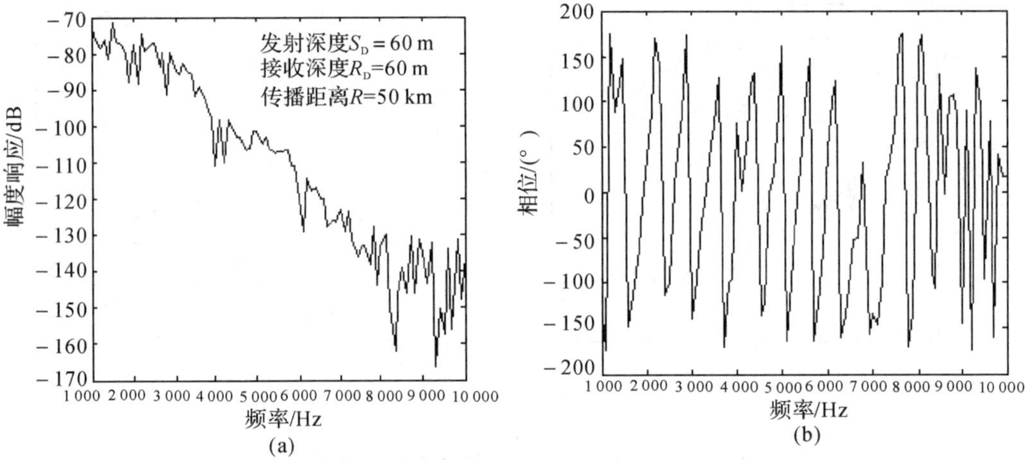

图 2-13　200 m 水深信道的频率特性

(a) 幅频响应；(b) 相频响应

由式(2-80)可见，水深越深，频率越高，N 值越大，矩阵 $\mathbf{A}$ 的阶数也越高，在求解矩阵的特征值和特征向量时所需的计算量也越大。

需要说明的是，所用的模型是与距离无关的模型，对于远距离传播的信道，在不同的传播距离上，声传播特性会有一定的差异，这样远距离传播损失预报的精度会受到一定的限制，但这并不妨碍声场模型对于读者理解水声信道传播特性的重要参考价值。

2.4.2　基于声速曲线拟合的射线跟踪模型

在对水声信道进行分析时，通常采用射线跟踪模型来仿真信道中的多径结构，本节介绍一种基于声速值曲线拟合的射线跟踪模型(简称曲线射线模型)。详细的介绍可参见参考文献[9]。

在由声源辐射的沿不同路径传播的声线中，我们所关心的是本征声线，即通过接收点的声线。有四种基本的本征声线类型：① 直达路径(DP)；② 折射—海面—反射(RSR)；③ 折射—海底—反射(RBR)；④ 折射—海面—反射—海底—反射(RSRBR)(见图 2-14)。

在分层介质中，声速只是深度的函数，射线跟踪只在距离 R 和深度 z 两维空间进行。在与距离有关的射线跟踪程序中，一个重要的问题是如何恰当地表示声速曲线的形式。在曲线射线跟踪模型中，采用了声速值的曲线拟合，即在给定的容差范围内用二次方的形式表示声速曲线：

$$c^2=\frac{c_a^2}{1-k_a\,(z-z_a)^2} \tag{2-81}$$

式中　z —— 深度；

c_a, k_a, z_a —— 每一曲线段上都须计算的曲线参数，以保证声速曲线和它的梯度在每一点上都是连续的。

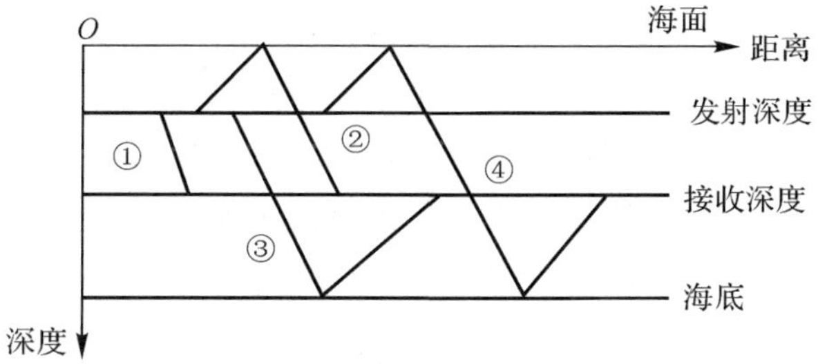

图 2-14　4 种基本的本征声线

用曲线段而不是直线段拟合声速曲线，能减少假焦散面的影响。

曲线射线跟踪也是在分层介质中计算声线的传播距离和深度的。如图 2-15 所示为分层结构示意图。

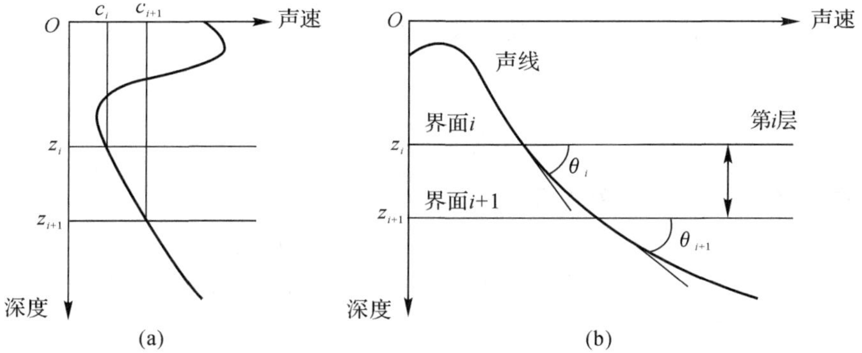

图 2-15　分层结构示意图

(a) 声速曲线的分层结构；(b) 声线的分层结构

第 i 层声速表示为

$$c_i = \frac{c_{ai}^2}{1 - k_{ai}\ (z_i - z_{ai})^2} \tag{2-82}$$

模型中定义了 9 个辅助变量

$$\left.\begin{aligned}
A_i &= \pm c_{\mathrm{m}} \sqrt{|\ k_{ai}/c_{ai}^2\ |} \\
D_i &= c_{ai}^2/(c_{\mathrm{m}}^2 - c_{ai}^2) \\
E_i &= (c_{\mathrm{m}}^2 + c_{ai}^2)/c_{ai}^2 \\
R_{1i} &= A_i(z_i - z_{ai}) \\
R_{2i} &= A_i(z_{i+1} - z_{ai}) \\
B_{1i} &= \cot\theta_i(z_i - z_{ai}) \\
B_{2i} &= \cot\theta_{i+1}(z_{i+1} - z_{ai}) \\
T_{1i} &= \tan\theta_i(z_i - z_{ai}) \\
T_{2i} &= \tan\theta_{i+1}(z_i - z_{ai})
\end{aligned}\right\} \tag{2-83}$$

式中 c_{m}—— 峰值声速，它是声线处于水平位置时的声速。

在分层介质中，Snell 定律可以表示为

$$\frac{\cos\theta}{\cos\theta_0} = \frac{c}{c_0} \tag{2-84}$$

式中 θ, θ_0—— 声线角；

c, c_0—— 相应的声速。

由 c_{m} 的定义可得

$$c_{\mathrm{m}} = \frac{c}{\cos\theta} \tag{2-85}$$

在曲线射线跟踪模型中，声线角 θ 没有被直接引用，用的都是 θ 的三角函数。由式(2-84)可得

$$\tan\theta_i = \frac{\sqrt{c_{\mathrm{m}}^2 - c_i^2}}{c_i} \tag{2-86}$$

在第 i 层，声线走过的水平距离 R_i 为

$$R_i = \begin{cases} (A_i)^{-1}\ \arccos[D_i(|\ R_{1i}R_{2i}\ | + \tan\theta_i t \tan\theta_{i+1})], & c_a^2 k_a > 0 \\ (A_i)^{-1}\ \arccos[D_i(|\ R_{1i}R_{2i}\ | + \tan\theta_i \tan\theta_{i+1})], & c_a^2 k_a < 0 \end{cases} \tag{2-87}$$

在第 i 层，声线的传播时间 T_i 为

$$T_i = (2c_{\mathrm{m}})^{-1}(E_i R_i - T_{1i} + T_{2i}) \tag{2-88}$$

距离与峰值声速的微商 B_i 为

$$c_{\mathrm{m}} \frac{\partial R_i}{\partial c_{\mathrm{m}}} = B_i = D_i(B_{1i} - B_{2i}) - R_i \tag{2-89}$$

根据 Snell 定律，可由式(2-87)求出距离与声源处声线起始角的微商

$$\frac{\partial R_i}{\partial \theta_S} = c_m \tan\theta_S \frac{\partial R}{\partial c_m} = \tan\theta_S B_i \tag{2-90}$$

式中　θ_S —— 声源处射线的起始角

本征声线所走过的总的水平距离 R、到达时间 T 及距离与起始角的微商 D 可表示为

$$\left.\begin{aligned} R &= \sum R_i \\ T &= \sum T_i \\ D &= \frac{\partial R}{\partial \theta_S} = \tan\theta_S B = \tan\theta_S \sum B_i \end{aligned}\right\} \tag{2-91}$$

来自单位声源的接收声强可表示为

$$I_{Re} = \frac{c_S}{c_{Re}}(\cot\theta_S \cot\theta_{Re}) \Big/ \left(\frac{R}{B}\right) \tag{2-92}$$

其中下标 S 和 Re 分别表示声源和接收点。由式(2-86)和式(2-91),式(2-92)还可表示成

$$I_{Re} = \left| \frac{\cos\theta_S}{RD\sin\theta_{Re}} \right| \tag{2-93}$$

传播损失定义为接收点处声强与声源处声强的比值,即

$$TL = 10\lg(1/I_{Re}) = 10\lg\left| RD\sin\theta_{Re}\frac{c_m}{c_S} \right| \tag{2-94}$$

式(2-94)中没有考虑声线的吸收损失及海底海面的散射损失。下面讨论由于吸收造成的损失。

第 i 层声线的长度近似用斜距来表示,即

$$S_i = \sqrt{R_i^2 + (z_{i+1} - z_i)^2} \tag{2-95}$$

于是总的吸收损失为

$$H_A = \sum_i S_i \alpha_i \tag{2-96}$$

式中　α_i —— 第 i 层平均深度处的吸收系数,可表示为

$$\alpha_i = 0.914 \times \left[\frac{1.776 f^{1.5}}{32.768 + f^3} + \frac{1 - 6.54 \times 10^{-4} P_i}{1 + 32.768 f^3}\left(\frac{0.650\,53 f_T f^2}{f^2 + f_{Ti}^3} + \frac{0.026\,847 f^2}{f_{Ti}}\right)\right] (\mathrm{dB/km}) \tag{2-97}$$

式中　P_i —— 平均深度处的静压力,表示为

$$P_i = 1.04 + 0.031\,244 z_{i0} \quad (\mathrm{atm}, 1\ \mathrm{atm} = 101.325\ \mathrm{kPa}) \tag{2-98}$$

z_{i0} —— 第 i 层的平均深度(m);

f_{Ti} —— 弛豫频率,表示为

$$f_{Ti} = 21.9 \times 10^{(30T_{ei}+102)/(5T_{ei}+2\,297)} \quad (\mathrm{kHz}) \tag{2-99}$$

T_{ei} —— 温度,表示为

$$T_{ei}=A_1-(0.000\,434z_{i0})^2/A_1 \tag{2-100}$$

$$A_1=122.83-4.667\,6\sqrt{5\,132-c_{i0}+0.016\,5z_{i0}} \tag{2-101}$$

式中 c_{i0}—— z_{i0} 处的声速(m/s)。

海面散射损失 Γ 表示为

$$\Gamma=\begin{cases}10\lg\left[1+(fh/4.14)^4\right], & fh\leqslant 4.269\,1\\ 1.59\sqrt{fh}, & fh>4.269\,1\end{cases} \tag{2-102}$$

式中 h —— 平均波高(m),表示为

$$h=\sqrt{2\pi}\times 0.25\times H_{\frac{1}{3}}=\sqrt{2\pi}\times 0.25\times 2.32\times 10^{-2}v^2 \tag{2-103}$$

式中 v —— 风速(kn)。

当声线以掠射角 θ_i 入射到海底,根据瑞利公式,反射波的声强 I_r 和入射波的声强 I_i 的关系为

$$\frac{I_r}{I_i}=\left(\frac{m\sin\theta_i-n\sin\theta_r}{m\sin\theta_i+n\sin\theta_r}\right)^2=\left[\frac{m\sin\theta_i-\sqrt{n^2-\cos^2\theta_i}}{m\sin\theta_i+\sqrt{n^2-\cos^2\theta_i}}\right]^2 \tag{2-104}$$

式中 $m=\rho_2/\rho_1$;

$n=c_1/c_2$;

ρ_1—— 海水的密度(g/cm³);

ρ_2—— 海底的密度(g/cm³);

c_1 —— 海水中的声速(m/s);

c_2—— 海底的声速(m/s);

θ_i—— 入射角;

θ_r—— 反射角。

反射损失表示为

$$TL_B=10\lg\frac{I_r}{I_i}\qquad(\text{dB}) \tag{2-105}$$

需要说明的是,以上所求得的传播损失是指单根本征声线的传播损失。对于被动声呐的检测来说,接收机收到的信号应是各路径的信号的叠加,而对于通信信号的接收来说,那些传播损失小、到达时间早的路径为主要的传播路径,这些路径上的信号是要接收的主要信号;而其他传播损失大、到达时间晚的信号则为多径干扰。因此,可以取有最小传播损失的路径的传播损失作为声源和接收机间的传播损失。在实际计算中,可以将信号幅度小于直达信号幅度10% 的路径忽略掉。

【例 2-3】 200 m 水深信道的计算。海底底质均为泥底,其密度 $\rho=1.767$ g/cm³,声速 $c=1\,623$ m/s,风速 v=15 kn(3 级海况)。当传播距离为 100 km 时,传播损失如图 2-16 所示,其中源深 $S_D=50$ m,接收深度 $R_D=52$ m,信号频率 $f=1$ kHz。

当传播距离为 10 km 时,用射线跟踪模型给出了 7 条本征声线,如图 2-17(a) 所示。在这种条件下,信道冲激响应如图 2-17(b) 所示(图中将各幅度值用最小值进行归一化),各路径

的传播损失和传播时间见表 2－4。

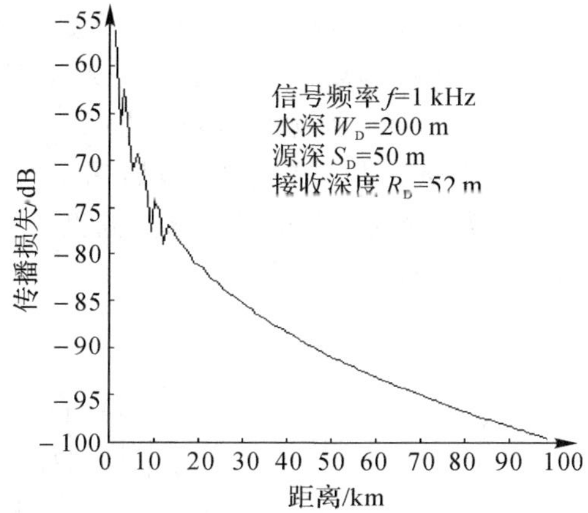

图 2－16　200 m 水深不同距离时的传播损失

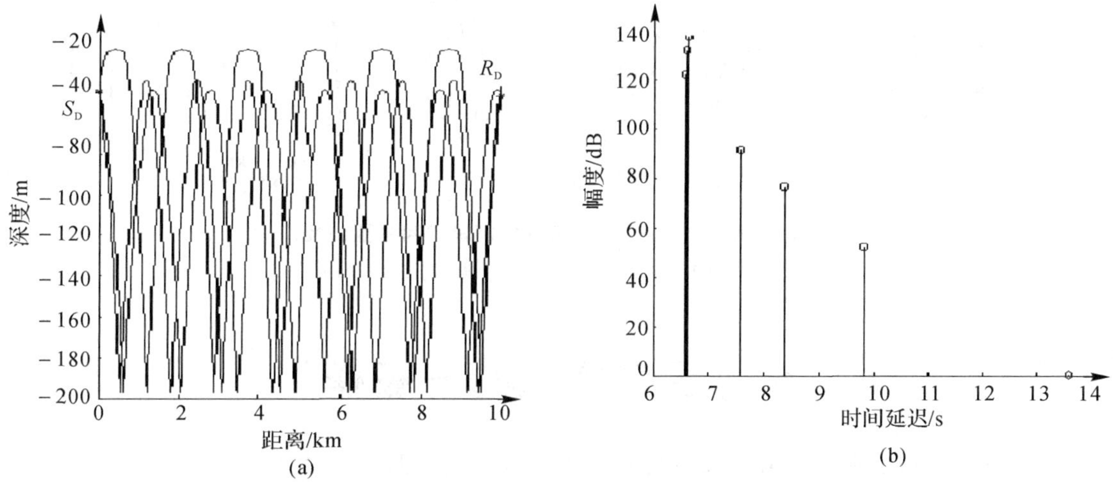

图 2－17　水深 200 m 时的本征声线(S_D = 50 m, R_D = 52 m)和信道冲激响应

(a) 本征声线；(b) 信道冲激响应

表 2－4　图 2－17 中各路径的传播损失和传播时间

路径	1	2	3	4	5	6	7
传播损失 /dB	75.15	80.46	120.89	136.06	160.32	211.74	90.24
传播时间 /s	6.61	6.59	7.55	9.34	9.80	13.60	6.56

从表 2-4 可以看出，7 条本征声线的平均传播时间为 9.43 s，最大多径时延为 5.16 s，最大

信号幅度相差约为 140 dB。从信号接收的角度考虑，在求解本征声线时，可以只保留主要路径的本征声线，也就是在所有的本征声线中，首先找出具有最小传播损失值的路径，那些传播损失比最小值大 20 ～ 30 dB 以上的路径都被忽略。这样，信道中有 3 条主要的路径，其传播损失分别为 75.15 dB，80.46 dB，90.24 dB，到达时间分别为 6.61 s，6.59 s，6.56 s。

【例 2-4】 50 m 水深信道的计算。仿真参数为：发射深度 $S_D = 25.5$ m，接收深度 $R_D = 27.5$ m，信号频率 $f = 10$ kHz，传播距离为 5 km，其他参数同例 2-3。如图 2-18(a) 所示为所有的本征声线，如图 2-18(b) 所示为两条主要路径。

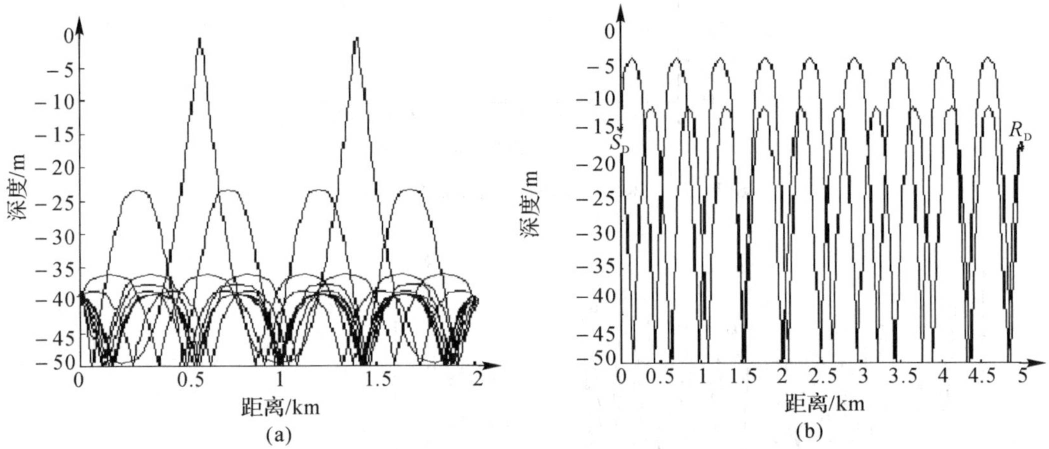

图 2-18　50 m 水深信道的本征声线和主要路径

(a) 信道中的本征声线；(b) 信道中的主要路径

2.5　通信信道的一般模型

以上各节介绍了水声信道声波传播的主要物理效应及其数学模型 —— 声场模型。水声信道是一种特殊的无线信道，是以海水介质为基础的信号通道。本节将介绍通信信道的一般数学模型。

信道通常是指以传输媒质为基础的信号通道，是通信系统必不可少的组成部分，任何一个通信系统都可以看成是由发送设备、信道和接收设备三大部分组成的。信道的研究包括信道的物理效应的描述和噪声的分析。信号在信道中遇到噪声是不可避免的，对信道和噪声的研究是通信问题研究的基础。而信道的数学模型则是用来表征实际物理信道特性的，它对通信系统的分析和设计是十分方便的。本节介绍信道和噪声的一般特性。

2.5.1　信道的定义

按照信道的定义，如果信道仅是指信号的传输媒质，这种信道称为狭义信道；如果信道不仅指传输媒质，而且包括通信系统中的一些转换装置，这种信道称为广义信道。

狭义信道按照传输媒质的特性可分为有线信道和无线信道两类。有线信道包括明线、对称电缆、同轴电缆及光纤等。有线信道是现代通信网中最常用的信道之一。可以这样认为，凡不属有线信道的媒质均为无线信道的媒质。无线信道的传输特性没有有线信道的传输特性稳定和可靠，但无线信道具有方便、灵活、通信者可移动等优点。广义信道除了传输媒质外，还包括通信系统有关的变换装置，如发送设备、接收设备、调制器、解调器等。这相当于在狭义信道的基础上，扩大了信道的范围。它的引入主要是从研究信息传输的角度出发，使通信系统的一些基本问题研究比较方便。狭义信道是广义信道十分重要的组成部分，通信效果的好坏，在很大程度上将依赖于狭义信道的特性。

广义信道按照其包括的功能，可以分为调制信道、编码信道等。信道的一般组成如图 2-19 所示。

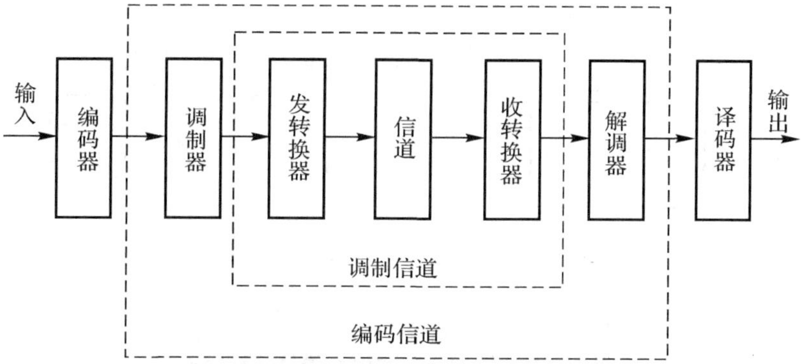

图 2-19　调制信道和编码信道

调制信道是从研究调制与解调的基本问题出发而构成的，它的范围是从调制器输出端到解调器输入端，包括发转换装置、信道和收转换装置三部分(见图 2-19)。从调制和解调的角度来看，由调制器输出端到解调器输入端的所有转换器及传输媒质，不管其中间过程如何，都不过是把已调信号进行了某种变换而已。读者只需关心变换的最终结果，而无需关心形成这个最终结果的详细过程。因此，在研究调制与解调问题时，定义一个调制信道是方便和恰当的。

在数字通信系统中，如果研究编码与译码问题时采用编码信道，会使问题的分析更容易。编码信道是指如图 2-19 所示的编码器输出端到译码器输入端的部分，包括调制器、调制信道和解调器。调制信道和编码信道是通信系统中常用的两种广义信道，如果研究的对象和关心的问题不同，还可以定义其他形式的广义信道。

2.5.2 调制信道模型

调制信道是为研究调制与解调问题所建立的一种广义信道，它所关心的是调制信道输入信号形式和已调信号通过调制信道后的最终结果，对于调制信道内部的变换过程并不关心。因此，调制信道可以用具有一定输入、输出关系的方框来表示。通过对调制信道进行大量的分析研究，发现它具有以下共性：

1）有一对（或多对）输入端和一对（或多对）输出端；

2）绝大多数的信道都是线性的，即满足线性叠加原理；

3）信号通过信道具有固定的或时变的延迟时间；

4）信号通过信道会受到固定的或时变的损耗；

5）即使没有信号输入，在信道的输出端仍可能有一定的输出（噪声）。

根据以上几条性质，调制信道可以用一个二端口（或多端口）线性时变网络来表示，这个网络便称为调制信道模型，如图 2-20 所示。

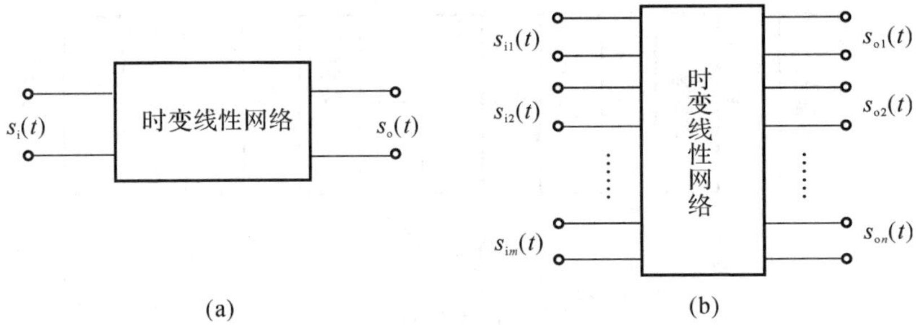

图 2-20 调制信道的时变线性网络模型

(a) 二端口网络； (b) 多端口网络

对于二端口信道模型来说，它的输入和输出之间的关系式可表示成

$$r(t)=s_o(t)+n(t)=f[s_i(t)]+n(t) \tag{2-106}$$

式中 $s_i(t)$ —— 输入的已调信号；

$s_o(t)$ —— 调制信道对输入信号的响应输出波形；

$n(t)$ —— 信道加性噪声（或称信道干扰），与 $s_i(t)$ 相互独立；

$f[s_i(t)]$ —— 信道对信号影响（变换）的某种函数关系，反映了信道特性，不同的物理信道具有不同的特性。有的物理信道 $f[s_i(t)]$ 很简单，有的物理信道 $f[s_i(t)]$ 很复杂。

一般情况，$f[s_i(t)]$ 可以表示为信道单位冲激响应 $h(t)$ 与输入信号的卷积，即

$$s_o(t)=h(t)*s_i(t) \tag{2-107}$$

或

$$S_o(\omega)=H(\omega)\times S_i(\omega) \tag{2-108}$$

式中　$H(\omega)$ —— 信道冲激响应的傅里叶变换，即信道的传输函数，依赖于信道特性。

对于信号来说，$H(\omega)$ 可看成是乘性干扰。如果了解了 $h(t)$ 与 $n(t)$ 的特性，就能知道信道对信号的具体影响。

通常信道特性 $h(t)$ 是一个复杂的函数，它可能包括各种线性失真、非线性失真、交调失真、衰落等。同时，由于信道的迟延特性和损耗特性随时间随机变化，故 $h(t)$ 往往只能用随机过程来描述。在实际使用的物理信道中，根据信道传输函数 $H(\omega)$ 的时变特性的不同可以分为两大类：一类是 $H(\omega)$ 基本不随时间变化，即信道对信号的影响是固定的或变化极为缓慢的，这类信道称为恒定参量信道，简称恒参信道；另一类信道是传输函数 $H(\omega)$ 随时间随机快速变化，这类信道称为随机参量信道，简称随参信道。

在常用的物理信道中，$H(\omega)$ 的特性有三种典型形式。第一种形式中的 $H(\omega)$ 是常数，或在信号频带范围之内是常数。这种信道可以用加性噪声信道数学模型来表示，如图 2-21 所示。信号通过信道的输出为

$$r(t)=s_o(t)+n(t)=hs_i(t)+n(t) \tag{2-109}$$

式中　h —— 信道衰减因子，通常可取 $h=1$；

$n(t)$ —— 加性噪声，通常是一种白高斯噪声。

该信道模型通常称为加性白高斯噪声(AWGN) 信道。

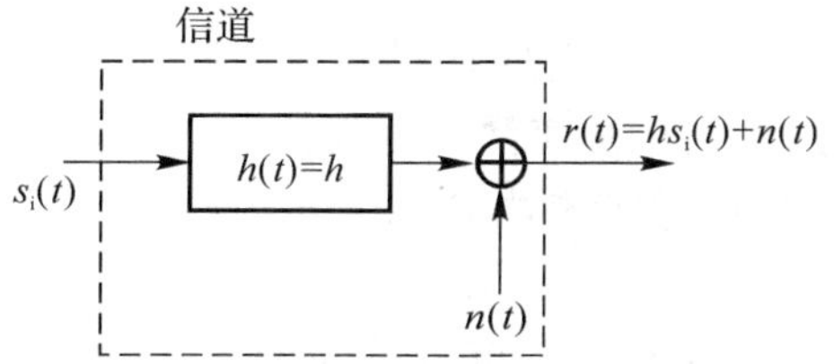

图 2-21　加性噪声信道模型

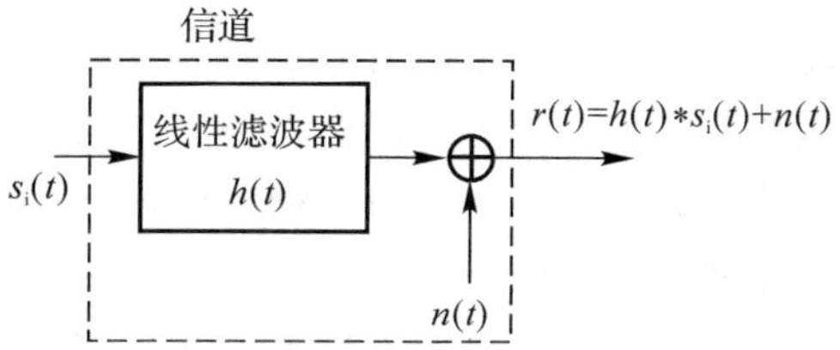

图 2-22　带有加性噪声的线性滤波器信道模型

第二种形式中的 $H(\omega)$ 在信号频带范围之内不是常数，但不随时间变化，其模型如图 2-22 所示。这种信道在数学上可表示为带有加性噪声的线性滤波器，信号通过信道的输出为

$$r(t)=s_o(t)+n(t)=h(t)*s_i(t)+n(t) \tag{2-110}$$

第三种形式中的 $H(\omega)$ 在信号频带范围之内不是常数，且随时间变化，其模型如图 2-23 所示。这种信道在数学上可表示为带有加性噪声的线性时变滤波器。信道特性可以表征为时变单位冲激响应 $h(t,\tau)$，此时信道传输函数为 $H(\omega,\tau)$。信号通过信道的输出为

$$r(t)=s_o(t)+n(t)=h(t,\tau)*s_i(t)+n(t) \tag{2-111}$$

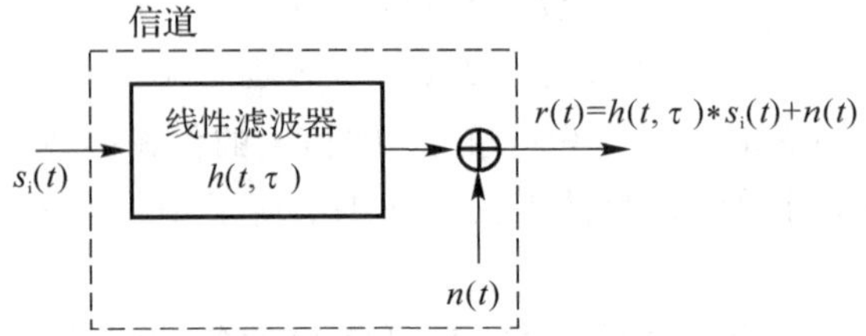

图 2-23 带有加性噪声的线性时变滤波器信道模型

对于多径信道，其时变单位冲激响应可表示为

$$h(t,\tau)=\sum_{j=1}^{L}h_j(t)\delta(\tau-\tau_j) \tag{2-112}$$

式中 L —— 信道中可分辨的路径数。

将式(2-112)代入到式(2-111)可得

$$r(t)=\sum_{j=1}^{L}h_j(t)s_i(t-\tau_j)+n(t) \tag{2-113}$$

在通信系统中，绝大部分实际信道可以采用以上三种信道模型来表征，而大多数水声信道通常要采用第三种形式的信道模型来表征。

2.5.3 编码信道模型

编码信道包括调制信道、调制器和解调器，它与调制信道模型有明显的不同，是一种数字信道或离散信道。编码信道输入是离散的时间信号，输出也是离散的时间信号，对信号的影响则是将输入数字序列变成另一种输出数字序列。由于信道噪声或其他因素的影响，将导致输出数字序列发生错误。

编码信道模型以概率的形式描述了差错产生机制，这些模型可以分为两类。第一类称为无记忆编码信道模型，可用来对传输差错进行建模，或对不存在时间相关性的信道输入到输出的变换进行建模。在这种信道中，第 n 个信道输入符号的输入-输出转移概率不受其他输入符号的影响。这种模型适合于噪声是加性白高斯噪声且没有码间干扰或衰落的信道。

第二类编码信道模型用来表征输入和输出信号符号之间的转换具有时间相关性的信道。在这种信道中，第 n 个符号发生差错的概率取决于之前传输的几个符号是否发生了差错，无线通信中的衰落信道通常属于这类信道。描述这种信道的离散信道模型被称为有记忆编码信道模型或突发差错信道模型。

在无记忆编码信道中，输入到输出的映射是瞬时的，可以用一组转移概率来描述。最简单的离散无记忆信道模型是二进制对称信道(BSC，Binary Symmetric Channel)，如图 2-24 所示。图中，$P(0)$ 和 $P(1)$ 分别是发送“0”符号和“1”符号的先验概率，$P(0/0)$ 与 $P(1/1)$ 是正确转移的概率，而 $P(1/0)$ 与 $P(0/1)$ 是错误转移的概率。信道噪声越大将导致输出数字序列发生错误越多，错误转移概率 $P(1/0)$ 与 $P(0/1)$ 也就越大；反之，错误转移概率 $P(1/0)$ 与 $P(0/1)$ 就越小。输出的总的错误概率为

$$P_e = P(0)P(1/0) + P(1)P(0/1) \tag{2-114}$$

根据无记忆编码信道的性质可以得到

$$P(0/0) + P(1/0) = 1$$
$$P(1/1) + P(0/1) = 1$$

由二进制无记忆编码信道模型，可以容易地推广到多进制无记忆编码信道模型。设编码信道输入 M 元符号，即

$$\boldsymbol{X} = [x_0 \quad x_1 \quad \cdots \quad x_{M-1}] \tag{2-115}$$

编码信道输出 N 元符号为

$$\boldsymbol{Y} = [y_0 \quad y_1 \quad \cdots \quad y_{N-1}] \tag{2-116}$$

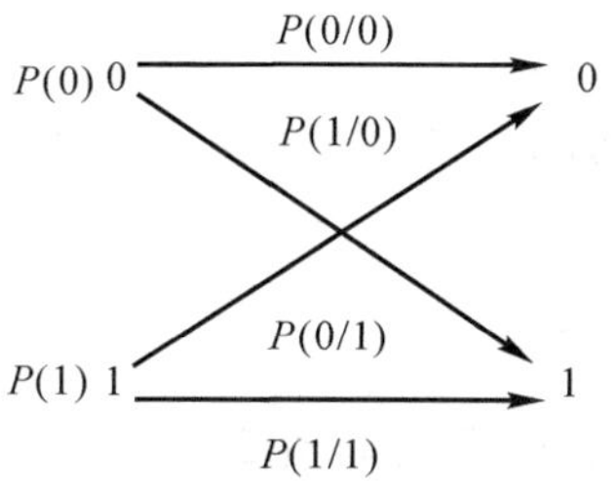

图 2-24　二进制对称信道模型

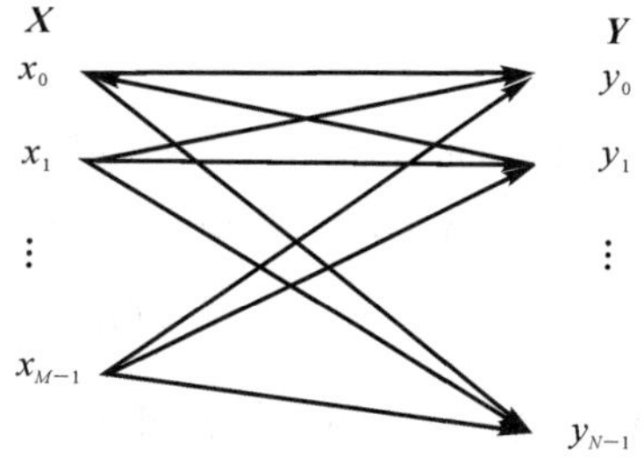

图 2-25　多进制无记忆编码信道模型

多进制无记忆编码信道模型如图 2-25 所示。对于无记忆信道，表征信道输入、输出特性的转移概率为

$$P(y_j/x_i) = P(Y = y_j/X = x_i) \tag{2-117}$$

式(2-117)表示在发送 x_i 的条件下接收 y_j 的概率，也就是将 x_i 转移为 y_j 的概率。

如果编码信道是有记忆的，即由于信道噪声或其他因素的影响导致输出数字序列发生错误是不独立的，则编码信道模型要比图 2-24 或图 2-25 所示的模型复杂得多，信道转移概率表示式也将变得很复杂。最常用的模型是离散时间的有限状态马尔可夫模型。

2.5.4　恒参信道与变参信道

信道特性主要是由传输媒质所决定的，如果传输媒质基本不随时间变化，所构成的广义信道通常属于恒参信道，恒参信道的信道特性不随时间变化或变化很缓慢；如果传输媒质随时间

随机快速变化，则构成的广义信道通常属于随参信道。

1. 恒参信道及其传输特性

恒参信道对信号传输的影响是确定的或者是变化极其缓慢的。因此，其传输特性可以等效为一个线性时不变网络。只要知道网络的传输特性，就可以采用信号分析方法，分析信号及其网络特性。

线性网络的传输特性可以用幅度频率特性和相位频率特性来表征。理想的恒参信道就是理想的无失真传输信道，其等效的线性网络传输特性为

$$H(\omega)=K_0 e^{-j\omega t_d} \tag{2-118}$$

式中 K_0 —— 传输系数；

t_d —— 时间延迟。

它们都是与频率无关的常数。根据信道的等效传输函数，可以得到幅频特性为

$$|H(\omega)|=K_0 \tag{2-119}$$

相频特性为

$$\varphi(\omega)=\omega t_d \tag{2-120}$$

信道的相频特性通常还采用群迟延-频率特性来衡量，所谓的群迟延-频率特性就是相位-频率特性的导数。群迟延-频率特性可以表示为

$$\tau(w)=\frac{d\varphi(w)}{dw}=t_d \tag{2-121}$$

理想信道的幅频特性、相频特性和群迟延-频率特性曲线如图 2-26 所示。

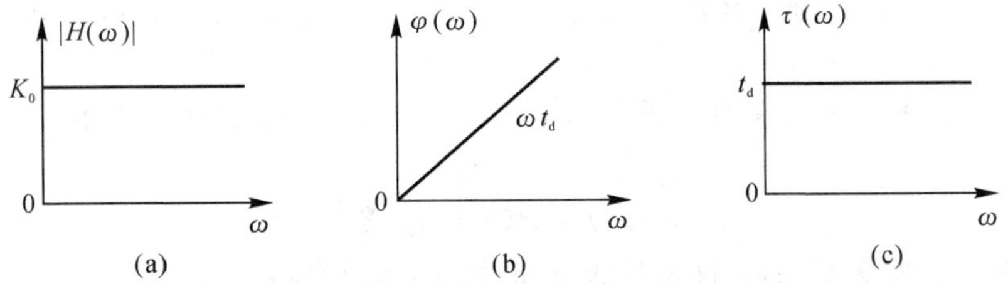

图 2-26 理想信道的幅频特性、相频特性和群迟延-频率特性

(a) 幅频特性； (b) 相频特性； (c) 群迟延-频率特性

理想恒参信道的冲激响应为

$$h(t)=K_0\delta(t-t_d) \tag{2-122}$$

若输入信号为 $s(t)$，则理想恒参信道的输出为

$$r(t)=K_0 s(t-t_d) \tag{2-123}$$

由此可见，理想恒参信道对信号传输的影响是对信号在幅度上产生固定的衰减，在时间上产生固定的迟延。这种情况也称信号是无失真传输的。

由理想的恒参信道特性可知，在整个频率范围内，其幅频特性为常数（或在信号频带范围之内为常数），其相频特性为 ω 的线性函数（或在信号频带范围之内为 ω 的线性函数）。在实际中，如果信道传输特性偏离了理想信道特性，就会产生失真。如果信道的幅度-频率特性在信号频带范围之内不是常数，则会使信号产生幅度-频率失真；如果信道的相位-频率特性在信号频带范围之内不是 ω 的线性函数，则会使信号产生相位-频率失真。

幅度-频率失真是由实际信道的幅度-频率特性的不理想所引起的，这种失真又称为频率失真，属于线性失真。信道的幅度-频率特性不理想会使通过它的信号波形产生失真。若在这种信道中传输数字信号，则会引起相邻数字信号波形之间在时间上的相互重叠，造成码间干扰。

当信道的相位-频率特性偏离线性关系时，将会使通过信道的信号产生相位-频率失真，相位-频率失真也属于线性失真。在数字信号传输时，相频失真同样会引起码间干扰，尤其当传输速率比较高时，相频失真将会引起严重的码间串扰，使误码率性能降低。由于相频失真也是线性失真，因此，可以采用均衡器对相频特性进行补偿，改善信道传输条件。

2. 变参信道及其传输特性

变参信道（或称随参信道）是指信道传输特性随时间随机快速变化的信道。变参信道传输媒质通常具有以下特点：对信号的衰减随时间的变化而变化，传输时延也随时间发生变化，具有多径效应（多径传播）。由于变参信道比恒参信道复杂得多，它对信号传输的影响也比恒参信道严重得多。

假设发送信号为单一频率正弦波，即

$$s(t)=A\cos\omega_c t \tag{2-124}$$

假设信道中一共有 L 条路径，各条路径具有时变衰耗和时变传输时延，且从各条路径到达接收端的信号相互独立，则接收端接收到的合成波为

$$R(t)=\sum_{i=1}^{L}a_i(t)\cos\omega_c[t-t_{di}(t)]=\sum_{i=1}^{L}a_i(t)\cos[\omega_c t-\varphi_i(t)] \tag{2-125}$$

式中　$a_i(t)$ —— 第 i 条路径到达接收端的随机幅度；

$t_{di}(t)$ —— 第 i 条路径的延迟时间；

$\varphi_i(t)$ —— 相应的随机相位，即

$$\varphi_i(t)=-\omega_c t_{di}(t) \tag{2-126}$$

由于 $a_i(t)$ 和 $\varphi_i(t)$ 随时间的变化要比信号载频的周期变化慢得多，因此式(2-125)又可写成

$$R(t)=\left[\sum_{i=1}^{L}a_i(t)\cos\varphi_i(t)\right]\cos\omega_c t-\left[\sum_{i=1}^{L}a_i(t)\sin\varphi_i(t)\right]\sin\omega_c t \tag{2-127}$$

令 $$a_{\mathrm{I}}(t)=\sum_{i=1}^{L}a_i(t)\cos\varphi_i(t),\quad a_{\mathrm{Q}}(t)=\sum_{i=1}^{L}a_i(t)\sin\varphi_i(t)$$

代入式(2-127)得

$$R(t)=a_{\mathrm{I}}(t)\cos\omega_c t-a_{\mathrm{Q}}(t)\sin\omega_c t=a(t)\cos[\omega_c t+\varphi(t)] \tag{2-128}$$

式中 $a(t)$ —— 多径信号合成后的包络,即

$$a(t)=\sqrt{a_{\mathrm{I}}^2(t)+a_{\mathrm{Q}}^2(t)} \tag{2-129}$$

$\varphi(t)$ —— 多径信号合成后的相位,即

$$\varphi(t)=\arctan\frac{a_{\mathrm{Q}}(t)}{a_{\mathrm{I}}(t)} \tag{2-130}$$

由此可得到以下结论:

1) 从波形上看,多径传播的结果使单一载频信号 $A\cos\omega_c t$ 变成了包络和相位都受到调制的窄带信号,这种信号称为衰落信号;

2) 从频谱上看,多径传播引起了频率弥散(色散),即由单个频率变成了一个窄带频谱,即多径传播引起了频率弥散;

3) 多径传播会引起选择性衰落,这是多径传播的又一重要特征。

当在多径信道中传输数字信号,特别是传输高速数字信号时,频率选择性衰落将会引起严重的码间干扰。为了减小码间干扰的影响,就必须限制数字信号传输速率。

为了提高变参信道中信号传输质量,必须采用抗衰落的有效措施。常采用的技术措施有抗衰落性能好的调制解调技术、扩频技术、功率控制技术、与交织结合的差错控制技术、分集接收技术等。

2.6 加性噪声的数学模型

信道的加性噪声同样会对信号传输产生影响。在实际水声信道中,加性噪声与信号相互独立,并且始终存在,只能采取措施减小加性噪声的影响,而不能彻底消除加性噪声。因此,加性噪声不可避免地会对通信造成危害。

从 2.5 节的介绍可以看到,水声信道中环境噪声的来源不同,噪声的性质也不同。如果根据噪声的性质分类,噪声可以分为单频噪声、脉冲噪声和起伏噪声,这三种噪声都是随机噪声。

单频噪声的频谱特性可能是单一频率,也可能是窄带谱,其特点是一种连续波干扰。

脉冲噪声是在时间上无规则的突发脉冲波形,其特点是以突发脉冲形式出现、干扰持续时间短、脉冲幅度大、周期是随机的且相邻突发脉冲之间有较长的安静时间。由于脉冲很窄,所以其频谱很宽。但是随着频率的提高,频谱强度逐渐减弱。

单频噪声和脉冲噪声都是可以通过合理的设计、选择合适的工作频率、远离脉冲源等措施减小和避免的干扰噪声。

起伏噪声是一种连续波随机噪声，其特点是具有很宽的频带，并且始终存在。起伏噪声通常被认为是近似高斯白噪声，即噪声的概率密度函数满足正态分布统计特性，其功率谱密度函数是常数。起伏噪声是一种频谱很宽的噪声，当它通过通信系统时，会受到通信系统中各种变换的影响，使其频谱特性发生变化。一个通信系统通常具有带通特性。当宽带起伏噪声通过带通特性的网络时，输出噪声就变为带通型噪声；如果线性网络具有窄带特性，则输出噪声为窄带噪声；如果输入噪声是高斯噪声，则输出噪声就是带通型（或窄带）高斯噪声。

当高斯噪声通过以 ω_c 为中心角频率的窄带系统时，就可形成窄带高斯噪声。所谓窄带系统是指系统的频带宽度 B 比起中心频率来小得多的通信系统，即 $B \ll f_c = \omega_c/2\pi$ 的系统。信号通过窄带系统后就形成窄带信号，它的特点是频谱局限在 $\pm\omega_c$ 附近很窄的频率范围内，其包络和相位都在做缓慢随机变化。

对窄带高斯噪声有以下几个结论：① 一个均值为零的窄带高斯噪声 $n(t)$，假定它是平稳随机过程，则它的同相分量 $n_I(t)$ 和正交分量 $n_Q(t)$ 也是平稳随机过程，且均值也都为零，方差也相同；② 窄带高斯噪声的随机包络服从瑞利分布；③ 窄带高斯噪声的相位服从均匀分布。

带通型噪声的频谱具有一定的宽度，噪声的带宽可以用不同的定义来描述。为了使噪声功率分析相对容易，通常用噪声等效带宽来描述。设带通型噪声的功率谱密度为 $P_n(f)$，如图 2-27 所示，则噪声等效带宽定义为

$$B_n = \frac{\int_{-\infty}^{\infty} P_n(f)\,df}{2P_n(f_c)} = \frac{\int_0^{\infty} P_n(f)\,df}{P_n(f_c)} \tag{2-131}$$

式中　f_c—— 带通型噪声功率谱密度的中心频率。

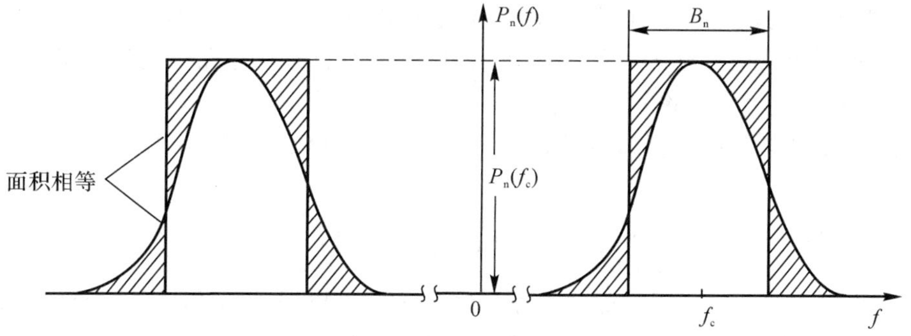

图 2-27　带通型噪声的功率谱密度

噪声等效带宽的物理意义是：高度为 $P_n(f_c)$，宽度为 B_n 的噪声功率与功率谱密度为

$P_n(f)$ 的带通型噪声功率相等。

2.7 信道容量的概念

信道容量是指信道中信息无差错传输的最大速率。根据不同的信道模型，可以给出不同的信道容量定义。在 2.5 节中定义了两种信道模型：调制信道模型和编码信道模型。调制信道是一种连续信道，可以用连续信道的信道容量来表征；编码信道是一种离散信道，可以用离散信道的信道容量来表征。本节仅给出连续信道的信道容量公式。

2.7.1 香农(Shannon)公式

设在连续信道的输入端加入单边功率谱密度为 n_0(W/Hz) 的加性高斯白噪声，信道的带宽为 B(Hz)，信号功率为 S(W)，则通过这种信道进行无差错传输的最大信息速率 C 为

$$C = B\text{lb}\left(1+\frac{S}{n_0 B}\right) \quad (\text{b/s}) \tag{2-132}$$

令 $N = n_0 B$，则有

$$C = B\text{lb}\left(1+\frac{S}{N}\right) \quad (\text{b/s}) \tag{2-133}$$

式(2-133) 就是著名的香农信道容量公式，简称香农公式。香农公式表明的是在具有一定频带宽度的信道上，当信号与信道加性高斯白噪声的平均功率给定时，理论上单位时间内可能传输的信息量的极限数值。

香农公式说明，在给定 B，S/N 的情况下，信道的极限传输能力为 C，而且此时能够做到无差错传输，即差错率为零。这就是说，如果信道的实际传输速率大于 C 值，则不可能实现无差错传输。只要传输速率小于等于信道容量，则总可以找到一种信道编码方式，实现无差错传输。因此，一般要求实际传输速率不能大于信道容量，除非允许存在一定的差错率。

由香农公式可得以下结论：

1) 增大信号功率 S 可以增加信道容量，若信号功率趋于无穷大，则信道容量也趋于无穷大，即

$$\lim_{S\to\infty} C = \lim_{S\to\infty} B\text{lb}\left(1+\frac{S}{n_0 B}\right) \to \infty$$

2) 减小噪声功率 N (或减小噪声功率谱密度 n_0) 可以增加信道容量，若噪声功率趋于零(或噪声功率谱密度趋于零)，则信道容量趋于无穷大，即

$$\lim_{N\to 0} C = \lim_{N\to 0} B\text{lb}\left(1+\frac{S}{N}\right) \to \infty$$

3) 增大信道带宽 B 可以增加信道容量，但不能使信道容量无限制增大。当信道带宽 B 趋

于无穷大时，信道容量的极限值为

$$\lim_{B\to\infty} C=\lim_{B\to\infty} B\,\mathrm{lb}\left(1+\frac{S}{n_0 B}\right)=\frac{S}{n_0}\lim_{B\to\infty}\frac{n_0 B}{S}\mathrm{lb}\left(1+\frac{S}{n_0 B}\right)=$$

$$\frac{S}{n_0}\mathrm{lbe}\approx 1.44\frac{S}{n_0}$$

香农公式给出了通信系统所能达到的极限信息传输速率，达到极限信息速率的通信系统称为理想通信系统。

2.7.2 香农公式的应用

由香农公式(2-133)可以看出，当信道容量 C 一定时，信道带宽 B、信噪比 S/N 及传输时间三者之间可以互相转换。若增加信道带宽，可以换来信噪比的降低，反之亦然。如果信噪比不变，那么增加信道带宽可以换取传输时间的减少。

如果信道容量 C 给定，互换前的带宽和信噪比分别为 B_1 和 S_1/N_1，互换后的带宽和信噪比分别为 B_2 和 S_2/N_2，则有

$$B_1\mathrm{lb}(1+S_1/N_1)=B_2\mathrm{lb}(1+S_2/N_2)$$

例如，如果 $S/N=7$，$B=4$ kHz，则可得 $C=12\times10^3$ b/s；但是，如果 $S/N=15$，$B=3$ kHz，则可得同样的 C 值。这就说明，为达到某个实际传输速率，在系统设计时可以利用香农公式中的互换原理，确定合适的系统带宽和信噪比。

【例 2-5】 设信道带宽 $B_1=2$ kHz，希望传输的信息速率为 2×10^3 b/s，试问所需的信噪比为多少？若将信道带宽增加到 $B_2=10$ kHz，要保证同样的数据率，所需的信噪比为多少？

解 希望传输的信息速率为 2×10^3 b/s，为了保证信息的无误传输，则信道容量至少应为 $C=2\times10^3$ b/s。按照容量公式(2-133)，可得

$$2\times10^3=2\times10^3\times\mathrm{lb}\left[1+\left(\frac{S}{N}\right)_1\right]$$

$$\left(\frac{S}{N}\right)_1=1$$

即要求信噪比 $(S/N)_1=1$。当信道带宽增加为 $B_2=10$ kHz 时

$$2\times10^3=10\times10^3\times\mathrm{lb}\left[1+\left(\frac{S}{N}\right)_2\right]$$

$$\left(\frac{S}{N}\right)_2=0.15$$

则所需信噪比 $(S/N)_2=0.15$。

可见，信道带宽 B 的变化可使输出信噪比也随之变化，而同时保持信息传输速率不变。这种信噪比和带宽的互换性在通信工程中有很大的用处。例如，在发射功率受限的通信系统中，

可用增大带宽的方法来换取对信噪比要求的降低；相反，如果信道频带比较紧张，这时主要考虑频带利用率，可用增加信噪比或用多进制调制的方法来降低系统对信道带宽的占用。此外，带宽或信噪比与传输时间也存在着互换关系。

值得一提的是，香农公式定义的是在加性高斯白噪声信道中的信道容量，通信系统所能达到的极限信息传输速率。实际的信道容量与很多因素有关，如当信道中存在多径干扰、多路传输时，信道的容量定义将不同于香农容量。第 7 章将对信道容量进行进一步的描述。

思考与练习题

2-1 海洋中的声速具有怎样的特性？它对声波传播具有哪些影响？

2-2 造成声能量传播损失的主要原因是什么？传播损失与传播距离及信号频率有怎样的关系？

2-3 水声信道中的多径效应是怎样形成的，它对水声通信信号有什么影响？

2-4 影响水声信道时变性的主要因素有哪些？

2-5 简述描述声场传播的主要声场模型。

2-6 设水声通信系统的传输距离为 30 km 时，系统的检测阈为 10 dB，发射声源级为 190 dB，采用全向发射换能器与接收换能器，试选择最佳信号频率。

2-7 设通信系统的通信距离 $R=10$ km，信号频率 $f=2$ kHz，发射声源级 $SL=190$ dB，采用全向发射换能器和接收换能器。假设信道为加性高斯白噪声信道，带宽主要由传播损失决定。试计算信道的等效 3 dB 带宽和信道容量。若信号频率增加为 $f=10$ kHz，这时信道的等效带宽和可实现的最大信息数据率各为多少？

2-8 香农公式的意义是什么？信道带宽和信噪比如何实现互换？

参考文献

[1] 汪德昭，尚尔昌. 水声学[M]. 北京：科学出版社，1981.

[2] Etter P C. Underwater acoustic modeling: principles, techniques and applications [M]. New York: Elsevier science publisher LTD, 1991.

[3] 尤立克 R J. 水声原理 [M]. 哈尔滨：哈尔滨船舶工程学院出版社，1990.

[4] 朱埜. 主动声呐检测信息原理[M]. 北京：海洋出版社，1990.

[5] Kilfoyle D B, Baggeroer A B. The state of the art in underwater acoustic telemetry [J]. IEEE Journal of Oceanic Engineering, 2000, 25(1): 4-27.

[6] 孙枕戈. 基于声线理论信道模型的匹配被动定位[D]. 西北工业大学，1995.

[7] 张歆. 基于声场模型的水声通信特性与系统设计的研究[D]. 西北工业大学，2000.

[8] Ianniello J. A Matlab version of the Kraken normal mode code, naval underwater warfare center detachment[R]. New London CT technical memorandum, Code 2133, NUWC/NL.

[9] Hoffman D W. LORA: a model for predicting the performance of long range active sonar systems [R]. AD 36539, December, 1976.

[10] Pedersen M A, Gordon D F. Comparison of curvilinear and linear profile approximation in the calculation of underwater sound intensities by ray theory [J]. J Acoust Soc Amer, 1967, 41(2):419 - 438.

[11] Badiey M, Mu Y, Lynch J, et al. Temporal and azimuthal dependence of sound propagation in shallow water with internal waves [J]. IEEE Journal of Oceanic Engineering, 2002, 27(1):117 - 29.

[12] Yang T C, Yoo Kwang. Internal Wave Spectrum in Shallow Water: Measurement and Comparison with the Garrett—Munk Model [J]. IEEE Journal of Oceanic Engineering, 1999, 24(3):333 - 345.

[13] Murshid S H, Caimi F M. Ocean acoustic impulse response measurement and characterization for ACOMMS performance prediction [C]// IEEE Proc. OCEANS 1999, 1999:601 - 604.

[14] Galvin R, Wang L S. Measured channel characteristics and the corresponding performance of an underwater acoustic communication system using parametric transduction [C]// IEE Proc. Radar Sonar Navigation, 2000, 47(5):247 - 253.

[15] Eggen T H, Baggeroer A B, Preisig J C. Communication over Doppler spread channels—Part I: channel and receiver Presentation [J]. IEEE Journal of Oceanic Engineering, 2000, 25(1): 62 - 71.

[16] Freitag L, Johnson M, Stojanovic M, et al. Survey and analysis of underwater acoustic channel for coherent communication in the medium-frequency band [C]// IEEE Proc. OCEANS 2000, 2000:131 - 138.

[17] Bjerrum — Niese C, Lützen R. Stochastic simulation of acoustic communication in turbulent shallow water [J]. IEEE Journal of Oceanic Engineering, 2000, 25(4): 523 - 532.

[18] Galvin R, Coates R F W. A stochastic underwater acoustic channel model [C]// IEEE Proc. OCEANS 1996, 1996:203 - 210.

第3章　时变多径水声信道的分析与仿真

上一章介绍了水声信道中声波传播的主要物理效应及其对通信系统的影响，以及描述声波传播的声场模型。由于海洋介质的特性随时间变化，因而水声信道的传播损失、多径结构等都随时间变化。这种时变多径的传播特性，将会使得接收信号的幅度、频率和相位产生变化，造成信号的失真，影响可靠接收。实际上，对通信系统性能造成严重影响的并不是多径传播和多普勒频移，而是它们随时间变化所引起的多径扩展和多普勒扩展。因此，在水声通信中，对水声信道研究的目的在于通过对信道动态特性的分析和仿真，为水声通信系统的设计、信号处理算法的实现以及通信系统的性能评估提供依据。本章将从时变多径水声信道的表示开始，介绍时变多径信道的分析与仿真的一般方法及其在水声信道仿真中的应用。

3.1　时变多径水声信道的表示

水声信道在物理上可以看成是具有不同时延、不同频移、不同起始角的许多传播路径的总和，通常假定这些路径是不相关的。可以将声线路径分成宏多径与微多径来分析时变多径信道，宏多径与微多径分别表示了多径和衰落的大尺度效应和小尺度效应。大尺度衰落表示在大范围内的衰减或传播损失，主要是由水声信道中海底、海面反射与折射，以及由大的声场起伏造成的。小尺度衰落表示由于发射机和接收机之间的距离或海水介质的微小变化引起的接收信号的幅度和相位的动态变化。宏多径与微多径的划分将水声信道分成两部分：一部分具有慢时变与稳定的性质，另一部分具有快时变与随机的性质。考虑到海洋信道的动态过程会影响到海洋介质的声速分布，因此首先将声速表示成时空变化的形式，即

$$c(\boldsymbol{z},t)=c_0[1+U_0(\boldsymbol{z},t)+\mu(\boldsymbol{z},t)] \tag{3-1}$$

式中　c_0——标称的声速值；

$\boldsymbol{z}$——空间位置向量；

$U_0(\boldsymbol{z},t)$——由静态的或缓慢变化的环境因素所造成的时空变化，这些因素包括水压随深度的变化，由潮汐、日照、风冷、季节变化和大尺度地理位置变化所引起的水温和盐度的变化等；

$\mu(\boldsymbol{z},t)$——由内波、紊流等引起的快变化。

设声源发射信号 $x(t)=\mathrm{e}^{\mathrm{j}\omega t}$，并假设没有引起快变化的环境因素，即 $\mu(\boldsymbol{z},t)=0$，而且海面是平坦的，海底只有大尺度特征，这里尺度的大小是相对声波长 $2\pi c_0/\omega$ 来说的。设 $\widetilde{Y}_l(\omega,t)$ 表示沿着第 l 条声线从声源传输到接收机的复信号，则 $\widetilde{Y}_l(\omega,t)$ 可以表示为

$$\widetilde{Y}_l(\omega,t)=H_{Sl}(\omega,t)\mathrm{e}^{\mathrm{j}\omega t} \tag{3-2}$$

式中　$H_{Sl}(\omega,t)$ —— 第 l 条路径的传输函数，不仅取决于 c_0 和 $U_0(z,t)$，而且与声源和接收机的位置、海底的大尺度特征等有关。

在上述假设条件下得到的声线结构称为宏多径结构。

若不满足上述假设，声波就不一定沿宏多径结构所定义的路径传播，声波可能被 $\mu(z,t)$ 表示的小尺度特征所折射和反射。在这种情况下，实际声线轨迹可以模化为环绕标称声线的声线管，声波传播的单路径裂变成声线管内许多的微路径。于是，沿第 l 条声线传播的接收信号将是沿这些微路径传播的信号之和，这些微路径称为信道的微多径结构。这时，沿第 l 条声线管传输的接收信号可以表示为

$$\widetilde{Y}_l(\omega,t)=H_{Rl}(\omega,t)H_{Sl}(\omega,t)\mathrm{e}^{\mathrm{j}\omega t} \tag{3-3}$$

式中　$H_{Rl}(\omega,t)$—— 第 l 条声线管内由微多径结构所形成的路径传输函数。

若从声源到接收机有 L 条路径，则接收信号可表示为

$$Y(\omega,t)=\sum_{l=1}^{L}\widetilde{Y}_l(\omega,t) \tag{3-4}$$

慢变的宏多径结构主要影响每个射线管到达的幅度和时延，而快变的微多径结构主要影响射线管的形状。在声源和接收机之间不同的声线管通常会有小部分的重叠，但除非环境起伏中的尺度与声线管的间距可以比拟，否则，可以假设沿不同声线管中微多径传输的信号是不相关的。

环境起伏的幅度和空间尺度决定了信道微多径结构起伏的性质。当环境起伏的幅度很小或起伏的尺度大于等于声线管的半径时，信号将沿单路径传播，这时的信道称为欠饱和信道；当环境起伏稍强而尺度不变时，信号将同时沿射线管内几条路径传播，这时的信道呈部分饱和的性质；若环境起伏的强度再增强，或者强度保持适中而尺度小于声线管半径时，信道呈过饱和状态，在这种情况下，信号将沿声线管内很多条路径传播，且各路径相互独立。当声源到接收机的距离增大或信号频率增加时，信道呈过饱和状态的可能性就会增加。

定义

$$H_l(\omega,t)=H_{Rl}(\omega,t)H_{Sl}(\omega,t) \tag{3-5}$$

式中　$H_l(\omega,t)$ —— 第 l 条声线管的时变传输函数；

$H_{Sl}(\omega,t)$—— 第 l 条声线管时变传输函数中的大尺度、非均匀、慢变成分；

$H_{Rl}(\omega,t)$—— 第 l 条声线管时变传输函数中的小尺度随机、扰动成分，上述两种成分往往不能分割。

设 $H_l(\omega,t)$ 傅里叶反变换 $h_l(\tau,t)$ 存在，即

$$h_l(\tau,t)=\frac{1}{2\pi}\int_{-\infty}^{\infty}H_l(\omega,t)\mathrm{e}^{\mathrm{j}\omega\tau}\,\mathrm{d}\omega=\frac{1}{2\pi}\int_{-\infty}^{\infty}H_{Rl}(\omega,t)H_{Sl}(\omega,t)\mathrm{e}^{\mathrm{j}\omega t}\,\mathrm{d}\omega \tag{3-6}$$

$H_l(\omega,t)$ 的傅里叶反变化 $h_l(\tau,t)$ 称为第 l 条声线管的输入时延扩展函数。则沿第 l 条声线管的接收信号为

$$y_l(t)=\frac{1}{2\pi}\int_{-\infty}^{\infty}H_l(\omega,t)X(\omega)\mathrm{e}^{\mathrm{j}\omega t}\mathrm{d}\omega \tag{3-7}$$

若用 $h_{Rl}(\lambda,\ t)$ 表示第 l 条声线管的微多径时延扩展函数，即

$$H_{Rl}(\omega,t)=\int_{-\infty}^{\infty}h_{Rl}(\lambda,t)\mathrm{e}^{-\mathrm{j}\omega\lambda}\mathrm{d}\omega \tag{3-8}$$

代入式(3－6)并交换积分顺序可得

$$h_l(\tau,t)=\int_{-\infty}^{\infty}h_{Rl}(\lambda,t)\left[\frac{1}{2\pi}\int_{-\infty}^{\infty}H_{Sl}(\omega,t)\mathrm{e}^{\mathrm{j}\omega(\tau-\lambda)}\mathrm{d}\omega\right]\mathrm{d}\lambda \tag{3-9}$$

注意到方括号内的部分实际上是第 l 条声线管的宏多径输入时延扩展函数，用 $h_{Sl}(\tau,\ t)$ 表示，则式(3－9)可重写为

$$h_l(\tau,t)=\int_{-\infty}^{\infty}h_{Rl}(\lambda,t)h_{Sl}(\tau-\lambda,t)\mathrm{d}\lambda \tag{3-10}$$

由式(3－10)可见，第 l 条声线管的输入时延扩展函数等于第 l 条声线的微多径的输入时延扩展函数与第 l 条声线管的宏多径的输入时延扩展函数的卷积。信道的输入时延扩展函数还可以表示为

$$h(\tau,t)=\sum_{l=1}^{L}h_l(\tau,t) \tag{3-11}$$

3.2 信道冲激响应的时变模型

在线性声学范围内，当发射机和接收机位置固定时，海洋信道相当于一个线性滤波器，信道的作用相当于对发射信号进行线性变换。可以从线性时变系统的角度来描述信道。当系统输入时间波形 $x(t)$ 时，输出为

$$y(t)=\int h(\tau,t)x(t-\tau)\mathrm{d}\tau \tag{3-12}$$

式中 $h(\tau,\ t)$ —— 信道的输入延迟扩展函数，可理解为 τ 时刻前输入的冲激脉冲在 t 时刻的输出响应。

式(3－12)表示的时变系统的输入、输出关系在形式上和时不变系统的输入、输出关系有相似的广义积分形式。由于信道是时变的，$h(\tau,\ t)$ 将随冲激信号的作用时刻 $t-\tau$ 和输出的测量时刻 t 的变化而变化，它是流逝时间 τ 和观察时间 t 的函数。由于 $h(\tau,\ t)$ 是系统对输入 δ 脉冲的输出响应，因此，可称 $h(\tau,\ t)$ 为系统的时变冲激响应函数。由上一节的介绍可知，作为信道的输入延迟扩展函数，$h(\tau,\ t)$ 用来描述多径信道中的宏多径和微多径；而当用冲激响应来描述信道时，时变多径信道可以理解为由延迟上连续分布的许多散射体形成的复合散射过程，而响应函数 $h(\tau,\ t)$ 就是分布在$[\tau,\ \tau+\mathrm{d}\tau]$ 范围内的散射体的时变散射振幅因子。

$h(\tau,\ t)$ 中的 τ 和 t 这两个时间变量刻画了时变系统的两个不同方面，变量 τ 和时不变系统

冲激响应 $h(\tau)$ 中的变量 τ 起着同样的作用。对于时不变系统，τ 对应的傅里叶变换表达了频率响应和带宽等概念。对于时变系统，也可以通过对 $h(\tau, t)$ 进行关于 τ 的傅里叶变换，从而给出传输函数的概念

$$H(f,t)=\int_{-\infty}^{\infty} h(\tau,t)\exp(-\mathrm{j}2\pi f\tau)\mathrm{d}\tau \tag{3-13}$$

如果系统是慢时变的，则频率响应和带宽的概念同样可用于 $H(f, t)$。利用式(3-13)的傅里叶变换关系式，式(3-12)可以写成

$$y(t)=\int H(f,t)X(f)\mathrm{e}^{\mathrm{j}2\pi ft}\mathrm{d}\tau \tag{3-14}$$

当输入是 $X(f)=\delta(f-f_0)$ 的单频信号时

$$y(t)=H(f_0,t)\mathrm{e}^{\mathrm{j}2\pi f_0 t} \tag{3-15}$$

因此，传输函数 $H(f, t)$ 就是当信道在输入一个单频连续信号 $\exp(\mathrm{j}2\pi f_0 t)$ 时，在输出端所产生的信号复振幅调制，即振幅和相位的时间调制信号。

$h(\tau, t)$ 和 $H(f, t)$ 中的变量 t 描述了系统的时变性。通常将信道的时变特性建模为一个随机现象，而将 $h(\tau, t)$ 视为一个以 t 为参数的随机过程。如果这个过程是平稳的，则时变特性可由时域中的自相关函数或频域中相应的功率谱密度来建模。自相关函数的时间常数或功率谱密度的带宽是描述 $h(\tau, t)$ 是慢时变或是快时变的重要参数。

如果将 $h(\tau, t)$ 建模为一个时间 t 的平稳随机过程，则可定义 $h(\tau, t)$ 的自相关函数为

$$R_h(\tau_1,\tau_2,\Delta t)=E\{h^*(\tau_1,t)\cdot h(\tau_2,t+\Delta t)\} \tag{3-16}$$

在大多数无线传输媒质中，与路径时延 τ_1 相关联的信道衰减和相移和与路经时延 τ_2 相关联的信道衰减和相移是不相关的，这通常称为不相关散射(US，Uncorrelated Scattering)假设。在假设不相关散射的条件下，当 $\tau_1 \neq \tau_2$ 时，$h(\tau_1, t)$ 和 $h(\tau_2, t)$ 是不相关的，于是有

$$R_h(\tau_1,\tau_2,\Delta t)=R_h(\tau_1,\Delta t)\delta(\tau_1-\tau_2) \tag{3-17}$$

若令 $\Delta t=0$，得到的自相关函数为 $R_h(\tau, 0)=p(\tau)$，它是信道的平均功率输出，是时延 τ 的函数。因此，通常把 $p(\tau)$ 称为信道的功率延迟线、时延功率谱或多径强度分布。

如果将 $h(\tau, t)$ 建模为一个以 t 为自变量的零均值复高斯随机过程，则其频域变换 $H(f, t)$ 也具有相同的统计特性，在假设信道广义平稳(WSS，Wide Sence Stationary)的条件下，定义 $H(f, t)$ 的自相关函数为

$$R_H(f_1,f_2,\Delta t)=E\{H^*(f_1,t)H(f_2,t+\Delta t)\} \tag{3-18}$$

因为 $h(\tau, t)$ 与 $H(f, t)$ 之间的傅里叶变换关系，在广义平稳不相关散射(WSSUS)条件下，将式(3-13)、式(3-16)、式(3-17)代入式(3-18)可得

$$R_H(f_1,f_2,\Delta t)=E\left\{\int_{-\infty}^{\infty} h^*(\tau_1,t)\mathrm{e}^{\mathrm{j}2\pi f_1\tau_1}\mathrm{d}\tau_1\int_{-\infty}^{\infty} h(\tau_2,t)\mathrm{e}^{-\mathrm{j}2\pi f_2\tau_2}\mathrm{d}\tau_2\right\}=$$

$$\int_{-\infty}^{\infty}\int_{-\infty}^{\infty} E\{h^*(\tau_1,t)h(\tau_2,t+\Delta t)\}\mathrm{e}^{\mathrm{j}2\pi(f_1\tau_1-f_2\tau_2)}\mathrm{d}\tau_1\mathrm{d}\tau_2=$$

$$\int_{-\infty}^{\infty}\int_{-\infty}^{\infty}R_h(\tau,\Delta t)\delta(\tau_1-\tau_2)\mathrm{e}^{\mathrm{j}2\pi(f_1\tau_1-f_2\tau_2)}\mathrm{d}\tau_1\mathrm{d}\tau_2=$$

$$\int_{-\infty}^{\infty}R_h(\tau_1,\Delta t)\mathrm{e}^{\mathrm{j}2\pi(f_1-f_2)\tau_1}\mathrm{d}\tau_1=$$

$$\int_{-\infty}^{\infty}R_h(\tau_1,\Delta t)\mathrm{e}^{\mathrm{j}2\pi\Delta f\tau_1}\mathrm{d}\tau_1\overset{\mathrm{def}}{=\!=}R_H(\Delta f,\Delta t) \tag{3-19}$$

式中　$\Delta f=f_2-f_1$。

可见，对于 WSSUS 信道，$R_H(\Delta f,\ \Delta t)$ 仅是频率间隔 $\Delta f=f_2-f_1$ 的函数，因此，可将 $R_H(\Delta f,\ \Delta t)$ 称为信道频率间隔、时延的相关函数，简称信道相关函数，它描述的是两个相差 Δf 的正弦信号在延迟 Δt 上的复包络的相关函数。

在式(3-19)中，令 $\Delta t=0$，得到

$$R_H(\Delta f)=\int_{-\infty}^{\infty}R_h(\tau)\mathrm{e}^{\mathrm{j}2\pi\Delta f\tau}\mathrm{d}\tau\overset{\mathrm{def}}{=\!=}R(\Delta f) \tag{3-20}$$

可见，$R(\Delta f)$ 与信道的功率延迟线 $p(\tau)$ 是傅里叶变换对。$R(\Delta f)$ 是信道的频率相关函数，是间隔为 Δf 的两个接收载波的复包络之间的相关函数，提供了信道频率相干性的一种度量。

实际中，信道的功率延迟线 $p(\tau)$ 可以通过发送很窄的脉冲，借助于接收信号与其时延信号的互相关输出来测量；而信道的频率相关函数 $R(\Delta f)$ 可以通过发送一对间隔为 Δf 的正弦波，借助于两个相对时延为 Δt 的接收信号的互相关输出来测量。$p(\tau)$ 和 $R(\Delta f)$ 之间的关系如图 3-1 所示。

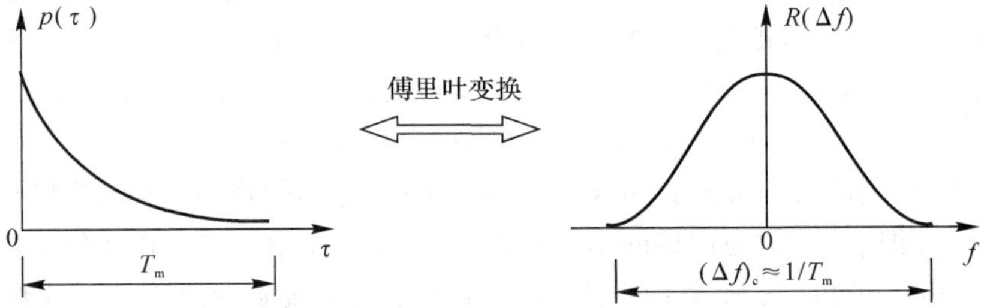

图 3-1　$p(\tau)$ 和 $R(\Delta f)$ 之间的关系

使得 $p(\tau)\geqslant 0$ 的最大 τ 值称为信道的最大多径时延 T_{m}，它表示在此时延值以外的接收功率 $p(\tau)$ 很小。而信道的相干带宽 $(\Delta f)_{\mathrm{c}}$ 近似为多径时延 T_{m} 的倒数，即

$$(\Delta f)_{\mathrm{c}}\approx 1/T_{\mathrm{m}} \tag{3-21}$$

相干带宽 $(\Delta f)_{\mathrm{c}}$ 表示信道传输特性相邻两个零点之间的频率间隔。由于信道的时变性，当一个等幅单频信号输入时，其输出波形的复包络会随时间变化。信道这种使输出信号复包络发生时变起伏的现象称为信道的“时域衰落”。不同频率的信号可能有不同的波形衰落，也就是说，信道的“时域衰落”具有频率选择性。信道的相干带宽 $(\Delta f)_{\mathrm{c}}$ 意味着对于频率间隔小

于$(\Delta f)_c$的两个单频信号，信道所引起的波形衰落是相同的或者说是相关的；而频率间隔大于$(\Delta f)_c$的两个信号，会受到信道不同的影响。由$R(\Delta f)$与$p(\tau)$之间的关系可知，当$p(\tau)$为冲激函数时，$R(\Delta f)=1$，即信道对所有的频率都是相关的；也就是说，当信道中没有多径扩展时，信道中就没有频率选择性衰落。

在$R_H(\Delta f, \Delta t)$中，令$\Delta f=0$，得到

$$R(\Delta t)=E\{H^*(f,t)H(f,t+\Delta t)\} \tag{3-22}$$

$R(\Delta t)$称为信道的时间相关函数，它是信道的复正弦响应的自相关函数。

对$R_H(\Delta f, \Delta t)$进一步作关于Δt的傅里叶变换，得到$H(f, t)$的功率谱函数

$$\sigma(\Delta f,\lambda)=\int_{-\infty}^{\infty} R_H(\Delta f,\Delta t)e^{j2\pi\Delta t\lambda}d\Delta t \tag{3-23}$$

令$\Delta f=0$，得到

$$\sigma(0,\lambda)=\int_{-\infty}^{\infty} R_H(\Delta t)e^{j2\pi\Delta t\lambda}d\Delta t \overset{\text{def}}{=\!=} \sigma(\lambda) \tag{3-24}$$

$\sigma(\lambda)$是信道的复包络功率谱，它给出信号平均功率与多普勒频率λ之间的关系，因此，$\sigma(\lambda)$被称为信道的多普勒功率谱。由式(3-24)可知，它与信道的时间相关函数$R(\Delta t)$互为傅里叶变换对，其关系如图 3-2 所示。

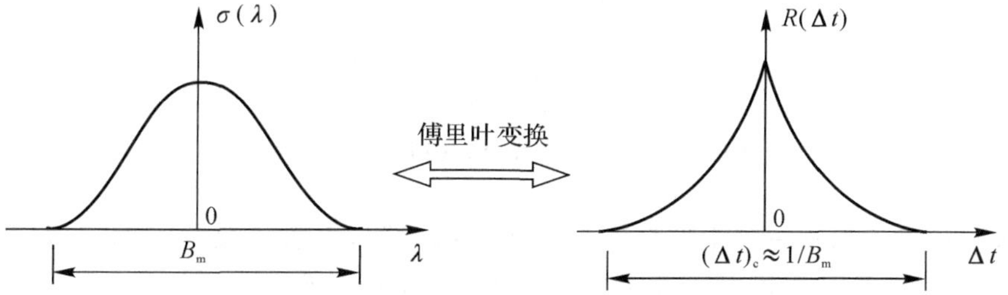

图 3-2　$R(\Delta t)$ 和 $\sigma(\lambda)$ 之间的关系

使$\sigma(\lambda)\geqslant 0$的$\lambda$取值范围称为信道的最大多普勒扩展$B_m$，由于$\sigma(\lambda)$与$R(\Delta t)$的傅里叶变换关系，信道相干时间$(\Delta t)_c$近似为多普勒扩展$B_m$的倒数，即

$$(\Delta t)_c \approx 1/B_m \tag{3-25}$$

由$\sigma(\lambda)$与$R(\Delta t)$的关系可知，当信道是时不变的，即$R(\Delta t)=1$时，$\sigma(\lambda)$为冲激函数，在信道中观察不到频率扩展。

进一步对$R_H(\Delta f, \Delta t)$作双重傅里叶变换，得到

$$\sigma(\tau,\lambda)=\int_{-\infty}^{\infty}\int_{-\infty}^{\infty} R_H(\Delta f,\Delta t)e^{j2\pi\Delta t\lambda}e^{j2\pi\Delta f\tau}d\Delta t d\Delta f \tag{3-26}$$

$\sigma(\tau, \lambda)$称为信道的散射函数。将式(3-19)代入可得

$$\sigma(\tau,\lambda)=\int_{-\infty}^{\infty} R_h(\tau,\Delta t)e^{-j2\pi\Delta t\lambda}d\Delta t \tag{3-27}$$

可见,散射函数$\sigma(\tau, \lambda)$是信道冲激响应$h(\tau, t)$的功率谱函数,是时延τ和多普勒频率λ的函数,表示能量在时间轴和频率轴上的分布。可以把它理解为单位时间、单位频带内的信道输出功率与输入功率之比。它在τ-λ平面上所包围的区域表示信道的输出在时间和频率上扩展(模糊)的程度。散射函数在时间轴上的分布即为功率延迟线$p(\tau)$,它们之间的关系为

$$p(\tau)=\int_{-\infty}^{\infty}\sigma(\tau,\lambda)\mathrm{d}\lambda \tag{3-28}$$

散射函数在频率轴上的分布即为多普勒功率谱$\sigma(\lambda)$,它给出信号功率与多普勒频率λ之间的关系,表示为

$$\sigma(\lambda)=\int_{-\infty}^{\infty}\sigma(\tau,\lambda)\mathrm{d}\tau \tag{3-29}$$

上述各量之间的关系可用图 3-3 表示。

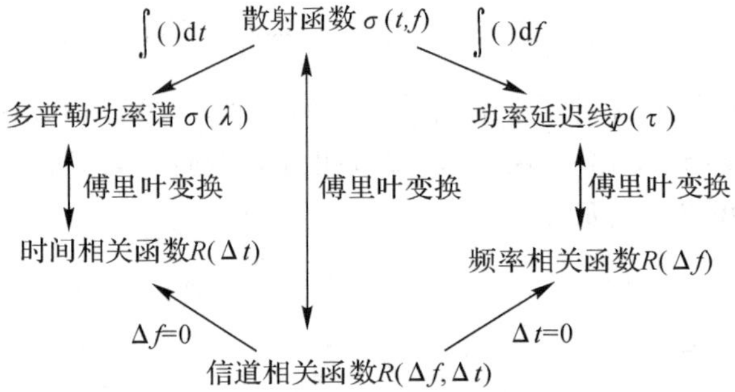

图 3-3 散射函数与信道相关函数的关系

散射函数对相干调制系统很重要。对自适应均衡器,散射函数的时间扩展确定了覆盖各路径所需的抽头数,而且它还可以表明多径到达结构,以便确定分支加权;频率扩展可以说明均衡器所需的带宽。

信道相关函数对多频移键控系统很重要,它确定了在采用频率分集时要保持各频率分量的复包络统计不相干所需的最小频率间隔。

3.3 信道的扩展与相关性

散射函数、功率延迟线和多普勒功率谱从时间、频率不同方面描述了衰落信道的特性。要完整地分析时变多径信道对数字通信的影响,严格地说,应该研究和测量信道相关函数和散射函数。测量时要求信道的统计特性不随时间改变,并且可以不计成本和设备的复杂性。很显然这在工程实现上是很困难的。对一些通信系统,信道的质量完全可以用表征信道扩展和相关性的参量来描述。在衰落信道仿真时,多径扩展和多普勒扩展是两个最常用的、重要的参数。

功率延迟线或称多径强度分布 $p(\tau)$ 表示的是信道能量在时间轴上的分布，通常将其均方根宽度定义为信道的均方根时延扩展或称多径扩展 T_d。最大多径时延 T_m 和均方根多径扩展 T_d 均反映了信道多径效应的严重程度。

当多径扩展与通信信号的码元宽度在同一数量级或大于它时，延迟的多径分量将在不同的码元时间内到达并引起码间干扰。由 $p(\tau)$ 与信道频率相关函数 $R(\Delta f)$ 的关系可知，这等价于信道的相干带宽小于信号带宽。在这种情况下，信道具有带通滤波器的特性。因此，将这种信道称为频率选择性信道。当信道没有频率选择性时，信道中最大的多径扩展要远小于码元宽度，所有多径分量到达的时段仅占一个码元时间的一小部分。在这种情况下，信道可以用单一路径来建模，输入、输出信号为乘法关系。对于频率选择性信道，输入、输出信号为卷积关系。但值得注意的是，虽然多径扩展对系统的性能有影响，但系统性能对功率延迟线 $p(\tau)$ 的形状并不是很敏感。

信道的频率选择性还可以用信道频率相关函数 $R(\Delta f)$ 的宽度，即信道的相关带宽 $(\Delta f)_c$ 来描述。相关带宽越窄，信道允许无失真通过的频带越窄，信道的频率选择性越严重。如果发送信号带宽大于 $(\Delta f)_c$，则频率间隔大于 $(\Delta f)_c$ 的两个信号分量将受到信道不同的影响，接收信号将产生失真；反之，如果发送信号带宽小于 $(\Delta f)_c$，则该信道称为非频率选择性信道。

多普勒功率谱 $\sigma(\lambda)$ 表示信道能量在频率轴上的分布，其均方根宽度定义为信道的均方根频率扩展或称为多普勒扩展，用 B_d 表示，它反映信道特性随时间变化（衰落）快慢的程度。如果 B_d 与信号带宽（约等于码元宽度的倒数）在同一数量级上，则信道特性变化（衰落）的速率与码元速率相当，信道称为快衰落；否则，信道称为慢衰落。

信道的时变性除了可以用多普勒扩展 B_d 表示外，还可用时间相关函数 $R(\Delta t)$ 表示。时间相关函数 $R(\Delta t)$ 的宽度称为信道的相关时间，用 $(\Delta t)_c$ 表示。衰落越快，相关时间越短，多普勒扩展就越大。显然，一个慢时变的信道具有大的相干时间，或等效为具有小的多普勒扩展。

为了给出多径扩展和多普勒扩展的定义，引进"准广义平稳不相干散射信道"的概念。当且仅当 $R_H(\Delta f, \Delta t)$ 不依赖于测量的时间间隔和频带位置时，信道被称为广义平稳不相干散射（WSSUS）信道。而准广义平稳不相干散射信道是指 $R_H(\Delta f, \Delta t)$ 随 f 和 t 的变化而很缓慢变化的信道。在实际应用时，它代表广义平稳不相干散射信道。实际的海洋水声信道通常不是 WSSUS 信道，这主要是因为：① 除了海水的吸收与频率有关外，海面和海底散射也存在很强的频率选择性；② 海洋介质或散射体运动所产生的频率扩展与频率成正比；③ 引起信道起伏的自然因素往往不是不相关散射的；④ 传输过程与源和接收机所在的空间位置有关。因此，实际信道只能在窄带、远场条件下才有可能认为是广义平稳不相关散射的，但可以用准广义平稳不相干散射信道来近似。

参照文献[6]，在准广义平稳不相干散射条件下，均方根多径扩展和均方根多普勒扩展定义为

$$T_d = 2\sqrt{\frac{\int \tau^2 p(\tau)\mathrm{d}\tau}{\int p(\tau)\mathrm{d}\tau} - \left[\frac{\int \tau p(\tau)\mathrm{d}\tau}{\int p(\tau)\mathrm{d}\tau}\right]^2} \tag{3-30}$$

$$B_d = 2\sqrt{\frac{\int \lambda^2 \sigma(\lambda)\mathrm{d}\lambda}{\int \sigma(\lambda)\mathrm{d}\lambda} - \left[\frac{\int \lambda\sigma(\lambda)\mathrm{d}\lambda}{\int \sigma(\lambda)\mathrm{d}\lambda}\right]^2} \tag{3-31}$$

多径扩展是时变信道的时间扩展，是反映信道频率选择性的参量。多普勒扩展是时变信道的频率扩展，是反映信道时间选择性的参量。信道的相关时间$(\Delta t)_c$和相关带宽$(\Delta f)_c$可以用来近似描述信道衰落的相关范围，例如，对频率间隔$\Delta f < (\Delta f)_c$的两个单频信号，信道引起的波形衰落可认为是相关的；但当$\Delta f > (\Delta f)_c$时，则两个单频信号的衰落认为是不相关的。同样，输入时间相隔$\Delta t < (\Delta t)_c$的两个δ脉冲信号引起的输出瞬时衰落响应可认为是相关的，但当$\Delta t > (\Delta t)_c$时，则认为是不相关的。

通常定义$S_D = T_m B_d$为信道的扩展因子，称$S_D > 1$的信道为过扩展(overspread)信道，而$S_D < 1$的信道为弱扩展(underspread)信道。要使信号经过信道后不失真，信道必须满足$S_D \ll 1$。大多数无线电信道可以认为是弱扩展信道，而大多数水声信道是过扩展信道。信道的扩展因子直接决定了信道的信息传输能力。

3.4 水声信道冲激响应及其统计特性的测量与分析

由上述介绍可知，水声信道的时变特性可用信道的冲激响应及其统计参量来描述，信道的冲激响应及其统计参数是分析、仿真信道传播特性的基础，而信道冲激响应与信道的实际使用情况，如水深、发射/接收深度、传输距离等有关，可以通过信道测量获得。

当然，对每个水声信道进行分析时，都通过信道测量来获得其信道冲激响应是不现实的。通常的方法是通过典型类别信道的测量，归纳出有相似信道条件的某一类信道的传输特性，建立其统计模型，由此作为该类信道分析的基础。

在水声传输的研究中，有一些研究文献报道了信道冲激响应的测量及其统计特性的分析。本节将综述这些文献，以便为水声信道冲激响应的特性分析提供参考。

3.4.1 声速的测量

在水声信道的传播特性中，影响信号传输的最主要特性是其时变性，这种时变性也会体现在声速上。例如，当信道中存在密度梯度时就会有显著的内波运动。内波的随机扰动造成声速在同一时刻的不同空间取随机分布的形式，引起声场起伏。因此，近年来有很多文献对水声信道，特别是浅海信道中的内波现象及其引起的声速变化进行了测量。如图 3－4 所示是参考文献[7] 给出的 1995 年在新泽西大陆架进行的随机介质中浅海声试验（SWARM－95）中，基于电导－温度－深度（CTD）数据得到约 6 h 内的声速曲线。

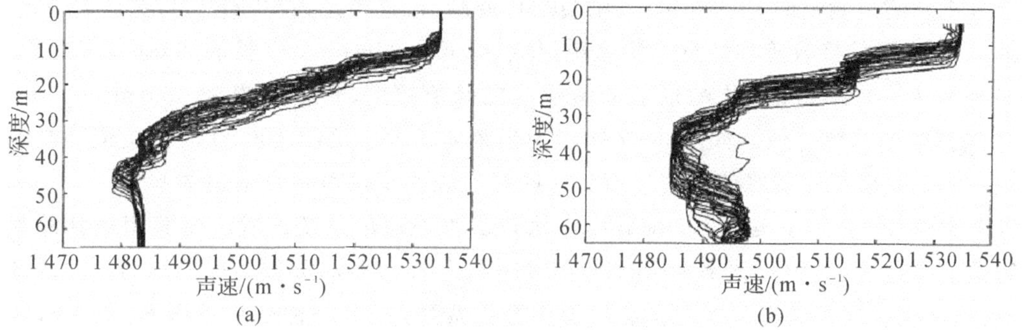

图 3－4　声速曲线

（a）声源处的声速曲线图；（b）靠近接收机处的声速曲线图

如图 3－5(a) 所示为参考文献[7] 给出的基于 yo-yo CTD 数据的，作为深度、时间函数的浅海信道的声速曲线集，记录时间约为 2 h，如图 3－5(b) 所示为平均声速。测量时，信道水深为 80 m，CTD 覆盖深度为 50 m。由图 3－5 可见，由于内波的影响，声速发生明显的波动。

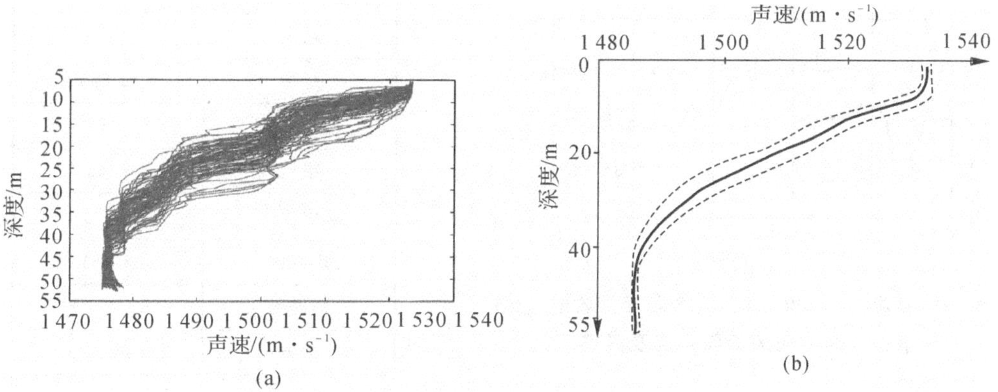

图 3－5　声速曲线汇集及平均声速

（a）声速曲线汇集；（b）平均声速

3.4.2 信道冲激响应的测量

参考文献[8]对深度小于约15 m(50 ft)的甚浅海信道中的信道冲激响应进行了测量，目的在于为具有同样或相似条件的信道仿真提供参考。因此，文献中对信道冲激响应数据进行了统计分析。信道测量时，发射信号采用QPSK调制，信号频率为50 kHz，带宽为20 kHz。接收机由48个阵元的接收阵和数据采集系统组成，阵元在0.6 m(2 ft)长的间隔内均匀排列。如图3-6所示为48个阵元接收的信道冲激响应的峰值幅度，传输距离为366 m(1 200 ft)，表3-1为这些峰值的统计值。如图3-7所示为当距离扩大一倍(2 400 ft)时的信道冲激响应的峰值，表3-2列出了这些峰值的统计值。这些峰值表明了水声垂直信道的起伏。

参考文献[9]介绍了英国Birmingham大学的水声通信系统试验。试验用短脉冲载波信号进行信道测量，信号中心频率为5 kHz，传输距离为1.74 km，如图3-8所示为试验的地理环境及发射、接收换能器的布放示意图。信道中存在两种路径，一种是接近海面，受到海洋中微结构和波导性紊流的影响，严重起伏的多径信道；另一种则是位于更深的海水中的单路径信道。发射阵采用16个棒状阵元，形成垂直方向±1.5°，水平方向±4.25°的波束，中心频率为50 kHz。如图3-9所示为接收信号的包络图，是经由靠近海面的折射而非反射信道的接收信号的汇集，如图3-10所示为相应的信号的幅度起伏和相位起伏。

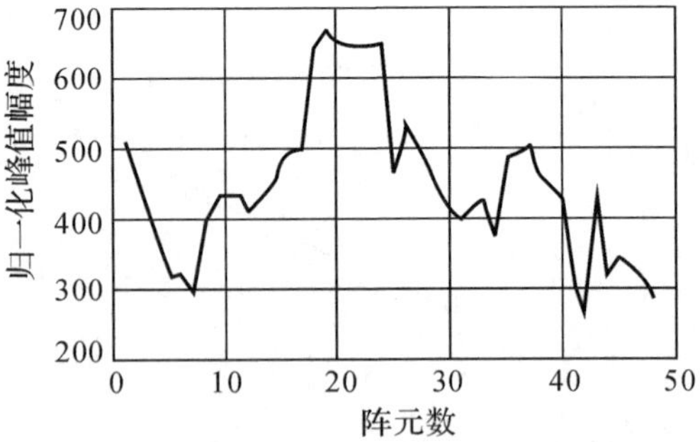

图3-6 距离为1 200 ft时48个阵元接收的信道冲激响应的峰值幅度及其统计值

表3-1 图3-6中信道冲激响应归一化峰值幅度的统计值

最小	267
最大	678
总和	21 655
接收点数	48
平均	451.145 83
中值	436.5
均方根	463.661 4
标准差	108.133 88
方差	11 692.936
标准差误差	15.607 781
偏斜度	0.505 939 61
峰态	0.334 505 44

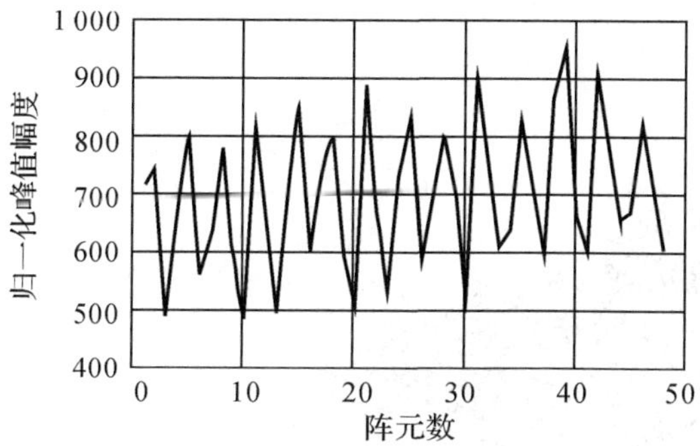

图 3-7　距离为 2 400 ft 时 48 个阵元接收的信道冲激响应的峰值幅度及其统计值

表 3-2　图 3-7 中信道冲激响应归一化峰值幅度的统计值

最小	483.87
最大	961.010 01
总和	33 501.78
接收点数	48
平均	699.828 75
中值	699.534 97
均方根	710.351 39
标准差	123.103 78
方差	15 154.542
标准差误差	17.768 501
偏斜度	0.092 637 184
峰态	-0.863 906 4

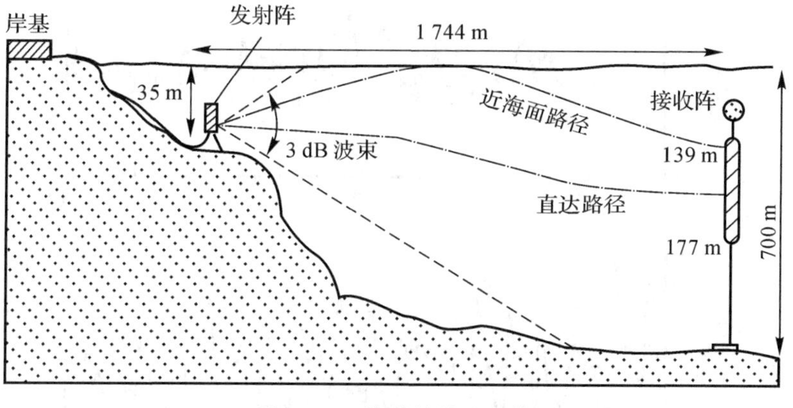

图 3-8　信道的地理环境

对上述数据进行了 Blackman 加窗功率谱密度估计,其结果如图 3-11 所示。由图 3-11 可见,信号幅度起伏的概率密度函数 $p(A)$ 呈现自由度 $s=2$ 的赖斯分布(直方图中实线所示),而相位起伏的概率密度函数 $p(\varphi)$ 呈现标准的高斯分布,其方差 $\sigma_\varphi=1.24$。10 h 之后,幅度概率密度函数仍为赖斯分布,其自由度 $s=3$,方差 $\sigma_a=0.35$;相位概率密度函数仍为高斯分布,$\sigma_\varphi=1.33$。 如图 3-12 所示为单直达路径的信号分布,相位的概率密度函数仍为高斯分布,但其方差明显下降,$\sigma_\varphi=0.77$。而幅度概率密度函数的自由度 $s=5$,方差 $\sigma_a=0.17$,说明存在更为稳定的信号分量,因而受到深衰落的影响更小。

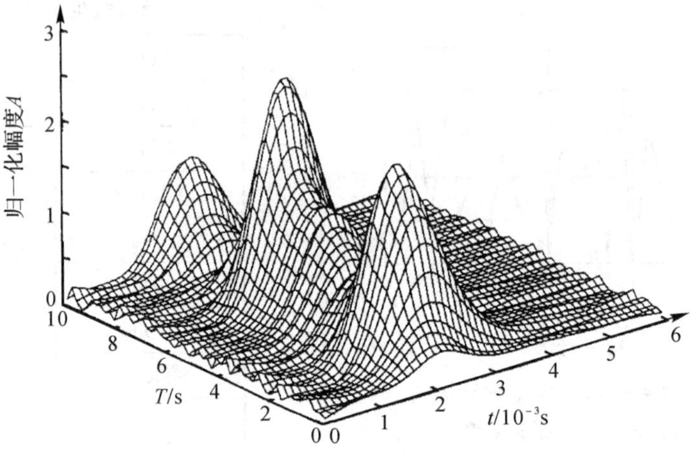

图 3-9　经由近海面路径的典型接收脉冲序列的包络图

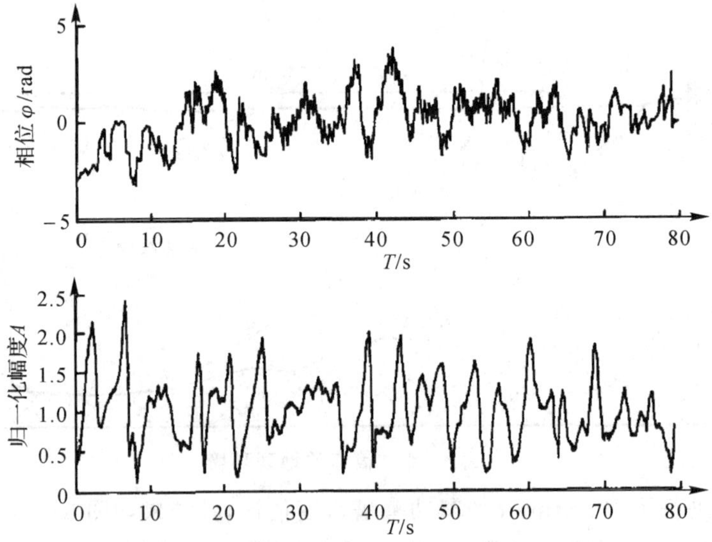

图 3-10　近海面路径接收信号的幅度和相位的变化

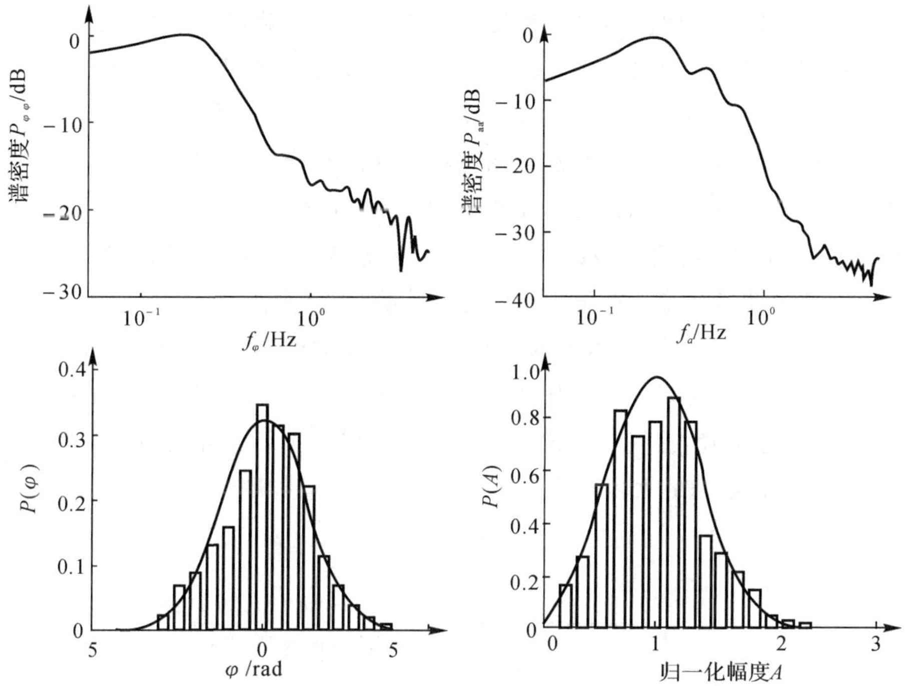

图 3-11　幅度和相位变化的谱密度和概率密度函数

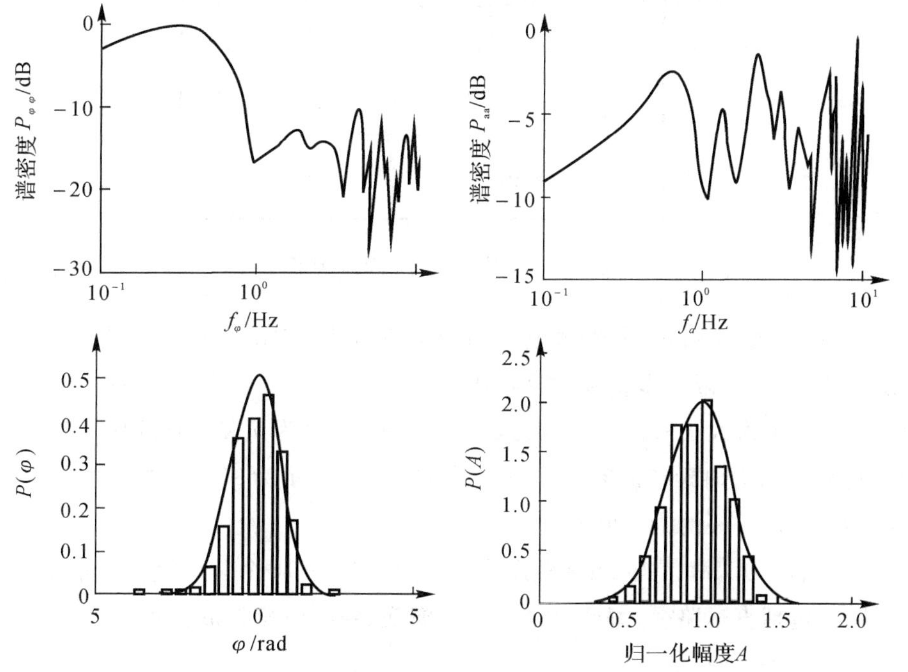

图 3-12　直达路径接收信号幅度和相位变化的谱密度和概率密度函数

参考文献[11]介绍了1996年的一组综合性水声通信试验，试验的目的在于建立中频段相位相干调制的可靠性与距离的关系，文中给出了中频段，中、远距离的信道测量。测试环境包括新英格兰大陆架，100～200 m的水深；大陆架深-浅过渡带，水深200～1 200 m；以及大陆架南部2 500 m的深海。试验环境还包括每秒几米的平台内部的相对运动、发射机与接收机之间的距离变化等。用于测试的信号采用QPSK调制，载波频率为2.25 kHz，以2.5 kb/s的速率传输。信号由16个阵元组成的垂直阵接收，在浅海信道中阵元间隔为1 m，深海时阵元间隔为6 m。在每种测试环境中都给出了信道脉冲响应、模糊函数。

如图3－13所示为浅海信道（水深为100～200 m）的声速曲线，试验距离为6～44 km，发射船以0～3 m/s速度运动，6 km处的信道冲激响应如图3－14所示。主路径在20 ms时到达，之后有一些离散路径，持续时间约为150 ms。如图3－15所示为6 km处的信道模糊函数，由图3－15可见，信道的最大多普勒频移为3 Hz，多普勒扩展近似为1 Hz。

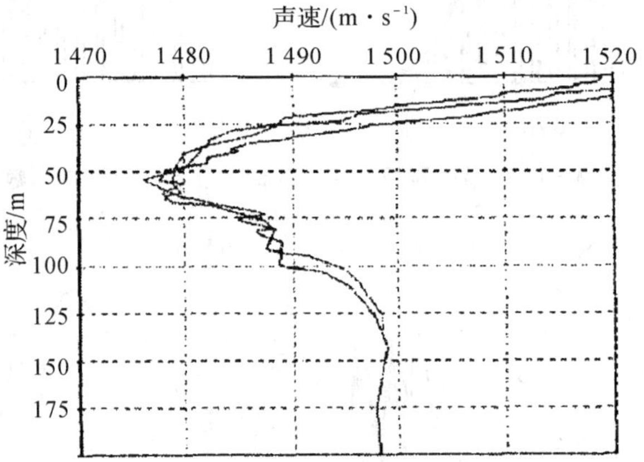

图3－13　浅海信道声速曲线图

如图3－16所示为44 km处的冲激响应和到达角估计，如图3－17所示为信道的模糊函数，这时由于没有船的运动，因而多普勒频移很小。

如图3－18所示为大陆架深-浅过渡区域上，传输距离为7 km时的信道冲激响应，由图3－18可见，此处信道的时延扩展有200 ms。如图3－19所示为37 km处不同接收深度的信道冲激响应，此处，时延扩展约为100 ms。

如图3－20所示为深海信道，当传输距离为17 km时的16个阵元接收的信道冲激响应，信道中的传播路径包括直达路径、海底路径、海面-海底路径，时延扩展接近1 s。

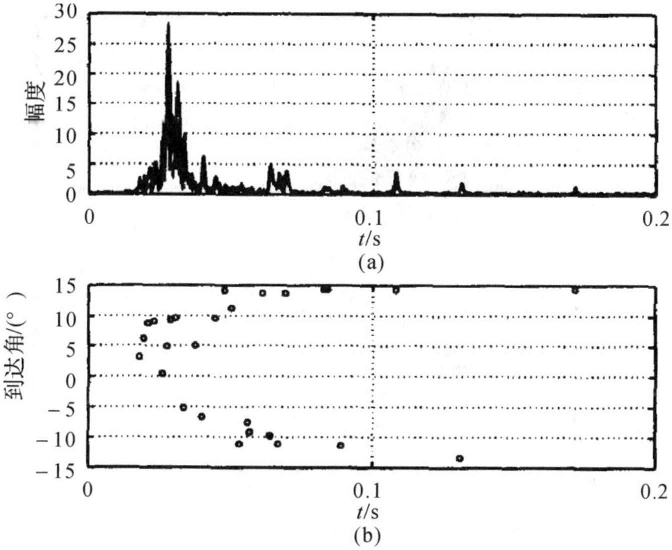

图 3-14　6 km 处的信道冲激响应和到达角估计

(a) 信道冲激响应；(b) 估计的到达角

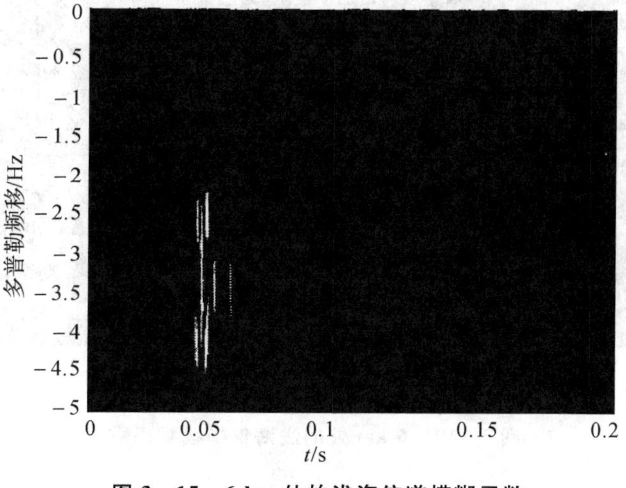

图 3-15　6 km 处的浅海信道模糊函数

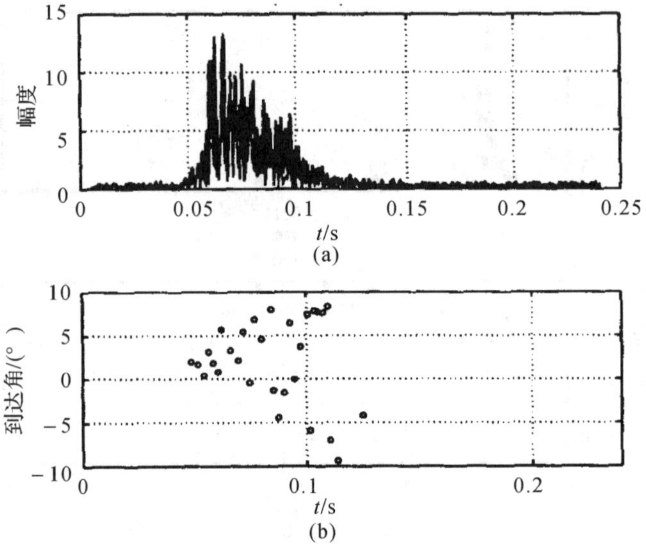

图 3-16　44 km 处的浅海信道冲激响应和到达角估计

(a) 信道冲激响应；(b) 估计的到达角

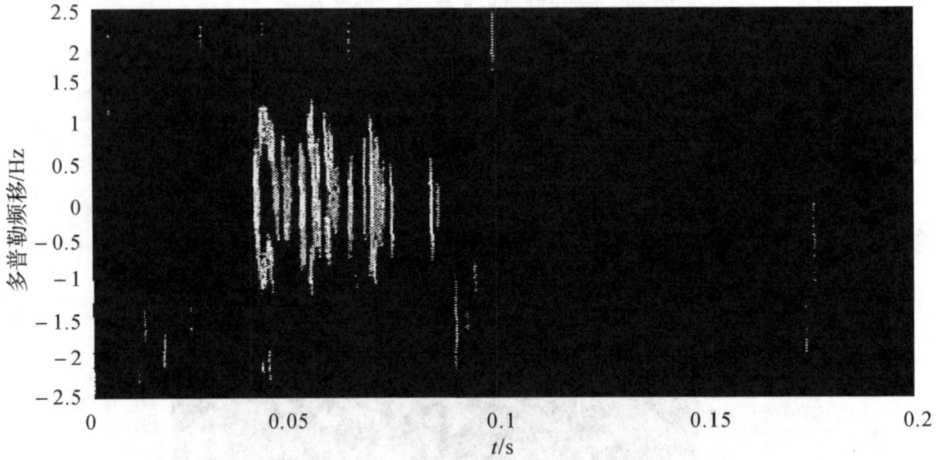

图 3-17　6 km 处的浅海信道模糊函数

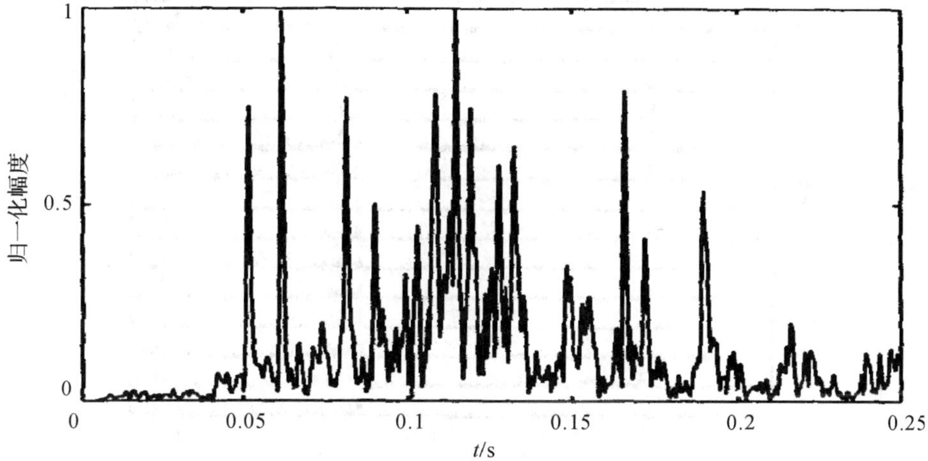

图 3-18　深-浅过渡信道 7 km 处的信道冲激响应

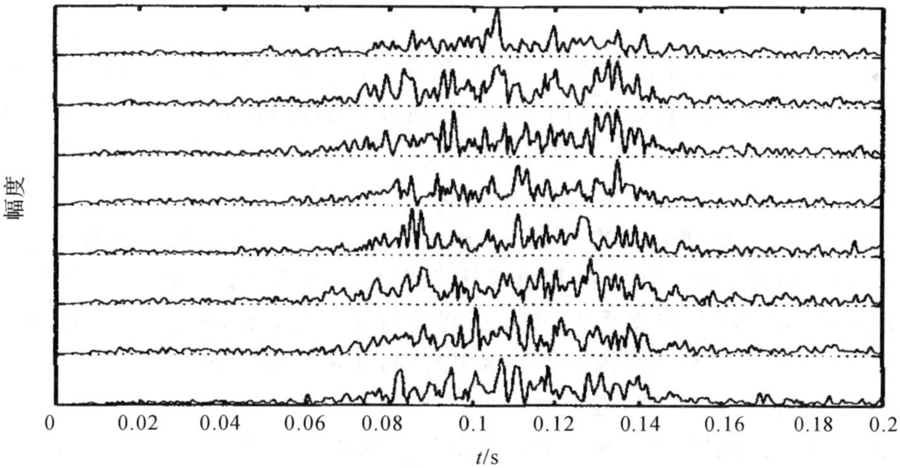

图 3-19　深-浅过渡信道 37 km 处的信道冲激响应

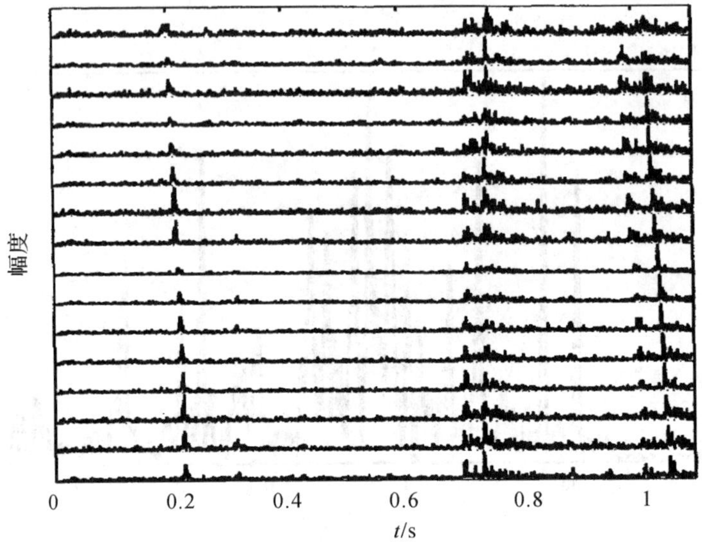

图 3-20 深海信道 17 km 处的信道冲激响应

3.4.3 信道散射函数的测量

参考文献[4]介绍了相干函数和散射函数测量的方法和几个实例。如图 3-21 所示是连续 2 h 测得的浅海信道时间相关函数曲线，图中，曲线 1 的传播距离为 7.4 km，曲线 2 的传播距离为 43.5 km。试验指出，浅海信道的时间相关函数一般可以表示为

$$R(\Delta t) = a + b\mathrm{e}^{-\alpha\Delta t} + c\mathrm{e}^{-\beta\Delta t^2} \tag{3-32}$$

这里 a,b,c 和 $\alpha,\beta(\beta<\alpha)$ 都是常数，且 $a+b+c=1$。式(3-32)表明信道的时间相关函数由三部分组成：稳定相关(完全相关)的常数部分，这是由那些相对稳定的(起伏周期大约为数小时的)慢变物理因素(潮汐、季节温度)变化引起的信道时变成分；慢变相关的指数部分，主要是由介质中非均匀性湍流和浅海内波等因素引起的，其周期在"min"到"h"量级；快变相关的高斯部分，主要是由海面引起的，近距离较明显，起伏周期在"s"量级。一般对于浅海信道，快变和慢变的相干时间分别为数秒和数十分钟左右。参数 a,b,c 和 α,β 的大小与试验海域、气象条件以及换能器所在深度和相隔距离有关。

如图 3-22 所示是参考文献[4]给出的三种频率的海面散射频率相关函数曲线的测量，由图可见，频率越高，相关性下降越快。如图 3-23 所示是在中国南海近海获得的定点传播三种频率相关函数曲线，与图 3-22 相似，相干带宽随频率的增加而减小。不可分辨的多径叠加是频率相干性降低的主要原因。

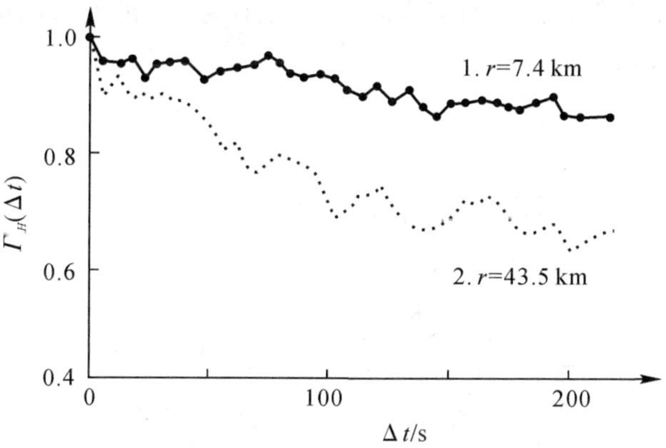

图 3-21　时间平均相关曲线(参见参考文献[4]图 7.10.2)

对海洋信道散射函数的测量表明,远程、深海信道的散射函数呈现离散多径信道的特点,距离上每个路径都是非扩展的,频域上的扩展也很小,近似于高斯分布。浅海情况较复杂,除多径外,还有明显的海面散射引起的频率扩展,且扩展与频率有关,频率越高,扩展越明显。这是由于随着频率的增加,海面波浪引起的多普勒扩展也增加的缘故。

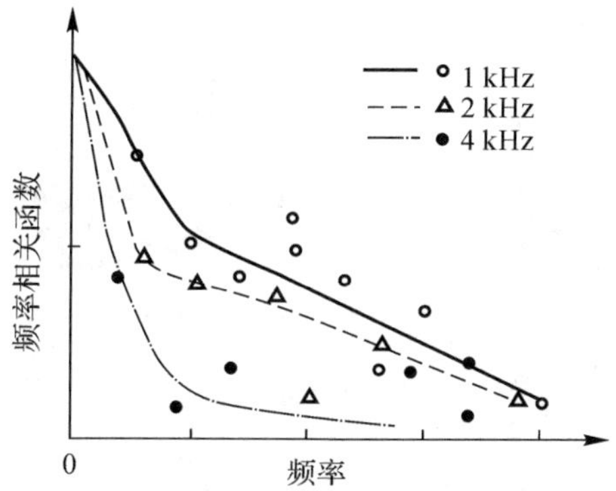

图 3-22　海面散射频率相关曲线(参见参考文献[4]图 7.10.3)

参考文献[10]对呈现时延扩展和多普勒扩展的双扩展水声信道进行了测量,尤其对信道中的多普勒扩展进行了分析,以便为相干水声通信提供信道跟踪算法。参考文献[10]给出了4种信道散射函数的测量,如图 3-24 所示,信道测试条件见表 3-3。图 3-24(a)中,海面为冰面,直达路径与海面反射路径之间的时延约为 5 ms。由于冰冻海面,海面反射所带来的多普勒扩展很小。图 3-24(b)(c)中,发射源位于海面的船上,接收机悬挂在码头上,由于海面船只的起伏,信道中存在多普勒扩展。如图 3-24(d)所示为垂直信道的散射函数图,发射源在海面船上,接收机位于海底,由于海面反射,信道中存在时延和多普勒双扩展。参考文献[10]用状态空间模型表征了存在多普勒扩展的信道时延-扩展函数(信道冲激响应),但对信道冲激响应的多普勒功率谱分布未做分析。

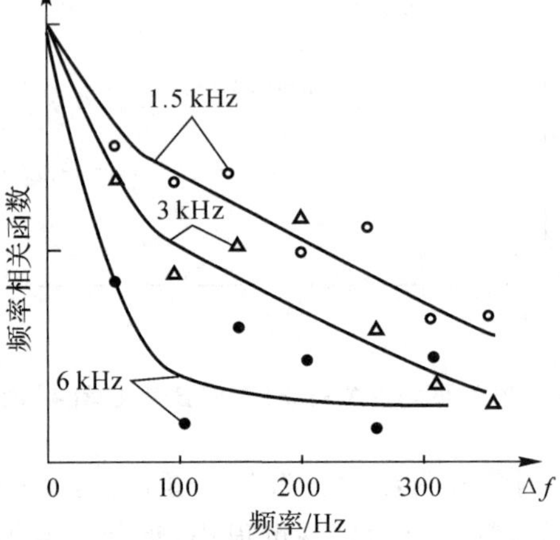

图 3-23 频率相关函数曲线(参见参考文献[4]图 7.10.3)

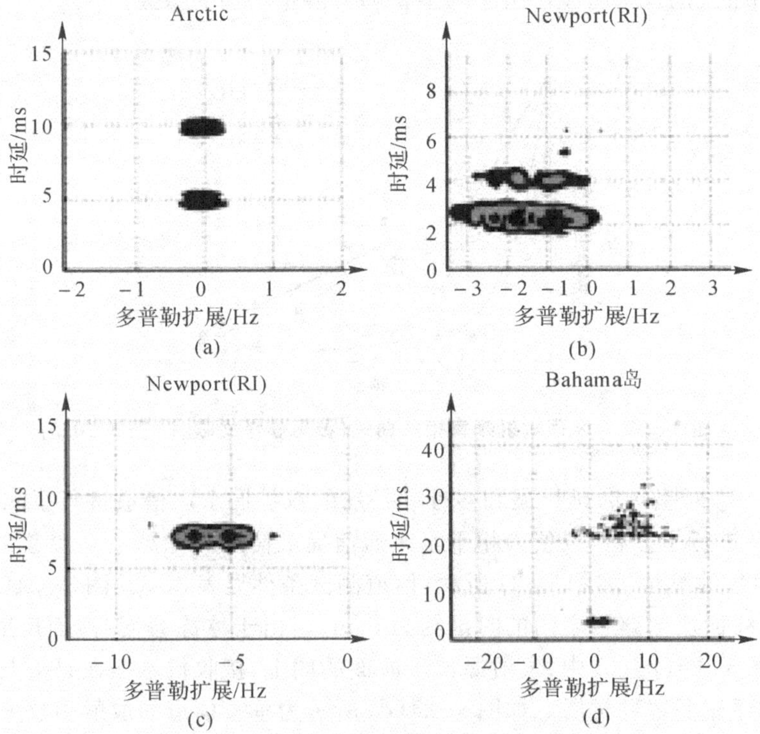

图 3-24 4 种信道的发射接收互模糊函数

表 3－3　4 种信道的测试条件

季节	位置	载波 /kHz	符号速率 /B	距离 /km
夏	Arctic	15	2 500	3
冬	Newport(RI)	20	2 500	0.15
冬	Newport(RI)	20	600	4
夏	Bahama ISl.	15	1 250	0.5
接收深度 /m	发射深度 /m	海况	图号	
50	50	冰盖	图 3－24(a)	
10	8	0	图 3－24(b)	
10	8	1	图 3－24(c)	
15	1 800	3	图 3－24(d)	

3.5　时变多径信道中的信号传输

水声信道的时变多径特性将会影响通信信号的传输，使得接收信号出现幅度、频率和相位的变化（衰落），从而影响通信系统的性能。本节将分析通信信号经过时变多径信道后的衰落以及衰落的类型。

3.5.1　数字信号通过衰落信道后的变化

假设信道中有 L 条路径，各路径具有时变的幅度衰减和传播时延，且从各路径到达接收端的信号相互独立，则信道的输出可以表示为

$$y(t)=\sum_{i=1}^{L}\mu_i(t)x[t-\tau_i(t)] \tag{3-33}$$

式中　$\mu_i(t)$ —— 第 i 条从声源到达接收机的路径上信号的幅度衰减系数；

$\tau_i(t)$ —— 第 i 条从声源到达接收机的路径上信号的传播时延。

在时变信道中，$\mu_i(t)$ 和 $\tau_i(t)$ 都是时间的函数。

为分析一个参数完全确定的数字信号通过衰落信道后的变化，首先将发射的有限频带的数字信号作频率正交展开为

$$x(t)=\sum_{k=k_1}^{k_2}A_k\cos(k\omega_0 t+\varphi_k) \tag{3-34}$$

式中　ω_0—— 信号角频率，$\omega_0=2\pi/T$；

φ_k—— 信号随机相位；

T—— 信号码元时间；

k_1, k_2—— 与信号最低和最高频率相对应的比例系数。

不失一般性，可令 $\varphi_k = 0$。信号所占的频带为

$$W = \frac{k_2 - k_1 + 1}{T} \tag{3-35}$$

则接收机收到的合成信号为

$$\begin{aligned} y(t) &= \sum_{i=1}^{L} \mu_i(t) \sum_{k=k_1}^{k_2} A_k \cos\left[k\omega_0(t - \tau_i(t))\right] = \\ &\sum_{i=1}^{L} \mu_i(t) \sum_{k=k_1}^{k_2} A_k \cos\left[k\omega_0(t - \tau_1(t)) + \psi_{ik}(t)\right] \end{aligned} \tag{3-36}$$

式中 τ_1 —— 最先到达路径的传播时延；

ψ_{ik} —— 第 i 条路径中由传播时延引入的相位，$\psi_{ik} = k\omega_0(\tau_i - \tau_1) = 2\pi k \Delta\tau_i / T$；

$\Delta\tau_i$—— 第 i 条路径与最先到达路径的传播时延。

设 $\Delta\tau_{\max}$ 为最大传播时延，按 $\Delta\tau_{\max} \ll 1/W$ 和不满足 $\Delta\tau_{\max} \ll 1/W$ 两种情况对式(3-36)进行分析。当 $\Delta\tau_{\max} \ll 1/W$ 时，各条声线的传播时延远远小于信号的持续时间，这意味着 $\Delta\tau_i$ 不大或信号频谱较窄。这时，对任一下标 i，ψ_{ik} 总在 $(2\pi k_1 \Delta\tau_i / T, 2\pi k_2 \Delta\tau_i / T)$ 之间变化，且有 $2\pi W \Delta\tau_i \ll 2\pi$，可近似认为 ψ_{ik} 与 k 无关，即 $\psi_{ik} \approx \psi_i$，从而可将式(3-36) 改写为

$$\begin{aligned} y(t) &= \sum_{i=1}^{L} \mu_i \sum_{k=k_1}^{k_2} A_k \cos(k\omega_0 t' + \psi_{ik}) = \\ &\sum_{i=1}^{L} \mu_i \cos\psi_i \sum_{k=k_1}^{k_2} A_k \cos(k\omega_0 t') - \sum_{i=1}^{L} \mu_i \sin\psi_i \sum_{k=k_1}^{k_2} A_k \cos(k\omega_0 t') = \\ &\mu_c \sum_{k=k_1}^{k_2} A_k \cos(k\omega_0 t') + \mu_s \sum_{k=k_1}^{k_2} A_k \sin(k\omega_0 t') = \\ &\mu \sum_{k=k_1}^{k_2} A_k \cos(k\omega_0 t' + \theta) \end{aligned} \tag{3-37}$$

式中 $t' = t - \tau_1$；

μ_c—— 接收信号的同相分量，$\mu_c = \sum_{i=1}^{L} \mu_i \cos\psi_i$；

μ_s—— 接收信号的正交分量，$\mu_s = -\sum_{i=1}^{L} \mu_i \sin\psi_i$。

而

$$\left.\begin{aligned} \mu &= \sqrt{\mu_c^2 + \mu_s^2} \\ \theta &= \arctan(\mu_s / \mu_c) \end{aligned}\right\} \tag{3-38}$$

则分别表示接收信号的包络和相位。

比较式(3－34)、式(3－36)和式(3－37)可以发现，接收信号 $y(t)$ 和发射信号 $x(t)$ 的不同在于接收信号出现了随机包络 μ 和随机相位 θ；但对每一频率分量而言，具有同样的信号包络 μ 和相位 θ。具有这样特征的衰落称为包络衰落、平坦衰落或非选择性衰落。由于 μ_c，μ_s 都是相互独立的随机变量之和，根据随机信号理论，式(3－38)表示的接收信号的包络 μ 服从瑞利分布，随机相位 θ 服从均匀分布，且 μ 的频谱是中心在 f_0 的窄带谱，这说明多径传播引起了频率弥散。

若同时满足 $\Delta\tau_{\max} \ll 1/W$ 和 $\Delta\tau_i \ll T$，它相当于码元时间 T 很长，信号的频谱很窄。这时在时间间隔$(0,T)$内，μ_i 和 τ_i 不再是某一值，而是一个随时间变化的随机过程。于是接收到的合成信号是一个复杂的时间函数，其包络和相位也是随机过程。在观察时间$(0,T)$内，由介质的随机变化而引起的接收信号的包络变化，通常称为时间选择性衰落。当存在时间选择性衰落时，接收信号的包络、相位和频率均随时间而变化，变化的快慢常用衰落率来衡量。

当 $\Delta\tau_{\max}$ 可与 $1/W$ 相比时，相当于 $\Delta\tau_{\max}$ 较大或信号频谱较宽的情况，这时接收信号为

$$\begin{aligned} y(t) = & \sum_{k=k_1}^{k_2} A_k \sum_{i=1}^{L} \mu_i \cos\,(k\omega_0 t' + \psi_{ik}) = \\ & \sum_{k=k_1}^{k_2} A_k \sum_{i=1}^{L} (\mu_i \cos\,\psi_{ik} \cos\,k\omega_0 t' - \mu_i \sin\,\psi_{ik} \sin\,k\omega_0 t') = \\ & \sum_{k=k_1}^{k_2} A_k \mu_k \cos\,(k\omega_0 t' + \theta_k) \end{aligned} \tag{3-39}$$

其中

$$\left.\begin{aligned} \mu_k &= \sqrt{\Big(\sum_{i=1}^{L} \mu_i \cos\,\psi_{ik}\Big)^2 + \Big(\sum_{i=1}^{L} \mu_i \sin\,\psi_{ik}\Big)^2} \\ \theta_k &= \arctan\Big(\sum_{i=1}^{L} \mu_i \sin\,\psi_{ik} \Big/ \sum_{i=1}^{L} \mu_i \cos\,\psi_{ik}\Big) \end{aligned}\right\} \tag{3-40}$$

由式(3－40)不难看出，由于 $\psi_{ik} = 2\pi k \Delta\tau_i / T$，接收信号的包络 μ_k 和相位 θ_k 对不同的 k 有不同的值，也就是说，接收信号的各频率分量具有不同的包络 μ_k 和相位 θ_k。通常称这种特性的衰落为频率选择性衰落，接收信号频谱内不同频率分量受到的衰减不同，甚至会产生严重的频谱失真，造成前后数字信号间发生重叠，即出现了码间干扰。

频率选择性和衰落被视为两种不同形式的失真。频率选择性取决于多径扩展，或等价地取决于信道相干带宽$(\Delta f)_c$。当信号带宽 $W > (\Delta f)_c$ 时，信号中不同的频率分量受到不同的衰减和相移，产生频谱失真。而衰落是由信道响应的时间变化引起的附加失真，表现为接收信号强度的变化。它取决于信道的时变性，由信道的相干时间$(\Delta t)_c$或等效的信道的多普勒扩展 B_d 决定。

综上所述，当数字信号通过多径信道时，在给定最大多径时延 $\Delta\tau_{\max}$ 的条件下，对不同速

率的信号，会遇到时间选择性衰落、平坦衰落、频率选择性衰落甚至出现码间干扰等种种可能情况，与3.3节对信道扩展和相干性的分析是一致的，并且，当给定信号速率时，会受到以某一种衰落为主的影响。

3.5.2 时变多径水声信道的衰落类型及其统计模型

由上述分析可知，时变多径信道对接收信号的影响取决于信号的时频参数和信道参量。按照参考文献[4]，可以根据信道的扩展量，即多径扩展 T_m 和多普勒扩展 B_d，以及信号的参数，即时间宽度 T 和等效低通带宽 W 来给信道分类。

当 $T_mW \ll 1, B_dT \ll 1$ 时，信道为两维平坦非选择性衰落信道，即慢起伏、弱时间扩展（时扩）信道。该信道不产生波形畸变，但可能有时间、频率和幅度的漂移。海洋中大部分慢起伏、大尺度与非均匀性介质的传输信道，如海流和内波等引起的起伏单径信道，都属于这类信道。

当 $T_mW \gg 1, B_dT \ll 1$ 时，信道为频率选择性衰落信道，或称慢起伏、时扩信道。该信道主要使信号频域扩展和时间漂移。经由海洋介质、慢速随机起伏的界面和海水中微结构的散射所形成的多径信道属于这类信道。

当 $T_mW \ll 1, B_dT \gg 1$ 时，信道为时间选择性衰落信道，或称快起伏、弱时扩信道。该信道主要使信号时域扩展和频域漂移。近距离粗糙海面的反射信道以及湍流等快起伏机制引起的远距离散射路径都可认为是这一类信道。

当 $T_mW \gg 1, B_dT \gg 1$ 时，信道为两维选择性衰落信道，或称快起伏时扩信道，也称双扩展信道。这类的水声信道并不常见。

当信道的相关时间 $(\Delta t)_c > T$ 时，信道为时间非选择性衰落信道；当信道的相关带宽 $(\Delta f)_c > W$ 时，则信道为频率非选择性衰落信道，这时接收信号中的多径分量是不可分辨的，因此接收信号通过单一衰落路径到达接收机。当 $W > (\Delta f)_c$ 时，接收信号中的多径是可分辨的，其分辨率为 $1/W$。频率选择性信道可以建模为具有时变抽头系数的抽头时延线滤波器。

衰落是时变多径信道所共有的现象。一般来说，衰落分慢衰落、快衰落。快衰落使信号在很短的时间内衰落几十次，传播的距离、时间、收发位置和频率都会对快衰落的深度、速率和相关特性产生不同的影响。慢衰落与快衰落一般是根据码元时间来划分的，具有相对性。快衰落通常是指在一个码元时间内接收信号的强度有显著的改变，而慢衰落则是指在一个或多个码元时间内信号幅度保持不变。因此，快衰落和慢衰落信道的定义主要依赖于码元速率。

信道也可按空间选择性衰落、时间选择性衰落和频率选择性衰落来分。通常不同空间位置上的接收信号具有不同随机起伏的现象称为空间选择性衰落；接收信号随时间的随机起伏变化称为时间选择性衰落；不同频率的信号具有不同随机起伏的现象称为频率选择性衰落。

多径传输和随机起伏对数字通信的影响可概括地分为包络衰落、多径扩展和随机调频或调相。

1. 包络衰落

这种衰落主要是由信道中介质小尺度非均匀性引起的。接收信号通常由时变的、微小的多径分量(微多径)叠加而成,这些多径分量的振幅和相位都是随机变化的。它们相互干涉,使得信号的包络出现快而深的起伏,即包络衰落。这种衰落对数字通信有明显的不良影响。实际上,多径分量的振幅只有当信道发生很大的动态变化时,才会出现明显的变化,而传输时延只要发生少许变化,多径分量的相位就可能变化 2π 弧度,因而使合成信号时而幅度相长,时而幅度相消,形成包络衰落。因此包络的快衰落主要是由信道的时变特性引起的。

按照中心极限定理,当信道中传送到接收机的信号是大量散射分量之和时,信道冲激响应的复包络是一个高斯过程。如果该过程是零均值的,那么任何时刻信道响应的包络 $\mu(t)$ 服从瑞利分布,而相位 $\theta(t)$ 在 $(0,2\pi)$ 区间内是均匀分布的,其概率密度函数(PDF) 分别表示为

$$f(\mu)=\frac{\mu}{\sigma_\mu}\exp\left(-\frac{\mu^2}{2\sigma_\mu^2}\right),\quad \mu>0 \tag{3-41}$$

$$f(\theta)=\begin{cases}\dfrac{1}{2\pi}, & 0\leqslant\theta\leqslant 2\pi\\ 0, & \text{其他}\end{cases} \tag{3-42}$$

式中　σ_μ^2—— 随机变量 $\mu(t)$ 的方差。

因此,这样的信道又称为瑞利衰落信道。如果除了随机运动的散射体外,当信道中还有固定的散射体或信号反射,接收信号中有直达分量(镜像分量) 时,则接收信号的包络 $\mu(t)$ 不再是零均值的,可模化为赖斯分布,信道因此称为赖斯衰落信道。赖斯分布的 PDF 为

$$f(\mu)=\frac{\mu}{\sigma_\mu^2}\exp\left(-\frac{\mu^2+s^2}{2\sigma_\mu^2}\right)\mathrm{I}_0\left(\frac{\mu s}{\sigma_\mu^2}\right),\qquad \mu>0 \tag{3-43}$$

式中　s —— $\mu(t)$ 的非零均值;

$\mathrm{I}_0(z)$ —— 第一类零阶修正 Bessel 函数,定义为

$$\mathrm{I}_0(z)=\frac{1}{2\pi}\int_0^{2\pi}\exp(z\cos u)\mathrm{d}u \tag{3-44}$$

在等效 χ^2 分布中,s^2 称为非中心参数,表示接收信号中非衰落信号分量的功率,而比值 $K=s^2/\sigma_\mu^2$ 表示接收信号中非衰落信号分量功率与衰落分量功率的比值,$K\gg 1$ 表示衰落不严重,而 $K\ll 1$ 表示存在严重的衰落。

另一种用来描述衰落信号包络的是 Nakagami-m 分布,其 PDF 为

$$f(\mu)=\frac{2}{\Gamma(m)}\left(\frac{m}{\Omega}\right)^m\mu^{2m-1}\exp(-m\mu^2/\Omega),\qquad \mu>0 \tag{3-45}$$

式中　$\Omega=E(\mu^2)$;

m —— 衰落指数。

由于 Nakagami-m 分布包含 m 和 Ω 两个参数，通常用来对比赖斯分布更严重的衰落信道进行建模。

2. 多径扩展

当数字信号经过不同路径传输到同一接收点时，会发生多径扩展。例如，如果发射一个极短的脉冲，经过时变多径水声信道后，接收端会收到一串脉冲，如图 3-25 所示。脉冲的个数、各脉冲的幅度及脉冲之间的相对时延(见图中的 τ_{11}，τ_{12}) 都随时间变化。对于不同的传输信道，这种接收信号可能是离散的，也可能相互连成一片。多径扩展会引起数字信号的码间干扰，增大系统的误码率。多径扩展对系统的影响与信息传输速率有关。从频域上看，当信号所占的频带 W 小于信道的相干带宽 $(\Delta f)_c$，即当 $W < (\Delta f)_c$ 时(相当于信息速率较低的情况)，信号经传输后，各频率分量所受到的衰落是相关的，信号波形不失真，无码间干扰，信道呈现平坦衰落或非频率选择性衰落；当信号所占的频带很宽，即当 $W > (\Delta f)_c$ 时(相当于信息速率较高的情况)，信号各频率分量发生不相关的衰落，引起波形失真，信道呈现频率选择性衰落，甚至造成码间干扰。因此，要使数字信号经传输后波形不失真或无明显的码间干扰，应使信号所占的带宽远小于信道的相干带宽。在工程设计上，通常选择信号带宽为信道相干带宽的1/5 ~ 1/3。

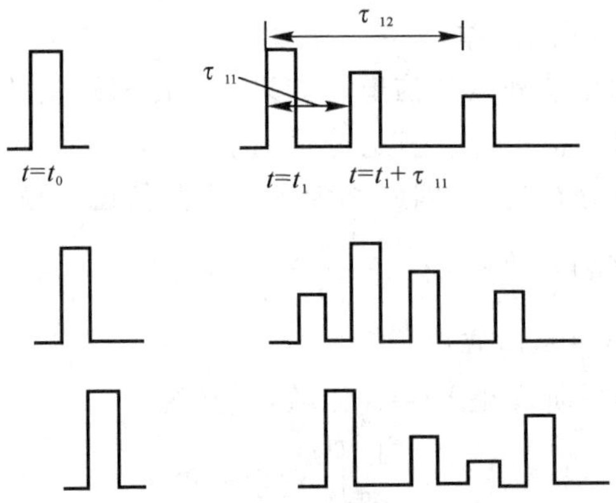

图 3-25　经过多径信道的发射与接收信号

多径扩展的大小通常用最大多径时延 T_m 表示。为减小多径扩展的影响，信号的码元时间应大于最大多径时延 T_m。

在浅海，中长距离的水声信道中，多径时延的典型值为 100 ms 的数量级，这意味着信号频率的相关带宽为 10 Hz。要使接收信号不出现明显的码间干扰，通信系统的传输速率势必受到限制。

3. 随机调频

信号在任何时变信道中传输都会产生多普勒扩展和频移，因此接收信号除包络衰落外，必然伴随着随机相位的变化或称随机调频噪声。可以用相干时间$(\Delta t)_c$表征时变信道对信号的衰落速率，也称时间选择性衰落，它对相位调制信号的误码率有明显的影响。为减少时间选择性衰落的影响，要求信息的码元速率应远大于衰落的速率，或者说，应使信号的码元时间$T < (\Delta t)_c$。

综上所述，对给定的信道，选择不同的信息传输速率(码元时间)，会受到不同的信道影响：当信息速率低到使码元时间与衰落节拍相比拟时，会受到时间选择性衰落的影响；当信息速率高到使码元时间小于多径扩展时，会受到频率选择性衰落的影响，这些都会造成通信系统误码率的迅速增加。为了减小信道衰落对通信系统的影响，一方面需要根据信道的实际情况和通信系统的指标要求，对信号的参数进行仔细的设计；另一方面，系统需要采用有效的抗衰落技术措施，如自适应均衡技术、分集技术等。

3.6　时变多径信道的仿真方法

前面介绍了时变多径信道的物理传播模型，给出了信道输入、输出关系的表征及其统计描述，本节将要介绍时变多径信道的仿真模型。信道建模的一个挑战是将物理传播模型转化为适合于仿真的形式。从物理学角度得到的数学模型往往比较烦琐，可能不具有适合于仿真的形式。例如，可以用射线模型来计算水声信道中的本征声线，但要仿真通信信号通过水声信道的性能，则需将本征声线变换成信道冲激响应的形式。一般情况下，若有了物理模型，并确定了相关参数值，仿真模型通常可以由物理模型变化而来。

通信信道的仿真模型可以分为两类：① 时不变信道的传递函数模型，即假设信道是静止的，信道具有时不变的冲激响应。由于信道中固有的时延，信道会产生特定的频率响应，包括平坦的(非选择性的)和频率选择性的响应。② 时变信道的抽头时延线(TDL, Tapped Delay Line)模型，通常用来对随机时变的信道进行仿真。抽头时延线模型的抽头增益和时延都是随机过程。如果在信号最小的时间间隔内信道发生变化，则称该信道为快衰落信道；如果在一个信号码元以上的时间内信道保持静止，则称该信道是慢衰落信道。

采用哪一种仿真模型不仅与信道的特性有关，还与仿真的目的有关。如果只是对信道的衰减或信道的输出信噪比进行计算，从而对通信系统的传播距离或差错概率进行分析，则采用稳态的信道响应模型就足够了；但若要评估信道中随机时变或多径效应引起的信号失真对系统性能的影响，则需要采用抽头时延线模型。考虑到水声信道的时变多径特性，本节着重介绍时变多径信道的抽头时延线仿真模型。

3.6.1 散射多径信道模型

信道中可分辨多径的数量随信道的类型而改变。在某些信道中,可以把接收信号视为由多径分量的连续体组成,这种情形叫做散射多径;而接收信号为一组离散的多径分量则是其简化形式。

散射多径信道是一个线性时变系统,可用连续的时变冲激响应 $h(\tau, t)$ 来描述。设信道为慢变的、广义平稳不相关散射(WSSUS)信道,并设信道的低通输入为带限信号,其带宽 $W=1/T_s$,T_s 为码元周期。以每秒 T_s 点的最低采样率对低通输入信号采样,采样间隔 $T=1/T_s$。用采样值表示输入信号为

$$x(t)=\sum_{n=-\infty}^{\infty} x(nT)\,\frac{\sin[2\pi W(t-nT)]}{2\pi W(t-nT)} \tag{3-46}$$

在无噪声的情况下,信道的输出信号为

$$\begin{aligned} y(t) &= \int_{-\infty}^{\infty} h(\tau,t)x(t-\tau)\mathrm{d}\tau = \\ &\int_{-\infty}^{\infty} h(\tau,t)\left\{\sum_{n=-\infty}^{\infty} x(nT)\,\frac{\sin[2\pi W(t-\tau-nT)]}{2\pi W(t-\tau-nT)}\right\}\mathrm{d}\tau = \\ &\sum_{n=-\infty}^{\infty} x(nT)\int_{-\infty}^{\infty} h(\tau,t)\,\frac{\sin[2\pi W(t-\tau-nT)]}{2\pi W(t-\tau-nT)}\mathrm{d}\tau = \\ &\sum_{n=-\infty}^{\infty} x(nT)g_n(t-\tau) \end{aligned} \tag{3-47}$$

式中

$$g_n(t)=\int_{-\infty}^{\infty} h(\tau,t)\,\frac{\sin\,[2\pi W(t-nT)]}{2\pi W(t-nT)}\mathrm{d}\tau \tag{3-48}$$

为时变冲激响应。式(3-47)具有卷积和的形式,因此可以表示成另一种形式

$$y(t)=\sum_{n=-\infty}^{\infty} x(t-nT)g_n(t) \tag{3-49}$$

式(3-49)中接收信号的形式意味着时变多径信道可以用抽头间隔为 T 和抽头加权系数为 $\{g_n(t)\}$ 的抽头时延线模型来模化。于是利用带宽为 W 的等效低通信号可以在多径时延分布内获得 $1/W$ 的分辨力。

设信道中最大多径时延为 T_m,则对于实际应用,信道的抽头时延线模型可以截短为使式(3-48)中只包含 $|n|\leqslant m$ 的项,其中,$m\geqslant[T_m/T]$,$[\cdot]$ 表示取整。于是式(3-48)近似为

$$g_n(t)=Th(nT,t) \tag{3-50}$$

于是,输出信号近似为

$$y(t)=\sum_{n=-\infty}^{\infty}x(t-nT)g_n(t)=\sum_{n=-m}^{m}x(t-nT)g_n(t)=T\sum_{n=-m}^{m}x(t-nT)h_n(nT,t) \tag{3-51}$$

式(3－51) 可用如图 3－26 所示的抽头时延线模型来实现。

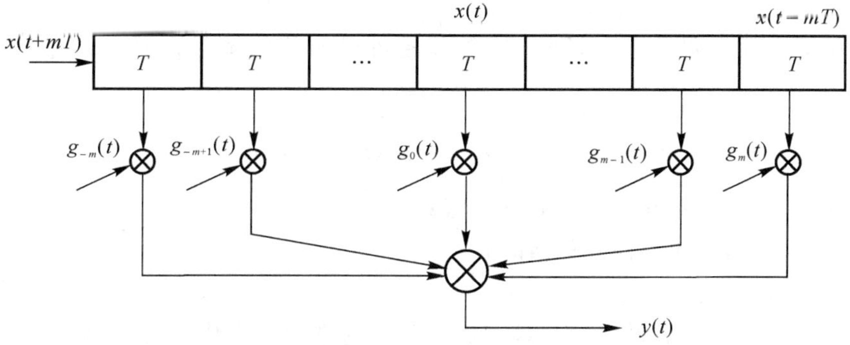

图 3－26　散射多径信道的抽头时延线模型

在抽头时延线模型中，抽头增益的产生是信道仿真的关键。最简单的模型假设各抽头增益都是不相关的复高斯过程，并具有零均值、相同功率谱密度和不同方差，其功率谱密度由多普勒频率谱决定，方差可由功率延迟线 $p(\tau)$ 的采样值获得。在这种情况下，抽头增益可通过对白高斯过程进行滤波来产生，如图 3－27 所示。

图 3－27 中，输入 $w(t)$ 为单位方差的复高斯过程。滤波器的作用是仿真信道的多普勒功率谱密度，即选择 $H(f)$，使

$$S_{gg}(f)=S_d(f)=S_{ww}(f)\mid H(f)\mid^2=\mid H(f)\mid^2 \tag{3-52}$$

式中　$S_{ww}(f)$ —— 输入白噪声过程的功率谱密度，可以将其设置为 1；

$S_{gg}(f)$ —— 给定的抽头增益过程的多普勒功率谱密度。

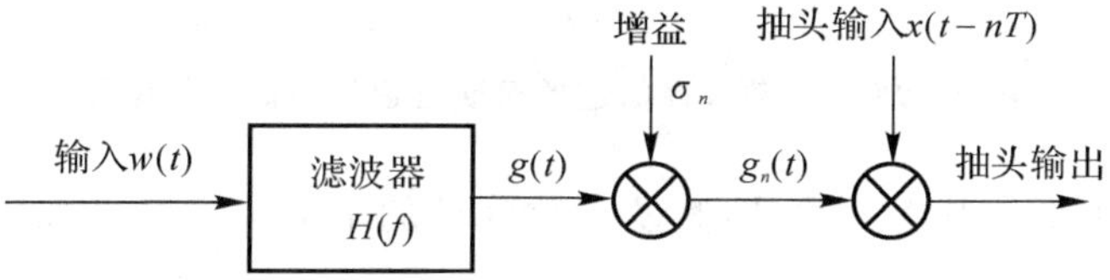

图 3－27　第 n 个抽头增益过程的产生

选择滤波器增益使 $g(t)$ 具有归一化功率。图 3－27 中的增益 σ_n 表明不同抽头可以具有不同的功率级或方差。对于瑞利衰落信道，抽头增益 $g_n(t)$ 是具有零均值的复高斯过程。由 WSSUS 假设，它们是不相关的。每个抽头增益的功率谱密度都由多普勒频谱决定。于是第 n 个抽头增益的方差 σ_n^2 为

$$\sigma_n^2 \approx E\{|g_n(t)|^2\} = (1/B^2)E\{|h(n/B,t)|^2\} = (1/B^2)p(n/B) \qquad (3-53)$$

如果抽头增益的功率谱密度不同,则需要使用不同的滤波器来实现不同的抽头。

3.6.2 离散多径信道模型

当信道中的多径主要是宏多径时,散射多径可以简化为离散多径。离散多径信道的输出为

$$y(t) = \sum_{k=1}^{L} a_k(t)x(t-\tau_k(t)) \qquad (3-54)$$

式中 $a_k(t)$ —— 第 k 条路径的复幅度衰减;

$\tau_k(t)$ —— 第 k 条路径的传播时延;

L —— 信道中可分辨的路径数。

在式(3-54)中,可以假设多径分量的数量和延迟结构的变化比 $a_k(t)$ 的变化缓慢。因此,在仿真期间时延 $\tau_k(t)$ 可以视为常数,于是式(3-54)就可以写为

$$y(t) = \sum_{k=1}^{L} a_k(t)x(t-\tau_k) \qquad (3-55)$$

其实现的方框图形式如图 3-28 所示。

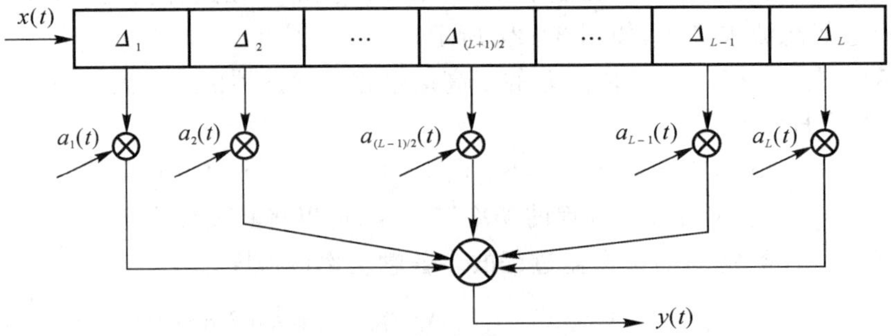

图 3-28 离散多径信道的可变延迟抽头时延线模型

离散信道模型仿真的基本方法是:假设离散分量的个数为 L,给定时延及其概率分布,得到信道模型的基本步骤如下:

1) 产生一个随机数 L 作为延迟的个数;

2) 根据时延值的分布产生 L 个随机数;

3) 基于延迟值产生 L 个衰减值。

这 $3L$ 个随机数的集合代表了信道的一个瞬时值,其实现方式如图 3-28 所示。在图 3-28 中,初始时延是 $\Delta_1 = \tau_1$,其余的时延 $\Delta_l(2 \leqslant l \leqslant L)$ 是时延差,定义为

$$\Delta_l = \tau_l - \tau_{l-1}, \qquad 2 \leqslant l \leqslant L \tag{3-56}$$

如图 3-28 所示的可变抽头时延线模型当时延差很小时会产生采样率的问题。在仿真时，抽头间隔（即时延差 $\Delta_l = \tau_l - \tau_{l-1}$）必须表示为采样周期的整数倍，因此，当时延差很小时，采样周期必须非常小，这可能导致过高的采样率而带来计算负担。可以通过建立均匀抽头间隔的抽头时延线模型来解决这个问题。

对于均匀间隔的抽头时延线模型，抽头增益可用式(3-48)表示。离散多径信道的冲激响应为

$$h(\tau,t) = \sum_{k=1}^{L} a_k(t)\delta(t-\tau_k) \tag{3-57}$$

带入式(3-48)可得抽头增益为

$$g_n(t) = \sum_{k=1}^{L} a_k(t)\sin c\left(\frac{\tau_k}{T} - n\right) = \sum_{k=1}^{L} a_k(t)\alpha(k,n) \tag{3-58}$$

式中

$$\alpha(k,n) = \sin c\left(\frac{\tau_k}{T} - n\right) \tag{3-59}$$

在式(3-59)中，当 n 增加时，$\alpha(k,n)$ 的包络在减小，因此，抽头的数量可以截短为 $|n| \leqslant m$，且选择 $m \gg T_{\max}/T$。这样，离散多径信道模型就具有如图 3-26 所示的近似散射多径模型的形式。

抽头增益的产生如图 3-29 所示，其过程是产生一组 L 个独立的、零均值复高斯白噪声，对它们滤波产生合适的多普勒频谱。对滤波器输出按比例缩放，产生所需的功率曲线。最后按式(3-58)作变换后，产生抽头增益。

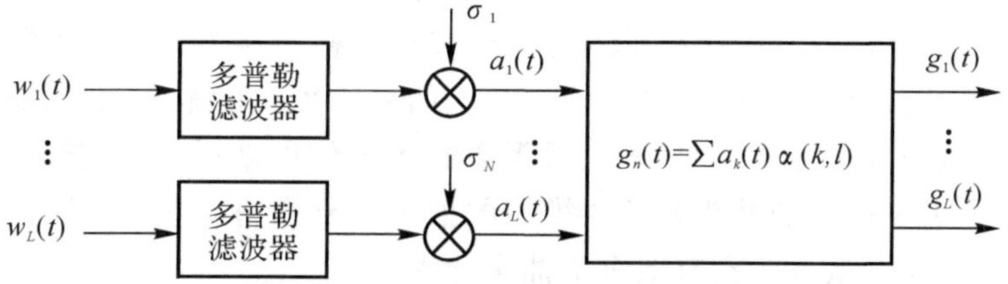

图 3-29　抽头增益过程的产生

3.7　时变多径水声信道的仿真与通信系统性能分析

借助于信道模型对系统性能进行评估和仿真是水声通信系统设计与研究的一个重要步骤。在第 2 章和本章，介绍了水声信道时变多径的传播特性、描述这些特性的物理模型和统计模型，如何将这些模型变成易于仿真的形式，是水声信道模型研究的重要内容。

从 3.6 节的介绍可知，通信信道的模型可以分为时不变的传递函数模型和时变多径的抽头时延线模型。时不变传递函数模型是一种静态模型，可在水声通信系统设计的初级阶段，用来计算信道的衰减及系统的接收信噪比、预报通信距离、达到系统性能指标所需的发射功率、最佳发射频率等参数。

随着通信系统设计的深入，特别是当涉及抗信道衰落和抗信号失真技术的设计时，则需要用到时变多径仿真模型，用来评估这些通信技术的有效性和性能。时变多径仿真模型通常采用抽头时延线来仿真。对于那些采用自适应接收机的系统，特别是采用自适应均衡和其他自适应信号处理算法的系统，如果没有反映信道起伏的动态信道模型，这些自适应信号处理算法抵消信道起伏的性能分析只能在外场试验后进行，这无疑将严重影响水声通信系统的有效设计。因此，一个能反映信道动态起伏特性的传播模型，将能够对水声信道的物理限制有更深的理解，为系统应如何设计以克服这些限制提供帮助。而如何使抽头时延线模型有效地仿真水声信道的动态过程则是水声信道研究的关键。

本节将介绍水声信道仿真以及水声通信系统性能分析和评估的一般方法。

3.7.1 水声通信信道仿真的一般方法

从抽头时延线模型来看，抽头数量、时延的大小、抽头增益是仿真模型的关键，而这些关键因素可以从信道的物理模型，即功率延迟线和多普勒功率谱获得。因此，信道的冲激响应及其统计分布是时变多径信道仿真时最为重要的因素。

与经典的无线时变多径信道相比，水声信道具有一些特殊性。首先，水声信道的多径结构通常是稀疏的。多数水声信道的多径结构呈现宏多径和微多径的形式，信道测量和借助于射线模型的仿真表明，这些多径的时延是不均匀的。如果用均匀的抽头时延线模型仿真水声信道的话，有些抽头的增益将为零。对于中、远距离的水声信道来说，多径扩展通常在几十到上百毫秒之间，因此，水声信道的抽头时延线模型的抽头分支数将会很多，特别对于高速率传输的信道，其抽头时延线模型可能会有上百个抽头分支。

其次，信道的冲激响应及其统计分布是在信道测量的基础上形成的。在本章的 3.4 节介绍了一些水声信道冲激响应的试验与测量的研究文献，但目前水声信道特性的测量大都是伴随着水声通信系统性能的测量进行的，作为一种新兴的无线通信系统，这类水声通信系统在实际信道中的性能测量还不是很多。而且，由于水声信道的复杂性，要形成通用的信道衰落模型，需要在不同的时间、不同的地理环境、不同的应用背景下进行大量的测量，目前来看这类的信道测量还远远不够。因此，水声信道的冲激响应呈现怎样的统计分布尚未完全达成共识。虽然形成水声信道时变多径特性的因素与无线电信道中的有些不同，但都是基于反射、折射等物理现象，更主要的是它们对通信信号的影响是一致的。因此，目前通常假设水声信道的冲激响应的复包络服从高斯分布，但如何确定分布中的参数，如均值、方差等，仍是尚未解决的问题。

除了对信道的测量和分析外，一些文献在对水声信道进行仿真时，基于测量数据对水声信道进行了统计假设。例如参考文献[13] 在对浅海湍流信道中的水声通信进行仿真时，对信道中的信号-多径比（SMR）及信号的衰落进行了统计建模。Bjerrum-Niese 借助于湍流的理论模型分析了湍流对声线传播时间的影响，并将这种影响引入射线模型中，用蒙特卡罗方法仿真了信号的幅度和相位扰动。Bjerrum-Niese 借助于 Pearson 的斜峭度图表（Skew-Kurtosis Chain）分析了信号包络的 PDF。结果表明，信号包络的 PDF 趋向于赖斯分布。参考文献[13] 在综述水声信道的统计模型时指出，瑞利分布出现在两种类型的信道中：浅海近距离和传播呈现折射性质的远距离自由场信道。随着接收端直达分量的增加，信道将会呈现赖斯分布的起伏。

虽然目前对水声信道统计分布的研究尚未成熟，但研究表明，通信系统的性能主要取决于信道的时延和多普勒频移参数，而非散射函数的具体形状。因此，只要仿真出信道中的主要特征，即多径扩展和多普勒频扩展，信道模型仍能为通信系统的设计提供参考，为系统性能的评估提供可靠的工具。

如何将声场模型、冲激响应的统计模型有效地结合在抽头时延线模型中是水声多径信道仿真的关键。可以归纳出水声时变多径信道仿真的基本步骤为：

1）根据通信系统应用的信道，用声场模型计算信道的本征声线，即宏多径结构，包括每条本征声线的传播损失和时间；

2）根据信道冲激响应的测量或统计模型，确定信道冲激响应的分布；

3）建立信道的可变抽头延时线模型，抽头增益由信道的散射函数确定。

3.7.2　水声信道的仿真举例

假设信道中有 L 条传播路径，信道的输出表示为

$$y(t)=\sum_{k=1}^{L}a_k(t)x(t-\tau_k(t)) \tag{3-60}$$

式中，$a_k(t)$ 和 $\tau_k(t)$ 分别是第 k 条路径的复路径衰减和传播时延。于是可以得到信道的冲激响应为

$$h(\tau,t)=\sum_{k=1}^{L}a_k(t)\delta(t-\tau_k) \tag{3-61}$$

由于水声信道中的多径通常呈现稀疏结构，且多径时延比较大，因此，用离散多径模型来仿真式（3－61）比较方便，如图 3－30 所示为水声信道的离散多径抽头时延线模型。

下面通过例题来说明时变多径水声信道仿真的基本方法和步骤。

【例 3－1】　时变多径水声信道的仿真。

（1）仿真的信道参数：水深为 200 m，发射深度为 81 m，接收深度为 92.5 m，传播距离为

70 km,海况 3 级。

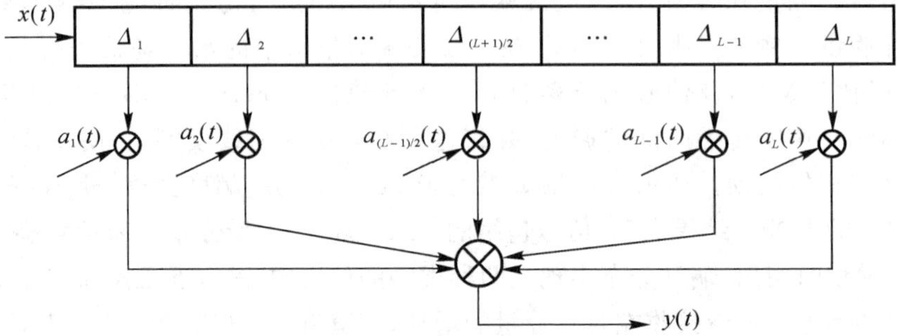

图 3-30 离散多径信道的抽头时延线模型

(2) 由射线模型给出的宏多径信道参数见表 3-4,表中的数据用最先到达路径的参数进行了归一化。

表 3-4 仿真的水声信道参数

路 径	1	2	3	4	5
归一化信道衰减系数	1	0.975	0.547	0.346	0.372
归一化路径时延 /ms	0	55.0	272.1	82.3	92.9

(3) 由表 3-4 数据得到的信道的功率延迟线如图 3-31 所示。

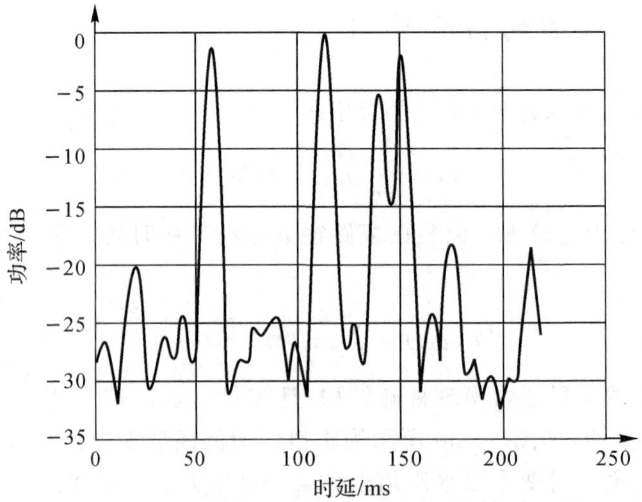

图 3-31 信道的功率延迟线

1）假设每条路径的信道冲激响应服从复高斯分布，即信道衰减系数服从瑞利分布，相位服从[0, 2π]间的均匀分布，按照参考文献[5]介绍的方法计算瑞利随机变量，如图 3 - 32 所示为计算的瑞利分布，图中，计算的数据为 10 000 个。

2）按照如图 3 - 30 所示的仿真模型得到的时变信道冲激响应的 Waterfall 图如图 3 - 33 所示，图中数据由 20 组数据汇集而成。

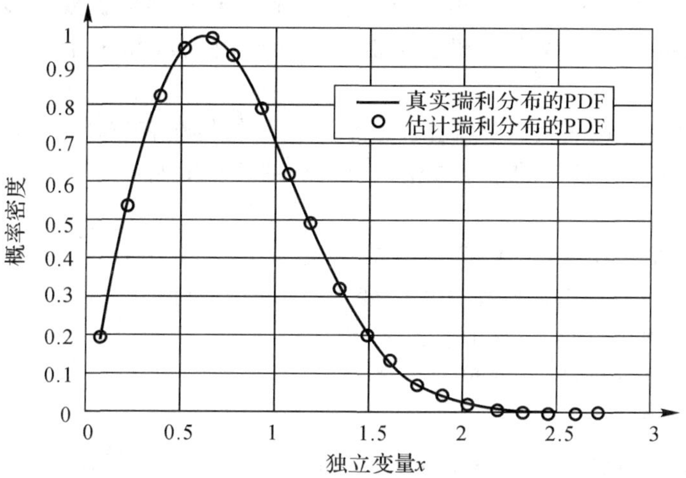

图 3 - 32　估计的瑞利分布的概率密度函数(PDF)

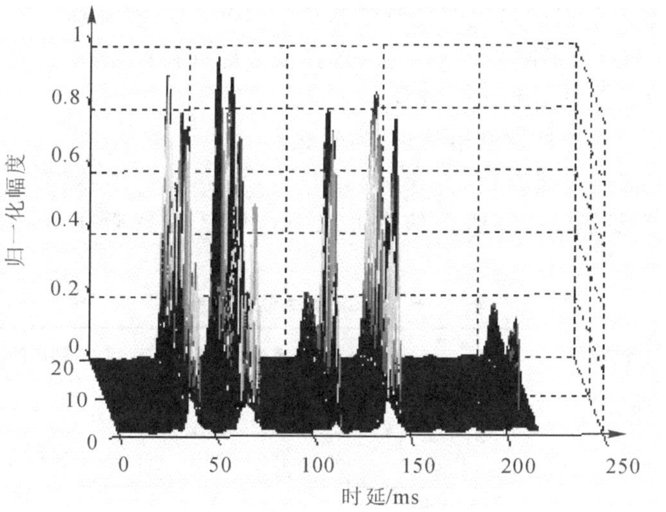

图 3 - 33　时变的信道冲激响应

思考与练习题

3-1　什么是信道的多径扩展和多普勒扩展？在准 WSSUS 信道中，信道扩展如何定义？

3-2　什么是信道的相干时间和相干带宽？它们与信道多径扩展和多普勒扩展有什么关系？若通信信号的持续时间或带宽超过了信道的相干时间或相干带宽，会受到信道怎样的影响？

3-3　时变信道的衰落类型有哪些？它们对信号的传输有怎样的影响？

3-4　描述时变多径信道的包络衰落的统计分布主要有哪些？服从这些分布需要什么条件？

3-5　多径衰落信道的散射函数 $\sigma(\tau, \lambda)$ 在 $0 \leqslant \tau \leqslant 20$ ms，-0.2 Hz $\leqslant \lambda \leqslant 0.2$ Hz 的范围内取值非零，且假设散射函数按这两个变量近似均匀变化。试计算：

(1) 信道的多径扩展和多普勒扩展；

(2) 信道的相干时间和相干带宽；

(3) 信道的扩展因子。

3-6　设某水声信道的最大多径时延为 2 ms，为避免信号传输时发生选择性衰落，试估算在该信道上传输的数字信号的码元宽度。若最大多径时延增大到 50 ms，则数字信号的码元宽度为多少？

3-7　某多径衰落信道的最大多径时延为 $T_m = 100$ ms，多普勒扩展为 $B_d = 0.3$ Hz，信道可用带宽为 $W = 50$ Hz，为了减少码间干扰，选择信号脉冲持续时间 $T = 500$ ms。

(1) 试求信道的相干时间和相干带宽；

(2) 信道是否是频率选择性衰落信道，为什么？

(3) 信道是快衰落还是慢衰落，为什么？

3-8　信道参数见表 3-5，假设信道冲激响应服从复高斯分布，试求仿真时变信道冲激响应。

表 3-5　3 km 多径信道的参数

发射 / 接收深度	归一化信道衰减系数				相对时延 /ms			
$S_D = 31.5$m, $R_D = 37$m	0.815				6.8			
$S_D = 31.5$m, $R_D = 310.5$m	0.757	0.658	0.486	7.0	2.0	7.8		
$S_D = 33.5$m, $R_D = 37$m	0.817	0.818	0.542	0.564	0.8	7.7	5.1	7.5
$S_D = 33.5$m, $R_D = 310.5$m	1	0.405		0	13.0			

3-9　仿真一瑞利衰落信道。信道有 3 条独立的多径衰落分量，且每个分量有可变的多径时延及平均功率。设一随机二进制数据序列通过该信道，试仿真输出信号的波形。改变数据传输速率或信道时延，试分析多径扩展的影响。

参 考 文 献

[1] 汪德昭，尚尔昌. 水声学 [M]. 北京:科学出版社,1981.

[2] Etter P C. Underwater acoustic modeling: principles, techniques and applications [M]. New York:Elsevier science publisher LTD, 1991.

[3] 尤立克 R J. 水声原理[M]. 哈尔滨:哈尔滨船舶工程学院出版社, 1990.

[4] 朱埜. 主动声呐检测信息原理[M]. 北京:海洋出版社, 1990.

[5] Willam H. Tranter K, et al. 通信系统仿真原理与无线应用 [M]. 北京:机械工业出版社, 2005.

[6] 戴耀森. 高频时变信道[M]. 北京:人民邮电出版社,1985.

[7] Badiey M, Mu Y, Lynch J, et al. Temporal and azimuthal dependence of sound propagation in shallow water with internal waves [J]. IEEE Journal of Oceanic Engineering, 2002, 27(1):17-29.

[8] Yang T C, Yoo Kwang. Internal wave spectrum in shallow water: measurement and comparison with the Garrett—Munk model [J]. IEEE Journal of Oceanic Engineering, 1999, 24(3):333-345.

[9] Murshid S H, Caimi F M. Ocean acoustic impulse response measurement and characterization for ACOMMS performance prediction [C]// IEEE Proc. OCEANS 1999, 1999:601-604.

[10] Galvin R, Wang L S. Measured channel characteristics and the corresponding performance of an underwater acoustic communication system using parametric transduction [C]// IEE Proc. Radar Sonar Navigation, 2000, 47(5):247-253.

[11] Eggen T H, Baggeroer A B, Preisig J C. Communication over Doppler spread channels—Part I: channel and receiver Presentation [J]. IEEE of Oceanic Engineering, 2000, 25(1): 62-71.

[12] Freitag L, Johnson M, Stojanovic M, et al. Survey and analysis of underwater acoustic channel for coherent communication in the medium-frequency band [C]// IEEE Proc. OCEANS 2000, 2000:131-138.

[13] Bjerrum-Niese C, Lützen R. Stochastic Simulation of Acoustic Communication in Turbulent Shallow Water [J]. IEEE Journal of Oceanic Engineering, 2000, 25(4): 523-532.

[14] Galvin R, Coates R F W. A stochastic underwater acoustic channel model [C]// IEEE Proc. OCEANS 1996, 1996, 203-211.

第4章　水声通信系统中的调制技术

在水声通信系统中，信息信号通常是数字基带信号，这些信号往往包含丰富的低频分量，甚至直流分量。而水声信道是带宽受限的信道，高频段由于传播损失的影响对信号衰减很大，低频段则受环境噪声和发射换能器的限制。数字基带信号不能直接在具有这种带通传输特性的信道中传输，需要通过调制技术，将基带信号频谱搬移到合适的频段上才能有效地传输。

调制是使载波信号的某些参量随基带信号改变，其实质是频谱搬移，其作用和目的：①将调制信号（基带信号）转换成适合信道传输的已调信号（频带信号）；②实现信道的多路复用，提高信道的利用率；③减小干扰，提高系统的抗干扰能力；④实现传输带宽与信噪比之间的互换。因此，调制对水声通信系统的有效性和可靠性有很大的影响。采用什么方式进行调制和解调将直接影响到通信系统的性能。

目前，在水声通信系统中通常采用数字调制技术，即使用载波信号不同的参数，如信号的幅度、频率和相位或多个信号参数的组合来表示数字基带信号。本章重点讨论水声通信系统中常用的调制与解调技术的原理、性能及应用。

4.1　通信信号与系统的表征

在介绍具体的调制解调技术之前，首先介绍通信信号与系统表征的方法和一般概念。

4.1.1　带通信号和系统的表征

对于数字调制信号来说，传输信号或信道的带宽限制在以载波为中心的某个频段上。这种带宽远小于载波频率的信号或信道（系统）称为窄带带通信号或信道（系统）。通信系统发送端的调制与接收端的解调均包含频率变换。为不失一般性及数学分析的简便，这里将所有的带通信号和信道简化为等效的低通信号与信道。

假设一个实值信号 $s(t)$ 的频率成分集中在频率 f_c 附近的窄带范围内，则仅包含 $s(t)$ 的正频域部分的信号可以表示为

$$S_{+}(f)=2u(f)S(f) \tag{4-1}$$

式中　$S(f)$ —— $s(t)$ 的傅里叶变换；

$u(f)$ —— 单位阶跃函数；

式(4－1)的等效时域表达式为

$$s_+(t)=\int_{-\infty}^{\infty}S_+(f)\mathrm{e}^{\mathrm{j}2\pi ft}\mathrm{d}f=\int_{-\infty}^{\infty}2u(f)S(f)\mathrm{e}^{\mathrm{j}2\pi ft}\mathrm{d}f=s(t)+\mathrm{j}\frac{1}{\pi t}s(t) \tag{4-2}$$

定义 $\hat{s}(t)$ 为

$$\hat{s}(t)=\frac{1}{\pi t}s(t)=\frac{1}{\pi}\int_{-\infty}^{\infty}\frac{s(\tau)}{t-\tau}\mathrm{d}\tau \tag{4-3}$$

信号 $\hat{s}(t)$ 可以看成是 $s(t)$ 通过一个滤波器的输出，该滤波器的冲激响应为

$$h(t)=\frac{1}{\pi t},\quad -\infty<t<\infty \tag{4-4}$$

信号 $s_+(t)$ 称为解析信号或 $s(t)$ 的预包络，仍是带通信号。通过频率变换，可得到等效低通信号 $S_l(f)$ 为

$$S_l(f)=S_+(f+f_c) \tag{4-5}$$

等效的时域关系式为

$$s_l(t)=s_+(t)\mathrm{e}^{-\mathrm{j}2\pi f_c t}=[s(t)+\mathrm{j}\hat{s}(t)]\mathrm{e}^{-\mathrm{j}2\pi f_c t} \tag{4-6}$$

一般，信号 $s_l(t)$ 是复信号，可以表示为

$$s_l(t)=x(t)+\mathrm{j}y(t)=\alpha(t)\mathrm{e}^{\mathrm{j}\theta(t)} \tag{4-7}$$

式中 $\alpha(t)$——$s(t)$ 的包络，表示为

$$\alpha(t)=\sqrt{x^2(t)+y^2(t)} \tag{4-8}$$

$\theta(t)$——$s(t)$ 的相位，表示为

$$\theta(t)=\arctan\frac{y(t)}{x(t)} \tag{4-9}$$

于是，信号 $s(t)$ 通常可以表示为

$$s(t)=\mathrm{Re}\{s_l(t)\mathrm{e}^{\mathrm{j}2\pi f_c t}\}=\mathrm{Re}\{\alpha(t)\mathrm{e}^{\mathrm{j}[2\pi f_c t+\theta_c(t)]}\}=\alpha(t)\cos[2\pi f_c t+\theta(t)] \tag{4-10}$$

低通信号 $s_l(t)$ 通常称为实信号 $s(t)$ 的复包络，其本质是等效低通信号。

$s(t)$ 的能量定义为

$$E=\int_{-\infty}^{\infty}s^2(t)\mathrm{d}t=\int_{-\infty}^{\infty}\{\mathrm{Re}[s_l(t)\mathrm{e}^{\mathrm{j}2\pi f_c t}]\}^2\mathrm{d}t \tag{4-11}$$

在实际中，对于窄带信号，由式(4-10)表示的带通信号的能量为

$$E=\frac{1}{2}\int_{-\infty}^{\infty}[s_l(t)]^2\mathrm{d}t=\frac{1}{2}\int_{-\infty}^{\infty}\alpha^2(t)\mathrm{d}t \tag{4-12}$$

同样，线性信道或系统的冲激响应 $h(t)$ 也可以用其等效的低通系统的冲激响应 $h_l(t)$ 表示为

$$h(t)=2\mathrm{Re}[h_l(t)\mathrm{e}^{\mathrm{j}2\pi f_c t}] \tag{4-13}$$

通常，等效低通系统的冲激响应 $h_l(t)$ 是复值的。

4.1.2 信号空间表示法

1. 向量空间的概念

在n维空间中,向量$\boldsymbol{v}$可用n个向量$[\boldsymbol{v}_1 \quad \boldsymbol{v}_2 \quad \cdots \quad \boldsymbol{v}_n]$表征,也可以表示成单位向量或基向量的线性组合,即

$$\boldsymbol{v}=\sum_{i=1}^{n}\boldsymbol{v}_i\boldsymbol{e}_i \tag{4-14}$$

式中 $\boldsymbol{v}_i$ —— 向量$\boldsymbol{v}$在单位向量$\boldsymbol{e}_i$上的投影。

两个n维向量$\boldsymbol{v}_1=[v_{11} \quad v_{12} \quad \cdots \quad v_{1n}]$和$\boldsymbol{v}_2=[v_{21} \quad v_{22} \quad \cdots \quad v_{2n}]$的内积定义为

$$\boldsymbol{v}_1\cdot\boldsymbol{v}_2=\sum_{i=1}^{n}v_{1i}v_{2i} \tag{4-15}$$

如果$\boldsymbol{v}_1\cdot\boldsymbol{v}_2=0$,则向量$\boldsymbol{v}_1$和$\boldsymbol{v}_2$相互正交;若对于一组$m$个向量$\boldsymbol{v}_k$,$1\leqslant k\leqslant m$,对所有的$1\leqslant i,j\leqslant m$,且$i\neq j$,有

$$\boldsymbol{v}_i\cdot\boldsymbol{v}_j=0 \tag{4-16}$$

则这组向量是相互正交的。

向量$\boldsymbol{v}$的范数定义为

$$\|\boldsymbol{v}\|=\sqrt{\boldsymbol{v}\cdot\boldsymbol{v}}=\sqrt{\sum_{i=1}^{n}v_i^2} \tag{4-17}$$

范数也是$\boldsymbol{v}$的长度。如果一组m个向量相互正交且每个向量具有单位范数,则称这组向量为标准(归一化)正交的。如果没有一个向量能表示成其余向量的线性组合,则该向量集是线性独立的。

同样,对于在某区间$[a, b]$上的一组信号,若两个复信号$x_1(t)$和$x_2(t)$的内积记为$\langle x_1(t), x_2(t)\rangle$,且定义为

$$\langle x_1(t),x_2(t)\rangle=\int_a^b x_1(t)x_2^*(t)\mathrm{d}t \tag{4-18}$$

如果它们的内积为零,则两个信号是正交的。

信号的范数定义为

$$\|x(t)\|=\sqrt{\int_a^b x^2(t)\mathrm{d}t} \tag{4-19}$$

如果一组m个信号的信号集合中,信号相互正交且每个信号范数为1,则该信号集是标准正交的。如果没有一个信号能表示成其余信号的线性组合,则该信号集是线性独立的。

2. 信号的正交展开

假设 $s(t)$ 是一个确定性的实信号，且具有有限能量

$$E_s=\int_{-\infty}^{\infty}[s(t)]^2\mathrm{d}t \tag{4-20}$$

并假设存在一个标准正交函数集 $\{f_n(t),\ n=1,\ 2,\ \cdots,\ K\}$，则有

$$\int_{-\infty}^{\infty}f_m(t)f_n(t)\mathrm{d}t=\begin{cases}0, & m\neq n\\ 1, & m=n\end{cases} \tag{4-21}$$

可以用这些函数的加权线性组合来近似信号 $s(t)$，即

$$\hat{s}(t)=\sum_{i=1}^{K}s_k f_k(t) \tag{4-22}$$

式中　$\{s_k,\ k=1,\ 2,\ \cdots,\ K\}$—— $s(t)$ 近似式中的系数。

由式(4-22)引起的近似误差为

$$e(t)=s(t)-\hat{s}(t) \tag{4-23}$$

选择系数 $\{s_k\}$，使近似误差的能量 E_e 最小化，即使

$$E_e=\int_{-\infty}^{\infty}[s(t)-\hat{s}(t)]^2\mathrm{d}t=\int_{-\infty}^{\infty}\left[s(t)-\sum_{k=1}^{K}s_k f_k(t)\right]^2\mathrm{d}t \tag{4-24}$$

最小化。按照基于均方误差准则的估计理论，当误差正交于级数展开式的每一个函数时，可以获得相应于 $\{s_k\}$ 的 E_e 的最小值。因此

$$\int_{-\infty}^{\infty}\left[s(t)-\sum_{k=1}^{K}s_k f_k(t)\right]f_n(t)\mathrm{d}t=0,\quad n=1,\ 2,\ \cdots,\ K \tag{4-25}$$

由于函数 $\{f_n(t)\}$ 是标准正交的，式(4-25)简化为

$$s_n=\int_{-\infty}^{\infty}s(t)f_n(t)\mathrm{d}t,\quad n=1,\ 2,\ \cdots,\ K \tag{4-26}$$

式(4-26)表明，用将信号 $s(t)$ 投影到 $\{f_n(t)\}$ 的每个函数上的方法可以得到最佳系数，其结果为 $\hat{s}(t)$ 是 $s(t)$ 在函数 $\{f_n(t)\}$ 架构的 K 维信号空间上的投影，其最小均方误差是

$$E_{\min}=\int_{-\infty}^{\infty}e(t)s(t)\mathrm{d}t=\int_{-\infty}^{\infty}[s(t)]^2-\int_{-\infty}^{\infty}\sum_{k=1}^{K}s_k f_k(t)s(t)\mathrm{d}t=E_s-\sum_{k=1}^{K}s_k^2 \tag{4-27}$$

当最小均方近似误差 $E_{\min}=0$ 时

$$E_s=\sum_{k=1}^{K}s_k^2=\int_{-\infty}^{\infty}[s(t)]^2\mathrm{d}t \tag{4-28}$$

在 $E_{\min}=0$ 的条件下，可将 $s(t)$ 表示为

$$s(t)=\sum_{i=1}^{K}s_k f_k(t) \tag{4-29}$$

对于一个能量有限的信号波形集 $\{s_i(t),\ i=1,\ 2,\ \cdots,\ M\}$，可以采用格拉姆-施密特过程

来构建一个标准的正交波形集,具体过程为:从第一个信号波形 $s_1(t)$ 开始,假定它具有能量 E_1,第一个标准正交波形简单地构建为

$$f_1(t)=\frac{s_1(t)}{\sqrt{E}} \tag{4-30}$$

第二个波形由 $s_2(t)$ 构建。首先计算 $f_1(t)$ 在 $s_2(t)$ 上的投影

$$c_{12}=\int_{-\infty}^{\infty} s_2(t)f_1(t)\mathrm{d}t \tag{4-31}$$

然后从 $s_2(t)$ 中减去 $c_{12}f_1(t)$,得到

$$f'_2(t)=s_2(t)-c_{12}f_1(t) \tag{4-32}$$

将其归一化得

$$f_2(t)=\frac{f'_2(t)}{\sqrt{E_2}} \tag{4-33}$$

第 k 个波形

$$f_k(t)=\frac{f'_k(t)}{\sqrt{E_k}},\qquad k=3,\ \cdots,\ M \tag{4-34}$$

式中

$$f'_k(t)=s_k(t)-\sum_{i=1}^{k-1}c_{ik}f_i(t) \tag{4-35}$$

$$c_{ik}=\int_{-\infty}^{\infty} s_k(t)f_i(t)\mathrm{d}t,\qquad i=1,\ 2,\ \cdots,\ k-1 \tag{4-36}$$

如果由此得到的 M 个信号波形线性独立,即没有一个信号波形是其他信号波形的线性组合,那么信号空间的维数 N 等于 M。

一旦构建了标准正交波形集 $\{f_n(t)\}$,就能将 M 个信号 $\{s_n(t)\}$ 表示成 $\{f_n(t)\}$ 的线性组合,即

$$s_k(t)=\sum_{n=1}^{N}s_{kn}f_n(t),\qquad k=1,\ \cdots,\ M \tag{4-37}$$

以及

$$E_k=\int_{-\infty}^{\infty}[s(t)]^2\mathrm{d}t=\sum_{n=1}^{N}s_{kn}^2 \tag{4-38}$$

于是,每个信号可以表示成向量

$$\mathbf{s}_k=[s_{k1}\quad s_{k2}\quad \cdots\quad s_{kn}] \tag{4-39}$$

或等效地表示为 N 维信号空间中的一个点,其坐标为 $\{s_{ki},\ i=1,\ 2,\ \cdots,\ N\}$,第 k 个信号的能量是向量长度的二次方,等价于 N 维信号空间中原点到该信号点的欧式距离的二次方。因此,任何信号都可以用几何方式表示为由标准正交函数 $\{f_n(t)\}$ 构建的信号空间中的一个点。

由格拉姆-施密特过程获得的函数 $\{f_n(t)\}$ 不是唯一的,如果改变信号 $\{s_k(t)\}$ 的正交处理

顺序，标准正交波形将不同，相应的信号$\{s_k(t)\}$的向量表示将取决于标准正交函数$\{f_k(t)\}$的选择。然而，向量 $\boldsymbol{s}_k$ 仍保持其几何形状，并且其长度不随标准正交函数$\{f_k(t)\}$的选择而改变。

4.2　频移键控调制

在数字信息经通信信道传输的过程中，调制器将数字信息映射成与信道特性相匹配的模拟波形。映射过程一般是：先从信息序列$\{b_n\}$一次取出 $k=\mathrm{lb}\ M$ 个二进制数字形成分组，再从 $M=2^k$ 个确定的有限能量的波形$\{s_m(t),\ m=1,\ 2,\ \cdots,\ M\}$中选择一个发送到信道中进行传输。按照映射波形参数的不同，有三种基本的数字调制方式，分别是振幅键控(ASK)、频移键控(FSK)和相移键控(PSK)。由于受到信道起伏特性的影响，水声通信系统中常用的调制是 FSK 调制和 PSK/DPSK 调制。按照解调方式的不同，调制方式还可以分为非相干调制(FSK，DPSK)和相干调制(PSK)。本节简要介绍 FSK 调制与解调的原理与性能。

4.2.1　FSK 调制与解调

在数字调制中，若正弦载波的频率随基带信号在 M 个频率点间变化，则产生 M 进制的 FSK 信号。当 $M=2$ 时，产生 2FSK(BFSK)；当 $M=4$ 时，产生 4FSK。M 进制的 MFSK 信号每码元携带 $k=\mathrm{lb}\ M$(b) 的信息，也就是说，k(b) 的信息映射为 $M=2^k$ 个可能的频率。

FSK 信号波形的表达式为

$$s_{\mathrm{FSK}}(t)=\mathrm{Re}\ \{u(t)\mathrm{e}^{\mathrm{j}2\pi f_c t}\},\qquad 0\leqslant t\leqslant T \tag{4-40}$$

式中　f_c —— 载波频率；

T —— 码元时间；

$u(t)$ —— 基带信号，表示为

$$u(t)=\sum_n g(t-nT)\exp\{\mathrm{j}[2\pi b(t)\Delta f t+\theta_0(t)]\}=\sum_n \mathrm{I}_n g(t-nT) \tag{4-41}$$

式中　$g(t)$ —— 发送基带波形，通常为矩形波；

Δf —— 载波频率间隔；

$b(t)$ —— 信息序列，表示为

$$b(t)=\begin{cases}0 & \text{发送概率为 } P_0\\ 1 & \text{发送概率为 } P_1\\ \vdots & \quad\vdots\\ M-1 & \text{发送概率为 } P_{M-1}\end{cases}$$

且

$$\sum_{i=0}^{M-1}P_i=1$$

$\theta_0(t)$—— 调制器引入的初始相位，它与信息序列无关，不失一般性，可令 $\theta_0(t)=0$；

I_n—— 码元序列，$I_n=\exp\{j[2\pi b(t)\Delta ft]\}$。

于是，式(4-40)可以简化为

$$s_{FSK}(t)=g(t)\cos\{2\pi[f_c+b(t)\Delta f]t\},\quad 0\leqslant t\leqslant T \tag{4-42}$$

移频键控信号的产生，可以采用模拟调频电路来实现，也可以采用数字键控的方法来实现。如图 4-1 所示是数字键控法(相位不连续法)实现二进制移频键控信号的原理图。图中两个振荡器的输出载波受输入的二进制基带信号控制，在一个码元 T_s 期间输出 f_1 或 f_2 两个载波之一。

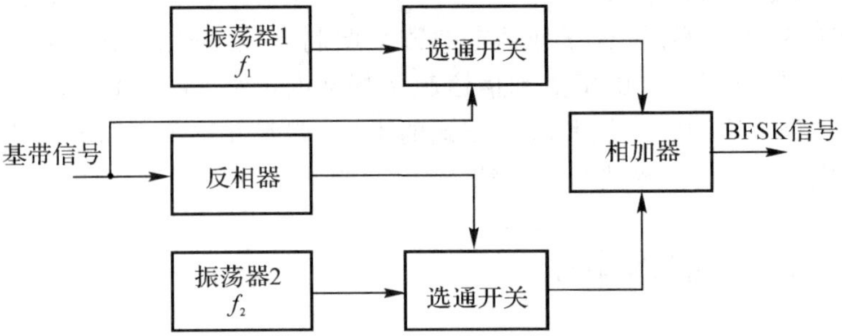

图 4-1 数字键控法实现二进制频移键控调制

二进制移频键控信号的解调有非相干解调和相干解调两种方法。采用非相干解调方法的原理图如图 4-2 所示。解调器采用两个带通滤波器分别滤出中心频率为 f_1 和 f_2 的信号频率成分。在非相干解调中，带通滤波器的输出信号经包络检波器检波，判决器通过对包络输出的抽样值进行比较，最终判决出输出信号。非相干解调过程的时间波形如图 4-3 所示。

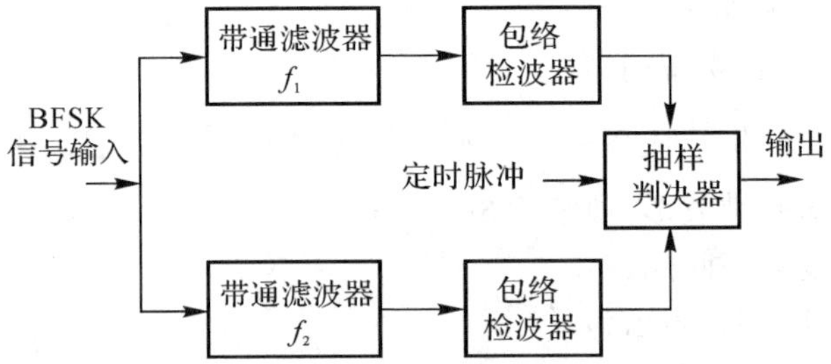

图 4-2 非相干二进制频移键控信号解调器

采用相干解调方法的原理图如图 4-4 所示。在相干解调(同步检测)中，带通滤波器的输出分别与相干载波相乘后经过低通滤波器，判决器对低通滤波器的输出进行比较判决，恢复二进制信息。

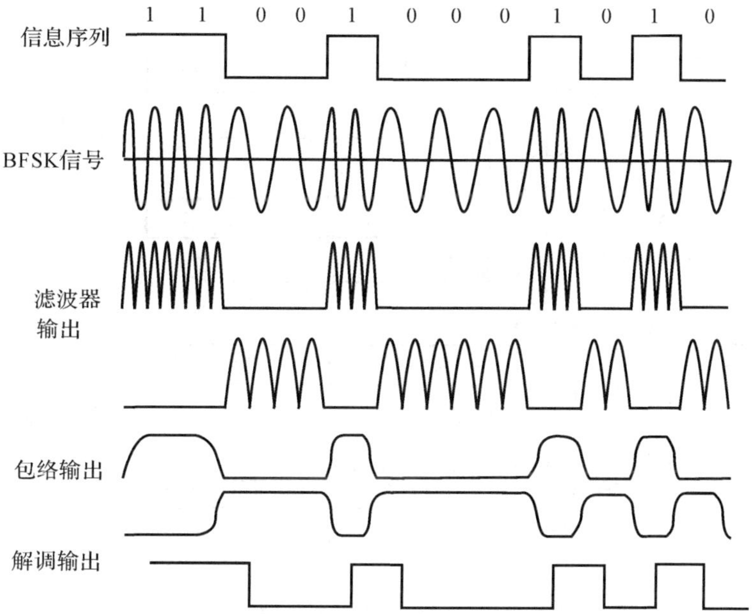

图 4-3　二进制移频键控信号非相干解调过程的时间波形

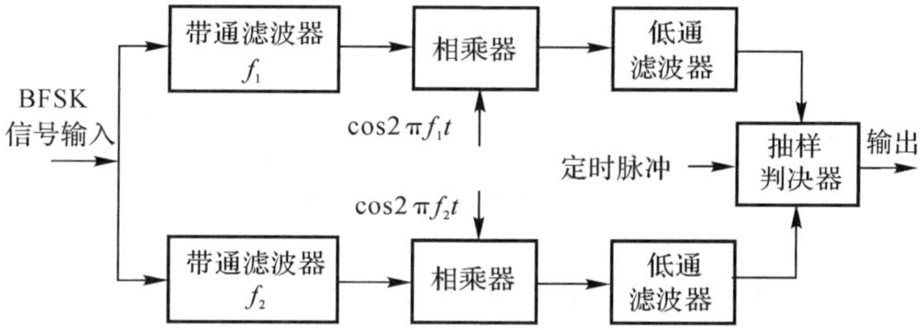

图 4-4　相干解调二进制频移键控信号解调器

多进制频移键控(MFSK)信号的键控法调制电路和包络解调电路如图 4-5 所示。在调制电路中,一个码元周期内从 M 个频率中选通输出一个频率。在解调电路,输入的 MFSK 信号通过 M 个中心频率分别为 f_1, f_2,…,f_M 的带通滤波器,分离出发送的 M 个频率,再通过包络检波器、抽样判决器和逻辑电路,恢复二进制信息。

与二进制数字调制相比,多进制数字调制系统在码元速率相同的条件下,可以提高信息速率。当码元速率相同时,M 进制数字调制系统的信息速率是二进制数字调制的 lb M 倍;在信息速率相同条件下,可降低码元速率,提高传输的可靠性。但多进制调制系统的电路比二进制调制复杂;在接收机输入信噪比相同条件下,多进制调制系统的误码率比二进制调制系统要高。

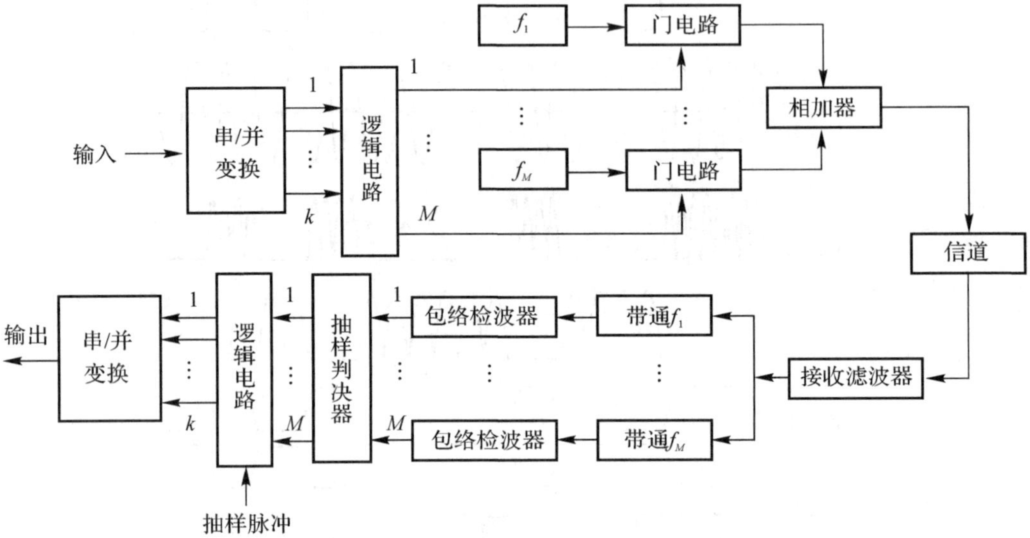

图 4-5 多进制频移键控调制系统的组成方框图

4.2.2 FSK 调制的信号空间表示

FSK 信号波形的能量为

$$E=\int_0^T s_{\mathrm{FSK}}^2(t)\,\mathrm{d}t=\frac{1}{2}\int_0^T g^2(t)\,\mathrm{d}t=\frac{1}{2}E_g \qquad (4-43)$$

式中 E_g—— 发送波形的能量，$E_g=\int_0^T g^2(t)\,\mathrm{d}t$。

FSK 信号波形的特征是具有相等的能量。FSK 信号的等效低通信号波形定义为

$$s_{\mathrm{lm}}=\sqrt{\frac{2E}{T}}\,\mathrm{e}^{\mathrm{j}2\pi m\Delta ft},\qquad m=1,\ 2,\ \cdots,\ M,\quad 0\leqslant t\leqslant T \qquad (4-44)$$

在 $\Delta f=1/(2T)$ 的情况下，MFSK 信号等价于 N 维向量

$$\left.\begin{aligned}\boldsymbol{s}_1(t)&=[\sqrt{E}\quad 0\quad \cdots\quad 0]\\ \boldsymbol{s}_2(t)&=[0\quad \sqrt{E}\quad \cdots\quad 0]\\ &\cdots\cdots\\ \boldsymbol{s}_N(t)&=[0\quad 0\quad \cdots\quad \sqrt{E}]\end{aligned}\right\} \qquad (4-45)$$

式中，$N=M$。两两信号之间的距离为

$$d_{\mathrm{km}}=\sqrt{2E} \qquad (4-46)$$

这也是最小距离。当 $M=N=3$ 和 $M=N=2$ 时的信号空间图如图 4－6 所示。

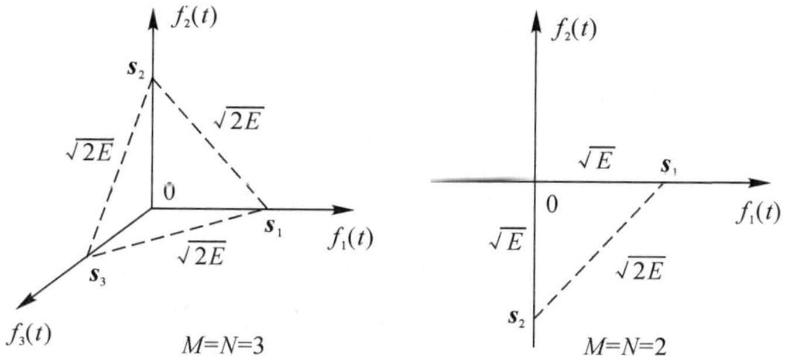

图 4－6　$M=N=3$ 和 $M=N=2$ 的 FSK 信号的信号空间图

4.2.3　FSK 调制信号的功率谱密度

在水声数字通信中，可用的信道带宽是有限的。选择调制技术时，必须要考虑信道带宽的限制。因此，确定数字调制信号的频谱范围非常重要。由于信息序列是随机的，数字调制信号是一个随机过程，可以通过随机信号的功率谱密度来确定调制信号所需的系统带宽。

由式(4－40)，调制信号 $s(t)$ 的自相关函数为

$$R_{ss}(\tau)=\mathrm{Re}\{R_{uu}(\tau)\mathrm{e}^{\mathrm{j}2\pi f_c t}\} \tag{4-47}$$

式中　$R_{uu}(\tau)$—— 等效低通信号 $u(t)$ 的自相关函数。

对式(4－43) 进行傅里叶变换，可得 $s(t)$ 的功率谱密度为

$$P_{ss}(f)=\frac{1}{2}[P_{uu}(f-f_c)+P_{uu}(-f-f_c)] \tag{4-48}$$

式中　$P_{uu}(f)$ —— $u(t)$ 的功率谱密度。

按照式(4－40)，并假设码元序列$\{I_n\}$是广义平稳的，具有均值 μ_i 和自相关函数 $R_{uu}(m)=(1/2)E[I_n^* I_n]$，则 $u(t)$ 的自相关函数为

$$\begin{aligned}R_{uu}(t+\tau,t)=&\sum_m\sum_n R_{ii}(m-n)g^*(t-nT)g(t+\tau-mT)=\\&\sum_m R_{ii}(m)\sum_n g^*(t-nT)g(t+\tau-nT-mT)\end{aligned} \tag{4-49}$$

由于 $\sum_n g^*(t-nT)g(t+\tau-mT)$ 是以 T 为周期的函数，$u(t)$ 的均值

$$E[u(t)]=\mu_i\sum_n g(t-nT)$$

也是以 T 为周期的函数，因此，$u(t)$ 是一个具有周期性均值和自相关函数的随机过程。这样的过程称为广义循环平稳过程或周期平稳过程。在一个周期内求功率谱密度的平均值，可得

$u(t)$ 的平均谱密度

$$P_{uu}(t)=\frac{1}{T}\mid G(f)\mid^2 P_{ii}(f) \tag{4-50}$$

式中 $G(f)$ ——$g(t)$ 的傅里叶变换；

$P_{ii}(f)$—— 码元序列的功率谱密度，定义为

$$P_{ii}(f)=\sum_m R_{ii}(m)\mathrm{e}^{-\mathrm{j}2\pi fmT} \tag{4-51}$$

式(4－50) 表明，等效低通信号 $u(t)$ 的频谱特性可由发送波形 $g(t)$ 和码元序列的相关特性的设计来控制。在码元序列不相关的条件下，$u(t)$ 的功率谱密度为

$$P_{uu}(t)=\frac{\sigma_i^2}{T}\mid G(f)\mid+\frac{\mu_i^2}{T^2}\sum_m\left|G\left(\frac{m}{T}\right)\right|^2\delta\left(f-\frac{m}{T}\right) \tag{4-52}$$

式中 σ_i—— 码元序列的方差。

式(4－52) 表明，等效低通信号的频谱有两种不同类型的谱分量，一种是连续谱，其形状取决于发送波形 $g(t)$ 的频谱特性；另一种由频率间隔为 $1/T$ 的离散频率分量组成，每根谱线的功率都与在 $f=m/T$ 处测定的 $\mid G(f)\mid^2$ 成正比。当码元序列具有零均值，即 $\mu_i=0$ 时，离散频率分量消失。当码元序列是等概率且在复平面上的位置是对称的时候，满足这个条件。因此，通过适当选择发送的码元序列的特性，就能控制调制信号的频谱特性。

当发送波形 $g(t)$ 为单位幅度的矩形脉冲时，如图 4－7(a) 所示，$g(t)$ 的功率谱密度为

$$\mid G(f)\mid^2=T^2\left(\frac{\sin\pi fT}{\pi fT}\right)^2 \tag{4-53}$$

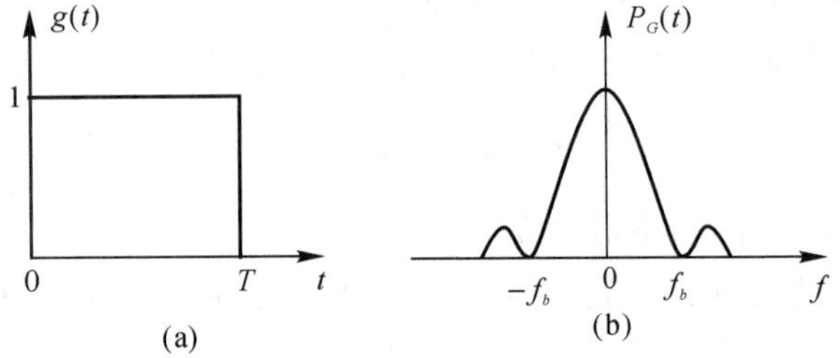

图 4－7 $g(t)$ 的波形和功率谱

(a) $g(t)$ 的波形图； (b) $g(t)$ 的功率谱

$g(t)$ 的功率谱密度如图 4－7(b) 所示。于是，采用等概率发送、相位不连续二进制频移键控调制信号的功率谱为

$$p_{\mathrm{BFSK}}=\frac{T_S}{16}\left[\left|\frac{\sin\pi(f+f_1)T_S}{\pi(f+f_1)T_S}\right|^2+\left|\frac{\sin\pi(f-f_1)T_S}{\pi(f-f_1)T_S}\right|^2\right]+$$
$$\frac{T_S}{16}\left[\left|\frac{\sin\pi(f+f_2)T_S}{\pi(f+f_2)T_S}\right|^2+\left|\frac{\sin\pi(f-f_2)T_S}{\pi(f-f_2)T_S}\right|^2\right]+$$

$$\frac{1}{16}[\delta(f+f_1)+\delta(f-f_1)+\delta(f+f_2)+\delta(f-f_2)] \quad (4-54)$$

BFSK 信号的功率谱密度如图 4-8 所示。由式(4-54)可得，相位不连续的二进制频移键控信号的功率谱由离散谱和连续谱组成。其中，离散谱是位于 $\pm f_1$，$\pm f_2$ 处的两对冲击，这表明 BFSK 信号中含有载波 f_1，f_2 的分量；连续谱由两个中心位于 f_1 和 f_2 处的双边谱叠加形成；若两个载波频差小于 $f_b=1/T$，则连续谱在 f_c 处出现单峰；若载频差大于 f_b，则连续谱出现双峰。

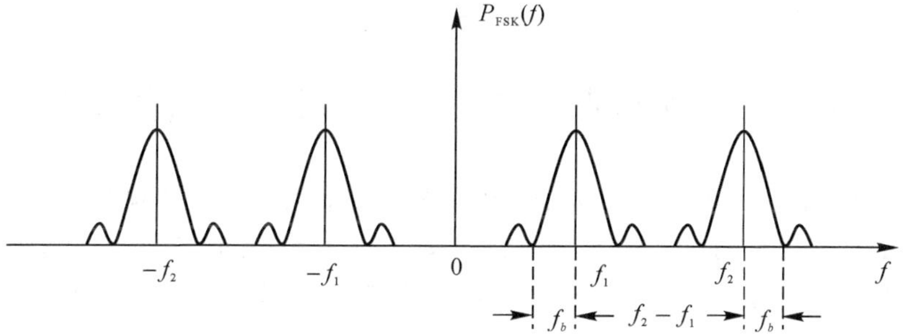

图 4-8　BFSK 信号的功率谱密度示意图

相位连续的 BFSK 信号的功率谱密度如图 4-9 所示，与相位不连续的 FSK 调制信号一样，随着载波频率之间间隔的减小，调制信号的频谱会出现双峰、重叠频谱和单峰功率谱。

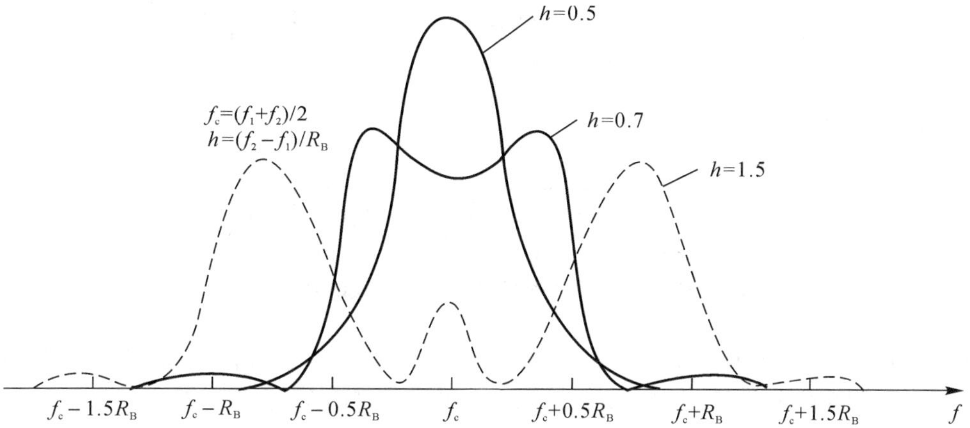

图 4-9　相位连续的 BFSK 信号的功率谱密度(参考文献[2]图 7-20)

若以 BFSK 信号功率谱第一个零点之间的频率间隔计算 BFSK 信号的带宽，则该 BFSK 信号的频带宽度为

$$W_{BFSK}=|f_2-f_1|+2f_b=(2+h)f_b \quad (4-55)$$

式中 f_b—— 基带信号的带宽，$f_b=1/T$；

h—— 偏移率（调制指数），$h=|f_2-f_1|/f_b$。

为了便于接收端解调，要求 BFSK 信号的两个频率 f_1，f_2 间要有足够的间隔。对于采用带通滤波器来分路的解调方法，通常取 $|f_2-f_1|=(3\sim5)f_b$。于是，BFSK 信号的带宽为

$$W_{\mathrm{BFSK}}=(5\sim7)f_b \tag{4-56}$$

相应地，这时 BFSK 系统的频带利用率为

$$r=\frac{f_b}{W_{\mathrm{BFSK}}}=\frac{1}{5\sim7}\ (\mathrm{B/Hz}) \tag{4-57}$$

4.2.4 加性高斯白噪声信道中 FSK 调制的差错性能

通信信号在传输过程中会受到各种干扰和噪声的作用，从而影响对信号的恢复，造成差错。发生差错的概率是码特征、基带信号波形、接收信噪比、信道特征及解调和译码的方法等多种因素的函数。本节重点分析 FSK 信号在等效加性高斯白噪声(AWGN)信道中的误码性能。

首先对 BFSK 信号在 AWGN 信道中的误码性能进行分析。在分析时，假设信道是恒参信道，即时不变信道，在信号的频带范围内具有理想矩形的传输特性，传输系数为 α。噪声为等效的加性高斯白噪声(AWGN)，其均值为零，方差为 $\sigma_n^2=N_0/2$，N_0 为噪声功率谱密度。

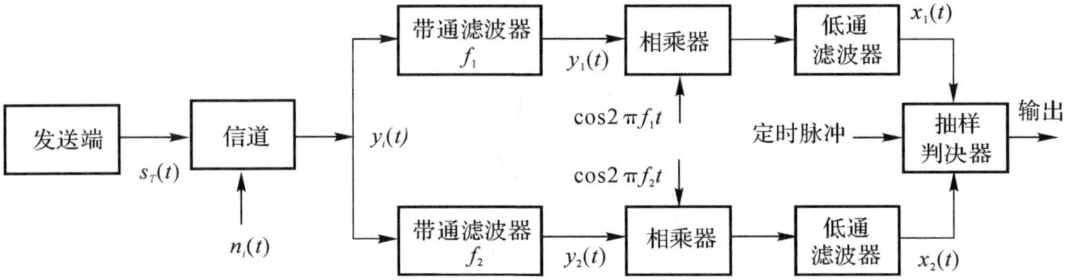

图 4-10 采用相干检测的 BFSK 信号性能分析模型

由 4.2.1 节可知，对 FSK 信号的解调有相干(同步)检测和非相干(包络)检测两种方法。采用相干检测的性能分析模型如图 4-10 所示。在码元时间 T 内，发送端 BFSK 信号可以表示为

$$s_T(t)=\begin{cases}u_1(t), & \text{发送“1”符号}\\ u_2(t), & \text{发送“0”符号}\end{cases} \tag{4-58}$$

式中

$$\left.\begin{aligned}u_1(t)&=\begin{cases}A\cos(2\pi f_1 t), & 0<t<T\\ 0, & \text{其他}\end{cases}\\ u_2(t)&=\begin{cases}A\cos(2\pi f_2 t), & 0<t<T\\ 0, & \text{其他}\end{cases}\end{aligned}\right\}\tag{4-59}$$

假定两个信号是等概率发送的，且假设发送的信号为 $u_1(t)$，并设带通滤波器具有理想的传输特性，恰好使信号完整通过，则两个带通滤波器的输出分别为

$$\left.\begin{aligned}y_1(t)&=a\cos(2\pi f_1 t)+n_1(t)\\ y_2(t)&=n_2(t)\end{aligned}\right\}\tag{4-60}$$

式中，$a=\alpha A$。由随机信号分析可知，$n_i(t)(i=1,2)$ 是窄带高斯噪声，其均值为零，方差为 ${\sigma_n}^2$，且可以表示为

$$n_i(t)=n_{ic}(t)\cos(2\pi f_i t)-n_{is}(t)\sin(2\pi f_i t)\tag{4-61}$$

于是带通滤波器的输出可表示为

$$\left.\begin{aligned}y_1(t)&=[a+n_{1c}(t)]\cos(2\pi f_1 t)-n_{1s}(t)\sin(2\pi f_1 t)\\ y_2(t)&=n_{2c}(t)\cos(2\pi f_2 t)-n_{2s}(t)\sin(2\pi f_2 t)\end{aligned}\right\}\tag{4-62}$$

带通滤波器输出信号与相干载波相乘，并经理想低通滤波器后得到的解调信号为

$$\left.\begin{aligned}x_1(t)&=a+n_{1c}(t)\\ x_2(t)&=n_{2c}(t)\end{aligned}\right\}\tag{4-63}$$

式中　　a —— 经相干解调后得到的信号成分；

$n_{1c}(t),n_{2c}(t)$ —— 低通型高斯白噪声，其均值为零，方差为 σ_n^2。

$x_1(t),x_2(t)$ 在抽样时刻的一维概率密度函数(PDF) 分别为

$$\left.\begin{aligned}f(x_1)&=\frac{1}{\sqrt{2\pi}\sigma_n}\exp\left\{-\frac{(x_1-a)^2}{2\sigma_n^2}\right\}\\ f(x_2)&=\frac{1}{\sqrt{2\pi}\sigma_n}\exp\left\{-\frac{x_2^2}{2\sigma_n^2}\right\}\end{aligned}\right\}\tag{4-64}$$

抽样判决器的判决准则为

$$\left.\begin{aligned}&x_1>x_2,\quad \text{即 } x_1-x_2>0,\text{判为“1”}\\ &x_1<x_2,\quad \text{即 } x_1-x_2<0,\text{判为“0”}\end{aligned}\right\}\tag{4-65}$$

在给定发送 $u_1(t)$ 的情况下，当 $x_1(t)$ 的抽样值小于 $x_2(t)$ 的抽样值时，按照判决准则，判决器判为 $u_2(t)$，发生错判的概率为

$$P(u_2/u_1)=P(x_1<x_2)=P(x_1-x_2<0)$$

令 $z=x_1-x_2$，则由随机信号分析可知，z 为高斯型随机噪声，其均值为 a，方差为 $\sigma_z^2=2\sigma_n^2$，z 的一维概率密度函数(PDF) 为

$$f(z)=\frac{1}{\sqrt{2\pi}\sigma_z}\exp\left\{-\frac{(z-a)^2}{2\sigma_z^2}\right\}=\frac{1}{2\sqrt{\pi}\sigma_n}\exp\left\{-\frac{(z-a)^2}{4\sigma_n^2}\right\}\tag{4-66}$$

于是，错误概率为

$$P(u_2/u_1)=P(x_1<x_2)=P(z<0)=$$
$$\int_{-\infty}^{0} f(z)\mathrm{d}z=\frac{1}{2\sqrt{\pi}\sigma_z}\int_{-\infty}^{0}\exp\left\{-\frac{(x-a)^2}{2\sigma_z^2}\right\}=\frac{1}{2}\operatorname{erfc}\left(\sqrt{\frac{r}{2}}\right) \tag{4-67}$$

式中 r —— 信噪比，$r=\dfrac{a^2}{2\sigma_n^2}=\alpha^2\dfrac{A^2}{2\sigma_n^2}$；

$\operatorname{erfc}(x)$ —— 互补误差函数，$\operatorname{erfc}(x)=\dfrac{2}{\sqrt{\pi}}\int_x^{\infty}\exp(-y^2)\mathrm{d}y$。

同理可得，当发送 $u_2(t)$ 时，错判为 $u_1(t)$ 的概率为

$$P(u_1/u_2)=P(x_1-x_2>0)=\frac{1}{2}\operatorname{erfc}\left(\sqrt{\frac{r}{2}}\right) \tag{4-68}$$

于是，采用相干检测时，BFSK 系统总的误码率为

$$P_{\mathrm{eBFSK}}=P(u_1)P(u_2/u_1)+P(u_2)P(u_1/u_2)=\frac{1}{2}\operatorname{erfc}\left(\sqrt{\frac{r}{2}}\right) \tag{4-69}$$

在大信噪比条件下，即当 $r\gg 1$ 时，式(4-69) 可近似表示为

$$P_{\mathrm{eBFSK}}\approx\frac{1}{\sqrt{2\pi r}}\mathrm{e}^{-r/2} \tag{4-70}$$

当采用非相干检测(包络检波) 法时，性能分析模型如图 4-11 所示。

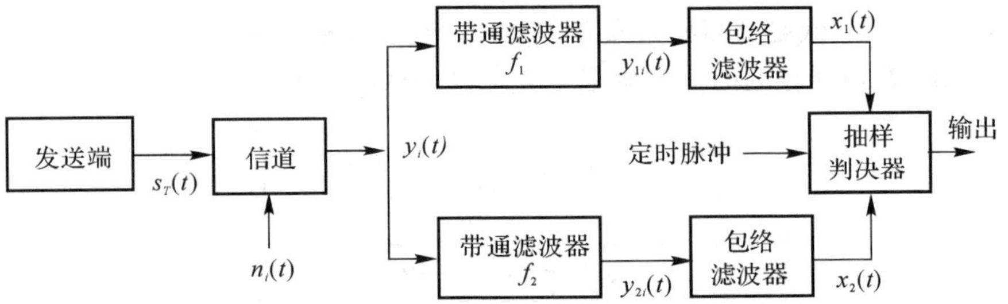

图 4-11 非相干检测时 BFSK 性能分析模型

仍假设发送信号为 $u_1(t)$，则带通滤波器输出的信号为

$$\left.\begin{aligned}
y_1(t)&=[a+n_{1c}(t)]\cos(2\pi f_1 t)-n_{1s}(t)\sin(2\pi f_1 t)=\\
&\sqrt{[a+n_{1c}(t)]^2+n_{1s}^2(t)}\cos[2\pi f_1 t+\varphi_1(t)]\\
y_2(t)&=n_{2c}(t)\cos(2\pi f_2 t)-n_{2s}(t)\sin(2\pi f_2 t)=\\
&\sqrt{n_{2c}^2(t)+n_{2s}^2(t)}\cos[2\pi f_2 t+\varphi_2(t)]
\end{aligned}\right\} \tag{4-71}$$

包络检波器的输出信号为

$$\left.\begin{aligned} x_1(t) &= \sqrt{[a+n_{1c}(t)]^2 + n_{1s}^2(t)} \\ x_2(t) &= \sqrt{n_{2c}^2(t) + n_{2s}^2(t)} \end{aligned}\right\} \tag{4-72}$$

由随机信号分析可知，抽样判决器的抽样值 X_1 服从广义瑞利分布，X_2 服从瑞利分布，其概率密度分别为

$$\left.\begin{aligned} f(x_1) &= \frac{x_1}{\sigma_n^2} I_0\left(\frac{a x_1}{\sigma_n^2}\right)\exp\left\{-\frac{x_1^2+a^2}{2\sigma_n^2}\right\} \\ f(x_2) &= \frac{x_2}{\sigma_n^2}\exp\left\{-\frac{x_2^2}{2\sigma_n^2}\right\} \end{aligned}\right\} \tag{4-73}$$

当发送 $u_1(t)$ 时，抽样判决器的判决准则由式(4-65)决定，因此，出现 $x_1 < x_2$ 发生错判的概率为

$$\begin{aligned} P(u_2/u_1) &= P(x_1 \leqslant x_2) = \iint f(x_1)f(x_2)\mathrm{d}x_1\mathrm{d}x_2 = \\ &\int_0^\infty f(x_1)\left[\int_{x_2=x_1}^\infty f(x_2)\mathrm{d}x_2\right]\mathrm{d}x_1 = \\ &\int_0^\infty \frac{x_1}{\sigma_n^2} I_0\left(\frac{a x_1}{\sigma_n^2}\right)\exp\left[-\frac{x_1^2+a^2}{2\sigma_n^2}\right]\left[\int_{x_2=x_1}^\infty \frac{x_2}{\sigma_n^2}\mathrm{e}^{-x_2^2/2\sigma_n^2}\mathrm{d}x_2\right]\mathrm{d}x_1 = \\ &\int_0^\infty \frac{x_1}{\sigma_n^2} I_0\left(\frac{a x_1}{\sigma_n^2}\right)\exp\left[-\frac{2x_1^2+a^2}{2\sigma_n^2}\right]\mathrm{d}x_1 \end{aligned} \tag{4-74}$$

令 $t=\dfrac{\sqrt{2}\,x_1}{\sigma_n}$，$z=\dfrac{a}{\sqrt{2}\,\sigma_n}$，可得

$$\begin{aligned} P(u_2/u_1) &= \int_0^\infty \frac{1}{\sqrt{2}\,\sigma_n}\left[\frac{\sqrt{2}\,x_1}{\sigma_n}\right] I_0\left[\frac{a}{\sqrt{2}\,\sigma_n}\frac{\sqrt{2}\,x_1}{\sigma_n}\right]\mathrm{e}^{-x_1^2/\sigma_n^2}\mathrm{e}^{-a/2\sigma_n^2}\left(\frac{\sigma_n}{\sqrt{2}}\right)\mathrm{d}\left(\frac{\sqrt{2}\,x_1}{\sigma_n}\right) = \\ &\frac{1}{2}\int_0^\infty t I_0(zt)\mathrm{e}^{-t^2/2}\mathrm{e}^{-z^2}\mathrm{d}t = \frac{1}{2}\mathrm{e}^{-z^2/2}\int_0^\infty t I_0(zt)\mathrm{e}^{-(t^2+z^2)/2}\mathrm{d}t = \\ &\frac{1}{2}\mathrm{e}^{-z^2/2} = \frac{1}{2}\mathrm{e}^{-\nu/2} \end{aligned} \tag{4-75}$$

式中　ν —— 信噪比，$\nu=\dfrac{a^2}{2\sigma_n^2}$。

同理可得，发送信号 $u_2(t)$ 而错判为 $u_1(t)$ 的概率为

$$P(u_1/u_2) = P(u_1 > u_2) = \frac{1}{2}\mathrm{e}^{-\nu/2} \tag{4-76}$$

因此，非相干解调 BFSK 系统的总的误码率 P_e 为

$$P_{\mathrm{eBFSK}} = P(u_1)P(u_2/u_1) + P(u_2)P(u_1/u_2) = \frac{1}{2}\mathrm{e}^{-\nu/2} \tag{4-77}$$

将相干解调与非相干解调系统误码率做比较，可以发现：① 当输入信噪比 ν 一定时，相干

解调的误码率小于非相干解调的误码率；当误码率一定时，相干解调比非相干解调对输入信号的信噪比要求低。因此相干解调 BFSK 系统的抗噪声性能优于非相干的包络检测。但当输入信号的信噪比 r 很大时，两者的性能差别不明显。② 相干解调时，需要两个相干载波，因此需要对接收信号的载波进行估计，从而造成电路结构较为复杂。但包络检测无需相干载波，因而电路较为简单，在实际系统中应用较多。

多频移键控系统采用非相干解调时的误码率为

$$P_{\text{eFSK}}=\int_{0}^{+\infty} x\mathrm{e}^{-[(z^2+a^2)/\sigma_n^2]/2} I_0 \frac{xa}{\sigma_n}[1-(1-\mathrm{e}^{-z^2/2})^{M-1}]\mathrm{d}z \approx \frac{M-1}{2}\mathrm{e}^{-\frac{\nu}{2}} \tag{4-78}$$

式中　ν—— 接收信号的平均信噪比。

多频移键控系统采用相干解调时的误码率为

$$P_{\text{eFSK}}=\frac{1}{\sqrt{2\pi}}\int_{\infty}^{\infty} \mathrm{e}^{-\frac{1}{2(x-a/\sigma_n)^2}}\left(1-\frac{1}{\sqrt{2\pi}}\int_{0}^{\infty}\mathrm{e}^{-u^2/2}\mathrm{d}u\right)^{M-1}\mathrm{d}x \approx \frac{M-1}{2}\mathrm{erfc}\left(\sqrt{\frac{\nu}{2}}\right) \tag{4-79}$$

MFSK 调制系统的误码率曲线如图 4－12 所示。图中，实线为采用相干检测时的误码率，虚线表示采用非相干检测时的误码率。由图可见，在 M 一定的情况下，信噪比越大，误码率越小；在误码率一定的情况下，M 越大，误码率越大。

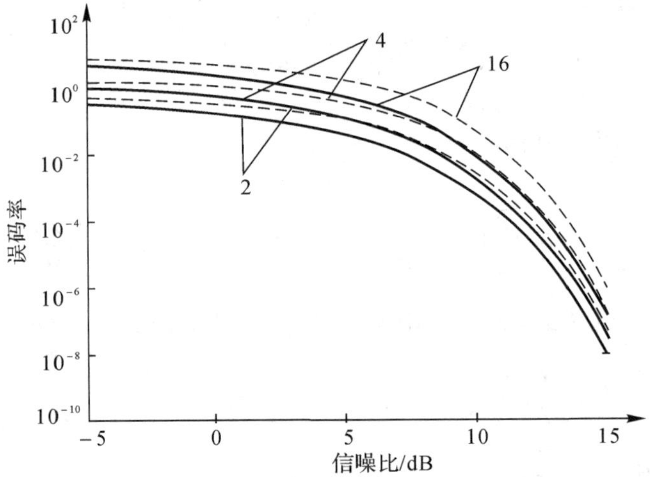

图 4－12　多进制数字频率调制系统的误码率曲线

4.2.5　瑞利衰落信道中 FSK 系统的错误概率

加性白高斯噪声(AWGN)信道是一种理想的信道模型，根据第 2 章和第 3 章的分析，由于信道中其他传输介质的影响，实际的水声信道通常为衰落信道，按照信号特征的不同，信道呈现不同性质的选择性和非选择性衰落特性。频率非选择性慢衰落信道是最简单的衰落信道模型，本节采用瑞利衰落来模化信道特征。通过对瑞利衰落信道中 FSK 信号的差错性能分析，来了解衰落信道中数字信号传输的性能特征。

在频率非选择衰落信道中，发送信号 $u(t)$ 中的所有频率分量在通过信道传输时受到相同的幅度衰减和相移。这意味着在信号带宽内，信道的时变传递函数 $H(f, t)$ 是以时间为自变量的复常数 $H(0, t)$，接收信号就是发送信号乘以复随机过程 $H(0, t)$。频率非选择性衰落信道的传递函数可以表示为

$$H(0,t)=\alpha(t)\mathrm{e}^{\mathrm{j}\varphi(t)} \tag{4-80}$$

式中　$\alpha(t)$ —— 信道的包络衰减；

$\varphi(t)$ —— 信道的相移。

当 $H(0, t)$ 建模为零均值复高斯随机过程时，信道的包络 $\alpha(t)$ 服从瑞利分布，相移 $\varphi(t)$ 在 $[0,2\pi]$ 内均匀分布。

信道慢衰落条件意味着至少在一个码元持续时间内，信道的参数可以看成是一个常数，信道的相移能够从接收信号中估计出来，可以实现相干检测。

数字调制信号在衰落信道的平均差错率可由无衰落信道的差错率在衰落信道的统计平均得到。上一节已经导出在时不变信道中当信道传输系数为 α 时，相干检测的 BFSK 系统的误码率为

$$P_{\mathrm{eBFSK}}=\frac{1}{2}\mathrm{erfc}(\sqrt{\nu/2})$$

式中　ν —— 信道中的信噪比，$\nu=a^2/\sigma_n{}^2=\alpha^2A^2/\sigma_n{}^2$。

将信道中的信噪比 ν 用比特信噪比 $\gamma_\mathrm{b}=\varepsilon_\mathrm{b}/N_0$ 表示，则相干检测的 BFSK 系统的误码率为

$$P_{\mathrm{eBFSK}}=\mathrm{erfc}(\sqrt{\gamma_\mathrm{b}})$$

按照参考文献[2]，当信道建模为瑞利衰落信道时，a 服从瑞利分布，a^2 服从具有两个自由度的 χ^2 分布，因此，信噪比 $\nu_\mathrm{b}=\alpha^2\varepsilon_\mathrm{b}/N_0$ 也为 χ^2 分布。可以证明，ν_b 的概率密度函数为

$$p(\nu_\mathrm{b})=\frac{1}{\gamma_\mathrm{b}}\mathrm{e}^{-\nu_\mathrm{b}}\quad\sqrt{\bar{\gamma}_\mathrm{b}}\qquad \nu_\mathrm{b}\geqslant 0 \tag{4-81}$$

式中　$\bar{\gamma}_\mathrm{b}$—— 信道中的平均信噪比，定义为

$$\bar{\gamma}_\mathrm{b}=\frac{\varepsilon_\mathrm{b}}{N_0}E(\alpha^2) \tag{4-82}$$

式中　$E(\alpha^2)$ ——α^2 的均值。

假设衰落足够慢，可以进行相干检测，则在瑞利衰落信道中，相干检测的 BFSK 系统的错误概率可由式(4－69) 中的 P_{eBFSK} 对 γ_b 的概率密度函数求平均得到，即

$$P_{\mathrm{eBFSK}}=\int_0^{\infty}P_{\mathrm{eBFSK}}\,p(\gamma_\mathrm{b})\mathrm{d}\gamma_\mathrm{b}=\frac{1}{2}\left(1-\sqrt{\frac{\bar{\gamma}_\mathrm{b}}{2+\bar{\gamma}_\mathrm{b}}}\right) \tag{4-83}$$

对于时不变信道，采用非相干检测的 BFSK 系统的误码率为

$$P_{eBFSK} = \frac{1}{2}e^{-\nu/2} = \frac{1}{2}e^{-\gamma_b/2} \tag{4-84}$$

将 P_{eBFSK} 对瑞利衰落信道的衰减系数求平均，可得

$$P_{eBFSK} = \frac{1}{2+\bar{\gamma}_b} \tag{4-85}$$

比较式(4-84)和式(4-85)可知，无衰落信道中，FSK 系统的差错率随信噪比指数下降，而衰落信道中的差错率随信噪比呈反比下降。这意味着，在衰落信道中，要保持与无衰落信道中同样的系统错误概率，FSK 系统需要更大的发射信号功率，或者通过分集等技术措施获得冗余来改善系统性能。

图 4-13 给出了当 AWGN 信道和瑞利衰落信道中采用相干和非相干检测时，BFSK 调制系统的误码率曲线。由图可见，在同样的信道中，在同样的比特误码率条件下，采用相干检测比采用非相干检测有约 3 dB 的信噪比增益；在瑞利衰落信道中，无论采用相干检测还是非相干检测，FSK 系统的误码率性能远不如 AWGN 信道中 FSK 系统的性能。

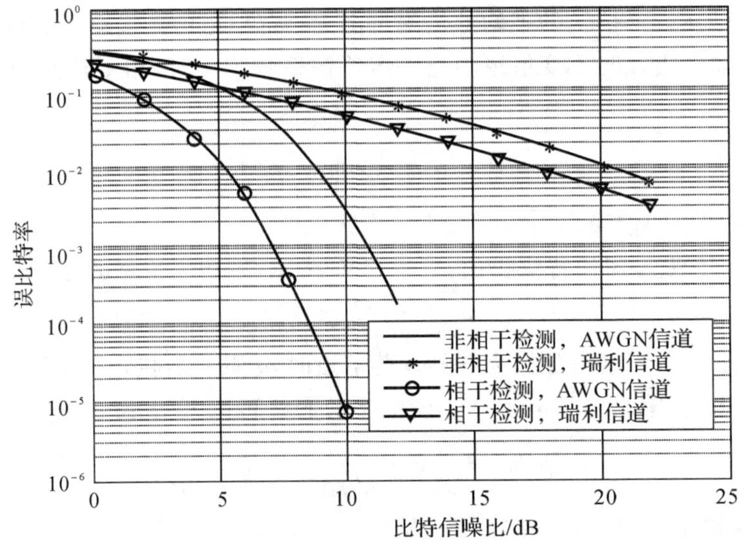

图 4-13 AWGN 信道和瑞利衰落信道中 BFSK 调制系统的误码率曲线

4.3 相移键控调制

在数字调制中，当正弦载波的相位随数字基带信号离散变化时，则产生相移键控(PSK)调制。本节介绍相移键控调制与解调的原理与性能。

4.3.1　相移键控调制与解调

相移键控调制信号波形的表达式为

$$s_{\mathrm{PSK}}(t)=\mathrm{Re}\left[g(t)\exp \mathrm{j}(2\pi f_c t+\theta_m)\right]=g(t)\cos\left[2\pi f_c t+\frac{2\pi}{M}(m-1)\right]-$$
$$g(t)\cos\frac{2\pi(m-1)}{M}\cos 2\pi f_c t-g(t)\sin\frac{2\pi(m-1)}{M}\sin 2\pi f_c t=$$
$$I(t)\cos 2\pi f_c t-Q(t)\sin 2\pi f_c t,\quad 0\leqslant t\leqslant T, m=1,2,\cdots,M \tag{4-86}$$

式中　$g(t)$ —— 发送信号波形，通常为矩形波；

θ_m —— 载波的可能的 M 个相位，用来传送信息，$\theta_m=2\pi(m-1)/M, m=1,2,\cdots,M$；

$I(t)$ ——PSK 信号的同相分量，$I(t)=g(t)\cos 2\pi f_c t$；

$Q(t)$ ——PSK 信号的正交分量，$Q(t)=g(t)\sin 2\pi f_c t$。

相邻相移的差值为 $\Delta\theta=2\pi/M$。当 $M=2$ 时，载波相位取 0 和 π，可以表示二进制信号“1”和“0”，此时为 2PSK 或 BPSK；当 $M=4$ 时，得到 4PSK 或 QPSK，此时载波相位可以取 $\theta_1=0$，$\theta_2=\pi/2$，$\theta_3=\pi$，$\theta_4=3\pi/2$。另一种映射方法可取 $\Delta\theta=\pi/4$，得到 $\pi/4$ — QPSK 调制。

二进制相移键控 BPSK 信号的典型时间波形如图 4-14 所示，调制原理图如图 4-15 所示。 其中图 4-15(a) 是采用键控法产生 BPSK 调制信号的，图 4-15(b) 是采用相位选择法产生 BPSK 信号的。BPSK 信号的解调通常都是采用相干解调，解调器原理图如图 4-16 所示。在相干解调过程中需要用到与接收的 BPSK 信号同频同相的相干载波，相干解调各点时间波形如图 4-17 所示。

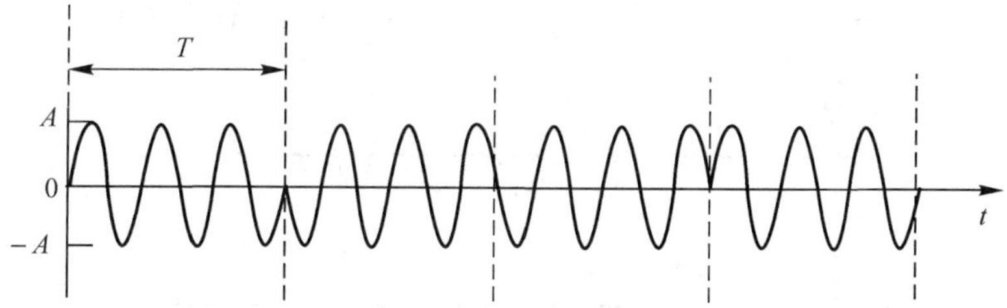

图 4-14　BPSK 信号典型时间波形

在 PSK 调制中，QPSK 得到广泛应用。QPSK 利用载波的 4 种不同相位来表示数字信息。由于每一种载波相位代表两个比特信息，因此，每个四进制码元可以用两个二进制码元的组合来表示。若发送信号 $g(t)$ 为矩形脉冲，则同相分量 $I(t)$ 的可能取值为 ± 1，正交分量 $Q(t)$ 的可能取值为 $\pm \mathrm{j}$，QPSK 可以看成两个载波正交的 BPSK 信号的合成。因此，QPSK 的解调可以采用与 BPSK 信号相类似的方法，但 QPSK 的数据率是 BPSK 的 2 倍。

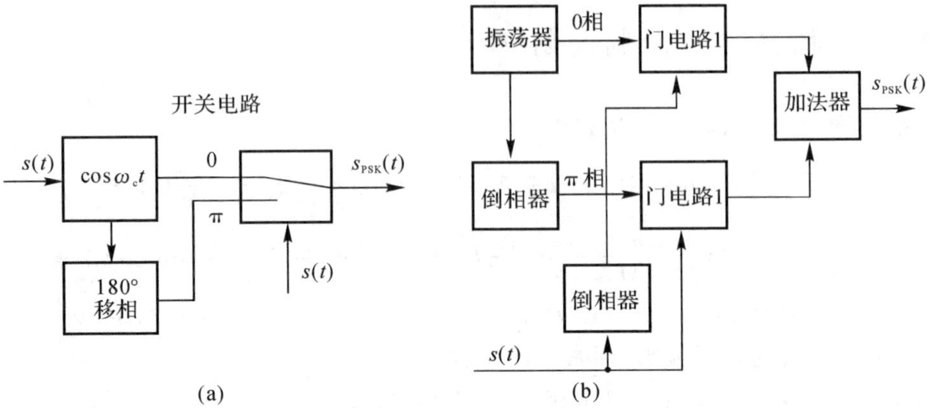

图 4-15　BPSK 调制原理图

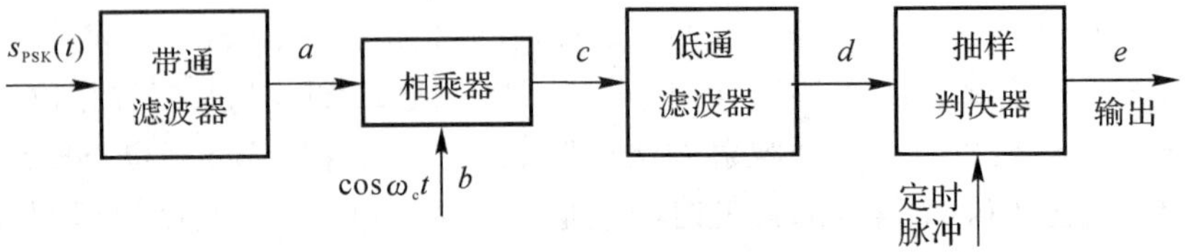

图 4-16　BPSK 信号的解调原理图

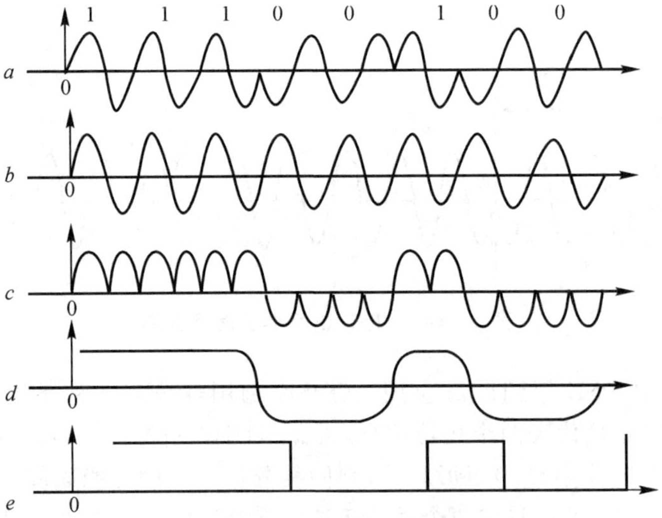

图 4-17　解调信号波形图

QPSK 的调制原理图如图 4-18 所示。图中，串 / 并变换器将输入的二进制序列分为速率减半的两个并行的双极性序列 a 和 b，然后分别对 $\cos(\omega_c t)$ 和 $\sin(\omega_c t)$ 进行调制，相加后即可得到 QPSK 信号。由图 4-18 可见，QPSK 信号可以看做两个载波正交的 BPSK 信号的合成。因此，对 QPSK 信号的解调可以采用与 BPSK 信号类似的解调方法进行解调，解调原理如图 4-19 所示。同相支路和正交支路分别采用相干解调方式解调，得到 $I(t)$ 和 $Q(t)$，经抽样判决和并 / 串变换器，将上、下支路得到的并行数据恢复成串行数据。

在对 PSK 信号进行解调时，需要解调器对载波相位进行精确的估计。由于信道的影响和估计过程中的非线性运算，在 BPSK 信号相干解调过程中会产生 180° 相位模糊。当恢复的相干载波产生 180° 倒相时，解调出的数字基带信号将与发送的数字基带信号正好相反，解调器输出数字基带信号全部出错。这种现象通常称为"倒 π"现象。同样，对 QPSK 信号相干解调也会产生相位模糊问题，并且是 0°，90°，180° 和 270° 四个相位模糊。

在上述 PSK 调制中，信号相位的变化是以未调正弦载波的相位作为参考，用载波相位的绝对数值表示数字信息的，因此称为绝对 PSK。由于绝对 PSK 会出现相位模糊现象，所以绝对 PSK 方式在实际中很少采用。为了解决绝对 PSK 在解调时出现的相位模糊问题，提出了相对（差分）相移键控（DPSK）调制。

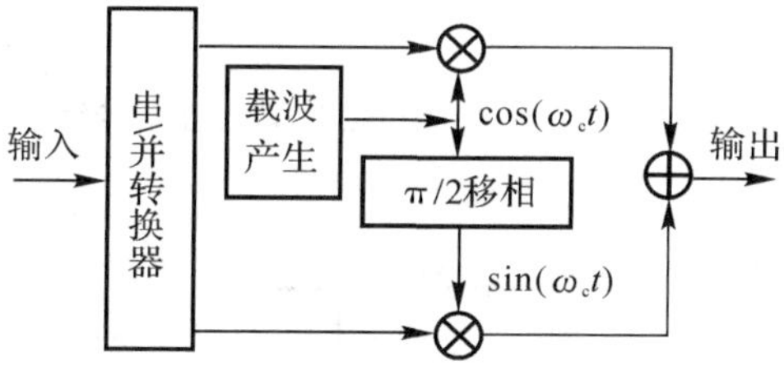

图 4-18　QPSK 正交调制器

DPSK 方式是用前后相邻码元的载波相对相位变化来表示数字信息的。假设前后相邻码元的载波相位差为 $\Delta\varphi$，可定义一种数字信息与 $\Delta\varphi$ 之间的关系为

$$\Delta\varphi=\begin{cases}0, & \text{表示数字信息“0”}\\ \pi, & \text{表示数字信息“1”}\end{cases}$$

则一组二进制数字信息与其对应的 BDPSK 信号的载波相位关系如下所示：

二进制数字信息：		1	1	0	1	0	0	1	1	1	0
BDPSK 信号相位：	0	π	0	0	π	π	π	0	π	0	0
或	π	0	π	π	0	0	0	π	0	π	π

相对码可由绝对码通过差分编码产生，如图 4-20 所示为绝对码和相对码之间的转换电路，所产生的信号波形如图 4-21 所示。由此可以看出，BDPSK 调制在实现时，可以首先对二进制数字基带信号进行差分编码，将绝对码表示的二进制信息变换为用相对码表示的二进制信息，然后再进行绝对调相，从而产生二进制差分相位键控信号。

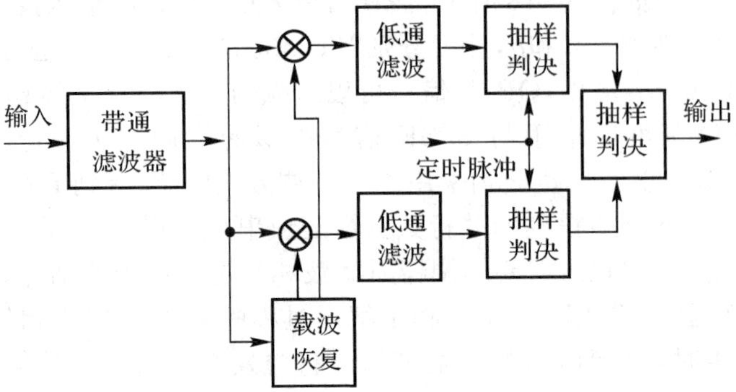

图 4-19 QPSK 相干解调器

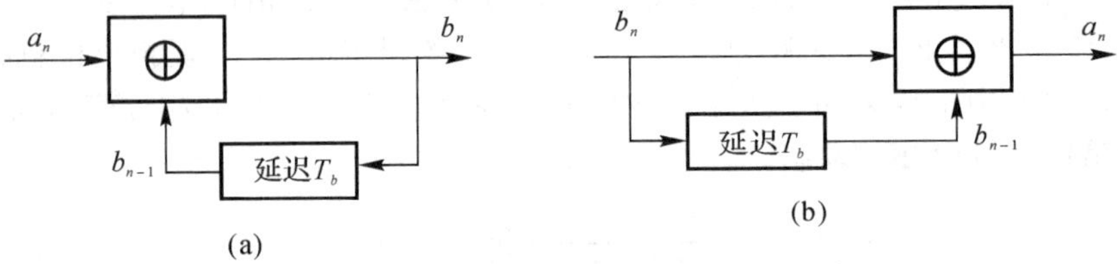

图 4-20 绝对码与相对码的互相转换

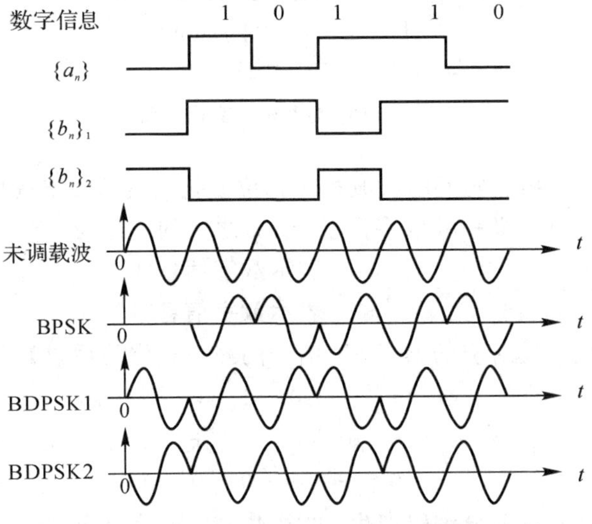

图 4-21 绝对 PSK 与差分 PSK 波形

BDPSK 信号可以采用相干解调方式(极性比较法)解调，解调器原理图如图 4-22 所示，解调过程各点时间波形如图 4-23 所示。其解调原理是首先对 BDPSK 信号进行相干解调，恢复出相对码，再通过码反变换器变换为绝对码，从而恢复出发送的二进制数字信息。在解调过程中，若相干载波产生 180°相位模糊，解调出的相对码将产生倒置现象，但是经过码反变换器后，输出的绝对码不会发生任何倒置现象，从而解决了载波相位模糊度的问题。

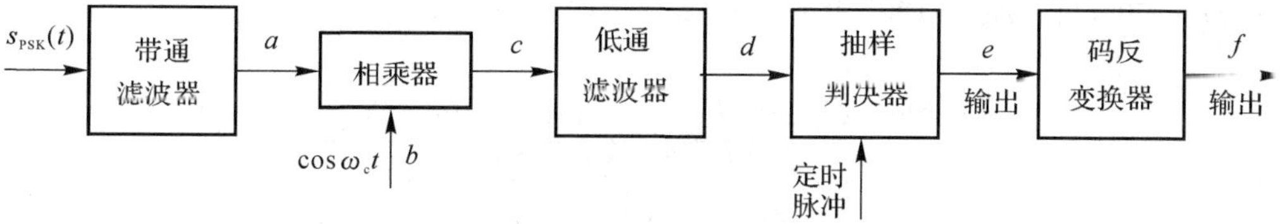

图 4－22　BDPSK 相干解调原理图

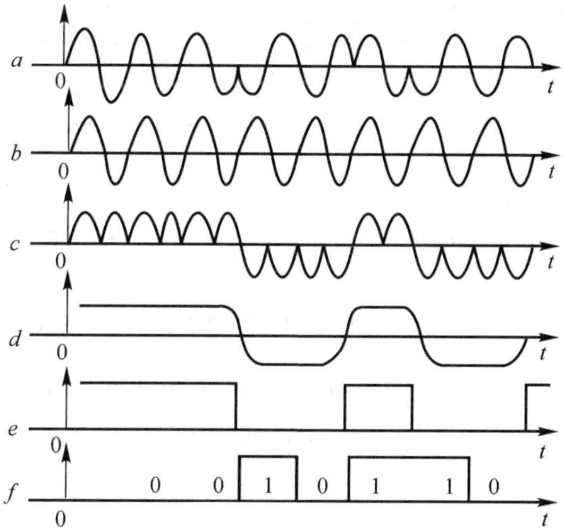

图 4－23　相干解调各点时间波形

BDPSK 信号也可以采用差分相干解调方式（相位比较法），解调器原理图如图 4－24 所示，解调过程各点时间波形如图 4－25 所示。其解调原理是直接比较前后码元的相位差，从而恢复发送的二进制数字信息。由于解调的同时完成了码反变换作用，故解调器中不需要码反变换器。由于差分相干解调方式不需要专门的相干载波，因此是一种非相干解调方法。

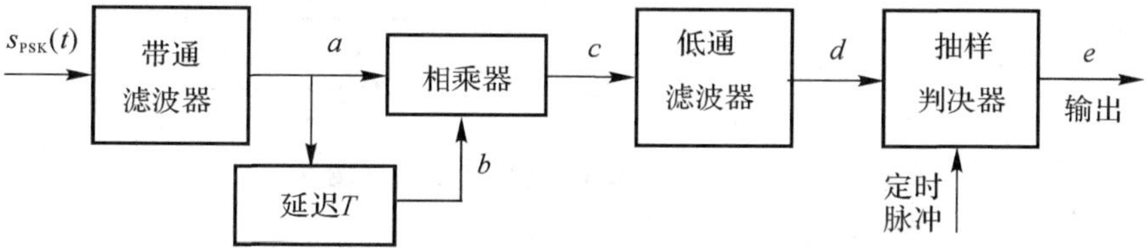

图 4－24　BDPSK 差分相干解调原理图

四相相移键控(QDPSK)调制也是实际中常用的调制方式。QDPSK 是利用前后码元之间的相对相位变化来表示数字信息的。若以前一对比特码元相位作为参考，$\Delta\varphi_n$ 为当前对比特码元与前一对比特码元的初相差，则信息编码与载波相位变化关系可以表示为 $00\leftrightarrow\Delta\varphi=0°$，$01\leftrightarrow\Delta\varphi=90°$，$11\leftrightarrow\Delta\varphi=180°$，$10\leftrightarrow\Delta\varphi=270°$。

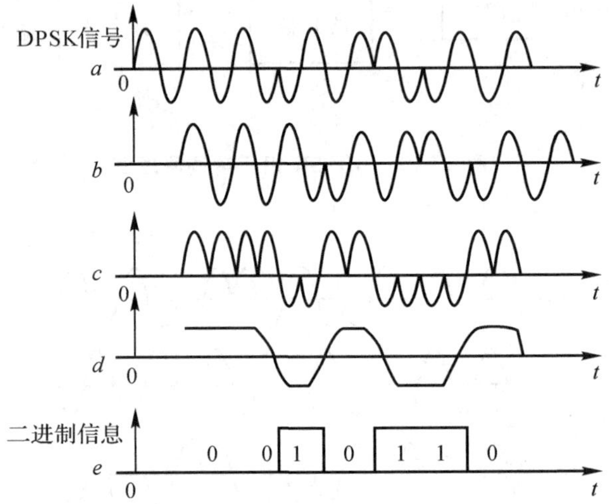

图 4-25 BDPSK 差分相干解调各点时间波形

QDPSK 信号产生原理图如图 4-26 所示。图中，串/并变换器将输入的二进制序列分为速率减半的两个并行序列 a 和 b，再通过差分编码器将其编为四进制差分码，然后用绝对调相的调制方式实现 BDPSK 信号。

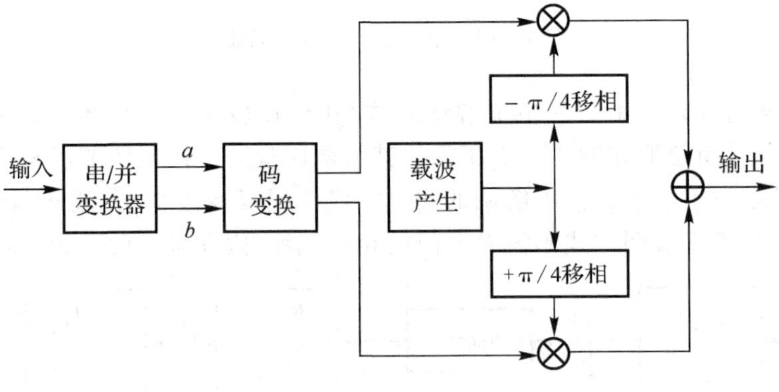

图 4-26 QDPSK 信号产生原理图

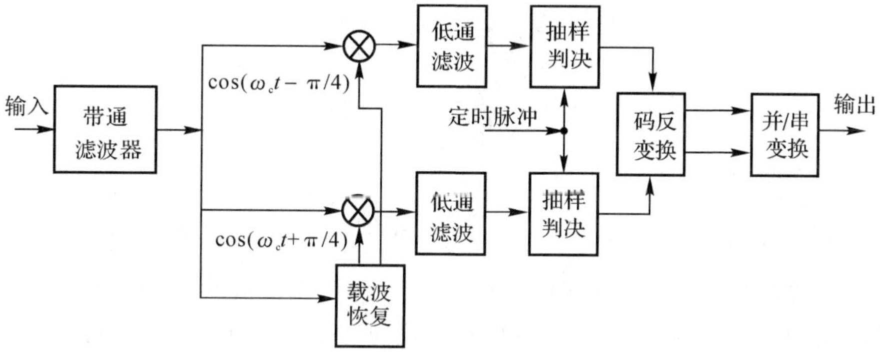

图 4 - 27　QDPSK 信号相干解调

QDPSK 信号的解调可以采用相干解调加码反变换器方式(极性比较法),也可以采用差分相干解调方式(相位比较法)。QDPSK 信号相干解调加码反变换器方式原理图如图 4 - 27 所示。与 QPSK 信号相干解调不同之处在于,并 / 串变换之前需要增加码反变换器。QDPSK 信号差分相干解调方式原理图如图 4 - 28 所示。

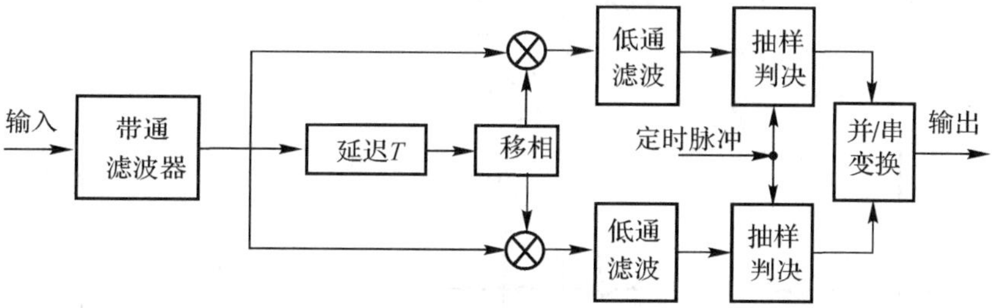

图 4 - 28　QDPSK 信号差分相干解调

4.3.2　PSK 调制信号的信号空间表示

PSK 信号具有相等的能量,即

$$E=\int_0^T s_{\mathrm{PSK}}^2(t)\mathrm{d}t=\frac{1}{2}\int_0^T g^2(t)\mathrm{d}t=\frac{1}{2}E_g \tag{4-87}$$

式中　E_g—— 发送波形的能量。

而且,PSK 调制信号波形可以表示为两个标准正交波形 $f_1(t)$ 和 $f_2(t)$ 的线性组合,即

$$s_{\mathrm{PSK}}=s_{m1}f_1(t)+s_{m2}f_2(t) \tag{4-88}$$

式中

$$\left.\begin{aligned} f_1(t) &= \sqrt{\frac{2}{E_g}}g(t)\cos(2\pi f_c t) \\ f_2(t) &= \sqrt{\frac{2}{E_g}}g(t)\sin(2\pi f_c t) \end{aligned}\right\} \tag{4-89}$$

且二维向量 $\boldsymbol{s}_{\mathrm{PSK}}=[s_{m1} \quad s_{m2}]$ 表示为

$$\boldsymbol{s}_{\mathrm{PSK}}=\left[\sqrt{\frac{E_g}{2}}\cos\frac{2\pi}{M}(m-1) \quad \sqrt{\frac{E_g}{2}}\sin\frac{2\pi}{M}(m-1)\right],\quad m=1,2,\cdots,M \tag{4-90}$$

k 个信息比特映射为 $M=2^k$ 个可能的相位，每个相位携带信息 lb M。映射的方法有多种，通常采用格雷编码。在格雷编码中，相邻的符号之间数字信号只有一位不同，这样由噪声引起的最大可能差错是 k 个比特码元中单个比特错误。若取格雷编码，QPSK 数字信号与相位的映射关系为 $\theta_1=0\leftrightarrow 00$，$\theta_1=\pi/2\leftrightarrow 01$，$\theta_1=\pi\leftrightarrow 11$，$\theta_1=3\pi/2\leftrightarrow 10$，其信号空间图如图 4-29 所示。

PSK 信号点之间的欧式距离为

$$d_{mn}=\|\boldsymbol{s}_{\mathrm{PSK}m}-\boldsymbol{s}_{\mathrm{PSK}n}\|=\sqrt{E_g\left[1-\cos\frac{2\pi}{M}(m-n)\right]} \tag{4-91}$$

最小欧式距离相应于 $|m-n|=1$，即相邻信号相位的情况，这时

$$d_{\min}=\sqrt{E_g\left(1-\cos\frac{2\pi}{M}\right)} \tag{4-92}$$

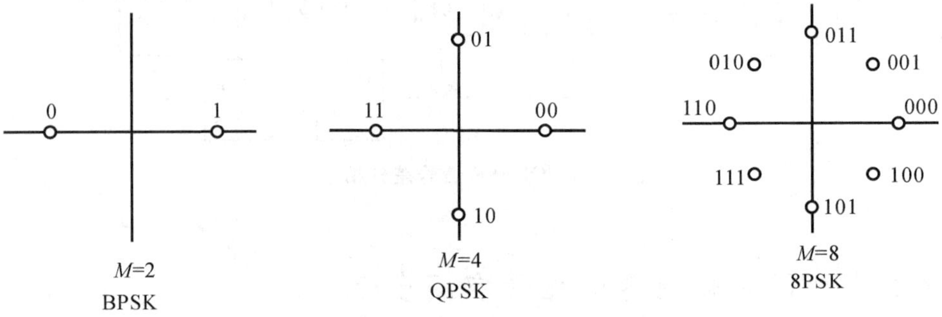

图 4-29 MPSK 调制的星座图

4.3.3 PSK 调制信号的功率谱密度

绝对相移键控和差分相移键控信号有相同的功率谱密度。按照式(4-86)，PSK 信号可以表示为

$$s_{\mathrm{PSK}}(t)=\mathrm{Re}\ \{u(t)\exp[\mathrm{j}(2\pi f_c t+\theta_m)]\}=$$

$$\mathrm{Re}[u(t)\mathrm{e}^{\mathrm{j}\theta_m}\mathrm{e}^{\mathrm{j}2\pi f_c t}]=\mathrm{Re}[v(t)\mathrm{e}^{\mathrm{j}2\pi f_c t}] \tag{4-93}$$

式中　$v(t)$—— 等效的基带信号，表示为

$$v(t)=u(t)\mathrm{e}^{\mathrm{j}\theta_m}=\sum_n \mathrm{e}^{\mathrm{j}\theta_m}g(t-nT)=\sum_n I_n g(t-nT) \tag{4-94}$$

式中　$\{I_n=\mathrm{e}^{\mathrm{j}\theta m}\}$—— 复值的码元序列。

按照式(4-48)，数字调制信号的功率谱密度表示为

$$P_{ss}(f)=\frac{1}{2}[P_{vv}(f-f_c)+P_{vv}(-f-f_c)] \tag{4-95}$$

式中　$P_{vv}(f)$—— 基带信号的功率谱。

在码元序列不相关的情况下，$v(t)$ 的功率谱密度由式(4-52)表示，即

$$P_{vv}(t)=\frac{\sigma_i^2}{T}\mid G(f)\mid+\frac{\mu_i^2}{T^2}\sum_m\mid G\left(\frac{m}{T}\right)\mid^2\delta\left(f-\frac{m}{T}\right)$$

式中　σ_n^2—— 信息码元的方差。

上式表明，一般情况下，数字调制信号的功率谱密度都是由离散谱和连续谱所组成的，连续谱的形状由发送波形 $g(t)$ 的频谱决定。对于二进制 PSK 调制，当发送脉冲为矩形脉冲时，且当"1"符号和"0"符号等概率发送时，BPSK/BDPSK 调制信号的功率谱密度表示为

$$P_{\mathrm{BPSK}}(f)=\frac{T}{4}\{S_a^2[\pi(f+f_c)T]+S_a^2[\pi(f-f_c)T]\}=$$
$$\frac{T}{4}\left[\left|\frac{\sin\pi(f+f_c)T}{\pi(f_c+f_c)T}\right|^2+\left|\frac{\sin\pi(f-f_c)T}{\pi(f-f_c)T}\right|^2\right] \tag{4-96}$$

由式(4-96)可以看出，当二进制基带信号的"1"符号和"0"符号出现概率相等时，BPSK 信号中不存在离散谱，其带宽是基带信号带宽的两倍，即 $W=2f_b=2/T$。BPSK/BDPSK 信号的功率谱密度如图 4-30 所示。

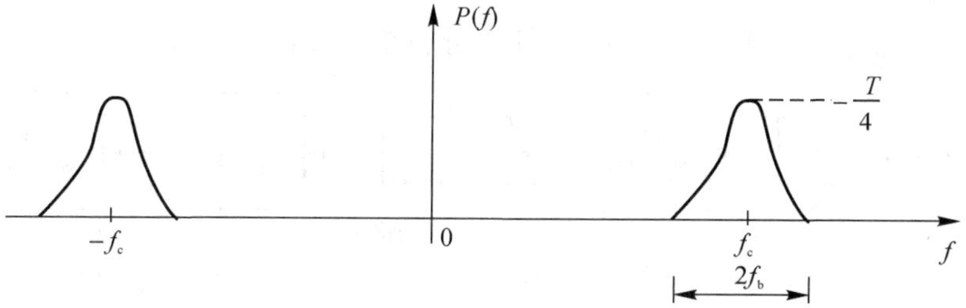

图 4-30　BPSK/BDPSK 信号的功率谱密度

M 进制的 PSK/DPSK 调制信号的功率谱如图 4-31 所示，图中给出了当信息速率相同时，BPSK，QPSK 和 8PSK 信号的单边功率谱。可以看出，M 越大，功率谱主瓣越窄，频带的利用率越高。

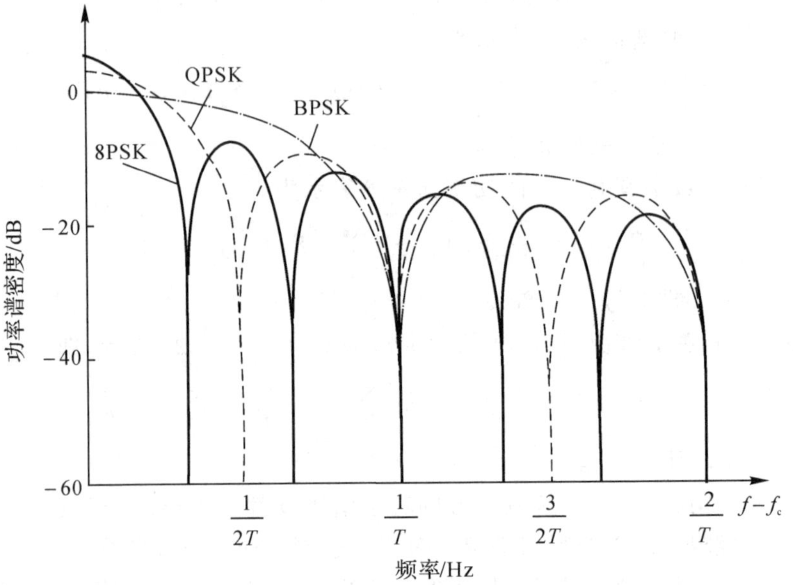

图 4-31 MPSK 调制信号功率谱

4.3.4 加性高斯白噪声信道中 PSK 系统的差错性能

首先对 BPSK 系统的误码率进行分析。假设信道特性是恒参信道，即时不变信道，在信号的频带范围内具有理想矩形的传输特性，衰减系数为 α。噪声为等效的加性高斯白噪声，其均值为零，方差为 σ_n^2。

BPSK 信号通常采用相干检测方法，其性能分析模型如图 4-32 所示。

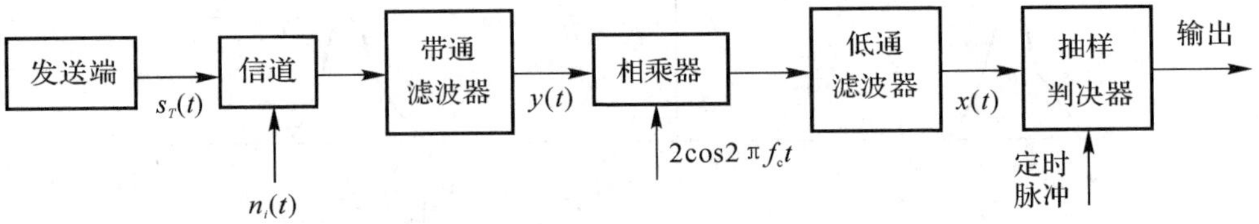

图 4-32 BPSK 信号的相干解调性能分析模型

在码元时间 T 内，发送端 BPSK 信号可以表示为

$$s_T(t)=\begin{cases}u_1(t), & 发送“1”符号 \\ u_2(t)=-u_1(t), & 发送“0”符号\end{cases} \tag{4-97}$$

式中

$$u_1(t)=\begin{cases}A\cos(2\pi f_c t), & 0<t<T\\ 0, & \text{其他}\end{cases} \tag{4-98}$$

式中　f_c—— 载波频率。

假定两个信号是等概率发送的且发送的信号为 $u_1(t)$，并设带通滤波器具有理想的传输特性，恰好使信号完整通过，则带通滤波器的输出为

$$y_1(t)=\begin{cases}a\cos(2\pi f_1 t)+n(t) & \text{发送“1”符号}\\ n(t), & \text{发送“0”符号}\end{cases} \tag{4-99}$$

式中　a—— 输出信号的幅度，$a=\alpha A$。

由随机信号分析可知，$n(t)$ 是窄带高斯噪声，其均值为零，方差为 σ_n^2，且可以表示为

$$n(t)=n_c(t)\cos(2\pi f_c t)-n_s(t)\sin(2\pi f_c t) \tag{4-100}$$

于是带通滤波器的输出可表示为

$$y_1(t)=\begin{cases}[a+n_{1c}(t)]\cos(2\pi f_c t)-n_{1s}(t)\sin(2\pi f_c t), & \text{发送“1”符号}\\ n_{2c}(t)\cos(2\pi f_c t)-n_{2s}(t)\sin(2\pi f_c t), & \text{发送“0”符号}\end{cases} \tag{4-101}$$

带通滤波器输出信号与相干载波相乘，并经理想低通滤波器后得到的解调信号为

$$x(t)=\begin{cases}a+n_c(t), & \text{发送“1”符号}\\ n_c(t), & \text{发送“0”符号}\end{cases} \tag{4-102}$$

式中　a —— 经相干解调后得到的信号成分；

$n_c(t)$ —— 低通型高斯白噪声，其均值为零，方差为 σ_n^2。

当发送“1”符号和“0”符号时，$x(t)$ 在抽样时刻的一维概率密度函数(PDF) 分别为

$$\left.\begin{aligned}f_1(x)&=\frac{1}{\sqrt{2\pi}\sigma_n}\exp\left[-\frac{(x-a)^2}{2\sigma_n^2}\right]\\ f_0(x)&=\frac{1}{\sqrt{2\pi}\sigma_n}\exp\left(-\frac{x^2}{2\sigma_n^2}\right)\end{aligned}\right\} \tag{4-103}$$

假设抽样判决器的判决门限为 b，则当抽样值 $x>b$ 时判为“1”符号输出，当抽样值 $x\leqslant b$ 时判为“0”符号输出。当发送 $u_1(t)$，即发送的符号为“1”时，若抽样值 $x\leqslant b$ 判为“0”符号输出，则发生将“1”符号判决为“0”符号的错误，错误概率 $P(0/1)$ 为

$$P(0/1)=P(x\leqslant b)=\int_{-\infty}^{b} f_1(x)\mathrm{d}x=$$
$$\frac{1}{\sqrt{2\pi}\sigma_n}\int_{-\infty}^{b}\exp\left[-\frac{(x-a)^2}{2\sigma_n^2}\right]\mathrm{d}x=1-\frac{1}{2}\mathrm{erfc}\left(\frac{b-a}{\sqrt{2}\sigma_n}\right) \tag{4-104}$$

同理，当发送 $u_2(t)$，即发送的符号为“0”时，错误概率 $P(1/0)$ 为

$$P(1/0)=P(x>b)=\int_{b}^{\infty} f_0(x)\mathrm{d}x=\frac{1}{\sqrt{2\pi}\sigma_n}\int_{b}^{\infty}\exp\left(-\frac{x^2}{2\sigma_n^2}\right)\mathrm{d}x=\frac{1}{2}\mathrm{erfc}\left(\frac{b}{\sqrt{2}\sigma_n}\right) \tag{4-105}$$

当符号的发送概率 $P(1)$，$P(0)$ 及概率密度函数 $f_1(x)$，$f_0(x)$ 一定时，系统总的误码率 P_e 将与判决门限 b 有关，其几何表示如图 4-33 所示。而误码率 P_e 等于图中阴影的面积，改变判决门限 b，阴影的面积将随之改变，也即误码率 P_e 的大小将随判决门限 b 而变化。通过分析可得，当判决门限 b 取 $P(1)f_1(x)$ 与 $P(0)f_0(x)$ 两条曲线相交点 b^* 时，阴影的面积最小。即当判决门限取为 b^* 时，此时系统的误码率 P_e 最小。这个门限就称为最佳判决门限。

在等概率发送的情况下，最佳判决门限 $b^*=0$，此时，BPSK 系统的总误码率 P_{ePSK} 为

$$P_{eBPSK}=P(1)P(0/1)+P(0)P(1/0)=\frac{1}{2}\mathrm{erfc}\left(\frac{a}{\sqrt{2}\,\sigma_n}\right)=\frac{1}{2}\mathrm{erfc}(\sqrt{\nu}) \tag{4-106}$$

式中 ν —— 信噪比，$\nu=\dfrac{a^2}{2\sigma_n^2}=\alpha^2\dfrac{A^2}{2\sigma_n^2}$。

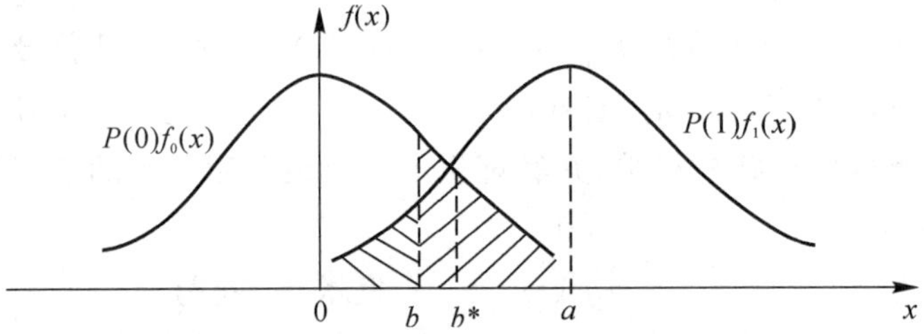

图 4-33 相干检测时误码率的几何表示

在大信噪比($\nu\gg 1$) 条件下，式(4-106) 可以表示为

$$P_{eBPSK}\approx\frac{1}{2\sqrt{\pi\nu}}\mathrm{e}^{-\nu} \tag{4-107}$$

MPSK 信号由式(4-93) 表示，在每个信号传输间隔中，接收信号被解调并检测成 M 个可能发送相位中的一个。其相位解调器是通过计算接收信号 $y(t)$ 的相位，再从 M 个相位中选择相位最接近接收信号的信号向量来进行解调的。接收信号的相位表示为

$$\Theta_y=\arctan\frac{y_Q}{y_I} \tag{4-108}$$

式中 y_I—— 接收信号 $y(t)$ 的同相分量；

y_Q—— 接收信号 $y(t)$ 的正交分量。

因此，可以通过计算 Θ_y 的概率密度函数来计算差错率。

当发送信号为 M 个信号中的 $u_1(t)$ 时，$\Theta_y=0$，同相和正交分量分别为

$$\left.\begin{aligned}y_I&=a+n_1\\ y_Q&=n_2\end{aligned}\right\} \tag{4-109}$$

式中 a—— 信号分量，$a=\alpha A$。

因为 n_1 和 n_2 为联合高斯随机变量，所以 y_I 和 y_Q 也是联合高斯随机变量，且 $E(y_I)=a$，

$E(y_Q)=0, \sigma_{y_I}^2=\sigma_{y_Q}^2=\sigma_n^2$。于是有

$$f_y(y_I, y_Q)=\frac{1}{2\pi\sigma_n^2}\exp\left\{-\frac{(y_I-a)^2+y_Q^2}{2\sigma_n^2}\right\} \tag{4-110}$$

定义接收信号的包络和相位为

$$\left.\begin{aligned} V&=\sqrt{y_I^2+y_Q^2} \\ \Theta&=\arctan(y_Q/y_I)\end{aligned}\right\} \tag{4-111}$$

则可得联合概率密度函数为

$$f_{V,\Theta}(V,\Theta)=\frac{V}{2\pi\sigma_n^2}\exp\left\{-\frac{V^2+a^2-2aV\Theta}{2\sigma_n^2}\right\} \tag{4-112}$$

将 $f_{V,\Theta}(V,\Theta)$ 在 V 的范围内积分可得

$$\begin{aligned} f_\Theta(\Theta)=&\int_0^\infty f_{V,\Theta}(V,\Theta)\mathrm{d}V= \\ &\frac{1}{2\pi}\exp(-2\gamma_s\sin^2\Theta)\int_0^\infty V\exp\left[-(V-\sqrt{2\gamma_s}\cos\Theta)^2/2\right]\mathrm{d}V \end{aligned} \tag{4-113}$$

式中　γ_s—— 码元信噪比，$\gamma_s=k\gamma=\mathrm{lb}\,M\gamma$。

当发送 $u_1(t)$ 时，如果噪声引起相位落在 $-\pi/M\leqslant\Theta\leqslant\pi/M$ 的范围内，则判决器将做出错误的判决。因此，码元错误概率为

$$P_{\mathrm{eMPSK}}=1-\int_{-\pi/M}^{\pi/M}f_\Theta(\Theta)\mathrm{d}\Theta \tag{4-114}$$

一般情况下，式(4-114)不能简化为简单形式，除 $M=2,4$ 外，必须采用数值计算。

当 $M=4$ 时，QPSK 信号的码元错误概率为

$$P_{\mathrm{eQPSK}}=2\mathrm{erfc}(\sqrt{\gamma})\left[1-\frac{1}{2}\mathrm{erfc}(\sqrt{\gamma})\right] \tag{4-115}$$

式中，$\gamma=a^2/\sigma_n^2$。对于 $M>4$，通过对式(4-113)的数值积分可得到码元错误概率。在大 M 值和大信噪比情况下，可以利用 $f_\Theta(\Theta)$ 的近似表达式求得错误概率。当 $\gamma_s\gg 1$，$|\Theta|\leqslant 1/\pi$ 时，$f_\Theta(\Theta)$ 可以近似为

$$f_\Theta(\Theta)\approx\sqrt{\frac{\gamma_s}{\pi}}\cos\Theta\ \exp\ (-\gamma_s\sin^2\Theta) \tag{4-116}$$

将式(4-115)代入式(4-114)，并将变量 Θ 变换为 $u=\sqrt{\gamma_s}\sin\Theta$，可得

$$\begin{aligned} P_{\mathrm{eMPSK}}\approx& 1-\int_{-\pi/M}^{\pi/M}\sqrt{\frac{\gamma_s}{\pi}}\cos\Theta\exp(-\gamma_s\sin^2\Theta)\mathrm{d}\Theta\approx \\ &\frac{2}{\sqrt{\pi}}\int_{\sqrt{2\gamma_s}\sin\frac{\pi}{M}}^\infty \mathrm{e}^{-u^2}\mathrm{d}u= \\ &2\mathrm{erfc}\left(\sqrt{2\gamma_s}\sin\frac{\pi}{M}\right)=2\mathrm{erfc}\left(\sqrt{2k\gamma}\sin\frac{\pi}{M}\right) \end{aligned} \tag{4-117}$$

式(4－117)求得的是 MPSK 系统的码元错误概率。当相位编码采用格雷映射时，MPSK 的等价比特错误概率可近似为

$$P_b \approx \frac{1}{k} P_{eMPSK} \tag{4-118}$$

4.3.5 加性高斯白噪声信道中 DPSK 系统的差错性能

对 PSK 信号进行相干解调需要解调器对载波相位进行完善的估计，但在估计过程中会引入相位模糊。因此，在实际中，差分 PSK(DPSK) 调制更为常用。DPSK 有相干和非相干检测两种方式。相干解调时差错率性能分析模型如图 4－34 所示。

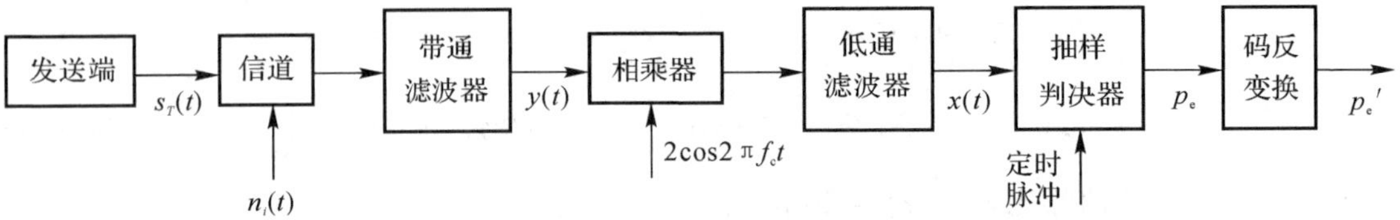

图 4－34 BDPSK 信号的相干解调性能分析模型

由图 4－34 可见，相干解调时的 DPSK 系统的差错率是 PSK 系统的差错率加上码反变换器的差错率。对码反变换的差错情况的分析表明，码反变换器的差错率 $P_{e'}$ 可以表示为

$$P_{e'} = 2(1 - P_{eBPSK}) P_{eBPSK} \tag{4-119}$$

将式(4－106)表示的 P_{eBPSK} 代入式(4－119)，可得采用相干解调时 BDPSK 系统的差错率为

$$P_{eBDPSK} = P_{e'} = \frac{1}{2}\left[1 - (\operatorname{erfc}\sqrt{\gamma})^2\right] \tag{4-120}$$

作为非相干检测方式的差分相干解调二元 DPSK 的性能分析模型如图 4－35 所示。

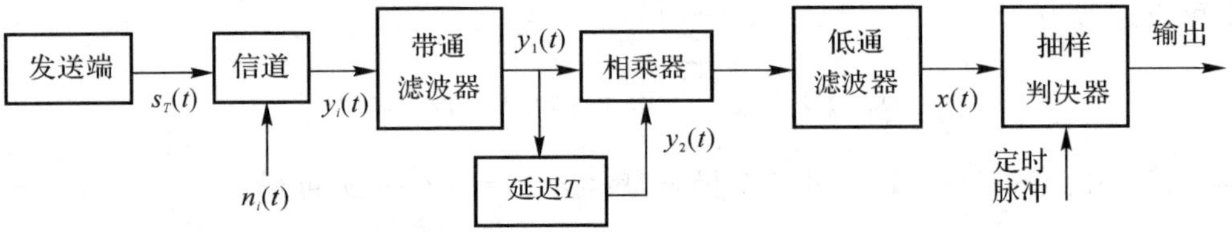

图 4－35 BDPSK 差分相干解调误码率性能分析模型

由解调器原理图可以看出，解调过程中需要对间隔为 T 的前后两个码元进行比较。假设当前发送的是“1”符号，并且前一个时刻发送的也是“1”符号，则带通滤波器输出 $y_1(t)$ 和延迟器输出 $y_2(t)$ 分别为

$$\left.\begin{aligned}y_1(t)=a\cos(2\pi f_c t)+n_1(t)=[a+n_{1c}(t)]\cos(2\pi f_c t)-n_{1s}(t)\sin(2\pi f_c t)\\y_2(t)=a\cos(2\pi f_c t)+n_2(t)=[a+n_{2c}(t)]\cos(2\pi f_c t)-n_{2s}(t)\sin(2\pi f_c t)\end{aligned}\right\}\tag{4-121}$$

式中　$n_1(t)$—— 无延迟支路的窄带高斯噪声；

$n_2(t)$—— 有延迟支路的窄带高斯噪声，并且 $n_1(t)$ 和 $n_2(t)$ 相互独立。

低通滤波器的输出在抽样时刻的样值为

$$x=\frac{1}{2}[(a+n_{1c})(a+n_{2c})+n_{1s}n_{2s}]\tag{4-122}$$

判决规则为：当 $x>0$ 时判决为“1”符号；当 $x<0$ 时判决为“0”符号。

当发送“1”符号时，判决为“0”的概率为

$$P(0/1)=P(x\leqslant b)=P\left\{\frac{1}{2}[(a+n_{1c})(a+n_{2c})+n_{1s}n_{2s}]<0\right\}\tag{4-123}$$

令

$$R_1=\sqrt{(2a+n_{1c}+n_{2c})^2+(n_{1s}+n_{2s})^2}$$

$$R_2=\sqrt{(n_{1c}-n_{2c})^2+(n_{1s}-n_{2s})^2}$$

则发送“1”符号判决为“0”的概率可表示为

$$P(0/1)=P(x\leqslant b)=P\{R_1<R_2\}\tag{4-124}$$

因为 $n_{1c},n_{2c},n_{1s},n_{2s}$ 是相互独立的高斯随机变量，且均值为 0，方差相等为 σ_n^2，根据高斯随机变量之和仍为高斯随机变量，且均值为各随机变量的均值的代数和，方差为各随机变量方差之和的性质，则 $n_{1c}+n_{2c}$ 是零均值，方差为 $2\sigma_n^2$ 的高斯随机变量。同理，$n_{1s}+n_{2s}$，$n_{1c}-n_{2c}$，$n_{1s}-n_{2s}$ 都是零均值，方差为 $2\sigma_n^2$ 的高斯随机变量。由随机信号分析理论可知，R_1 的一维分布服从广义瑞利分布，R_2 的一维分布服从瑞利分布，其概率密度函数分别为

$$f(R_1)=\frac{R_1}{2\sigma_n^2}I_0\left(\frac{aR_1}{\sigma_n^2}\right)\mathrm{e}^{-(R_1^2+4a^2)/(4\sigma_n^2)}\tag{4-125}$$

$$f(R_2)=\frac{R_2}{2\sigma_n^2}\mathrm{e}^{-R_2^2/(4\sigma_n^2)}\tag{4-126}$$

于是有

$$P(0/1)=P(x<0)=P(R_1<R_2)=\int_0^{\infty}f(R_1)\left[\int_{R_2=R_1}^{\infty}f(R_2)\mathrm{d}R_2\right]\mathrm{d}R_1=$$
$$\int_0^{\infty}\frac{R_1}{2\sigma_n^2}I_0\left(\frac{aR_1}{\sigma_n^2}\right)\mathrm{e}^{-(2R_1^2+4a^2)/(4\sigma_n^2)}\mathrm{d}R_1=\frac{1}{2}\mathrm{e}^{-\gamma}\tag{4-127}$$

式中　γ—— 信道中的信噪比，$\gamma=a^2/(2\sigma_n^2)$。

同理，可求得将符号“0”错判为“1”的概率为

$$P(0/1)=P(1/0)=\frac{1}{2}\mathrm{e}^{-\gamma}\tag{4-128}$$

因此，差分相干检测的 BDPSK 系统的总错误概率为

$$P_{\text{eBDPSK}} = \frac{1}{2}\mathrm{e}^{-\gamma} \tag{4-129}$$

对于$M>2$的M元DPSK，推导系统差错率准确值极其困难，但可以得到DPSK系统性能的近似值。四元DPSK的相干解调和差分相干解调原理框图分别如图4-36和图4-37所示。

对于具有格雷编码的四相DPSK，采用相干解调时，系统的总差错率可以近似为

$$P_{\text{eQDPSK}} \approx \operatorname{erfc}\left(\sqrt{2\gamma}\sin\frac{\pi}{8}\right) \tag{4-130}$$

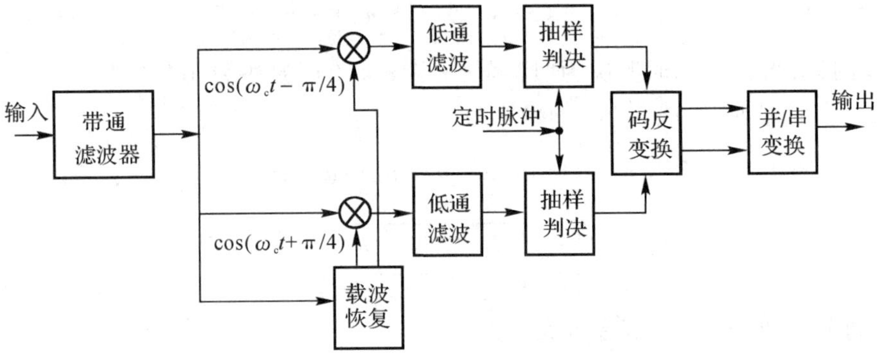

图 4-36 QDPSK 信号相干解调

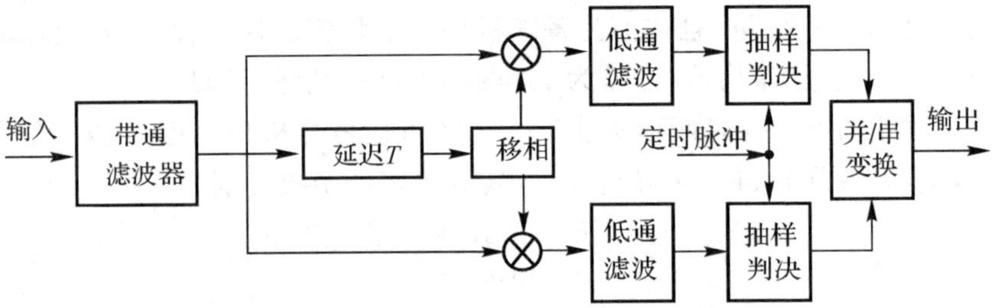

图 4-37 QDPSK 差分相干解调方式的原理图

4.3.6 瑞利衰落信道中 PSK 系统的差错性能

瑞利衰落信道中PSK系统的误码率可由PSK在时不变系统中的误码率对衰落信道中的概率密度函数求平均求得。

按照式(4-106)，在AWGN信道中，二进制相移键控调制(BPSK)系统的误码率为

$$P_{\text{eBPSK}} = \frac{1}{2}\operatorname{erfc}(\sqrt{\gamma})$$

式中 γ—— 信道中的信噪比，$\gamma = a^2/\sigma_n^2$。

将信道中的信噪比 γ 用比特信噪比 $\gamma_b=\varepsilon_b/N_0$ 表示，则 BPSK 系统的误码率为

$$P_{eBPSK}=\frac{1}{2}\mathrm{erfc}(\sqrt{2\gamma_b})$$

在瑞利慢衰落信道中，信噪比 γ_b 是 χ^2 分布，其概率密度函数为

$$p(\gamma_b)=\frac{1}{\bar{\gamma}_b}e^{-\gamma_b/\bar{\gamma}_b},\qquad \gamma_b\geqslant 0$$

式中　$\bar{\gamma}_b$—— 平均信噪比。

假设衰落足够慢，可以进行相干检测，则在瑞利衰落信道中，相干检测的 BPSK 系统的错误概率可由式(4-106)中的 P_{eBPSK} 对 γ_b 的概率密度函数求平均得到，即

$$P_{eBPSK}(\bar{\gamma}_b)=\int_0^{\infty}P_{eBPSK}\,p(\gamma_b)\,d\gamma_b=\frac{1}{2}\left(1-\sqrt{\frac{\bar{\gamma}_b}{1+\bar{\gamma}_b}}\right)\tag{4-131}$$

在瑞利衰落信道中，要使 DPSK 成为一种可行的数字信号传输方式，信道变化必须足够慢，以使在两个相继的信号传输间隔上的信道相移不发生明显的变化。因此，假设在两个相继的信号传输间隔内的信道参数保持不变。利用式(4-129)的 P_{eBDPSK} 对 γ 的概率密度求积分，可得二进制 DPSK 的差错率为

$$P_{eBDPSK}(\bar{\gamma}_b)=\frac{1}{2(1+\bar{\gamma}_b)}\tag{4-132}$$

如图 4-38 所示，给出了在 AWGN 信道和瑞利衰落信道中，采用相干检测的二进制 PSK 系统和采用差分相干检测的二进制 DPSK 系统的比特误码率曲线。由图可见，在瑞利衰落信道中，PSK 和 DPSK 系统要取得相同的误码率，系统需要的信噪比要比在 AWGN 信道中的大得多。

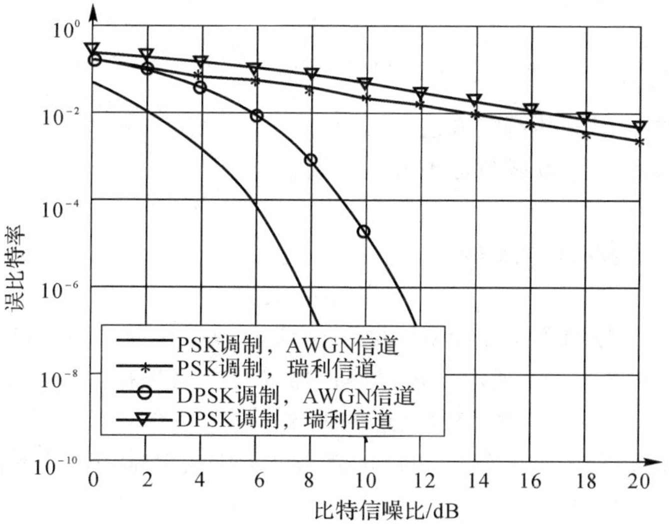

图 4-38　AWGN 信道和瑞利衰落信道中 PSK 和 DPSK 系统的误码率

4.4 加性高斯白噪声信道中的最佳接收机

在前两节分别介绍了数字频率调制和数字相位调制方法，并分析了它们在加性高斯白噪声信道和瑞利衰落信道中的差错性能。分析表明，信道的传输特性和噪声都会对通信系统的性能造成影响。于是，人们希望通过对接收机的最佳设计达到最好的性能。因此，本节将介绍在加性高斯白噪声信道中的最佳接收理论、最佳接收机的结构和性能。

最佳接收理论又称信号检测理论，它是利用概率论和数理统计方法研究信号检测问题。在通信中，对系统性能的衡量有多种不同的标准，所谓最佳是在某种准则下系统性能达到最佳。在数字通信中，最常采用的最佳准则是差错概率最小准则。

4.4.1 接收信号模型

首先建立接收机输入信号的数学模型。假设发射机利用 m 个信号波形 $\{s_m(t),\ m=1,2,\cdots,M\}$ 发送数字信息，每个信号的码元时间为 T。假设信道中的噪声为高斯白噪声，因此，在 $0\leqslant t\leqslant T$ 时间内，接收信号可以表示为

$$y(t)=s_m(t)+n(t) \tag{4-133}$$

式中 $n(t)$—— 均值为零，方差为 $\sigma_n{}^2$，单边功率谱密度为 N_0 的加性高斯白噪声样本。

根据随机信号理论，若噪声是高斯白噪声，则它在任意两个时刻上的样值都是互不相关且统计独立的；若噪声是带限高斯型的，则其样值也是互不相关且统计独立的。于是，当信号 $s_m(t)$ 被发送时，$y(t)$ 的概率密度函数 $P(y/s_i)$ 可以表示为

$$P(y/s_i)=\frac{1}{(\sqrt{2\pi N_0})^k}\exp\left\{-\frac{1}{N_0}\int_0^T[y(t)-s_i(t)]^2\mathrm{d}t\right\},\quad i=1,2,\cdots,m \tag{4-134}$$

式中 k—— 噪声在各时刻的可能取值的维数。

通常将 $P(y/s_i)$ 及其单调函数称为似然函数。

4.4.2 最佳接收机结构

从 FSK 和 PSK 信号的性能分析模型可以看到，接收机按照功能可以分成两部分：信号解调器和判决检测器，如图 4-39 所示。信号解调器的功能是将接收波形变换成 m 维向量 $\boldsymbol{r}=[r_1\quad r_2\quad\cdots\quad r_m]$，其中，$m$ 是发送信号波形的维数。该向量包含接收信号波形中的所有有关信息。检测器的功能是根据 $\boldsymbol{r}$ 在 M 个可能的发送波形中判定哪一个波形被发送。

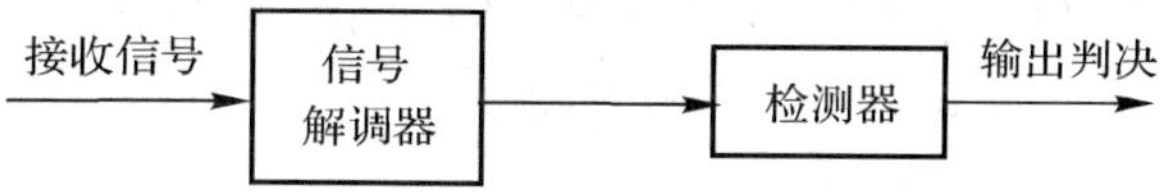

图 4－39　接收机的结构

定义后验概率 $P(s_m/\boldsymbol{r})$，$m=1,2,\cdots,M$，基于后验概率最大的准则称为最大后验概率(MAP) 准则，该准则是选择对应后验概率集$\{P(s_m|\boldsymbol{r})\}$中最大值的信号作为信号判决。利用贝叶斯定理，后验概率可以表示为

$$P(s_m/\boldsymbol{r})=\frac{P(\boldsymbol{r}/s_m)P(s_m)}{P(\boldsymbol{r})} \tag{4-135}$$

式中　$P(\boldsymbol{r}/s_m)$—— 给定 s_m 条件下观察向量 $\boldsymbol{r}$ 的条件概率密度函数；

$P(s_m)$—— 第 m 个发送信号的先验概率。

而 $P(\boldsymbol{r})$ 可以表示为

$$P(\boldsymbol{r})=\sum_{m=1}^{M}P(\boldsymbol{r}/s_m)P(s_m) \tag{4-136}$$

当M个信号等概率发送时，有 $P(s_m)=1/M$。这时，使 $P(s_m|\boldsymbol{r})$ 最大的信号判决等效于使 $P(\boldsymbol{r}/s_m)$ 最大的信号判决，这种使似然函数 $P(\boldsymbol{r}/s_m)$ 最大的判决准则称为最大似然(ML) 准则。于是，在信号$\{s_m\}$等概率发送的条件下，基于最大后验概率准则的信号检测和基于最大似然准则的信号检测将得到同样的信号判决。

在 AWGN 信道中，按照式(4－134)，似然函数 $P(\boldsymbol{r}/s_m)$ 表示为

$$P(\boldsymbol{r}/s_m)=\sum_{i=1}^{N}P(r_i/s_m)=$$

$$\frac{1}{(\sqrt{2\pi}\sigma_n)^{kN/2}}\exp\left\{-\frac{1}{N_0}\sum_{i=1}^{N}\int_0^T[r_i(t)-s_m(t)]^2\mathrm{d}t\right\},\quad i=1,2,\cdots,m \tag{4-137}$$

使 $P(\boldsymbol{r}/s_m)$ 在 s_m 上最大的信号等价于使下列距离度量最小的信号。

$$D(\boldsymbol{r},s_m)=\sum_{i=1}^{N}\int_0^T[r_i(t)-s_m(t)]^2\mathrm{d}t \tag{4-138}$$

将式(4－138) 展开得到

$$D(\boldsymbol{r},s_m)=\sum_{i=1}^{N}\left[\int_0^T r_i^2(t)\mathrm{d}t-2\int_0^T r_i(t)s_m(t)\mathrm{d}t+\int_0^T s_m^2(t)\mathrm{d}t\right]=$$

$$\|\boldsymbol{r}\|^2-2\boldsymbol{r}s_m+\|s_m\|^2 \tag{4-139}$$

式中，$\|\boldsymbol{r}\|^2$ 对所有的距离度量都是一样的，因此，式(4－139) 的距离度量可以等效为

$$D(\boldsymbol{r},s_m)=-2\boldsymbol{r}s_m+\|s_m\|^2 \tag{4-140}$$

定义新的度量

$$C(\boldsymbol{r},s_m)=\boldsymbol{r}s_m-\frac{1}{2}\|s_m\|^2 \tag{4-141}$$

式中 $\boldsymbol{r}s_m$—— 接收信号 $\boldsymbol{y}$ 与第 m 个信号之间的相关度量；

$\| s_m \|^2$—— 信号的能量，$\| s_m \|^2 = E_m$。

于是，式(4-141)也可以表示为

$$C(\boldsymbol{r}, s_m) = \int_0^T \boldsymbol{r}(t) s_m(t) \mathrm{d}t - \frac{1}{2} E_m \tag{4-142}$$

式(4-142)表明，最大似然检测等价于使 $C(\boldsymbol{r}, s_m)$ 最大。因此，最佳检测器是使接收信号 $y(t)$ 和 M 个可能发送的信号进行相关运算，再以信号能量调节相关器的输出，选择使相关器输出最大的信号作为判决输出，由此可以得到基于相关器的最佳接收机结构，如图 4-40 所示。

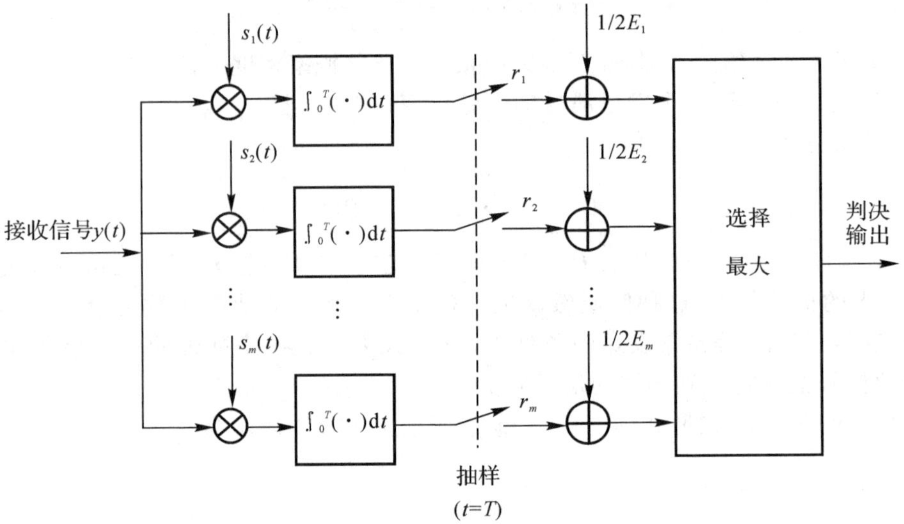

图 4-40 基于相关器的最佳接收机

当信号$\{s_m(t)\}$为确知信号时，用一组 m 个匹配滤波器代替相关器也可以进行相关运算。匹配滤波器的冲激响应为

$$h_k(t) = s_k(T-t), \quad 0 \leqslant t \leqslant T \tag{4-143}$$

于是，解调器在抽样时刻 $t=T$ 时的输出为

$$r_k(t) = \int_0^T y(\tau) s_k(\tau) \mathrm{d}\tau \tag{4-144}$$

由式(4-144)可以看出，匹配滤波器在抽样时刻 $t=T$ 时的输出与最佳接收机中的相关器在 $t=T$ 的输出相等，于是，可以用匹配滤波器代替相关器构成最佳接收机，其结构如图 4-41 所示。

以上对最佳检测器的讨论中假设所有信号是等概率的，在这种情况下，最大后验概率准则等价于最大似然准则，当信号不是等概率发送时，最大后验检测判决的依据仍然是由式(4-135)给出的概率 $P(s_m/r)$，$m=1,2,\cdots,M$。

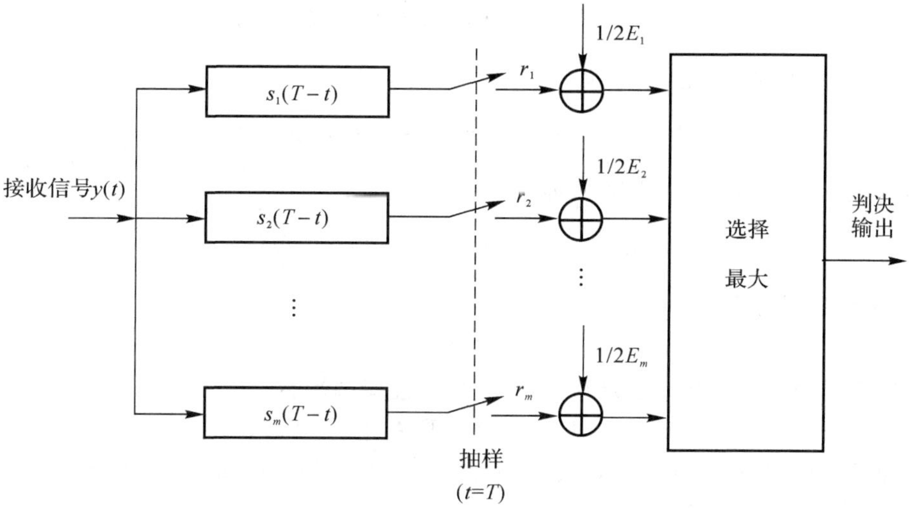

图 4－41　基于匹配滤波器的最佳接收机

1. 最佳接收机的性能

由上面的讨论可知，基于相关器的最佳接收机和基于匹配滤波器的最佳接收机是等价的。因此，可以从两者中选择任一个来分析最佳接收机的差错性能。下面以二进制信号为例，从具有相关器形式的最佳接收机出发，分析最佳接收机的性能。

具有相关器形式的最佳接收机结构如图 4－40 所示，输出误码率为

$$P_e = P(s_1)P(s_2/s_1) + P(s_2)P(s_1/s_2) \tag{4-145}$$

假设两个信号是等概率发送的，且发送信号为 $s_1(t)$，则相关器解调后得到的接收信号为

$$r_b = s_1 + n \tag{4-146}$$

式中　n —— 高斯白噪声，其估值为零，方差为 σ^2。

按照式(4－141)相关度量的判决规则，若

$$\int_0^T r(t)s_1(t)\mathrm{d}t - \frac{1}{2}E_1 > \int_0^T r(t)s_2(t)\mathrm{d}t - \frac{1}{2}E_2 \tag{4-147}$$

则判为 $s_1(t)$，是正确判决；若

$$\int_0^T r(t)s_1(t)\mathrm{d}t - \frac{1}{2}E_1 < \int_0^T r(t)s_2(t)\mathrm{d}t - \frac{1}{2}E_2 \tag{4-148}$$

则判为 $s_2(t)$，是错误判决。将式(4－146)带入式(4－148)可得

$$\int_0^T [s_1(t)+n(t)]s_1(t)\mathrm{d}t - \frac{1}{2}E_1 < \int_0^T [s_2(t)+n(t)]s_2(t)\mathrm{d}t - \frac{1}{2}E_2 \tag{4-149}$$

将式(4－149)两边重新组合，并假设 $s_1(t)$ 和 $s_2(t)$ 能量相等，可得

$$\int_0^T n(t)[s_1(t)-s_2(t)]\mathrm{d}t < -\frac{1}{2}\int_0^T [s_1(t)-s_2(t)]^2\mathrm{d}t \tag{4-150}$$

式(4－150)的左边为随机变量，定义

$$\xi = \int_0^T n(t)[s_1(t)-s_2(t)]\mathrm{d}t \tag{4-151}$$

式(4－150)的右边为常数，令其为 a，即

$$a = -\frac{1}{2}\int_0^T [s_1(t)-s_2(t)]^2\mathrm{d}t \tag{4-152}$$

于是，式(4－150)可以简化为

$$\xi < a \tag{4-153}$$

则判决发送信号为 $s_2(t)$，产生错误判决，其相应的差错概率为

$$P(s_2/s_1) = P(\xi < a) \tag{4-154}$$

按照随机过程理论，高斯随机过程的积分仍是一个高斯型随机变量，因此 ξ 是一个高斯随机变量，其均值为零，方差为

$$\sigma_\xi^2 = \frac{n_0}{2}\int_0^T [s_1(t)-s_2(t)]^2\mathrm{d}t$$

于是，ξ 的概率密度函数为

$$P(\xi) = \frac{1}{\sqrt{2\pi}\,\sigma_\xi}\exp\left(-\frac{\xi^2}{2\sigma_\xi^2}\right) \tag{4-155}$$

于是可得，将发送信号 $s_1(t)$ 误判为 $s_2(t)$ 的概率为

$$P(s_2/s_1) = P(\xi < a) = \frac{1}{\sqrt{2\pi}}\int_A^\infty \exp\left(-\frac{x^2}{2}\right)\mathrm{d}x \tag{4-156}$$

式中

$$A = \sqrt{\frac{1}{2n_0}\int_0^T [s_1(t)-s_2(t)]^2\mathrm{d}t} \tag{4-157}$$

利用同样的分析方法，可得 $P(s_1/s_2)$ 为

$$P(s_1/s_2) = \frac{1}{\sqrt{2\pi}}\int_A^\infty \exp\left(-\frac{x^2}{2}\right)\mathrm{d}x \tag{4-158}$$

系统总的误码率为

$$P_e = P(s_1)P(s_2/s_1) + P(s_2)P(s_1/s_2) = \frac{1}{\sqrt{2\pi}}\int_A^\infty \exp\left(-\frac{x^2}{2}\right)\mathrm{d}x = \frac{1}{2}\mathrm{erfc}\left(\frac{A}{\sqrt{2}}\right) \tag{4-159}$$

定义 $s_1(t)$ 和 $s_2(t)$ 之间的互相关系数为

$$\rho = \frac{\int_0^T s_1(t)s_2(t)\mathrm{d}t}{E} \tag{4-160}$$

式中　E —— 信号 $s_1(t)$ 和 $s_2(t)$ 在 $0 \leqslant t \leqslant T$ 内的平均能量。

当 $s_1(t)$ 和 $s_2(t)$ 具有相等的能量时，有

$$E = E_1 = E_2 = E_b$$

将 E_b 和 ρ 代入式(4-157) 可得

$$A = \sqrt{\frac{E_b(1-\rho)}{n_0}} \tag{4-161}$$

于是，式(4-159) 可表示为

$$P_e = \frac{1}{2}\mathrm{erfc}\left(\sqrt{\frac{E_b(1-\rho)}{2n_0}}\right) \tag{4-162}$$

式(4-162) 即为二进制信号最佳接收机误码率的一般表达式，它与信噪比 E_b/n_0 及发送信号之间的互相关系数 ρ 有关。

互补误差函数 $\mathrm{erfc}(x)$ 是严格单调递减函数，当信号能量 E_b 和噪声功率谱密度 n_0 一定时，差错概率 P_e 是互相关系数 ρ 的函数，ρ 越小，P_e 也越小。

根据互相关系数 ρ 的性质，ρ 的取值范围为 $-1 \leqslant \rho \leqslant 1$。当 ρ 取最小值 $\rho = -1$ 时，P_e 达到最小值，此时差错概率为

$$P_e = \frac{1}{2}\mathrm{erfc}\left(\sqrt{\frac{E_b}{n_0}}\right) \tag{4-163}$$

当 $\rho = 0$ 时，差错概率为

$$P_e = \frac{1}{2}\mathrm{erfc}\left(\sqrt{\frac{E_b}{2n_0}}\right) \tag{4-164}$$

在二进制数字调制信号中，BPSK 能使互相关系数 $\rho = -1$，而 BFSK 信号对应的 $\rho = 0$。因此，BPSK 信号的差错性能优于 BFSK 信号，根据式(4-163) 和式(4-164) 得到的曲线如图 4-42 所示。

2. 最佳接收机与实际接收机

在 4.1 节和 4.2 节，分别采用一般相干和非相干解调的方法，得到 FSK，PSK，DPSK 系统的差错性能；本节在最小差错概率准则下得到了最佳接收机结构，并分析了二进制信号的差错性能，实际接收机和最佳接收机的差错性能见表 4-1。可以看出，两种结构形成的接收机的差错概率表达式具有相同的数学形式，实际接收机中的信噪比 $\gamma = S/N$ 与最佳接收机中的信号能量噪声功率谱密度之比 E_b/n_0 相对应(参见参考文献[2] 表 8-1)。

从 4.1 和 4.2 节 FSK 信号和 PSK 信号的性能分析模型可以看到，实际接收机的输入端总有一个带通滤波器，以减少噪声对信号检测的影响，信噪比 $\gamma = S/N$ 就是指带通滤波器输出端的信噪比。设噪声为高斯白噪声，单边功率谱密度为 n_0，带通滤波器的等效矩形带宽为 W，则带通滤波器输出端的信噪比为

$$\gamma = \frac{S}{N} = \frac{S}{n_0 W} \tag{4-165}$$

可见，信噪比 γ 与带通滤波器的带宽 W 有关。

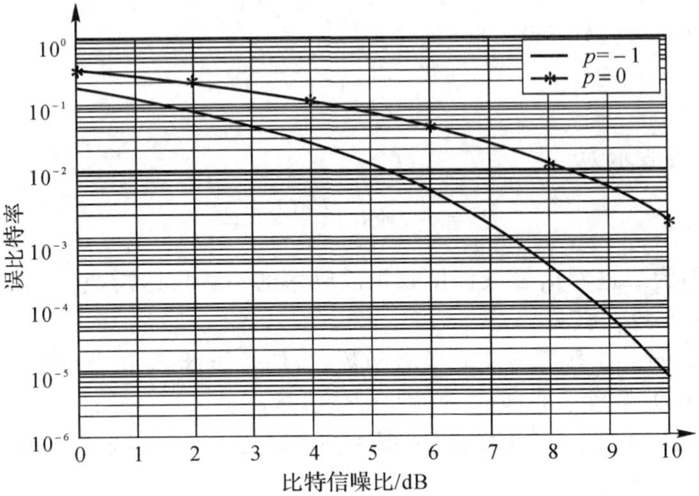

图 4-42 BPSK 与 BFSK 信号的误码率

表 4-1 差错概率公式一览表

接收方式	实际接收机差错概率 P_e	最佳接收机差错概率 P_e
相干 PSK	$\frac{1}{2}\mathrm{erfc}[\sqrt{\gamma}]$	$\frac{1}{2}\mathrm{erfc}\left[\sqrt{\frac{E_b}{n_0}}\right]$
相干 FSK	$\frac{1}{2}\mathrm{erfc}\left[\sqrt{\frac{\gamma}{2}}\right]$	$\frac{1}{2}\mathrm{erfc}\left[\sqrt{\frac{E_b}{2n_0}}\right]$
非相干 FSK	$\frac{1}{2}\mathrm{e}^{-\frac{\gamma}{2}}$	$\frac{1}{2}\mathrm{e}^{-\frac{E_b}{2n_0}}$

对于最佳接收机，其输入端信号能量与噪声功率谱密度之比为

$$\frac{E_b}{n_0}=\frac{ET}{n_0}=\frac{E}{n_0(1/T)} \tag{4-166}$$

式中 E —— 信号平均功率；

T —— 码元宽度。

比较式(4-165)和式(4-166)可知，当 $W=1/T$ 时，实际接收机性能与最佳接收机性能相同，而在实际接收机中，为使信号顺利通过，带通滤波器的带宽必须满足 $W>1/T$。此时，实际接收机性能比最佳接收机性能差。

4.5 水声通信系统中的数字调制技术

20 世纪 70 年代末以来，水声通信系统开始采用数字调制技术。由于水声信道起伏衰落的传输特性，水声通信系统很少采用数字幅度调制，而数字频率调制和数字相位调制有着不同的应用场合。本节首先对数字频率调制和相位调制方法的性能进行比较，然后介绍它们的应用。

4.5.1 数字调制方法的比较

从前面几节的介绍可以看到，在 AWGN 和瑞利衰落信道中，在同样的信噪比条件下，FSK 信号的差错率要大于 PSK 信号，或者说，要达到同样的差错率，FSK 信号需要更高的信噪比。除了这种单纯的信噪比的比较外，通常还可以在某些限制条件，如某个固定的传输率或带宽条件下对差错率进行比较，下面首先分析相位调制和频率调制的带宽要求。

对于 MPSK 信号，所要求的系统带宽就是等效低通信号脉冲 $g(t)$ 的带宽。假设 $g(t)$ 脉冲的持续时间为 T，带宽近似等于 T 的倒数，即 $W=1/T$。由于 $T=k/R=(\mathrm{lb}\ M)/R$，R 为比特率，所以

$$W=\frac{R}{\mathrm{lb}\ M} \tag{4-167}$$

因此，当比特率 R 固定时，随着 M 的增加而要求的带宽减小，带宽效率可用比特率与带宽的比值来度量，即

$$\frac{R}{W}=\mathrm{lb}\ M \tag{4-168}$$

而 FSK 信号具有完全不同的带宽要求。如果以满足正交性的最小频率间隔 $1/(2T)$ 的正交载波的方法构成 $M=2^k$ 个 FSK 信号，则传输 $k=\mathrm{lb}\ M$ 信息比特所要求的带宽是

$$W=\frac{M}{2T}=\frac{M}{2(k/R)}=\frac{M}{2\mathrm{lb}\ M}R \tag{4-169}$$

在这种情况下，MFSK 系统的带宽随着 M 的增加而增加。

由式(4-168)可以看到，对于 PSK 信号，增加 M 可以得到较高的比特率-带宽比(R/W)，但达到较高数据率需要增加比特信噪比。因此，PSK 信号适合于带宽受限的通信信道，这时希望 $R/W>1$，且要求有足够的信噪比支持 M 的增加。

由式(4-169)可知，MFSK 信号的 $k/W\leqslant 1$，当 M 增加时，由于所需信道带宽增加，所以 R/W 减少，但当 M 增加时，要达到给定的错误概率所需的比特信噪比减小，因此，MFSK 信号适合于功率受限的信道，该信道应具有足够大的带宽支持 M 的增加。

综上所述，PSK 信号无论在差错性能还是在带宽利用率方面都要优于 FSK 信号，因此，在

带宽受限的水声信道，需要高速传输的水声通信系统应该采用 PSK 调制，但水声信道时变、多径的传输特性、海面反射与折射、相对运动等多种因素都会造成接收信号的相位畸变，需要复杂的信号处理算法来跟踪信号相位，进行相干检测。

而 FSK 信号虽然带宽利用率低，但其非相干检测方法使其在呈现频率选择性衰落特性的水声信道具有更好的稳健性。因此，在对数据率要求不高的水声通信系统中得到了广泛的应用。在过去、当前以及将来，相位调制和频率调制方法在水声通信系统中都会有广泛的应用。

4.5.2 数字调制技术在水声通信系统的应用

随着数字调制技术引入水声通信系统中，FSK 调制系统得到了广泛的应用。FSK 系统作为一种能量检测（非相干检测）系统，对水声信道的时延和多普勒扩展有很强的适应能力，FSK 系统用不同的频率来表示数字信息，接收机的核心部分是模拟或数字形式的窄带滤波器。对于水声信道中存在的多径干扰，很多 FSK 系统还采用保护时间技术、频率分集技术等来减少或回避码间干扰。

在 FSK 调制系统的典型应用方面，除了美国的数字遥测系统（DATS）中采用了 FSK 技术外，由 Datasonic 和美国海军联合研制的 Telesonic 系统可同时提供 128 个频率进行 MFSK 调制。由于处理功能的增加，系统能采用更复杂的纠错编码方法来改善系统性能。

在近十几年的发展中，FSK 调制技术在中、低速率，高可靠长期无人值守的通信系统得到了广泛应用，其技术的发展主要在更为有效、处理能力更强的硬件方面。在系统设计与研制方面主要着重于自适应地调整系统以达到最佳化，以适应各种信道环境。

随着海洋开发的发展，各种数据信息如遥测数据、水下机器人和海上石油平台的遥控指令、水下电话、海底勘探数据、水下电视图像、水文站的采集数据等，利用水声信道进行传输的需求大增。水声通信系统应用范围的扩大，使得对通信系统的信息量和纠错能力的要求也随之增加。如在传输控制指令的水声遥控系统中，数据率可低至 3 b/s，系统带宽不大于 30 Hz，而要传输图像信号，数据率需要 10 ～ 50 kb/s，系统带宽达到 20 ～ 60 kHz。虽然非相干检测的 FSK 系统很可靠，但它较低的频带利用率，使得其不适合在带宽受限的水声信道进行高速传输。因此，在近十几年中，大量的研究着重于如何扩展系统的带宽，提高数据的传输率。在调制技术方面，研究主要集中在有更好带宽利用率的相位调制技术上。

采用相关检测 PSK 调制方法，无论是在频带利用率方面还是在 AWGN 信道中的差错性能方面，在数字调制技术中都是最佳的。但 PSK 信号在接收时需要得到正确的相位参考，水声信道时变起伏的传播特性是相干检测的主要障碍。而采用差分检测的 DPSK 方法无需载波提取，且抗频漂、抗多径及抗相位慢抖动能力均优于 PSK。因此，在 20 世纪 80 年代，相位调制主要采用 DPSK 方法。Olson 等人研制的一种 DPSK 系统用于从 6 km 的深海海底向海面传送数据，数据率达 2 kb/s。系统中还采用了 BCH 和 RS 纠错编码、有较强垂直方向性的发射阵，系统的误码率达到 10^{-5}。Suzuki 等人研究的图像传输系统，也用于从海底到海面 6.5 km垂直信道中，系统采用 4DPSK 调制，带宽为 20 kHz，数据率达到 16 kb/s，信噪比为 15 dB时，误比特率为 10^{-4}量级。

DPSK 系统虽然能减少相位跟踪的困难，但无法回避码间干扰的影响。因此上述提到的 DPSK 系统主要用于深海垂直信道或距离很短的水平信道，这类信道中多径很小，相位稳定性好。要克服中长距离水平信道中多径干扰的影响，系统中还需要采用抵消码间干扰的技术措施。

美国西北大学和 WHOI 在联合研制的遥测系统中采用了 QPSK 调制，为了在强多径环境中提取载波，将判决反馈均衡器（DFE）和二阶数字锁相环（DPLL）结合在一起进行相干检测。WHOI 还将这种结构与 DPSK 调制及直接序列扩频技术相结合进行了各种信道条件下的试验。试验研究表明，这种基于判决反馈均衡器和数字锁相环的接收机结构，可以改善系统的动态性能。

总之，目前乃至未来在水声通信系统中各种调制方式将会并存。选择何种调制方法不仅取决于数据率、可靠性的性能指标，还取决于接收机的计算复杂度、实时性以及功耗要求。

思考与练习题

4-1　FSK，PSK 和 DPSK 的调制与解调方式有哪些？其工作原理是什么？

4-2　FSK，PSK 和 DPSK 信号的时间波形和功率谱密度有什么特点？

4-3　用 Matlab 仿真二进制 FSK，PSK 和 DPSK 系统的抗噪声性能。分别仿真 AWGN 信道中，不同信噪比情况下采用相干检测和非相干检测条件下 FSK，PSK 和 DPSK 系统的误码率，并对误码率曲线进行比较。

4-4　设发送的二进制信息为 1101010011，采用 BFSK 方式传输，已知码元速率为 100 B，符号“1”和“0”分别对应载波频率 2 kHz 和 1 kHz。

(1)试画出采用非相干解调的 FSK 系统的原理框图，并画出 BFSK 信号的时间波形；

(2)试画出 BFSK 信号的频谱结构示意图，并计算其带宽。

4-5　设二进制信息为 1010011010，采用差分相干检测的 DPSK 方式传送信息，码元速率为 1 000 b，载波频率为 5 kHz，信道冲激响应为 $h(z)=1+0.5z^{-1}$。试画出解调器前后的时间波形；若信道冲激响应变为 $h(z)=1+0.5z^{-0.5}$，试画出解调器前后的时间波形。

4-6　在 BFSK 系统中，符号“1”和“0”等概率发送，分别对应载波频率 2 kHz 和 3 kHz。已知码元速率为 $f_b=200$ b/s，解调器输入信号幅度 2 mV，信道的加性高斯白噪声的双边功率谱密度 $n_0/2=2\times10^{-11}$ W/Hz。试求解调器输出的误码率。

4-7　采用差分相干检测的二进制 DPSK 方式在 AWGN 信道上传送信息，已知信道中噪声的双边功率谱密度 $n_0/2=1\times10^{-10}$ W/Hz，发送信号的能量为 $E_b=(1/2)a^2T$，a 为信号幅度，T 为码元时间。当码元速率为①5 kb/s；②10 kb/s 时，试求误码率为 10^{-4} 时所需的信号幅度。

4-8 在二进制数字调制系统中，已知码元传输速率为 $f_b=2$ kb/s，解调器输入的噪声的双边功率谱密度 $n_0/2=2\times10^{-11}$ W/Hz，若要求解调器输出的误码率 $P_e\leqslant10^{-4}$，试求相干解调的二进制 PSK，DPSK 和非相干解调的 DPSK 系统所需的输入信号功率。

4-9 设一水声通信系统，接收机带宽为 4 kHz，设发射声源级为 $SL=160$ dB，信道传播损失为 $(20\lg R+\alpha R+57.6)$ dB，式中，R 为传输距离，$\alpha=0.5$ dB/km 为吸收系数，信道中环境噪声谱级为 $NL=55$ dB/Hz。要求系统误码率 $P_e\leqslant10^{-4}$，试求采用非相干检测的 BFSK 方式和 BDPSK 方式传输能达到的最大通信距离。

参考文献

[1] 樊昌信，张甫翊，等. 通信原理[M]. 5 版. 北京：国防工业出版社，2001.

[2] 张辉，曹丽娜. 现代通信原理与技术[M]. 西安：西安电子科技大学出版社，2005.

[3] Proakis J G. 数字通信[M]. 4 版. 张力军，等，译. 北京：电子工业出版社，2003.

[4] 樊昌信，詹道庸，徐炳祥，等. 通信原理[M]. 4 版. 北京：国防工业出版社，1995.

[5] 汪德昭，尚尔昌. 水声学[M]. 北京：科学出版社，1981.

[6] 欧阳长月. 数字通信——传输原理及应用[M]. 北京：北京航空航天大学出版社，1990.

[7] Stojanovic M S. Recent advances in high-speed underwater acoustic communications [J]. IEEE Journal of Oceanic Engineering，1996，21(2)：125－136.

[8] Kilfoyle D B，Baggeroer A B. The state of the art in underwater acoustic telemetry [J]. IEEE Journal of Oceanic Engineering，2000，25(1)：4－27.

第 5 章　多径水声信道中的自适应均衡技术

时变、多径传播是水声信道典型的传播特点。对于高速率水声通信来说，由多径传播引入的码间干扰是影响系统性能的主要问题。因此，必须采取相应的信号处理技术来消除码间干扰的影响，以实现可靠的通信。自适应均衡技术是通信系统中常用的、有效的抵消码间干扰的方法，在水声通信系统中也得到了成功的应用。本章将介绍均衡器结构、自适应均衡算法及其在水声通信系统中的应用。

5.1　带限时变多径信道中的码间干扰

从第 2 章对水声信道传输特性的介绍中可知，由于水声信道的传播损失随频率的增加而显著增加，因此，水声信道是一个可用带宽严重受限的信道，其非理想的信道频率响应特性会引起幅度和相位失真。当发送的信号脉冲以与信道带宽相比拟的速率通过信道传输时，接收信号会相互重叠，出现码间干扰（ISI，Intersymbol Interference）。

除此之外，由于来自海面、海底的反射和折射以及不均匀水团的折射，信号将沿不同的传播路径到达接收机，具有不同时延的多路径传播也会造成信号的码间干扰。水声信道时变多径的传输情况不仅会造成线性失真和码间干扰，还会带来非线性失真、频率偏移、相位抖动等影响。

信道失真影响的程度取决于信道上的传输速率和调制技术。若信道的等效带宽为 W，信号的传输速率为 R，针对不同的 R/W，选择合适的调制和均衡方法，可以减少信号失真带来的损失。

当 $R/W<1$ 时，可选择 FSK 调制技术。FSK 对带限信道的信号失真不敏感，具有较好的稳健性。当 $R/W\approx1$ 时，通常采用带宽利用率较高的调制技术，如 QPSK，并采用均衡技术来补偿信道中的幅度和时延失真，用载波恢复来补偿频率偏移。在这些条件下，信道失真对系统差错性能的影响不严重。当 $R/W>1$ 时，可采用高效的编码调制技术，如网格编码 QAM，PSK 等。此时，信道中的线性失真、频率偏移和相位抖动都会造成信号失真。通常采用自适应均衡来补偿线性失真，而相位抖动则需将信号设计和解调器中的相位补偿结合起来处理。

信道失真会引起 ISI，如果不加补偿，会产生高差错率，当信道的响应特性是先验已知时，可以通过最佳解调器的设计来补偿。但实际水声信道的频率响应是时变的，设计固定的最佳解调器是不可能的。因此，需要一种能补偿或减少接收信号中 ISI 的方法，这种 ISI 补偿方法称为均衡方法。

在过去的二三十年间，自适应均衡技术在有线信道、无线微波、散射和高频信道的高速率、单载波串行通信研究中得到迅速发展，其中的一些技术已应用到水声信道，特别是欠扩展，即多径扩展和多普勒扩展之积小于1的信道中。对于这种信道，自适应均衡技术能够用来抵消由于信道带限或时间色散所导致的码间干扰，可以使通信系统更有效地利用信道带宽。

通常采用三种类型的均衡方法：第一类是概率检测算法，包括基于最大似然序列估计(MLSE，Maximum Likelihood Sequence Estimation)准则的序列检测算法和基于最大后验概率(MAP，Maximum Posteriori Probability)准则的逐符号检测算法；第二类是基于系数可调的线性滤波的线性均衡方法；第三类是利用已检测的码元来抑制当前检测码元中的ISI，即判决反馈均衡(DFE)方法。概率检测算法和判决反馈均衡方法都属于非线性均衡方法。在介绍均衡方法之前，首先介绍有ISI信道的最佳接收机。

5.2 有 ISI 的 AWGN 信道的最佳接收机

假设等效基带发送信号为

$$v(t)=\sum_{n=0}^{\infty}d_n g(t-nT) \tag{5-1}$$

式中 $\{d_n\}$ —— 离散信息码元序列；

$g(t)$ —— 发送脉冲，且具有带限的频率响应特性 $G(f)$，其频带宽度为 W；

T —— 码元时间。

$v(t)$ 通过信道传输，设信道的频率响应 $H(f)$ 也限于 $|f|\leqslant W$ 的范围内，则接收的等效基带信号可表示为

$$r_l(t)=\sum_{n}d_n h(t-nT)+z(t) \tag{5-2}$$

式中 $h(t)$—— 信道对输入信号脉冲 $g(t)$ 的响应；

$z(t)$—— 加性高斯噪声。

按照参考文献[1]，在非理想、带限且有加性高斯噪声的信道上，用于数字传输的最佳接收机可以看成是由一个与 $h(t)$ 匹配的滤波器，加上一个以码元速率 $1/T$ 抽样的抽样器，以及由抽样值估计信息序列 $\{d_n\}$ 的处理算法所组成的，其结构如图5-1所示。

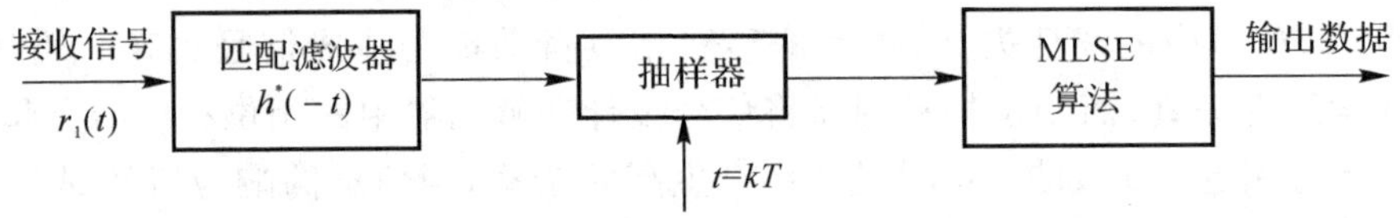

图5-1 具有ISI的AWGN信道的最佳接收机

解调器(匹配滤波器)在抽样时刻的输出可以表示为

$$y_k = \sum d_k x_{k-n} + n_k \tag{5-3}$$

式中　x_k—— 匹配滤波器对 $h(t)$ 的响应，表示 $h(t)$ 自相关函数的抽样值，即

$$x_k = x(kT) = \int_{-\infty}^{\infty} h(t)h^*(t+kT)\mathrm{d}t \tag{5-4}$$

n_k—— 匹配滤波器输出的加性噪声序列，表示为

$$n_k = \int_{-\infty}^{\infty} z(t)h^*(t+kT)\mathrm{d}t \tag{5-5}$$

由式(5-3)可知，在 k 时刻的解调器输出不仅与 k 时刻的信号有关，而且与 k 时刻以前的信号有关。这说明解调器的输出受到 ISI 的影响。

在实际的通信系统中，可以假设受到 ISI 影响的码元数是有限的，设有 L 个干扰分量。这时，在解调器输出端观测的 ISI 可以看做是有限状态机的输出，这意味着含有 ISI 的信道输出可以用网格图表示，信息序列 $\{d_k\}$ 的最大似然序列估计是在给定解调器输出序列 $\{y_k\}$ 的情况下通过网格的最有可能的路径，可以用维特比算法来进行网格的有效搜索。于是，最大似然估计准则等价为一个离散时间有限状态机的状态估计问题。

如果将信道 $h(t)$、匹配滤波器 $h^*(-t)$、抽样器用等效的离散时间横向滤波器表示，则有 ISI 的信道可以用一个等效的离散时间信道表示，如图 5-2 所示。图中，横向滤波器的抽头数为 $2L+1$，其输入是信息序列 $\{d_k\}$，输出是序列 $\{y_k\}$。

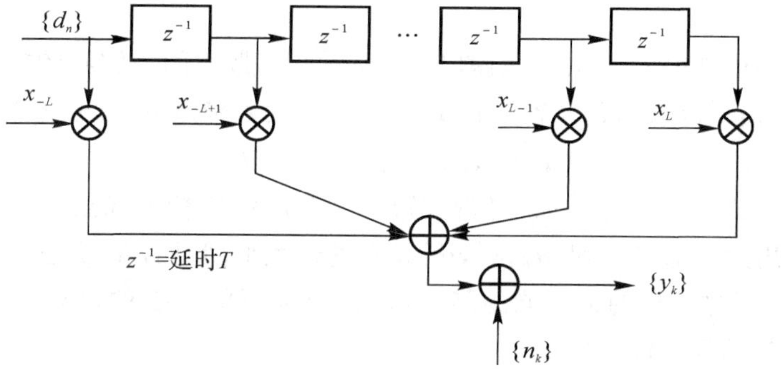

图 5-2　具有码间干扰的信道的等效离散时间模型

图 5-2 中，匹配滤波器输出的噪声序列 $\{n_k\}$ 具有相关性，为了便于计算差错性能，需要对序列 $\{y_k\}$ 进行进一步滤波，以便噪声序列白化。

按照文献[1]，序列 $\{y_k\}$ 通过数字滤波器 $1/F^*(z^{-1})$ 后得到的噪声序列是高斯白噪声序列，该数字滤波器的根为 $\rho_1, \rho_2, \cdots, \rho_L$，且满足

$$X(z) = F(z)F^*(z^{-1}) \tag{5-6}$$

其中，$F^*(z^{-1})$ 是具有根 $1/\rho_1^*, 1/\rho_2^*, \cdots, 1/\rho_L^*$ 的二次多项式。可以选择 $F^*(z^{-1})$ 使其与 $X(z)$ 的零点对应的极点在单位圆外，这样得到的信道响应 $F(z)$ 是最小相位的。

于是，由信道 $h(t)$、匹配滤波器 $h^*(-t)$、抽样器和离散时间噪声白化滤波器 $F^*(z^{-1})$ 级联而成的等效离散时间信道模型如图 5-3 所示，其输出序列 $\{v_k\}$ 表示为

$$v_k = \sum f_n d_{k-n} + \eta_k \tag{5-7}$$

式中 $\{f_k\}$—— 传递函数为 $F(z)$ 的等效离散时间横向滤波器的一组抽头系数；

$\{\eta_k\}$—— 均值为零、方差为 N_0 的加性高斯白噪声序列。

匹配滤波器、抽样器和噪声白化滤波器级联而成的滤波器称为白化匹配滤波器，其抽头系数为 $\{f_k\}$。

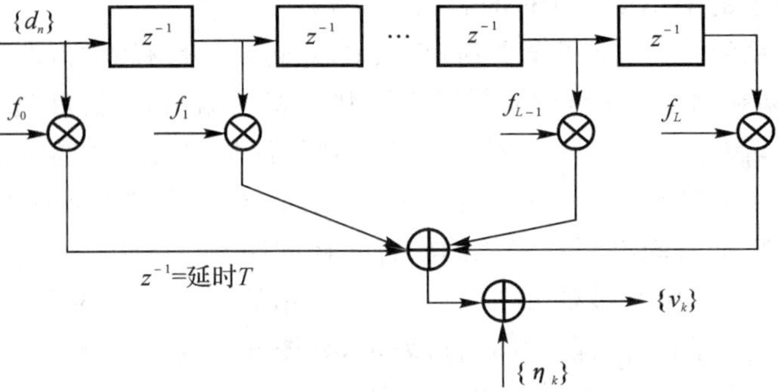

图 5-3 具有 AWGN 的码间干扰信道的等效离散时间模型

当信道冲激响应随时间变化时，如图 5-3 所示的离散时间滤波器的抽头系数也随时间变化。在任意时刻，信道滤波器的状态是由 L 个最近的输入确定的，即在 k 时刻的状态为

$$\mathbf{s}_k = [d_{k-1} \quad d_{k-2} \quad \cdots \quad d_{k-L}] \tag{5-8}$$

式中，当 $k \leqslant 0$ 时，$d_k=0$。因此，如果信息码元是 M 元的，则信道滤波器有 M^L 个状态，信道可由 M^L 个状态网描述。信息序列$(d_1, d_2, \cdots, d_p)$的最大似然估计值就是在给定解调器输出序列$\{v_k\}$的条件下，通过网格的最可能的路径，反推出最可能发射的序列。而维特比算法可用来计算通过该网格的最可能的路径。

参考文献[1]推导了信息采用脉冲幅度调制(PAM)且噪声是加性高斯情况下，在码间干扰信道中最大似然序列估计(MLSE)接收机的性能。设 M 为 PAM 的电平数，d 为相邻电平之间的距离，在 k 时刻由维特比算法得到的估计信息序列标记为

$$\tilde{\mathbf{s}}_k = [\tilde{d}_{k-1} \quad \tilde{d}_{k-2} \quad \cdots \quad \tilde{d}_{k-L}] \tag{5-9}$$

假设在 k 时刻通过网格的估计路径从正确路径中分离出来，在 $k+l$ 时刻与正确路径重新合并，因此，$\tilde{\mathbf{s}}_k=\mathbf{s}_k$ 且 $\tilde{\mathbf{s}}_{k+l}=\mathbf{s}_{k+l}$，但对于 $k<m<k+l$，$\tilde{\mathbf{s}}_m \neq \mathbf{s}_m$，把这种情况称为差错事件。因为信道覆盖 $L+1$ 个符号，因此，$l \geqslant L+1$。k 时刻得到的差错向量 $\boldsymbol{\varepsilon}$ 表示为

$$\boldsymbol{\varepsilon} = [\varepsilon_k \quad \varepsilon_{k+1} \quad \cdots \quad \varepsilon_{k+l-L-1}] \tag{5-10}$$

式中，$\boldsymbol{\varepsilon}$ 的各分量定义为

$$\varepsilon_j=\frac{1}{2d}(d_j-\tilde{d}_j),\quad j=k,\ k+1,\ \cdots,\ k+l-L-1\ ,l\geqslant L+1 \tag{5-11}$$

定义 $\delta^2(\boldsymbol{\varepsilon})$ 为差错向量的欧式重量，即

$$\delta^2(\boldsymbol{\varepsilon})=\sum_{i=k}^{k+l-1}\Big(\sum_{j=0}^{L}f_j\varepsilon_{i-j}\Big)^2 \tag{5-12}$$

令 E 为从 k 时刻开始的所有差错事件的集合，并令 $w(\boldsymbol{\varepsilon})$ 为每一个差错事件 $\boldsymbol{\varepsilon}$ 中相应的非零分量的数目，则码元差错概率 P_{eM} 的上界一致为

$$P_{eM}\leqslant\sum_{\boldsymbol{\varepsilon}\in E}w(\boldsymbol{\varepsilon})P(\boldsymbol{\varepsilon})\leqslant$$

$$\sum_{\boldsymbol{\varepsilon}\in E}w(\boldsymbol{\varepsilon})Q\Big(\sqrt{\frac{6}{M^2-1}\gamma_{av}\delta^2_{\min}}\Big)\prod_{i=0}^{l-L-1}\frac{M-|\varepsilon_i|}{M} \tag{5-13}$$

式中 γ_{av}—— 平均信噪比，$\gamma_{av}=TP_{av}/N_0$。

一般情况下，P_{eM} 主要受相应于 δ 的最小值 $\delta_{\min}$ 项的支配，因此，码元差错概率可以近似为

$$P_{eM}\approx K_{\delta_{\min}}Q\Big(\sqrt{\frac{6}{M^2-1}\gamma_{av}\delta^2_{\min}}\Big) \tag{5-14}$$

式中

$$K_{\delta_{\min}}=\sum_{\boldsymbol{\varepsilon}\in E_{\delta_{\min}}}w(\boldsymbol{\varepsilon})\prod_{i=0}^{l-L-1}\frac{M-|\varepsilon_i|}{M} \tag{5-15}$$

一般，$\delta^2_{\min}\leqslant 1$。因此，$10\lg\delta^2_{\min}$ 表示由于码间干扰造成的信噪比损失。

从错误概率的角度来说，MLSE 算法和 MAP 算法是最佳的。在 MAP 算法中，是使码元错误概率最小化；在 MLSE 中，采用 Viterbi 算法可使检测序列差错概率最小化。在实际中，这两种概率检测算法提供了可比的性能。

逐符号 MAP 算法和 MLSE 算法需要知道有关信道特性的知识，以便计算用于判决的度量。若信道未知，则需要估计信道。估计的信道系数要反馈给解调器，用来进行 MAP 算法或基于 MLSE 的 Viterbi 算法的度量计算。信道估计可采用 FIR 滤波器来自适应完成，估计器的系数可采用自适应算法调整。

除信道特性的知识外，MAP 和 MLSE 算法还需要知道信号中混杂的噪声的统计分布。这些加性噪声的统计分布决定了度量的形式，以便对接收信号进行最佳检测。

但是，在 ISI 信道中，MLSE 算法的计算复杂度随信道中时间色散的长度而呈指数增长。如果信号码元是 M 元的，且 ISI 的长度为 L，则 MLSE 算法对每个新的码元需要计算 M^{L+1} 个度量。对于大多数实际的水声信道，这样的计算复杂度太大以至于难以实现。但它可以作为一种标准，来比较次最佳均衡方法，如线性均衡器或判决反馈均衡器的性能。

5.3 线性均衡器

5.3.1 均衡器结构

采用线性或非线性均衡器结构的均衡方法是次最佳的均衡方法。在每类均衡器中有多种不同的结构，在每种结构中又有一系列算法用来按照某种特定的性能准则调整均衡器参数，如图 5-4 所示是参考文献[2]给出的均衡器的分类图。

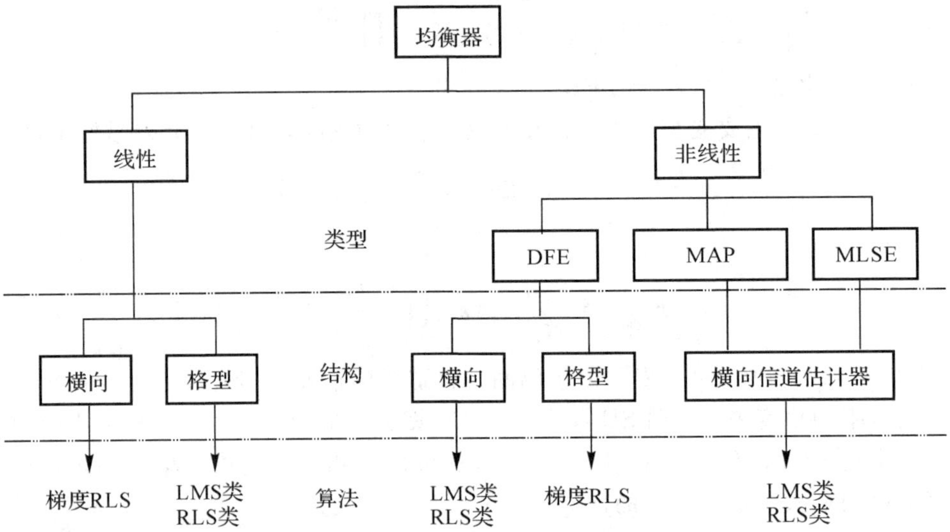

图 5-4 均衡器类型、结构、算法

最常用的线性均衡器是用系数可调的有限冲激响应(FIR) 滤波器，也称横向滤波器来实现的，如图 5-5 所示的是抽头数为 $2N+1$ 的线性均衡器的结构图，这种结构的计算复杂度是信道长度 L 的线性函数。若线性滤波器的输入是 $\{x_k\}$，输出是信号序列 $\{d_k\}$ 的估计值，则第 k 个码元的估计值可以表示为

$$\hat{d}_k = \sum_{j=-N}^{N} c_j x_{k-j} \tag{5-16}$$

式中 $\{c_j\}$—— 滤波器的复抽头增益。

用均衡器输出信息的估计值 $\hat{d}_k$ 形成判决 $\tilde{d}_k$。如果 $\tilde{d}_k$ 与发送信息不同，则出现判决错误。

横向滤波器均衡的效果取决于滤波器的长度和抽头增益 c_i 的调整准确度。从理论上说，无限长的横向滤波器可以完全消除抽样时刻上的 ISI,但实际上是不可实现的。这是因为均衡器的长度不仅受经济条件的限制,而且如果 c_i 的调整准确度得不到保证,则增加长度所增加的效果不会显示出来。

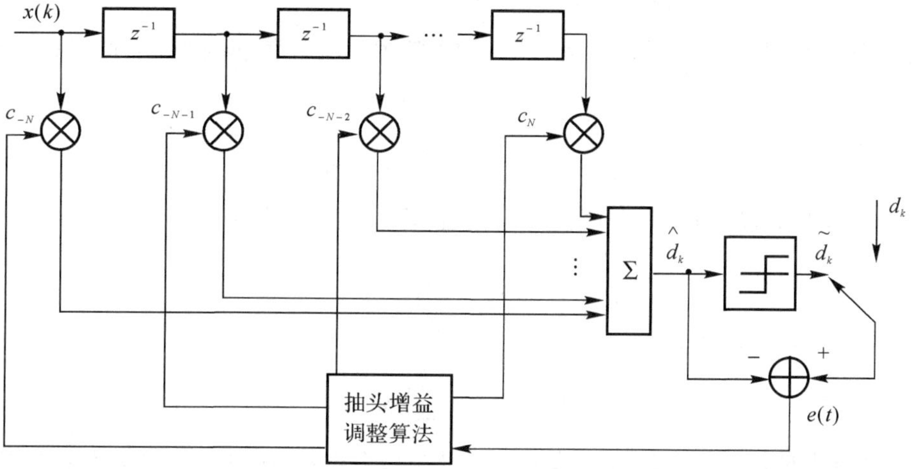

图 5-5　采用横向滤波器结构的线性均衡器

在抽头数有限的情况下,均衡器的输出有剩余失真,为了反映这些失真的大小,一般采用峰值失真准则和均方失真准则作为衡量标准。峰值失真定义为

$$D=\frac{1}{\hat{d}_0}\sum_{\substack{k=-\infty \\ k\neq 0}}^{\infty}|\hat{d}_k| \tag{5-17}$$

式中　$\hat{d}_0$——$k=0$ 时刻的均衡器输出,是有用信号样值,其余所有的 $\hat{d}_k$ 都属于 ISI。

因此,峰值失真 D 就是 ISI 最大值与有用信号值之比,使这个性能指数最小化的准则称为峰值失真准则。

均方失真定义为

$$e^2=\frac{1}{0^2}\sum_{\substack{k=-\infty \\ k\neq 0}}^{\infty}|\hat{d}_k^2| \tag{5-18}$$

均方失真准则就是使式(5-18)的均方失真达到最小的准则。由式(5-17)和式(5-18)定义的两种准则都是根据均衡器输出的单脉冲响应来规定的。

均衡器按调整的方式,可以分为手动式均衡器和自动式均衡器,自动均衡器又可分为预置式均衡器和自适应均衡器。在水声通信系统中,通常采用自适应均衡器以跟踪信道的变化。自适应均衡器可以在数据传输过程中,根据信道的情况按照某种算法不断调整抽头系数来减小失真。自适应均衡器的输出波形不再是单脉冲响应,而是实际的数据信号。于是,按单脉冲响应定义的峰值失真和均方失真不适合水声信道的情况,自适应均衡一般按最小均方误差

(MSE, Mean Square Error) 准则来调整。

5.3.2 最小均方误差准则

设发送序列为$\{d_k\}$,均衡器输入为$\{x_k\}$,均衡后输出的样值序列为$\hat{d}_k$,此时误差信号为

$$e = d_k - \hat{d}_k \tag{5-19}$$

均方误差定义为

$$J = E\,|e_k|^2 = E\,|d_k - \hat{d}_k|^2 \tag{5-20}$$

按照式(5-16),对于有$2N+1$个抽头的均衡器,均衡器的输出为

$$\hat{d}_k = \sum_{j=-N}^{N} c_j x_{k-j}$$

将其代入式(5-20)可得

$$J = E\left|d_k - \sum_{j=-N}^{N} c_j x_{k-j}\right|^2 \tag{5-21}$$

可见,均方误差J是各抽头增益$\{c_j\}$的函数。最小均方误差(MSE)准则就是选择均衡器的抽头增益$\{c_j\}$,使J逐渐达到最小,即使期望输出d_k和实际输出$\hat{d}_k$之间的均方误差最小化的准则。如果能实现这一过程,则称均衡器收敛。

要对任意的k都使均方误差最小,可以将式(5-21)对c_j求偏导并令其为零,得到

$$\frac{\partial J}{\partial c_i} = 2E[e_k x_{k-j}] = 0 \tag{5-22}$$

式(5-22)意味着要使均方误差最小化,等价于迫使误差$e_k = d_k - \hat{d}_k$正交于信号值x_{k-j}。于是,抽头增益的调整可以借助于误差e_k和信号值x_{k-j}乘积的统计平均值,通过抽头增益的调整使平均值向零值变化,直到其等于零为止。这时得到的抽头增益称为最佳抽头增益$\{c_j\}_{\text{opt}}$,用来求解最佳抽头增益的算法称为自适应均衡算法。

在均衡器抽头增益$\{c_j\}$的实际调整过程中,为了克服初始均衡的困难,在数据传输前通常先发送一段接收机已知的序列,用来对均衡器进行训练。在均衡器收敛后,再发送数据序列,这时式(5-21)中的期望输出变为$\tilde{d}_k$,已经确定的最佳抽头序列$\{c_j\}_{\text{opt}}$再根据均方误差进行微调,跟踪信道变化。

由于自适应均衡器的抽头系数可随信道特性的变化而自适应调节,故调整精度高。在高速率通信系统中,普遍采用自适应均衡器来克服码间干扰。

线性均衡器是一种次最佳的信道均衡方法,通常用于信道失真不是很严重的场合。当信道严重失真、造成的码间干扰无法用线性均衡器来处理时,可采用非线性均衡器。

5.4　判决反馈均衡器

判决反馈均衡器(DFE,Detect Feedback Equalizer)是最为常用的、有效的非线性均衡方法,常用在有严重 ISI 的场合。DFE 的基本思想是一旦码元被判决,那么它对下一个码元的 ISI 就能估计出来,就可以在下一个码元判决之前把 ISI 减去。DFE 可以采用横向结构,也可以采用格型结构,如图 5-6 所示为采用横向滤波器的 DFE 结构。

DFE 由两个滤波器组成:一个前馈滤波器(FFF,Feedforword Filter)和一个反馈滤波器(FBF,Feedback Filter)。前馈滤波器的结构与线性均衡器相同,其输入是接收信号序列。反馈滤波器的作用是从当前的估计值 $\{\hat{d}_k\}$ 中除去先前判决码元所引起的 ISI,因而其输入是已检测的判决序列 $\{\tilde{d}_k\}$,由于前馈滤波器和反馈滤波器都是线性横向滤波器,因而其抽头系数都可以自适应地调整。

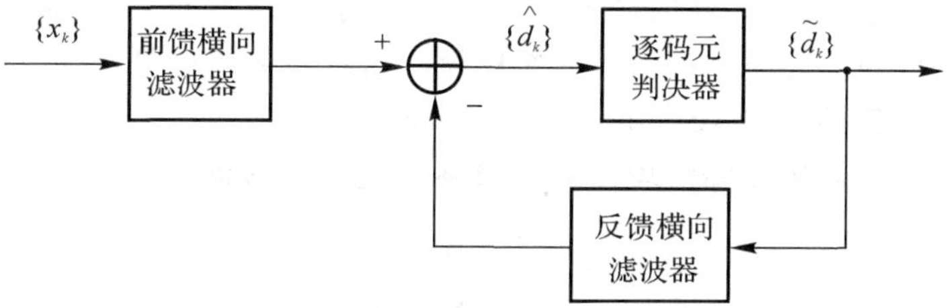

图 5-6　判决反馈均衡器结构

假设 DFE 的前馈部分有 N_1+1 个抽头,而在反馈部分有 N_2 个抽头,前馈滤波器的输出可以表示为

$$\hat{d}_k=\sum_{j=-N_1}^{0}c_jx_{k-j}+\sum_{j=1}^{N_2}c_j\tilde{d}_{k-j} \tag{5-23}$$

式中　$\hat{d}_k$ —— 前馈滤波器的输出,即第 k 个码元的估计值;

$\{c_j\}$ —— 滤波器的抽头系数;

$\{\tilde{d}_k\}$ —— 已判决的码元,$k=1,\cdots,N_2$。

由于反馈滤波器包含已判决的符号 $\{\tilde{d}_k\}$,因而这种均衡器是非线性的。假设已判决的码元都是正确的,则均方误差为

$$J=E\left|\tilde{d}_k-\hat{d}_k\right|^2 \tag{5-24}$$

与线性均衡器一样,可以通过自适应算法来调整 DFE 的抽头系数,使均方误差达到最小。当 DFE 收敛时,得到最佳均衡器系数。

假若 DFE 的判决都是正确的,且反馈滤波器的抽头系数 N_2 不小于信道长度 L,则反馈滤波器可以完全消除已判决码元引起的 ISI。这时 DFE 的性能优于线性均衡器,这是由于反馈

部分消除了已判决码元引起的ISI,因而加入判决反馈部分可得到相当大的性能增益。但若信道严重失真,DFE中存在不正确的判决,这种误差会被反馈到判决器的输入端,造成差错传播,使得DFE的性能显著下降。

5.5 分数间隔均衡器

众所周知,在加性高斯白噪声(AWGN)信道中的最佳接收机是按码元速率进行抽样的匹配滤波器,若信号中有ISI,则最佳接收机应是接收信号的匹配滤波器加线性均衡器或非线性均衡器。

在有失真的信道中,均衡器前的匹配滤波器应与有失真的接收信号相匹配,当信道特性未知时,接收信号也是未知的,则匹配滤波器需要自适应地估计。于是,接收机通常首先对发送信号进行匹配滤波,再对该匹配滤波器的抽样时间最佳化。

抽样可以按码元速率进行,这时需要精确的码元同步,以保证均衡器的性能。通常,这种方法使得均衡器性能对抽样时间的选择非常敏感。这种对输入信号按码元速率进行抽样的均衡器称为码元间隔均衡器(SSE,Symbol-Space Equlizer)。

可以从频域角度来看码元间隔均衡器的限制。设经接收滤波器后,均衡器的输入信号可以表示为

$$x(kT+\tau_0)=x_k=\sum_{n=0}^{\infty}h(kT-nT+\tau_0) \tag{5-25}$$

式中 $h(t)$ —— 接收滤波器对输入信号的响应;

τ_0 —— 信道时延。

x_k 的频谱为

$$X_T(f)=\frac{1}{T}\sum_{n}H\left(f-\frac{n}{T}\right)\mathrm{e}^{-\mathrm{j}2\pi(f-\frac{n}{T})\tau_0} \tag{5-26}$$

式中 $X_T(f)$ —— 折叠或混叠谱,其折叠频率是 $1/(2T)$。

由式(5-26)可见,输入信号的频谱与抽样时延 τ_0 的选择有关。对于线性均衡器来说,均衡器输出端的谱为 $C_T(f)X_T(f)$,其中

$$C_T(f)=\sum_{j=-N}^{N}c_j\mathrm{e}^{-\mathrm{j}2\pi f_j T} \tag{5-27}$$

这表明,码元间隔均衡器只能补偿混叠接收信号的频率响应,不能补偿信道的固有失真 $H(f)\mathrm{e}^{\mathrm{j}2\pi f\tau}$。

接收机也可以采用另一种抽样方式,即以至少两倍Nyquist速率进行抽样,也就是说,抽样间隔 T_s 小于码元间隔 T,表示为

$$T_s=\frac{M}{N}T,\qquad M/N<1 \tag{5-28}$$

这种抽样方式称为分数间隔抽样，通常取 $T_s = T/2$。按照分数间隔进行抽样的均衡器称为分数间隔均衡器(FSE，Fractionary-Space Equilizer)。

FSE 的频率响应为

$$C_{T'}(f) = \sum_{j=-N}^{N} c_j \mathrm{e}^{-\mathrm{j}2\pi f_j T'} \tag{5-29}$$

式中，$T' = MT/N$。均衡后的频谱为

$$\begin{aligned} C_{T'}(f)X_{T'}(f) = C_{T'}(f)\sum_n H\left(f - \frac{n}{T'}\right)\mathrm{e}^{\mathrm{j}2\pi(f-n/T')\tau_0} = \\ C_{T'}(f)\sum_n H\left(f - \frac{nN}{MT}\right)\mathrm{e}^{\mathrm{j}2\pi(f-nN/MT)\tau_0} \end{aligned} \tag{5-30}$$

因为当 $|f| > N/(MT)$ 时，$H(f) = 0$，所以，式(5-30)可以表示为

$$C_{T'}(f)X_{T'}(f) = C_{T'}(f)H(f)\mathrm{e}^{\mathrm{j}2\pi f\tau_0} \tag{5-31}$$

因此，在用码元速率抽样造成混叠之前，分数间隔均衡器补偿了接收信号中的信道失真，也就是说，$C_{T'}(f)$ 能够补偿任意定时的相位。

FSE 输出以码元速率抽样，其频谱为

$$\sum_k C_{T'}\left(f - \frac{k}{T}\right)H\left(f - \frac{k}{T}\right)\mathrm{e}^{\mathrm{j}2\pi(f-k/T)\tau_0} \tag{5-32}$$

对于 FSE 来说，只要有粗同步，它就能以最佳时刻进行细同步。实际上，最佳 FSE 等价于一个匹配滤波器加一个码元速率的均衡器。

有许多文献对分数间隔均衡器和码元间隔均衡器(SSE)的性能进行了比较，这些结果都表明，即使码元间隔均衡器按最佳时刻抽样，分数间隔均衡器也具有更好的性能，且对一个码元内抽样相位不敏感。

分数间隔均衡器的输出是按码元速率抽样，如果将 FSE 结构应用在 DFE 中，则 DFE 的前馈部分采用 FSE 结构，而后馈部分采用 SSE 结构。

5.6 格型滤波器

格型滤波器的结构如图 5-7 所示。

定义滤波器的输出为

$$F_m(z) = A_m(z)Y(z) \tag{5-33}$$

且有

$$F_m(z) = F_{m-1}(z) - a_{mn}z^{-1}B_{m-1}(z) \tag{5-34}$$

其时域关系为

$$f_m(t) = f_{m-1}(t) - a_{mn}b_{m-1}(t-1), \qquad m \geqslant 1 \tag{5-35}$$

式中

$$\left.\begin{aligned} f_m(t) &= y(t) - \sum_{k=1}^{m-1} a_{mk} y(t-k) \\ b_m(t) &= y(t-m) - \sum_{k=1}^{m-1} a_{mk} y(t-m+k) \end{aligned}\right\} \quad (5-36)$$

式(5-36)中，$f_m(t)$ 表示 m 阶前向预测器的误差，$b_m(t)$ 表示后向预测器的误差，$y(t)$ 为输入序列，$f_m(t)$ 和 $b_m(t)$ 通常称为残差，它们具有正交性，即

$$\left.\begin{aligned} E[b_m(t)b_n(t)] &= E_m\delta_{mn} \\ E[f_m(t+m)f_n(t+n)] &= E_m\delta_{mn} \end{aligned}\right\} \quad (5-37)$$

$f_m(t)$ 与 $b_n(t)$ 之间的互相关为

$$E[f_m(t)b_n(t)] = \begin{cases} a_{mn}\delta_n, & m \geqslant n, \quad m,n \geqslant 0 \\ 0, & m < n \end{cases} \quad (5-38)$$

由于残差正交，格型滤波器的不同节之间相互独立，这就允许滤波器添加或删除最后的一级或多级，而不影响余下各级的参数。格型滤波器是递推阶次的，因此，它所含的节数增加或减少不影响余下各节的参数。与之相反，根据自适应算法得到的横向滤波器的系数是互相关联的，抽头数的增加或减少会导致所有系数的变化。

采用格型滤波器结构的均衡器算法的计算复杂性随滤波器系数的数目 N 线性增长。当均衡器抽头数小于 10 时，不同结构和算法的计算复杂性相差比较小；然而，当抽头数增加时，格型自适应均衡算法的复杂度明显低于横向均衡器算法的复杂度。

还有其他结构形式的均衡器，如预测判决反馈均衡器、发送端均衡器等，可参考文献[1]和[2]。

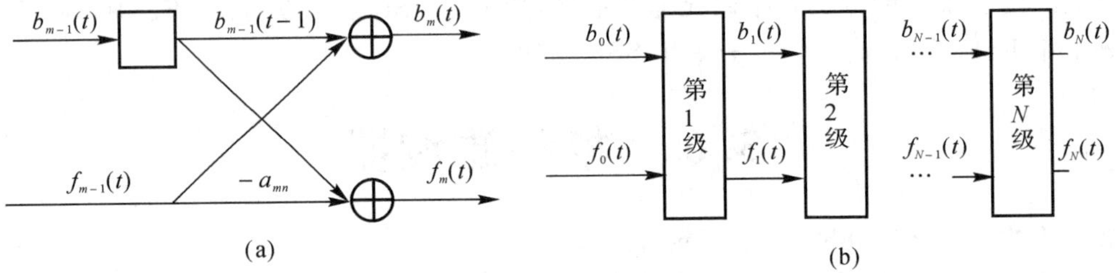

图 5-7 格型滤波器

5.7 自适应均衡算法

由于水声信道是时变的，大多数情况下信道特性是未知的，因此，无论是最佳接收机(MLSE)还是次最佳接收机(线性均衡器和判决反馈均衡器)都需要自动地调整均衡器系数，

自适应地补偿信道特性的变化。用来自动调整接收机参数的算法称为自适应算法，本节介绍在水声通信中常用的自适应均衡算法。

5.7.1　最佳均衡器系数

在自适应均衡器中，通常采用最小均方误差（MSE）准则来调节均衡器的抽头系数 $\{c_j\}$，以使均方误差最小化。

对于具有 $2N+1$ 个抽头的线性均衡器，按照式(5-21)，MSE 为

$$J=E\left|d_k-\sum_{j=-N}^{N}c_j x_{k-j}\right|^2$$

按照式(5-22)，要使 J 关于抽头系数 $\{c_j\}$ 最小化，等效于迫使误差 $e_k=d_k-\hat{d}_k$ 正交于信号样值 x_{k-j}，即

$$\frac{\partial J}{\partial c_j}=2E(e_k x_{k-j}^*)=0$$

将 $e_k=d_k-\hat{d}_k$ 代入上式可得

$$E\left[\left(d_k-\sum_{j=-N}^{N}c_j x_{k-j}\right)x_{k-l}^*\right]=0,\qquad -N\leqslant l\leqslant N \tag{5-39}$$

式(5-39) 等价于

$$\sum_{j=-N}^{N}c_j E(x_{k-j}x_{k-l}^*)=E(d_k x_{k-l}^*),\qquad -N\leqslant l\leqslant N \tag{5-40}$$

令 $\Gamma_{jl}=x_{k-j}x_{k-l}^*$，$\xi=d_k x_{k-l}^*$，则式(5-40) 可以改写为

$$\sum_{j=-N}^{N}c_j\Gamma_{jl}=\xi_l,\qquad -N\leqslant l\leqslant N \tag{5-41}$$

用矩阵形式表示为

$$\boldsymbol{\Gamma C}=\boldsymbol{\xi} \tag{5-42}$$

式中　$\boldsymbol{\Gamma}$—— 线性均衡器输入信号样值的 $(2N+1)\times(2N+1)$ 阶协方差矩阵；

　　　$\boldsymbol{\xi}$—— 期望信号序列与输入序列的 $(2N+1)$ 阶互相关列向量。

式(5-42) 的解，也称最佳 Wiener 滤波器解，为

$$\boldsymbol{C}_{\text{opt}}=\boldsymbol{\Gamma}^{-1}\boldsymbol{\xi} \tag{5-43}$$

即最佳线性均衡器系数 $\boldsymbol{C}_{\text{opt}}$ 要通过矩阵 $\boldsymbol{\Gamma}$ 的求逆来求解。

5.7.2　线性均衡器中的 LMS 算法

按照式(5-43) 求解最佳均衡器系数，需要求解 $(2N+1)\times(2N+1)$ 阶矩阵 $\boldsymbol{\Gamma}$ 的逆。这对于分支数较多的均衡器来说，计算复杂度会很高。例如，在高速率水声通信系统，为了有效地

抵消 ISI，均衡器的抽头数通常会有几十到上百个，当用式(5－43)计算均衡器系数时，计算量会很大。

为了避免直接求逆，自适应均衡算法通常采用迭代方法计算 $\boldsymbol{C}_{\text{opt}}$。最简单的迭代过程是梯度下降法，常称最陡下降法，其迭代过程可以从任意选择的向量 $\boldsymbol{C}_0$ 开始，系数修正的方向向量取为代价函数的负梯度方向。设 $\boldsymbol{c}_k=[c_{-N} \quad c_{-N+1} \quad \cdots \quad c_N]^{\mathrm{T}}$ 表示第 k 次迭代时均衡器系数的列向量，则 k 时刻抽头系数的变化与 k 时刻梯度分量的大小成正比，表示为

$$\boldsymbol{c}_k=\boldsymbol{c}_{k-1}-\mu_k\Delta\boldsymbol{J}_k, \qquad k=1,\ 2,\ \cdots, \tag{5-44}$$

式中 $\Delta\boldsymbol{J}_k$—— 梯度向量，表示为

$$\Delta\boldsymbol{J}_k=\frac{1}{2}\frac{\mathrm{d}\boldsymbol{J}}{\mathrm{d}\boldsymbol{c}_k}=\boldsymbol{\Gamma}\boldsymbol{c}_k-\boldsymbol{\xi}=-E(\boldsymbol{e}_k\boldsymbol{x}_k^*) \tag{5-45}$$

式中 $\boldsymbol{x}_k$—— 第 k 次迭代时均衡器输入信号样值，$\boldsymbol{x}_k=[x_{-N} \quad x_{-N+1} \quad \cdots \quad x_N]$；

$\boldsymbol{e}_k$—— 第 k 次迭代时的误差信号，$e_k=d_k-\hat{d}_k$；

μ_k—— 迭代步长，是一个正数，用来控制调整的速度。

用式(5－44)求最佳抽头系数的主要问题是梯度向量 $\Delta\boldsymbol{J}_k$ 未知。梯度向量取决于协方差矩阵 $\boldsymbol{\Gamma}$ 和互相关向量 $\boldsymbol{\xi}$，而这些量本身又取决于等效离散时间信道模型的系数、信息序列的协方差以及加性噪声，所有这些在接收机中一般都是未知的。为此，可采用梯度向量的估计值，即

$$\Delta\hat{\boldsymbol{J}}_k=-\boldsymbol{e}_k\boldsymbol{x}_k^* \tag{5-46}$$

于是，得到抽头系数的修正算法为

$$\boldsymbol{c}_k=\boldsymbol{c}_{k-1}+\mu_k\boldsymbol{e}_k\boldsymbol{x}_k^* \tag{5-47}$$

当 μ_k 为常数时，式(5－47)就是基本的最小均方(LMS，Least Mean Squares)算法，它是由 Widrow 于 1966 年首先提出的。

除了式(5－47)所示的基本算法外，LMS 算法还有一些变型形式，主要体现在梯度向量的估计方法方面。如利用误差信号 $\boldsymbol{e}_k$ 或/和 $\boldsymbol{x}_k$ 分量中的正负号信息，就可以得到 3 种梯度向量的估计：将梯度向量在 n 次迭代周期上平均或过滤；用低通滤波器对有噪的梯度向量进行过滤，将滤波器的输出作为梯度向量的估计值；在估计梯度向量前对输入序列 x_k 去相关等，具体内容可参见参考文献[1]和[4]。

对基本 LMS 算法变型的目的在于改善算法的性能，如改善算法的收敛性等。

在 LMS 算法中，误差信号是期望信号与其估计值之差，即 $\boldsymbol{e}_k=\boldsymbol{d}_k-\hat{\boldsymbol{d}}_k$。实际中，期望信号是未知的。为此，可以首先发送一个确知的训练序列给接收机，用来调整均衡器的初始系数，信息序列的长度必须不小于均衡器的长度。在训练期间，均衡器输出误差 $\boldsymbol{e}_k=\boldsymbol{d}_k-\hat{\boldsymbol{d}}_k$。当均衡器系数达到最佳后，由训练模式转向面向判决模式，用判决器输出的估计值 $\tilde{\boldsymbol{d}}_k$ 代替期望值 $\boldsymbol{d}_k$，形成误差 $\boldsymbol{e}_k=\tilde{\boldsymbol{d}}_k-\hat{\boldsymbol{d}}_k$。当信道中的误码率小于 10^{-2} 时，判决器的判决误差对均衡器性能的影响可以忽略。

当信道特性随时间变化时，抽头系数也将按式(5－47) 随之改变，以跟踪信道的变化。

5.7.3 LMS 算法的收敛性

LMS 算法的基本步骤是：

1) 初始化抽头系数：

$$\boldsymbol{c}_k = 0, \quad k = 1$$

2) 计算均衡器输出：

$$\hat{\boldsymbol{d}}_k = \boldsymbol{x}_k^{\mathrm{T}} \boldsymbol{c}_k, \quad \boldsymbol{x}^{\mathrm{T}} \text{ 表示 } \boldsymbol{x} \text{ 的转置}$$

3) 计算误差：

$$\boldsymbol{e}_k = \boldsymbol{d}_k - \hat{\boldsymbol{d}}_k = \boldsymbol{d}_k - \boldsymbol{x}_k^{\mathrm{T}} \boldsymbol{c}_k$$

4) 修正均衡器系数：

$$\boldsymbol{c}_k = \boldsymbol{c}_{k-1} + \mu_k \boldsymbol{e}_k \boldsymbol{x}_k^*, \quad k = k + 1$$

在基本 LMS 算法中，步长 μ 是一个常数，它控制着 LMS 算法的收敛特性，不仅决定收敛的速度，也决定算法的稳定性。为了保证算法的收敛性，应选择

$$0 < \mu < 2/\lambda_{\max} \tag{5-48}$$

式中 $\lambda_{\max}$—— 矩阵 $\boldsymbol{\Gamma}$ 的最大本征值。

大的 μ 值，如选择 μ 接近上边界 $2/\lambda_{\max}$，会加快 LMS 算法的收敛速度，但会导致均衡器的系数在稳态时有大的起伏。这种起伏会形成一种自噪声，其方差随 μ 的增加而变大，使得 LMS 算法的性能不稳定。因此，步长 μ 的选择是收敛速度与稳定性的折中。

【例 5－1】 线性均衡器的仿真。仿真时采用的信道参数见表 5－1，表中参数采用最先到达路径的参数进行了归一化。信号频率 $f=2$ kHz，采用 QPSK 调制。训练序列和信息序列都采用二进制随机序列，训练序列的长度为 150，信息序列的长度为 200。自适应均衡算法采用 LMS 算法。

表 5－1 仿真用的水声信道参数

信道系数	1.364	1.453	1.0	0.581
传播时延 /ms	730	610	0	270

如图 5－8 所示给出了不同步长时，线性均衡器输出的均方误差(MSE) 的曲线。图 5－8(a) 中，信号码元时间 $T=100$ ms；图 5－8(b) 中，$T=50$ ms。由图 5－8 可见，在训练期间，与小步长($\mu=0.015$) 相比，当采用大的步长($\mu=0.15$) 时，MSE 曲线有更大的起伏，但收敛明显地更快。另外，当信号传输速率增大时，在同样的均衡器参数条件下，线性均衡器的收敛变慢。

一般来说，对于任何给定的信道特性，LMS 算法的初始收敛速度是由步长 μ 控制的，初始收敛速度受到信道频谱特性的影响，它与接收信号协方差矩阵 $\boldsymbol{\Gamma}$ 的特征值$\{\lambda\}$有关。如果信道的幅度和相位失真比较小，$\boldsymbol{\Gamma}$ 的最大特征值与最小特征值之比 $\lambda_{\max}/\lambda_{\min}$ 接近于 1，则 LMS 算法收敛较快；但若信道频率响应有幅度谱零点的情况，则 $\lambda_{\max}/\lambda_{\min} \gg 1$，LMS 算法收敛就比较慢。

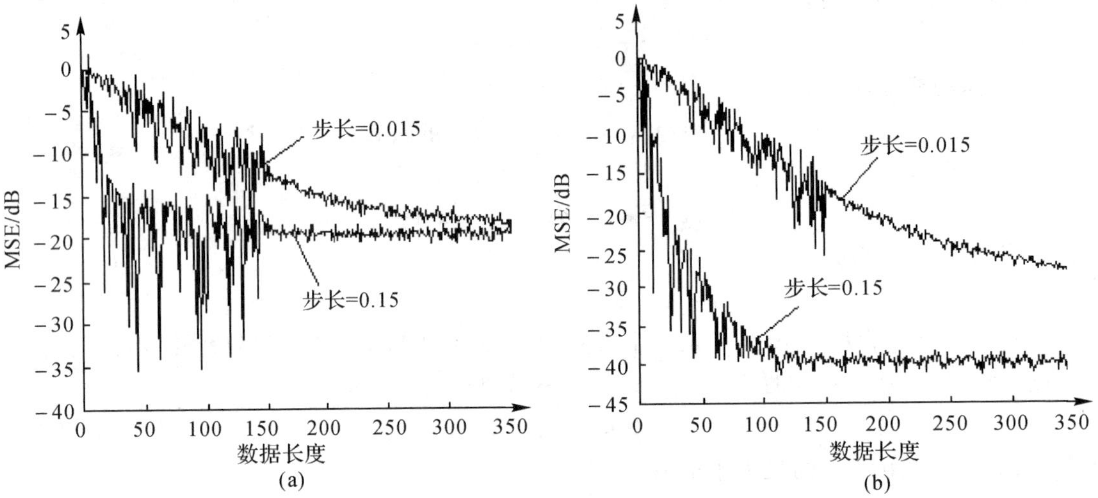

图 5-8　不同步长时 LMS 算法的收敛性

(a) 码元时间 $T = 100$ ms；　(b) 码元时间 $T = 50$ ms

可以通过改变步长来改变收敛速度，如开始时使用大的步长 μ，然后步长随着抽头系数收敛到最佳而减小。在参考文献[4]中，取步长

$$\mu = \frac{a}{\beta + \boldsymbol{x}_A^{\mathrm{T}} \times \boldsymbol{x}_k}, \quad a \in (0,2), \quad \beta \geqslant 0 \tag{5-49}$$

可得到归一化 LMS 算法。参考文献[1]介绍了另一种方法，即以加权矩阵 $\boldsymbol{W} = \boldsymbol{\Gamma}^{-1}$ 来代替步长。更多的加快 LMS 算法收敛速度的方法可参见参考文献[1]和[3]及其他参考文献。

5.7.4　判决反馈均衡器中的 LMS 算法

在有严重 ISI 的信道中，线性均衡器不再适合补偿该信道中的 ISI，需要采用判决反馈均衡器(DFE)。与线性均衡器一样，DFE 的前馈和反馈滤波器系数可以采用递推的算法进行调整，如图 5-9 所示为自适应 DFE 的原理框图。

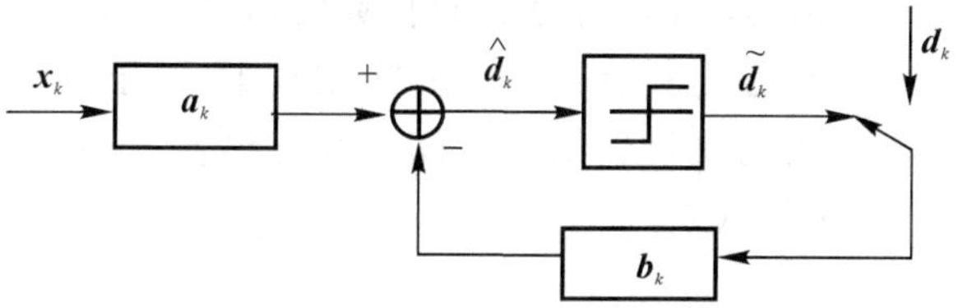

图 5-9　自适应 DFE 的原理框图

在图 5-9 中，a_k 表示前馈滤波器的系数，b_k 表示反馈滤波器的系数，$c_k = [a_0 \quad a_1 \quad \cdots \quad a_{N1} \quad b_1 \quad b_2 \quad \cdots \quad b_{N2}]^T$ 表示DFE的系数，则基于MSE的DFE的LMS算法为

$$c_k = c_{k-1} + \mu e_k x_k^* \tag{5-50}$$

式中　x_k——k 时刻前馈和反馈滤波器中的信号序列

$$x_k = [x_{k+N1} \quad \cdots \quad x_k \quad d_{k-1} \quad \cdots \quad d_{k-N2}]^T$$

与线性均衡器一样，DFE可以用训练序列进行系数的初始调整，训练期间 $e_k = d_k - \hat{d}_k$。当均衡器系数收敛后，再切换到面向判决模式。这时用 $\tilde{d}_k$ 代替 d_k，$e_k = \tilde{d}_k - \hat{d}_k$，$x_k = [x_{k+N1} \quad \cdots \quad x_k \quad \tilde{d}_{k-1} \quad \cdots \quad \tilde{d}_{k-N2}]^T$。

【例 5-2】　判决反馈均衡器(DFE)的仿真。仿真时的信道参数与例 5-1 相同，见表 5-1，信号参数也与例 5-1 相同，信号码元时间 $T = 20$ ms。采用 LMS 算法的 DFE 输出的 MSE 曲线如图 5-10 所示，为了比较，图中同时给出了线性均衡器(LE)的 MSE 曲线。仿真时，LMS 算法的步长 $\mu = 0.15$。

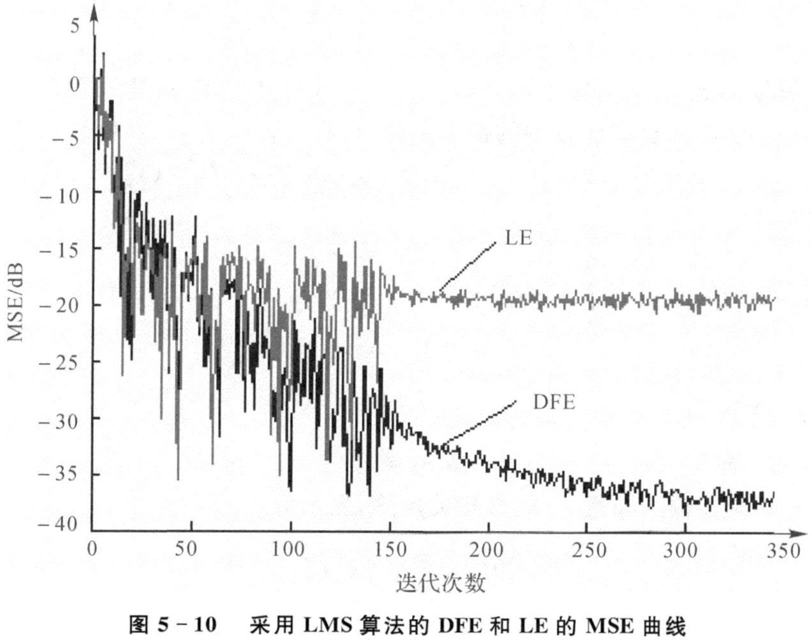

图 5-10　采用 LMS 算法的 DFE 和 LE 的 MSE 曲线

由图 5-10 可见，与 LE 相比，DFE 有更好的收敛性，收敛后的 MSE 也更小。

LMS算法还可以用在信道特性未知的MLSE接收机中，用于对信道估计器的系数进行自适应的估计，以使实际接收序列与估计器输出之间的均方误差最小，其系数调整过程也同样可以分成训练模式和自适应判决模式。

5.7.5 递推最小二乘算法

虽然有各种改变收敛速度的变型LMS算法，但LMS算法的收敛速度仍然比较慢，无法适应快速时变的信道，因为它只有一个参数 μ 控制收敛过程。为此，可采用另一种收敛速度更快的算法 —— 递推最小二乘(RLS，Recursive Least Squares) 算法 —— 来调整均衡器的系数。RLS 算法是在使均衡器误差的指数加权平方和最小化，即使性能指数

$$J=\sum_{n=0}^{t}\lambda^{t-n}\left|e(n)\right|^2=\sum_{n=0}^{t}\lambda^{t-n}\left|d(n)-\hat{d}(i)\right|^2 \tag{5-51}$$

最小化的过程中得到的。式中，$0<\lambda<1$ 称为加权因子，或遗忘因子。由式(5-51) 可见，对于 RLS 算法，性能指数是用时间平均而不是统计平均来表示的。

为方便起见，用矩阵形式表示 RLS 算法。定义 $\boldsymbol{c}_k$ 为 k 时刻均衡器抽头系数的列向量，$\boldsymbol{x}_k$ 为 k 时刻均衡器输入信号的列向量，$\hat{\boldsymbol{d}}_k$ 为信息序列估计值的列向量，$\boldsymbol{d}_k$ 为均衡器输出的列向量。对于有 N 个抽头的线性均衡器来说，$\boldsymbol{c}_k=[c_0(k)\quad c_1(k)\quad\cdots\quad c_{N-1}(k)]^{\mathrm{T}}$，$\boldsymbol{x}_k=[x_0(k)\quad x_1(k)\quad\cdots\quad x_{N-1}(k)]^{\mathrm{T}}$，则 $\hat{d}_k$ 表示为

$$\hat{\boldsymbol{d}}_k=\sum_{j=0}^{N-1}c_j(k-1)x(k-j)=\boldsymbol{c}_k^{\mathrm{T}}\boldsymbol{x}_k \tag{5-52}$$

对于判决反馈均衡器，设 $\boldsymbol{A}_k=[a_1(k)\quad\cdots\quad a_{N_1}(k)]^{\mathrm{T}}$ 为前馈滤波器的抽头系数，$\boldsymbol{B}_k=[b_1(k)\quad\cdots\quad b_{N_2}(k)]^{\mathrm{T}}$ 为反馈滤波器的抽头系数，且有 $N_1+N_2=N$，则均衡器系数矩阵为

$$\boldsymbol{c}_k=[a_1(k)\quad\cdots\quad a_{N_1}(k)\quad b_1(k)\quad\cdots\quad b_{N_2}(k)]^{\mathrm{T}}$$

均衡器输入向量为

$$\boldsymbol{x}_k=[x_1(k)\quad\cdots\quad x_{N_1}(k)\quad d_1(k)\quad\cdots\quad d_{N_2}(k)]^{\mathrm{T}}$$

在面向判决期间时，用 $\tilde{\boldsymbol{d}}_k$ 代替 $\boldsymbol{d}_k$。均衡器的误差定义为

$$\boldsymbol{e}_k=\boldsymbol{d}_k-\boldsymbol{c}_k^{\mathrm{T}}\boldsymbol{x}_k \tag{5-53}$$

由 $\dfrac{\partial J}{\partial\lambda}=0$，可得

$$\boldsymbol{R}_k\boldsymbol{c}_k=\boldsymbol{r}_k \tag{5-54}$$

式中 $\boldsymbol{R}_k$—— 均衡器输入向量 $\boldsymbol{x}_k$ 的自相关矩阵，表示为

$$\boldsymbol{R}_k=\sum_{n=0}^{k}\lambda^{k-n}\boldsymbol{x}_n\boldsymbol{x}_n^{\mathrm{T}} \tag{5-55}$$

$\boldsymbol{r}_k$—— 输入向量 $\boldsymbol{x}_k$ 与均衡器输出 $\boldsymbol{d}_k$ 的互相关向量，表示为

$$\boldsymbol{r}_k = \sum_{n=0}^{k} \lambda^{k-n} \boldsymbol{d}_n \boldsymbol{x}_n^* \tag{5-56}$$

于是，式(5-54)的解为

$$\boldsymbol{c}_k = \boldsymbol{R}_k^{-1} \boldsymbol{r}_k \tag{5-57}$$

为了估计 $\boldsymbol{c}_k$，首先用递推的方法计算 $\boldsymbol{R}_k$，可得

$$\boldsymbol{R}_k = \lambda \boldsymbol{R}_{k-1} + \boldsymbol{x}_k^* \boldsymbol{x}_k^{\mathrm{T}} \tag{5-58}$$

对式(5-58)利用逆矩阵恒等式，可得 $N \times N$ 阶逆矩阵 $\boldsymbol{P}_k = \boldsymbol{R}_k^{-1}$ 的递推式

$$\boldsymbol{P}_k = \boldsymbol{R}_k^{-1} = \frac{1}{\lambda}\left(\boldsymbol{P}_{k-1} - \frac{\boldsymbol{P}_{k-1}\boldsymbol{x}_k^*\boldsymbol{x}_k^{\mathrm{T}}\boldsymbol{P}_{k-1}}{\lambda + \boldsymbol{x}_k^{\mathrm{T}}\boldsymbol{P}_{k-1}\boldsymbol{x}_k^*}\right) = \frac{1}{\lambda}(\boldsymbol{P}_{k-1} - \boldsymbol{K}_k\boldsymbol{x}_k^{\mathrm{T}}\boldsymbol{P}_{k-1}) \tag{5-59}$$

式中　$\boldsymbol{K}_k$—— 卡尔曼增益向量，是一个 N 维向量，表示为

$$\boldsymbol{K}_k = \frac{\boldsymbol{P}_{k-1}\boldsymbol{x}_k^{\mathrm{T}}}{\lambda + \boldsymbol{x}_k^{\mathrm{T}}\boldsymbol{P}_{k-1}\boldsymbol{x}_k^*} \tag{5-60}$$

用 $\boldsymbol{x}_k^*$ 同乘式(5-60)两边，得

$$\boldsymbol{P}_k\boldsymbol{x}_k^* = \frac{1}{\lambda}(\boldsymbol{P}_{k-1}\boldsymbol{x}_k^* - \boldsymbol{K}_k\boldsymbol{x}_k^{\mathrm{T}}\boldsymbol{P}_{k-1}\boldsymbol{x}_k^*) = \frac{1}{\lambda}[(\lambda + \boldsymbol{x}_k^{\mathrm{T}}\boldsymbol{P}_{k-1}\boldsymbol{x}_k^*)\boldsymbol{K}_k - \boldsymbol{K}_k\boldsymbol{x}_k^{\mathrm{T}}\boldsymbol{P}_{k-1}\boldsymbol{x}_k^*] = \boldsymbol{K}_k \tag{5-61}$$

$\boldsymbol{r}_k$ 也可以递推估计得到

$$\boldsymbol{r}_k = \lambda \boldsymbol{r}_{k-1} + \boldsymbol{d}_k\boldsymbol{x}_k^* \tag{5-62}$$

于是可得 $\boldsymbol{c}_k$ 的递推公式为

$$\begin{aligned}\boldsymbol{c}_k = \boldsymbol{R}_k^{-1}\boldsymbol{r}_k = \boldsymbol{P}_k\boldsymbol{r}_k = \frac{1}{\lambda}(\boldsymbol{P}_{k-1} - \boldsymbol{K}_k\boldsymbol{x}_k^{\mathrm{T}}\boldsymbol{P}_{k-1})(\lambda\boldsymbol{r}_{k-1} + \boldsymbol{d}_k\boldsymbol{x}_k^*) = \\ \boldsymbol{P}_{k-1}\boldsymbol{r}_{k-1} + \frac{1}{\lambda}\boldsymbol{d}_k\boldsymbol{P}_{k-1}\boldsymbol{x}_k^* - \boldsymbol{K}_k\boldsymbol{x}_k^{\mathrm{T}}\boldsymbol{P}_{k-1}\boldsymbol{r}_{k-1} - \frac{1}{\lambda}\boldsymbol{d}_k\boldsymbol{K}_k\boldsymbol{x}_k^{\mathrm{T}}\boldsymbol{P}_{k-1}\boldsymbol{x}_k^* = \\ \boldsymbol{c}_{k-1} + \boldsymbol{K}_k(\boldsymbol{d}_k - \boldsymbol{x}_k^{\mathrm{T}}\boldsymbol{c}_{k-1}) = \boldsymbol{c}_{k-1} + \boldsymbol{K}_k\boldsymbol{e}_k\end{aligned} \tag{5-63}$$

式中　$\boldsymbol{x}_k^{\mathrm{T}}\boldsymbol{c}_{k-1}$ —— 均衡器在 t 时刻的输出，$\boldsymbol{x}_k^{\mathrm{T}}\boldsymbol{c}_{k-1} = \hat{\boldsymbol{d}}_k$；

$\boldsymbol{e}_k$—— 期望输出与估计值之间的误差，表示为

$$\boldsymbol{e}_k = \boldsymbol{d}_k - \hat{\boldsymbol{d}}_k = \boldsymbol{d}_k - \boldsymbol{x}_k^{\mathrm{T}}\boldsymbol{c}_k \tag{5-64}$$

综上所述，可以得到 RLS 直接算法或称常规 RLS 算法、卡尔曼算法的基本步骤如下：

1) 初始化：

$$\lambda = 0, \quad \boldsymbol{P} = \boldsymbol{I}, \quad k = 0$$

2) 计算均衡器输出：

$$\hat{\boldsymbol{d}}_k = \boldsymbol{x}_k^{\mathrm{T}}\boldsymbol{c}_{k-1}$$

3) 计算误差：

$$\boldsymbol{e}_k = \boldsymbol{d}_k - \hat{\boldsymbol{d}}_k$$

4）计算卡尔曼增益向量：

$$\boldsymbol{K}_k = \frac{\boldsymbol{P}_{k-1}\boldsymbol{x}_k^{\mathrm{T}}}{\lambda + \boldsymbol{x}_k^{\mathrm{T}}\boldsymbol{P}_{k-1}\boldsymbol{x}_k^*}$$

5）修正相关矩阵的逆：

$$\boldsymbol{P}_k = \frac{1}{\lambda}(\boldsymbol{P}_{k-1} - \boldsymbol{K}_k\boldsymbol{x}_k^{\mathrm{T}}\boldsymbol{P}_{k-1})$$

6）更新系数：

$$\boldsymbol{c}_k = \boldsymbol{c}_{k-1} + \boldsymbol{K}_k\boldsymbol{e}_k = \boldsymbol{c}_{k-1} + \boldsymbol{P}_k\boldsymbol{x}_k^*\boldsymbol{e}$$

在 LMS 算法中，均衡器系数随时间改变的量等于误差 $\boldsymbol{e}_k$ 乘以步长 μ，μ 是唯一可变的参数；而在 RLS 算法中，均衡器系数的修正是误差 $\boldsymbol{e}_k$ 乘以卡尔曼增益向量 $\boldsymbol{K}_k$。因为 $\boldsymbol{K}_k$ 是 N 维的，与均衡器系数 $\boldsymbol{c}_k$ 同阶，所以每个抽头系数实际上受到 $\boldsymbol{K}_k$ 中对应元素的控制，从而获得快速的收敛。

【例 5-3】 RLS 算法的性能仿真。仿真的信道参数同例 5-1 和例 5-2，信号码元时间 $T=10$ ms，其余信号参数同例 5-1 和例 5-2。如图 5-11 所示为 RLS 算法和 LMS 算法的 MSE 曲线，如图 5-11(a) 所示是线性均衡器输出的 MSE 曲线，如图 5-11(b) 所示是 DFE 输出的 MSE 曲线。仿真时，LMS 算法的步长 $\mu=0.15$，RLS 算法的加权因子 $\lambda=0.995$。

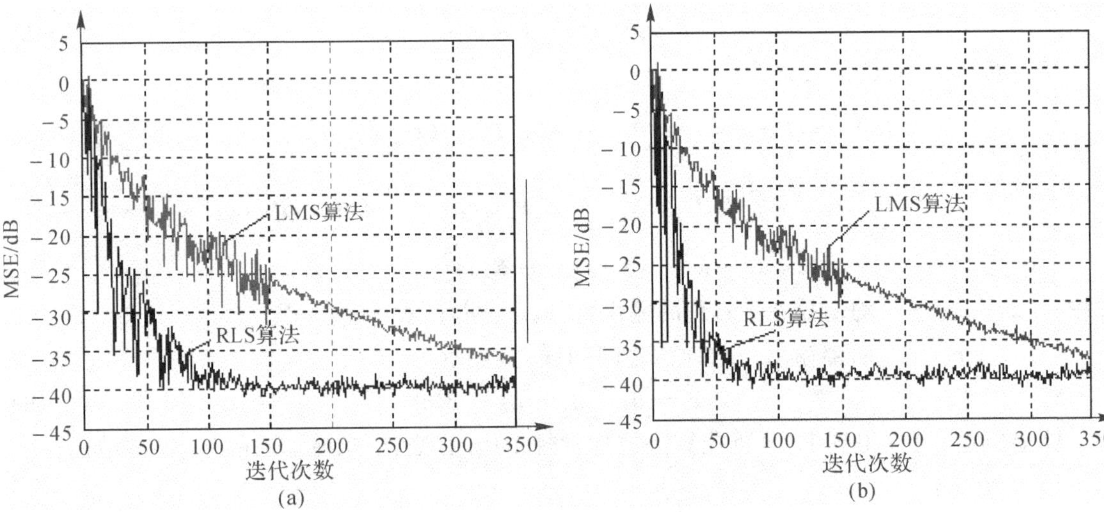

图 5-11 RLS 算法和 LMS 算法收敛性能比较

(a) 线性均衡器输出的 MSE 曲线；(b)DFE 输出的 MSE 曲线

由图 5-11 可见，RLS 算法比 LMS 算法有更快的收敛性。一般来说，LMS 算法在包含谱零点的信道中的收敛性尤其慢，而 RLS 算法的收敛性则不受信道特性的影响。RLS 算法的这种优越性在时变的水声信道中尤其重要。但 RLS 算法的计算复杂度要远大于 LMS 算法。对 DFE 来说，若均衡器阶数为 N，则基于 LMS 算法的均衡器，需要进行 $2N+1$ 次复运算，而 RLS 算法要进行 $2.5N^2+4.5N$ 次运算。RLS算法的计算复杂度随 N^2 增加的特点不利于在水声通信系统中的应用，因为水声信道多径时延长，通常需要较长的均衡器阶数，算法的复杂度太高，将会影响算法的实时性。另外，在 RLS 算法的递推过程中会引起累积舍入噪声，它会引起算法的不稳定。

相关矩阵的逆 $\boldsymbol{P}_k$ 更新过程对累积舍入噪声比较敏感。为此，人们提出了平方根 RLS 算法。该算法将 $\boldsymbol{P}_k$ 分解成以下形式：

$$\boldsymbol{P}_k=\boldsymbol{U}_k\boldsymbol{\Lambda}_k\boldsymbol{U}_k^{\mathrm{T}} \tag{5-65}$$

式中　$\boldsymbol{U}_k$—— 下三角矩阵，其对角元素为 1；

$\boldsymbol{\Lambda}_k$—— 对角矩阵。

这样的分解称为平方根因式分解。在平方根算法中，通过对 $\boldsymbol{U}_k$ 和 $\boldsymbol{\Lambda}_k$ 的计算来代替对 $\boldsymbol{P}_k$ 的计算。对 DFE 来说，其计算复杂度为 $1.5N^2+6.5N$。平方根 RLS 算法在数值上是稳定的。

RLS 算法的复杂度与卡尔曼增益向量 $\boldsymbol{K}_k$ 的更新有关，如果能用快速的方式更新 $\boldsymbol{K}_k$，则 RLS 算法就可以快速实现，这类算法称为快速 RLS 算法，其关键是恰当地利用数据矩阵的移不变性质。快速 RLS 算法的具体实现方法可参见参考文献[1][2][4]。

5.7.6　用于 ML 序列检测的自适应信道估计

最大似然序列估计(MLSE)或最大后验概率(MAP)检测算法都需要知道等效离散时间信道系数 $\{f_k\}$。为了适应未知信道或慢时变信道，采用 MLSE 或 MAP 检测算法的接收机中包含与检测算法并接的信道估计器，如图 5-12 所示，其结构与 N 个抽头的线性横向滤波器相同，抽头系数可以采用 LMS 或 RLS 等算法来递推调整。

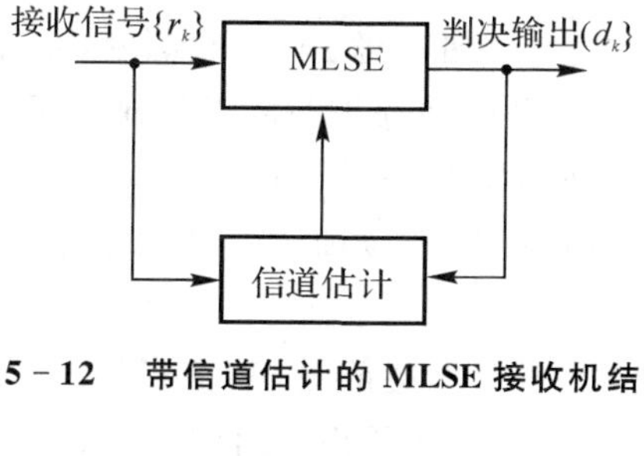

图 5-12　带信道估计的 MLSE 接收机结构

当采用 LMS 算法时，有

$$\hat{\boldsymbol{f}}_{k+1} = \hat{\boldsymbol{f}}_k + \mu \boldsymbol{e}_k \hat{\boldsymbol{d}}_k^* \tag{5-66}$$

式中 $\hat{\boldsymbol{f}}_k$—— 第 k 次迭代时的抽头系数向量；

μ—— 步长；

$\boldsymbol{r}_k$—— 接收信号向量；

$\boldsymbol{e}_k$—— 误差信号，$\boldsymbol{e}_k = \boldsymbol{r}_k - \hat{\boldsymbol{r}}_k$；

$\hat{\boldsymbol{d}}_k$—— 第 k 次迭代时信道估计器中已检测的信号向量。

当系统工作在误码率较低的条件下时，可以假设已检测到的信息序列$\{\tilde{d}_k\}$是正确的，即$\{\tilde{d}_k\}$与发送序列$\{d_k\}$相同。因此，接收信号 $\boldsymbol{r}_k$ 与其估计值 $\hat{\boldsymbol{r}}_k$ 之间的均方误差为

$$J(\hat{\boldsymbol{f}}) = E(|\ \boldsymbol{r}_k - \sum_{j=0}^{N-1} \hat{f}_j d_{k-j}\ |^2) \tag{5-67}$$

使式(5－67)中 $J(\hat{\boldsymbol{f}})$ 最小的抽头系数$\{\hat{f}_k\}$满足 N 个线性方程

$$\sum_{j=0}^{N-1} \hat{f}_j \varphi_{kj} = b_k, \qquad k = 0,\ 1,\ \cdots,\ N-1 \tag{5-68}$$

式中

$$\varphi_{kj} = E(d_k d_j^*) \tag{5-69}$$

$$b_k = \sum_{j=0}^{N-1} f_j \varphi_{kj} \tag{5-70}$$

由式(5-68)～式(5-70)可以得出以下结论：只要信息序列$\{d_k\}$是不相关的，最佳系数就精确地等于等效离散时间信道对应的值。

在自适应信道估计的起始，系统首先发送一个短训练序列来对抽头系数进行初始调整，在自适应模式下，接收机使用自己的判决来形成误差信号。

5.8 联合同步与自适应均衡技术

5.8.1 水声信道传播特性对自适应均衡的影响

在水声通信系统应用的早期，系统通常采用 FSK 调制，而且数据率较低，对于信道中多径传播所造成的码间干扰(ISI)，通常采用加保护时间等措施来回避。自从具有更高频谱利用率的 PSK/DPSK 调制应用到水声通信系统中后，抗 ISI 的方法则主要采用自适应均衡的方法。但采用何种均衡器结构和自适应均衡算法，则取决于所应用的信道的情况、算法的复杂度与算法性能之间的折中。

水声信道通常被描述为时变、多径衰落信道，其多径结构是变化的，取决于海洋信道的深度、传播路径的长度等因素，受到各种海洋条件，如海况、水深、海水温度等的影响，信道的时变性差异也很大，因此，在这样时变、空变的水声信道中，水声通信系统是否采用自适应均衡以及

所采用自适应均衡方法有很大不同。

一般来说，近距离(1 km 以内)的声通信系统，发射频率在 10～15 kHz 的范围内的通信系统很适合采用自适应均衡。这类信道包括垂直深海通信链路和近距离水平链路，接收信号通常由直达路径信号分量、海面反射信号分量、偶尔有一些海底反射分量组成。在这类信道中，信号的幅度和相位起伏不大，直达信号可为系统的同步提供稳定的参考。

中距离(1～20 km)水平信道通常呈现更为严重的幅度和相位起伏，经常可以观测到 50 Hz范围内的多普勒扩展，多径扩展在 20 ms～1 s 的量级。在浅海信道，接收信号中包括经由海面和海底反射路径的信号分量。无论是信号的幅度还是相位，起伏都较大。这类信道尤其难以实现均衡。因此，在这类信道中，通信系统经常采用 MFSK 和非相干检测。

在远距离(20～2 000 km)信道上，为了克服信道中严重的传播损失，通信系统的工作频率一般在 10 kHz 以下。观测表明，在这样远距离的传播信道中，接收信号呈现出很好的相位稳定性，自适应均衡方法是可行的。

除了信号传播特性外，信道中的环境噪声也是影响通信系统中自适应均衡设计的重要因素，最佳的 MAP 和 MLSE 算法都需要了解噪声的统计特性。一般假设背景噪声是高斯噪声，但在水声信道中，10 kHz 以下的环境噪声是非高斯的，于是，基于高斯噪声假设的 MAP 和 MLSE 算法的性能可能反而不如次最佳的 DFE 的性能好。换句话说，在未知背景噪声统计特性的情况下，DFE 通常比 MAP 和 MLSE 接收机的性能更为稳健。当信号频率在 10 kHz 以上时，信道中环境噪声谱级下降，并趋于高斯分布。在这种情况下，MAP 和 MLSE 接收机性能将优于 DFE。

虽然从理论上说，有最佳系数的均衡器能修正接收信号中的任何偏差，但实际上并非如此。载波相位是时间函数，通常是常数相位偏移、多普勒频移以及随机相位起伏三部分之和。自适应均衡能够修正常数相位偏移和载波相位的慢变，而剩余的载波频偏，以及快速的相位起伏，会引起均衡器系数的循环，这会增加失调噪声，最终造成均衡器系数发散。而正常的情况下，从一个码元到另一个码元，滤波器系数的变化不应超过 1%。因此，需要专门的载波相位同步环以确保当均衡器在遇到水声信道有大的相位起伏时也能正常工作。

5.8.2　联合同步/均衡接收机结构

为了克服水声信道中相位快速起伏对均衡器性能的影响，M. Stojanovic 等人在基于相位相干检测的水声遥测系统中采用了内嵌二阶数字锁相环(DPLL)的判决反馈均衡器结构，如图 5-13 所示，其前馈滤波器通常采用分数间隔均衡器(FSE)，内嵌的 DPLL 用来估计和补偿快速相位偏移，而 DFE 用来跟踪慢变的信道响应。

在图 5-13 所示的 DFE 中，分数间隔的前馈均衡器以 $1/T_S$ 的速率对输入信号进行分数间隔采样，其中，$T_S=KT$，K 为整数，通常 $K=2$，其输出再以 $1/T$ 速率采样。采样信号用 DPLL

估计的相位修正后，输出为 $\boldsymbol{p}_k$，表示为

$$\boldsymbol{p}_k = \boldsymbol{a}_k^* \boldsymbol{x}_k \mathrm{e}^{-\mathrm{j}\hat{\boldsymbol{\theta}}_k} \tag{5-71}$$

反馈均衡器的输出为

$$\boldsymbol{q}_k = \boldsymbol{b}_k^* \tilde{\boldsymbol{d}}_k \tag{5-72}$$

均衡器的输出为数据符号的估计值

$$\hat{\boldsymbol{d}}_k = \boldsymbol{p}_k - \boldsymbol{q}_k \tag{5-73}$$

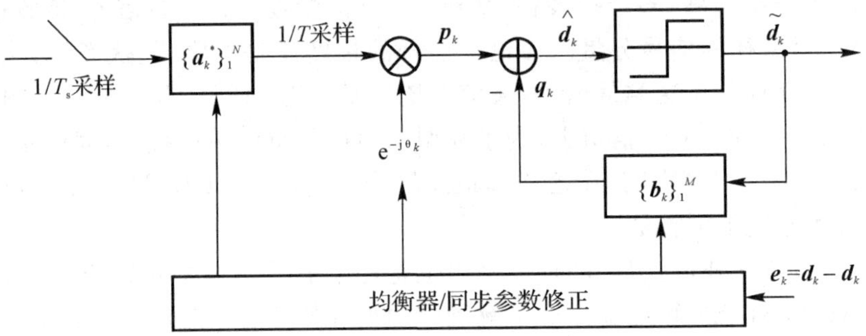

图 5-13 内嵌二阶数字锁相环的 DFE 结构

信号判决后输出 $\tilde{\boldsymbol{d}}_k$，估计误差定义为 $\boldsymbol{e}_k = \tilde{\boldsymbol{d}}_k - \hat{\boldsymbol{d}}_k$，最佳滤波器系数可用 $\mathrm{MSE} = E\{|\boldsymbol{e}_k|^2\}$ 最小化来实现。MSE 对滤波器参数 a,b,θ 求偏微分可得

$$\left.\begin{aligned} \frac{\partial \mathrm{MSE}}{\partial a} &= -2E\{\boldsymbol{x}_k \boldsymbol{e}_k^*\}\mathrm{e}^{-\mathrm{j}\hat{\boldsymbol{\theta}}_k} \\ \frac{\partial \mathrm{MSE}}{\partial b} &= -2E\{\tilde{\boldsymbol{d}}_k \boldsymbol{e}_k^*\} \\ \frac{\partial \mathrm{MSE}}{\partial \hat{\theta}} &= -2\mathrm{Im}\{E[\boldsymbol{p}_k(\tilde{\boldsymbol{d}}_k + \boldsymbol{q}_k)^*]\} \end{aligned}\right\} \tag{5-74}$$

令上述微分方程等于零，并联合求解可得联合最佳的滤波器参数。还可以采用递推的方法求解方程组得到次最佳解，递推方法可用 LMS 算法或 RLS 算法。

为了让算法能够适应水声信道的时变，需要对 DPLL 进行改进，采用二阶修正方程以提高对载波相位的跟踪能力。按照参考文献[6]，对估计相位 $\hat{\boldsymbol{\theta}}$ 的偏微分方程代表的是一个等价的相位检测器，其输出为

$$\boldsymbol{\Phi}_k = \mathrm{Im}\{\boldsymbol{p}_k(\boldsymbol{d}_k + \boldsymbol{q}_k)^*\} \tag{5-75}$$

二阶载波相位的修正方程为

$$\hat{\boldsymbol{\theta}}_{k+1} = \hat{\boldsymbol{\theta}}_k + K_{f1}\boldsymbol{\Phi}_k + K_{f2}\sum_{i=0}^{k}\boldsymbol{\Phi}_i \tag{5-76}$$

式中 K_{f1}—— 比例常数；

K_{f2}—— 积分跟踪常数。

为了提高收敛速度，可以采用 RLS 算法来修正均衡器参数。

这种基于 RLS 算法、内嵌 DPLL 的 DFE 结构使得水声通信系统可以应用于有快速变化的浅海水声信道。它用 DPLL 来估计和补偿由于信道时变所引起的多普勒频移和相位变化，而让 DFE 跟踪相对慢变的信道响应。

美国 WHOI 采用这种内嵌 DPLL 的 DFE 作为相位相干检测接收机的核心结构，在 20 世纪 90 年代初进行了一系列的海试，无论在深海、中远距离浅海都取得了海试的成功(详见参考文献[6])，标志着这种 DFE 结构和自适应均衡算法在快速时变信道中抵消码间干扰的有效性，也开创了相位相干检测在水声通信系统中应用的新时代。

5.8.3　降低复杂度的自适应均衡

虽然 RLS 算法比 LMS 算法有好得多的收敛性能，但在水声通信系统中，很多应用还是倾向于选用 LMS 算法，因为它的计算量随均衡器的长度(分支数) N 线性增加，而经典 RLS 算法的计算量随 N^2 变化。因此，大量针对自适应算法的研究分为两类：一类是改进 LMS 算法的收敛性能；另一类是降低 RLS 算法的复杂度。

对于自适应均衡器的结构也有许多改进，如在信道响应长度较短的垂直信道，可采用线性均衡器或线性均衡器加锁相环(PLL)结构，算法采用 LMS 算法；在慢变、稳定的水平信道采用 LMS 算法或快速 RLS 算法等。

针对应用于快时变浅海信道的内嵌 DPLL 的 DFE 结构，大量的工作是研究如何减少接收机的复杂度，包括减少算法的复杂度、结构的复杂度等。

在过去的几十年间，随着水声通信系统中数据率的增加，信道的分辨力及信道响应的长度都随之增加。信道响应的长度是指用码元时间归一化后的多径时延扩展，是一个重要的参数，因为自适应接收机的参数正比于信道响应长度。对一个分数间隔的 DFE 来说，其前馈滤波器的分支长度应覆盖主要多径分量，其反馈滤波器应覆盖剩余的信道响应的长度。例如，一个中等距离水平传播的声链路，信道中的多径扩展有 40 ms，系统的波特率为 2 500 B，则该链路信道响应的长度为 100。若采用 $T/2$ 间隔的前馈滤波器覆盖 16 个码元的主要多径分量，则反馈滤波器的长度可能高达 120。若系统的数据率提高两倍，则接收机参数也加倍。研究和试验表明，高波特率有助于改善自适应接收机相位的跟踪性能。因此，在未来的相位相干系统中，波特率越来越高的趋势将导致信道响应长度的进一步增加，而这种趋势对自适应均衡器的应用将产生较大的影响。

在通信系统的复杂度参数 $O(N)$ 中，$N=T_{\mathrm{m}}R_{\mathrm{B}}$，$T_{\mathrm{m}}$ 为信道的最大多径时延，R_{B} 为波特率。不管采用 LMS 算法或快速 RLS 算法来修正接收机参数，接收机所需的计算量将正比于 $O[(T_{\mathrm{m}}R_{\mathrm{B}})^2]$。对于一个靠电池供电的水声调制解调器(modem)来说，其计算量是同样传输速率条件下电话信道平均计算量的 10 倍。除此之外，DFE 的解调及解码的计算量也是

$O[(T_m R_B)^2]$ 量级的。若系统应用在像自主水下航行器(UUV)这样软、硬件及声发射的功率都受限的系统中,则实时解调所需的软、硬件都需要仔细地设计。

综上所述,虽然与无线电信道相比,水声信道可以看成是一个低速率信道,但通信系统要纠正所遇到的信道失真,需要复杂的接收机结构,从而导致很大的计算量,有可能超出可用硬件的运算范围。因此,减少接收机的复杂度以保证实时完成算法运算,成为许多水声通信研究的焦点。

对接收机复杂度的减少分为两级,算法级和接收机结构级。

1. 降低计算复杂度的自适应算法

应用于时变信道的接收机,无论是波束形成、自适应均衡还是 MLSE 算法中的信道估计,都需要自适应算法来调整其参数,最常用的自适应算法是 LMS 算法和 RLS 算法。

在许多应用中,LMS 算法由于复杂度低而成为唯一选项。但对分支数很多的自适应滤波器来说,LMS 算法的收敛时间可能长得无法接受,而这种情况在浅海信道、远距离应用中可能很常见。在这种情况下,均衡器的分支数可能超过 100。除此之外,标准 LMS 算法对步长的选择非常敏感。为了解决此问题,可以采用自最佳的 LMS 算法,但这种选择又增加了复杂度,进而增加了收敛时间。为此,B. Geller 等人采用了自适应 LMS 算法,即系数修正时步长随着梯度的计算而改变,以减少收敛时间和跟踪误差(参见参考文献[8])。

RLS 算法有更好的收敛性能,但复杂度高。标准 RLS 算法的复杂度与分支总数 N 的二次方成正比,使得大分支数的自适应均衡器难以实时实现。因此,线性复杂度低、数值稳定性好的快速 RLS 算法在实际中更多地被采用。另外,平方根 RLS 算法,虽然也是平方复杂度,但它允许滤波器参数周期性地进行调整,而不是每个码元期间都更新。更新次数的减少同样可以降低计算量,而且更新的间隔可根据 MSE 来自适应地确定。

这种减少更新次数的方法也被称为稀疏修正技术,是在 MSE 超过某个门限后才对滤波器系数进行更新,特别适用于高速率传输。当通信系统的波特率超过信道的相干时间的倒数(即信道的多普勒扩展)时,自适应滤波器系数在本次修正时和上次修正时是强相关的,无需每个码元期间都更新。可见,虽然高速率增加了信道响应的长度,但均衡器参数更新的速率可以下降。因此,对于这类高速率应用场合,减少更新次数的技术在降低接收机计算量方面起着重要的作用。

总之,从自适应算法方面降低计算复杂度可有两种选择:一是选低复杂度的算法,但需要将复杂度和收敛性综合考虑;二是降低参数更新的次数,即采用稀疏更新方法。如何基于收敛性能和复杂度来选择自适应算法将是水声调制解调器的重要研究内容之一。

2. 降低复杂度的均衡器结构

应用于水声信道的均衡器有线性均衡器和非线性均衡器(DFE)。线性均衡器补偿 ISI 的性能虽然不如 DFE，但其结构简单，因而在垂直信道或水平近距离信道中得到广泛应用。对于应用范围更大的 DFE，也可以通过简化均衡器结构来降低复杂度。不管是何种自适应算法，它的计算都与均衡器的分支数成比例。因此，减少复杂度的另一种方法是减少均衡器的分支数，这种技术称为稀疏均衡器技术。

在常规的均衡器中，分支长度应覆盖整个信道响应。但如果信道响应呈稀疏结构，则可以设计均衡器只有对应于信道主要部分的分支，这就是稀疏均衡器，它可以和相位相干同步方法一起使用。所谓稀疏信道响应是指信道模型中能量主要集中在少数几个分支上，呈现出稀疏分支结构。试验测试表明，在某些远距离水声信道中，当信道多径扩展超过 80 ms 时，信道的输出主要是由 12％的分支输出决定的。

由于滤波器的分支数减少，就可以采用简单而稳定的常规 RLS 算法来更新滤波器参数。在稀疏信道中，降低均衡器的分支数实际上还能改善均衡器性能，因为分支数减少，所引起的噪声增强也会相应减少。

稀疏均衡器技术实现的关键在于对信道稀疏结构的识别。在采用稀疏均衡器前，需要用信道探测信号来估计信道的结构，如主要多径分量的数目、时延（位置）、时延扩展等，而且信道应是慢时变、稳定的。

除了上述算法级和结构级减少复杂度的方法外，还可以通过对发射信号的设计来减少整个信道的时延扩展函数的长度，从而减少接收机的复杂度，这就是应用于时不变通信系统中的部分响应均衡技术。要将该技术应用于时变水声信道中，需要一个反向链路为发射机提供精确的信道估计信息，需要在前端滤波器的复杂度和剩余干扰抑制之间折中。因此，这种技术最好用在静止平台、近距离链路中。

5.9　多信道均衡

在水声系统中，特别是远距离传输的水声通信系统中，通常在接收端采用接收阵的形式接收信号，以获得空间分集增益。利用空间分集一方面可以提高接收信噪比，抗信道衰落；另一方面可以起到降低 ISI 的作用，允许使用短长度的均衡器。在这种有接收阵的系统中，可以将空间分集和自适应均衡结合起来，形成多信道均衡。如图 5－14 所示为 M. Stojanovic 提出的多信道均衡器结构的原理框图。

在多信道 DFE 中，K 个输入信道代替了单信道，同时有 K 个锁相环（PLL）、前馈滤波器（FFF）。设第 j 个信道的输入为 x_j，FFF 的系数为$\{a_{jk}\}$，PLL 输出的相位估计为 $\hat{\theta}_j$，则前馈滤波器输出之和为

$$\boldsymbol{p}_k=\sum_{j=1}^{K}\boldsymbol{a}_{jk}^{*}\boldsymbol{x}_{jk}\mathrm{e}^{-\mathrm{j}\hat{\theta}_j} \tag{5-77}$$

式中，$\boldsymbol{a}_{jk}=[a_{1k}\quad\cdots\quad a_{Njk}]$，$N_j$ 为第 j 条信道的 FFF 的分支数。若令 $\boldsymbol{c}_k=$

$[\boldsymbol{a}_{1k} \quad \boldsymbol{a}_{2k} \quad \cdots \quad \boldsymbol{a}_{Kk} \quad \boldsymbol{b}_k]^{\mathrm{T}}$，则 $\boldsymbol{c}_k$ 与 $\hat{\boldsymbol{\theta}}_k$ 的求解过程与单信道时相同。

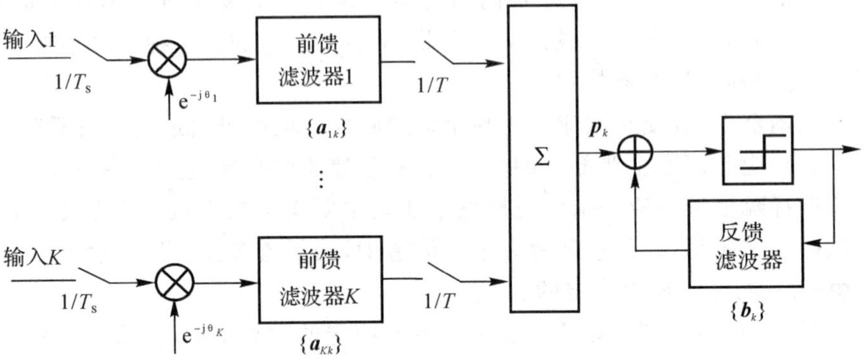

图 5-14　多信道 DFE(参见文献[9] 图 1)

由于采用了空间分集，可以减少 ISI 的影响，因而在多信道 DFE 中，滤波器长度 N 比单信道时要短。但因为有 K 个信道的 FFF 参数要修正，计算量将随 K^2 增加，再加上 DFE 其他部分的计算量，接收机的计算量往往超出可实现的范围。因此，需要减少接收机中需要修正的参数，以降低计算量。

可以采用如图 5-15 所示的减少计算量的多信道 DFE，在多信道 DFE 之前加一个空间预组合，将输入的信道数由 K 减少到 P，$P < K$，如由 10 减少到 3 或由 10 减少到 2。对空间预组合的参数和多信道 DFE 的参数进行联合最佳估计，以减少估计数据的均方误差，这种结构将大大减少计算量。若将信道数减到最小，即 $P=1$，则成为波束形成加 DFE，但为了获得处理增益，通常取 $P \geqslant 2$。

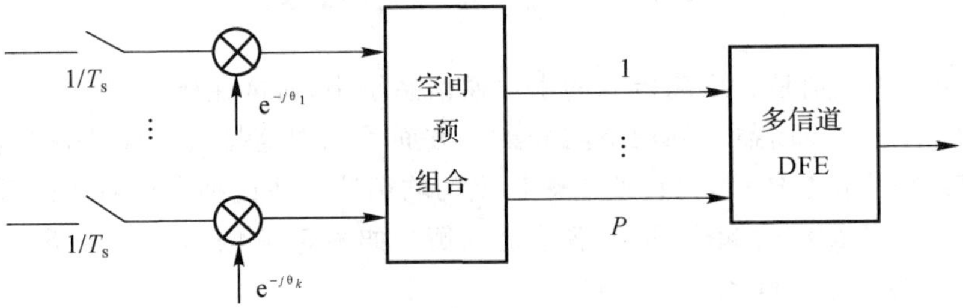

图 5-15　减少复杂度的多信道 DFE(参见参考文献[7] 图 4)

采用如图 5-15 所示的接收机结构可以有效提高接收机的性能。这是因为一方面可以通过空间预组合减少多信道均衡器的信道数，从而减少计算量；另一方面，通过空间组合获得分集增益，减少 DFE 中滤波器的长度。由于滤波器长度短的 DFE 所引起的噪声累积少，因而 DFE 的性能也得到提高。

5.10 盲　均　衡

除了受到信道中时变、多径传播特性的影响外，水声通信还受到许多条件的限制，其中一个重要的因素是信道环境对系统可靠度的影响。例如，一个放置在浅海区域、有很多船只活动的环境中的水声通信系统，由于船只通过所造成的背景噪声的瞬间急剧增加很可能造成通信瞬间中断，所以，自适应接收机算法还需要按照信道的条件进行调节。

目前采用的自适应调节方法大多基于训练序列。在发送数据信息前，用已知的训练序列为参考进行参数调整；当发送数据信息时，以 DFE 的判决输出为参考。若因为信道条件瞬时恶化造成 DFE 在数据发送期间出现判决错误，则随后的数据信息都将失去。因此，在恶劣的信道环境中，期望通信系统具有自恢复均衡的能力。

除此之外，周期性地发射训练序列会降低有效通信的效率。因此，在某些应用场合，如多点通信网络中，希望接收机在没有训练序列的情况下能与接收信号同步，并能调整均衡器，这时也需要自恢复均衡。

因此，盲均衡方法引起了人们极大的兴趣。盲均衡（blind equalization）是指不利用训练序列进行初始系数调整的均衡技术，又称自恢复均衡（self-equalization）。

严格地说，实际中应用的盲均衡方法通常为半盲方法，除了接收机的数据外，还有某些辅助信息可以利用，如被发送的数据序列的统计量，或称时间结构，这些特征可以通过发射信号的设计获取。

通信信号的时间结构主要反映信号的性质，包括调制方式、脉冲波形函数和信号的星座图等。典型的时间结构有以下几种：

1）恒模（CM，Constant Modulus），是指发射的信号包络有恒定的包络。

2）有限字符（FA，Finite Alphabet），是指发射信息是由有限字符构成的集合，有限字符性也称信息序列的离散性，所有的数字调制方式都具有这一结构。

3）非高斯性，数字调制信号的分布为非高斯分布。利用这一性质，可以使用高阶统计量，如三阶和五阶累积量，来估计非最小相位信道。

4）循环平稳性，以码率 $1/T$ 采样的通信信号是广义平稳的，但通过时间过采样（即采样速率高于码率）或空间过采样（多阵元）得到的通信信号是循环平稳的。循环平稳性携带信道相位的重要信息，可以用来辨别非最小相位的信道，而无需较长的观测数据。循环平稳性可使信道矩阵 $\boldsymbol{H}$ 有更多的可利用信息，具有块 Toeplitz 结构。

5.10.1 Bussgang 自适应均衡算法

考虑如图 5-16 所示的数字通信系统的模型，它由通信信道和盲均衡器级联而成。信道包含了发射滤波器、传输信道和接收滤波器，可用冲激响应序列$\{h_n\}$描述。设盲均衡器的冲激响应为$\{c_n\}$，在理想条件下，盲均衡器是信道的逆滤波器。

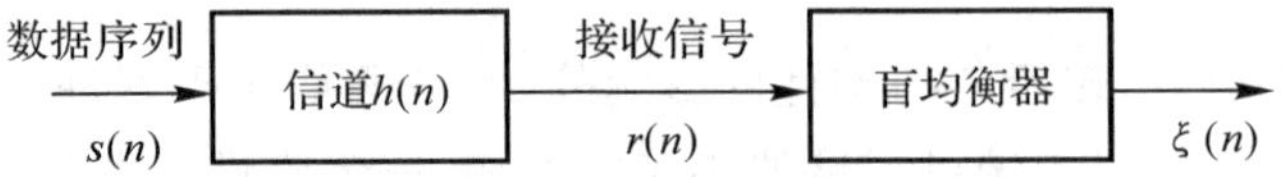

图 5-16 信道与均衡器的级联

接收信号$r(n)$表示为信道冲激响应$h(n)$与数据序列的卷积，即

$$\{r_n\}=\{s_n\}*\{h_n\}+\{\eta_n\} \tag{5-78}$$

式中 η_n—— 加性非高斯噪声。

在均衡的初始阶段，盲均衡器冲激响应$\{c_n\}$与信道冲激响应序列$\{h_n\}$之间满足

$$\{h_n\}*\{c_n\}=\{\delta_n\}+\{e_n\} \tag{5-79}$$

式中 δ_n ——Knonecker δ 函数；

$\{e_n\}$—— 误差序列。

将均衡器的冲激响应与接收序列$\{r_n\}$卷积得到

$$\begin{aligned}\{\xi_n\}=\{r_n\}*\{c_n\}=\{s_n\}*\{h_n\}*\{c_n\}+\{\eta_n\}*\{c_n\}=\\ \{s_n\}*(\{\delta_n\}+\{e_n\})+\{\eta_n\}*\{c_n\}=\\ \{s_n\}+\{s_n\}*\{e_n\}+\{\eta_n\}*\{c_n\}\end{aligned} \tag{5-80}$$

式中 $\{\eta_n\}*\{c_n\}$—— 加性噪声；

$\{s_n\}*\{e_n\}$—— 残余的 ISI，也称卷积噪声。

如果用残余的ISI作为误差信号去自适应调节均衡器$\{c_n\}$，则得到盲自适应均衡器的方框图，如图 5-17 所示。

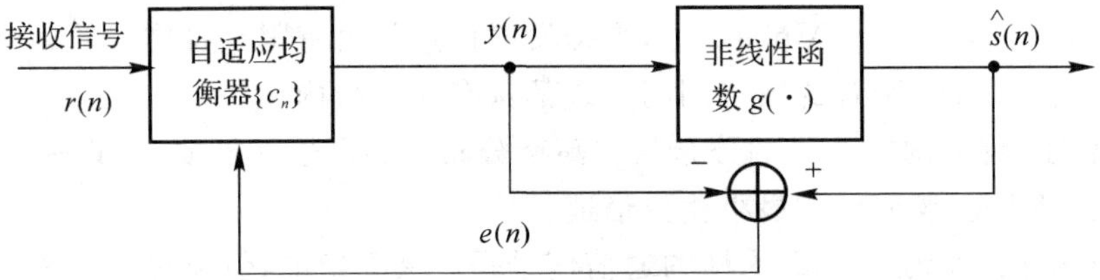

图 5-17 盲自适应均衡器的方框图

在盲均衡模式下，期望信号$d(n)=s(n)$是未知的，是由$r(n)$生成的，即

$$\hat{s}(n)=g(y(n)) \tag{5-81}$$

式中 $g(\cdot)$—— 某个无记忆的非线性函数。

序列$\{\hat{s}_n\}$用于生成误差信号，再反馈到自适应均衡器。均衡器的系数$\{c_n\}$可以基于 MSE 准则，如采用 LMS 算法来更新，即

$$c_{n+1}=c_n-\mu r_n e_n^* \tag{5-82}$$

下面分析对无记忆非线性函数 $g(\cdot)$ 的要求。由式(5-82)可知，对于 LMS 算法，当

$$E\{r_n e_n^*\}=E\{r_n(\tilde{s}_n-y_n)^*\}=E\{r_n(g(y_n)-y_n)^*\}=0$$

时，自适应均衡器以均方意义收敛。因此，均值收敛的条件为

$$E\{r_n g^*(y_n)\}=E\{r_n y_n^*\} \tag{5-83}$$

用$\{c_n\}$乘式(5-83)两端，则 $g(\cdot)$ 应满足的条件可以简化为

$$\left.\begin{aligned}E\{c_n r_n g^*(y_n)\}&=E\{c_n r_n y_n^*\}\\E\{y_n g^*(y_n)\}&=E\{y_n y_n^*\}\end{aligned}\right\} \tag{5-84}$$

式(5-84)表明，$\{y_n\}$的自相关函数等于 y_n 与 y_n 的非线性变换的互相关。一般来说，满足该性质的随机过程称为 Bussgang 过程，当选择的无记忆非线性函数满足式(5-84)时，图 5-16 所示的盲均衡算法称为 Bussgang 均衡算法。

盲均衡算法的关键在于无记忆非线性函数 $g(\cdot)$ 的选择。按照 $g(\cdot)$ 的不同，Bussgang 算法有三个特例，分别是决策指向算法、Sata 算法和 Godard 算法。

1. 决策指向算法

当 Bussgang 算法收敛，并且眼图张开时，均衡器便以决策指向模式工作，均衡器的权系数的最小均方误差可以像普通自适应均衡器一样进行控制，如图 5-18 所示，为工作在决策指向模式的均衡器的方框图，决策指向模式的无记忆非线性函数是“阈值决策装置”。

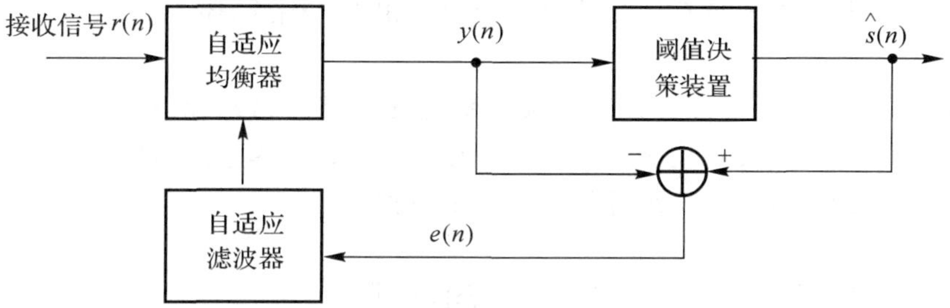

图 5-18　决策指向均衡器的方框图

阈值决策装置对均衡输出 $y(n)$ 进行决策判决，并使判断结果 $\hat{s}(n)$ 与 $y(n)$ 最为接近，即有

$$\hat{s}(n)=\mathrm{dec}(y(n)) \tag{5-85}$$

例如，在二进制等概率数据序列的情况下，决策指向算法取 $g(\cdot)$ 为

$$\hat{s}(n)=\mathrm{dec}(y(n))=\mathrm{sgn}(y(n)) \tag{5-86}$$

式中　$\mathrm{sgn}(\cdot)$—— 符号函数。

2. Sato 算法

M进制脉冲幅度调制(PAM)系统的盲均衡最早是由Sato于1975年提出的。在Sato算法中,非线性函数为

$$g(y(n)) = \gamma \operatorname{sgn}(y(n)) \tag{5-87}$$

式中 γ—— 均衡器的增益,是常数,定义为

$$\gamma = \frac{E\{s^2(n)\}}{E\{|s(n)|\}} \tag{5-88}$$

3. Godard 算法

Godard算法也称恒模算法(CMA),适用于所有具有恒定包络(简称恒模)的发射信号的均衡,其非线性函数表示为

$$g(y(n)) = \frac{y(n)}{|y(n)|}\left[|y(n)| + R_p |y(n)|^{P-1} - |y(n)|^{2P-1}\right] \tag{5-89}$$

式中,R_p 表示为

$$R_p = \frac{E\{|s(n)|^{2P}\}}{E\{|s(n)|^{P}\}} \tag{5-90}$$

式中 P—— 正整数,通常取 $P=1$ 或 $P=2$。

综上所述,Bussgang盲均衡实质上是用非线性函数的输出序列$\{\hat{s}_n\}$代替训练序列,其均衡器系数的更新与收敛方式与有训练的自适应均衡相同。因此,Bussgang算法的性能取决于非线性函数 $g(\cdot)$。

上述盲均衡算法适用于同步系统,即假定系统已获得了码元(时钟)同步,只有信道和数据序列是未知的。另有一类盲均衡方法是基于信号的循环平稳性质的,在没有码元同步的条件下只须估计信号的二阶或高阶统计量就能恢复数据序列。

5.10.2 基于高阶统计量的盲均衡算法

基于高阶统计量的自适应盲均衡方法又称为倒三谱均衡算法(TEA),这种方法利用接收信息序列$\{r_n\}$的四阶累积量的复倒谱(倒三谱)来估计信道的响应特性,然后,由得到的信道特性计算信道均衡器系数。

众所周知,若信道输入是非高斯的,那么一个线性离散时不变系统的冲激响应可以从接收信号的累积量获得。为此,假定信道冲激响应$\{h_n\}$是有限冲激响应(FIR)和慢时变的,并假定信道传递函数 $H(z)$ 满足等价的因式分解,即

$$H(z) = \alpha I(z) O(z^{-1}) \tag{5-91}$$

式中 α—— 比例因子;

$I(z)$—— 最小相位多项式；

$O(z^{-1})$—— 最大相位多项式。

也就是说，多项式 $I(z)$ 的所有零点均位于 z 平面的单位圆内，即

$$I(z)=\prod_{i=1}^{L_1}(1-b_i z^{-1}),\qquad |a_i|<1 \tag{5-92}$$

而多项式 $O(z)$ 的零点全部位于单位圆外，即

$$O(z^{-1})=\prod_{i\geqslant 1}^{L_2}(1-b_i z),\qquad |b_i|<1 \tag{5-93}$$

令 $c_{4r}(\tau_1,\tau_2,\tau_3)$ 和 $T_r(\omega_1,\omega_2,\omega_3)$ 分别表示信道输出信号 $r(n)$ 的四阶累积量和高阶谱，则 $r(n)$ 的倒三谱定义为

$$k_{4r}(\tau_1,\tau_2,\tau_3)=\mathrm{FT}_3^{-1}[\ln T_r(\omega_1,\omega_2,\omega_3)] \tag{5-94}$$

式中　FT_3^{-1}—— 三维 Fourier 逆变换。

利用著名的 Bartlell-Brillinger-Roseblatt(BBR) 公式，可得到 $r(n)$ 的四阶累积量为

$$c_{4r}(\tau_1,\tau_2,\tau_3)=\gamma_4\sum_{i=0}^{\infty}h(i)h(i+\tau_1)h(i+\tau_2)h(i+\tau_3) \tag{5-95}$$

式中　γ_4—— 信道输入 $s(n)$ 的峰度。这里，假设 $s(n)$ 服从对称均匀分布，γ_4 可表示为

$$\gamma_4=E\{s^4(n)\}-3\,(E\{x^2(n)\})^2 \tag{5-96}$$

$r(n)$ 的倒三谱与信道的频率响应之间的关系为

$$T_r(\omega_1,\omega_2,\omega_3)=\gamma_4 H(\mathrm{e}^{\mathrm{j}\omega_1})H(\mathrm{e}^{\mathrm{j}\omega_2})H(\mathrm{e}^{\mathrm{j}\omega_3})H(\mathrm{e}^{-\mathrm{j}(\omega_1+\omega_2+\omega_3)}) \tag{5-97}$$

对式(5-97) 两边分别取自然对数得

$$\begin{aligned}\ln T_r(\omega_1,\omega_2,\omega_3)=&\ln\gamma_4+\ln H(\mathrm{e}^{\mathrm{j}\omega_1})+\ln H(\mathrm{e}^{\mathrm{j}\omega_2})+\\&\ln H(\mathrm{e}^{\mathrm{j}\omega_3})+\ln H(\mathrm{e}^{-\mathrm{j}(\omega_1+\omega_2+\omega_3)})\end{aligned} \tag{5-98}$$

由式(5-91) ～ 式(5-93) 可得

$$\begin{aligned}\ln H(\mathrm{e}^{-\mathrm{j}\omega_i})=&\ln\alpha+\ln I(\mathrm{e}^{\mathrm{j}\omega_i})+\ln O(\mathrm{e}^{\mathrm{j}\omega_i})=\\&\ln\alpha+\sum_{i=1}^{L}\ln(1-a_i\mathrm{e}^{\mathrm{j}\omega_i})+\sum_{i=1}^{L_2}\ln(1-b_i\mathrm{e}^{-\mathrm{j}\omega_i}),\quad i=1,2,3\end{aligned} \tag{5-99}$$

$$\begin{aligned}\ln H(\mathrm{e}^{-\mathrm{j}(\omega_1+\omega_2+\omega_3)})=&\ln\alpha+\ln I(-\mathrm{e}^{\mathrm{j}(\omega_1+\omega_2+\omega_3)})+\ln O(\mathrm{e}^{\mathrm{j}(\omega_1+\omega_2+\omega_3)})=\\&\ln\alpha+\sum_{i=1}^{L}\ln(1-a_i\mathrm{e}^{\mathrm{j}(\omega_1+\omega_2+\omega_3)})+\sum_{i=1}^{L_2}\ln(1-b_i\mathrm{e}^{\mathrm{j}(\omega_1+\omega_2+\omega_3)})\end{aligned} \tag{5-100}$$

$$\left.\begin{aligned}A(\tau)&=\sum_{i=1}^{L_1}(a_i)^{\tau}\\B(\tau)&=\sum_{i=1}^{L_2}(b_i)^{\tau}\end{aligned}\right\} \tag{5-101}$$

$A(\tau)$ 和 $B(\tau)$ 分别包含信道的最小和最大相位信息。

将式(5-99)和式(5-100)代入式(5-98),并取 $\ln Tr(\omega_1,\omega_2,\omega_3)$ 的三维 Fourier 逆变换,代入式(5-101),经适当运算并整理后得

$$\sum_{m=1}^{p} A(m)[C_{4r}(\tau_1-m,\tau_2,\tau_3)-C_{4r}(\tau_1+m,\tau_2+m,\tau_3+m)]+$$
$$\sum_{m=1}^{q} B(m)[C_{4r}(\tau_1-m,\tau_2-m,\tau_3-m)-C_{4r}(\tau_1+m,\tau_2,\tau_3)]=-\tau_1 C_{4r}(\tau_1,\tau_2,\tau) \tag{5-102}$$

此方程称为倒三谱-累积量方程。理论上,参数 p 和 q 为无穷大值,实际中可用有限大值近似。因为 $A(m)$ 和 $B(m)$ 是随 m 值的增大而指数衰减,倒三谱-累积量方程可以写成

$$\boldsymbol{Ca}=\boldsymbol{p} \tag{5-103}$$

式中

$$\boldsymbol{a}=[A(1)\quad\cdots\quad A(p)\quad B(1)\quad\cdots\quad B(q)]^{\mathrm{T}} \tag{5-104}$$

其最小二乘解为

$$\boldsymbol{a}=(\boldsymbol{C}^H\boldsymbol{C})^{-1}\boldsymbol{C}^H\boldsymbol{p} \tag{5-105}$$

求得 $\boldsymbol{a}$ 后,便可由式(5-101)求得 $a_i(i=1,\cdots,L_1)$ 和 $b_i(i=1,\cdots,L_2)$,进而由式(5-92)和式(5-93)构造 $I(z)$ 和 $O(z^{-1})$,再得到归一化的均衡器传递函数为

$$U(z)\approx\frac{1}{I(z)O(z^{-1})} \tag{5-106}$$

最后,均衡器输出序列为

$$\hat{s}(n)=u(n)*r(n) \tag{5-107}$$

如图5-19所示是自适应倒三谱盲均衡算法的原理图。

自适应倒三谱盲均衡算法由三部分自适应算法组成,自适应信道参数 $\boldsymbol{a}$ 的估计算法,均衡器系数计算和输入信号的恢复,具体过程可参见参考文献[4]。

5.11 其他抗多径技术

随着水声通信系统应用范围的扩大,对高速率水声通信,特别是对宽带高速率水声通信的需求大增。现有的相干水声通信系统依赖于单载波传输的自适应均衡技术来测量时变和高度色散的水声信道。时域均衡技术通常用于窄带通信信号,当用于宽带高速率信号时,其复杂度会随着数据率线性增加,因此,均衡器的复杂度限制了现有的单载波系统数据率的进一步提高。目前,在宽带无线通信系统中,多载波调制(MCM)技术受到广泛关注。多载波调制可以将频率选择性衰落信道转化为并行的平坦衰落子信道,因而大大减少了接收机中均衡器的复杂度。其中,正交频分复用(OFDM)技术以其高频谱利用率和有效的抗 ISI 性能受到广泛关

注，在水声通信系统中也得到大量研究。有关多载波调制的内容可参见本书的第 9 章。

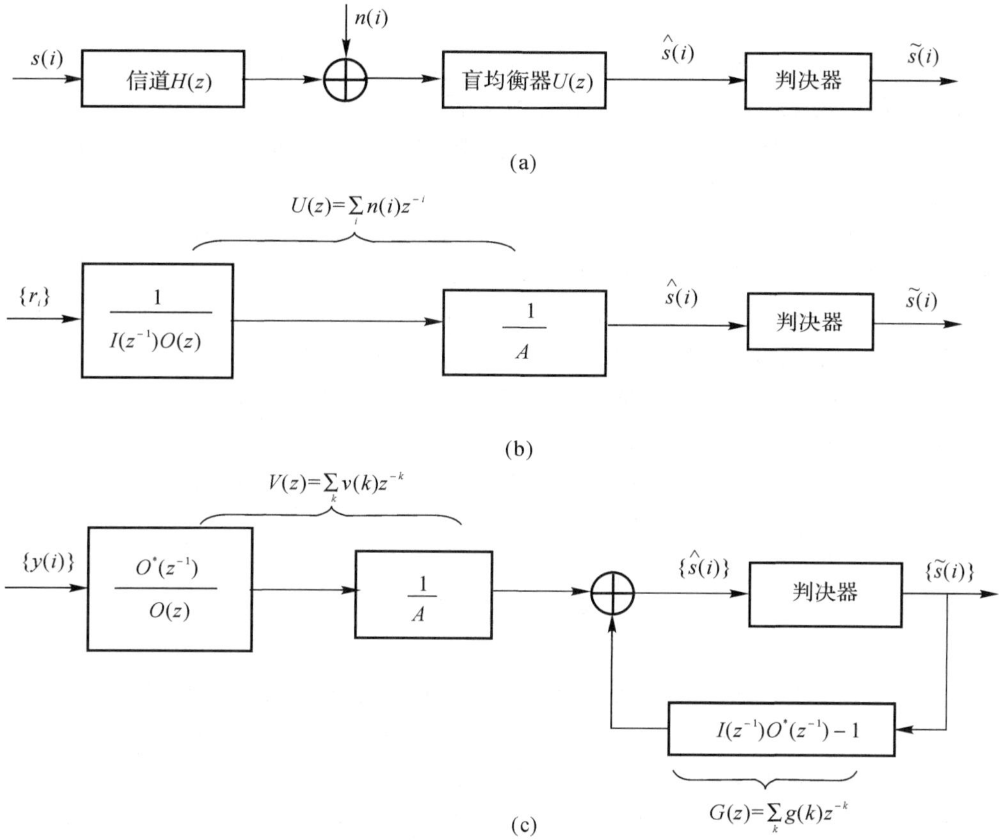

图 5-19　自适应倒三谱盲均衡算法原理图(参见参考文献[4]图 10.5.1)

(a) 基带特性系统的方框图；(b)线性均衡器；(c)判决反馈均衡器

另一种应用于宽带无线通信中的、低复杂度的抗 ISI 方法是采用单载波频域均衡(SC-FDE，Single Carrier Frequency Domain Equalization)技术。在采用频域均衡的单载波系统中，数据是分组传输的，在分组数据的前端通常加入循环前缀(CP)来降低由于多径造成的分组间的干扰(IBI)。接收信号通过 FFT/IFFT 运算进行频域均衡，抵消多径传播造成的 ISI。研究表明，SC-FDE 的性能和复杂度与正交频分复用(OFDM)相当，其复杂度要低于同样性能的时域自适应均衡器，因而受到广泛关注，在水声通信中也得到研究。具体内容可参见参考文献[10]～[13]。

思考与练习题

5-1　水声信道的多径传输特性对通信系统的性能有什么影响?

5-2　常用的均衡方法有哪些? 画出各均衡器的结构框图。

5-3　通信系统中常用的自适应均衡算法有哪些? 试比较其收敛性和复杂度。

5-4　盲均衡方法的工作原理是什么?

5-5　设水声信道的冲激响应为$h(z)=1+a_1z^{-3}+a_2z^{-5}$,若通信系统采用线性均衡器来克服码间干扰,试设计线性均衡器,并给出其结构框图。

5-6　设水声信道的冲激响应为$h(z)=1+a_1z^{-3}+a_2z^{-5}+a_3z^{-7}$,若通信系统采用判决反馈均衡器(DFE)来克服码间干扰,试画出DFE的结构图,并给出参数设计。

5-7　设水声信道的冲激响应同题5-5,通信系统采用QPSK调制和线性均衡器,试仿真分析采用LMS算法和RLS算法时算法的收敛性。

5-8　设水声信道的冲激响应同题5-7,通信系统采用QPSK调制和DFE,试仿真分析采用LMS算法和RLS算法时算法的收敛性。

参 考 文 献

[1] Proakis J G. 数字通信[M]. 4版. 张力军,等,译. 北京:电子工业出版社, 2003.

[2] Proakis J G. Adaptive equalization techniques for acoustic telemetry Channels [J]. IEEE Journal of Oceanic Engineering,1991, 16(1):21-31.

[3] 张辉, 曹丽娜. 现代通信原理与技术[M]. 西安:西安电子科技大学出版社,2002.

[4] 张贤达, 保铮. 通信信号处理[M]. 北京:国防工业出版社, 2000.

[5] Kilfoyle D B, Baggeroer A B. The state of the art in underwater acoustic telemetry [J]. IEEE Journal of Oceanic Engeering, 2000, 25(1): 4-27.

[6] Stojanovic M, Catipovic J A, Proakis J G. Phase-coherent digital communications for underwater acoustic Channels[J]. IEEE Journal of Oceanic Engineering, 1994, 19(1): 100-111.

[7] Stojanovic M. Recent advances in High-speed underwater acoustic communications[J]. IEEE Journal of Oceanic Engineering,1996, 21(2):125-136.

[8] Geller B, Capellano V, et al. Equalizer for video rate transmission in multipath underwater communications[J]. IEEE Journal of Oceanic Engineering,1996, 21(2): 150-155.

[9] Stojanovic M, Catipovic J A, Proakis J G. Adaptive multichannel combining and

equalization for underwater acoustic communications[J]. J Acoust Soc. Amer, 1993, 94(3), part 1:1621－1631.

[10] Pancaldi F, Vitetta G, Kalbasi R, et al. Single-carrier frequency domain equalization [J]. IEEE M. Signal Processing, 2008, 25(5):37－56.

[11] TaoJ, Zheng Y R, et al. Time-domain receiver design for MIMO underwater acoustic communications[C]. OCEANS 2008, September 15－18, 2008:1－6.

[12] Zhang J, Zheng Y R, Xiao C S. Frequency-domain equalization for single carrier MIMO underwater acoustic communications[C]. OCEANS 2008, September 15－18, 2008, 1－6.

[13] Zhang J, Zheng Y R, Xiao C S. Frequency-domain turbo equalization for MIMO underwater acoustic communications [C]. OCEANS 2009 - EUROPE, 2009. OCEANS 2009. May 11－14, 2009, 1－5.

第6章　水声信道中的多普勒频移估计与补偿

在第2章曾提到，由于水声信道的多径传播和随机起伏，水声信道呈现时间频率双扩展，即时延扩展和多普勒扩展的现象。时延扩展会在接收信号中引入码间干扰，需要采用自适应均衡等方法抵消码间干扰，而多普勒扩展也会对相位相干水声通信造成严重的影响。

由于起伏海面的声散射，以及发射机和接收机之间的相对运动，接收信号中会出现多普勒频移。当发射机与接收机之间有多条传播路径时，多个简单的多普勒频移就形成了多普勒扩展。对于采用频率调制(FSK或MFSK)的水声通信系统来说，多普勒扩展可能会影响接收机中窄带滤波器的设计，但对信号的检测影响不大。而对采用相干相位调制(PSK或QPSK)的通信系统来说，多普勒扩展以及所引起的相位偏差会影响接收信号载波的恢复和相位的跟踪。

多普勒扩展对移动中的水声通信系统的影响尤为严重，例如，当水下航行器以30 kn(约55.5 km/h)的速度移动时，移动速度与声速之比约为1/100；而对于无线电信道，当物体运动速度为100 km/h时，移动速度与电波速度之比约为$1/10^8$。这意味着水声信道中的相对多普勒频移远大于无线电信道中的相对多普勒频移，从而使得水声通信系统中的时间同步非常困难。

相位相干水声通信系统可以采用联合同步和自适应均衡的接收机来抵消码间干扰，补偿由于信道时变引起的相位偏差。但当发射机与接收机之间的相对运动速度超过一定值时，均衡器就会发散，失去补偿能力。在这种情况下，必须在联合同步和均衡之前对多普勒频移进行估计和补偿。

本章将介绍在水声通信系统中常用的多普勒估计与补偿方法。

6.1　基于信号模糊函数的多普勒频移估计

6.1.1　多普勒补偿的基本方法

假设发射信号为单频信号，则在接收信号中，运动所产生的多普勒频移f_d可表示为

$$f_d = \frac{v f_c}{c}\cos\theta \tag{6-1}$$

式中　v——发射机与接收机之间相对运动的速度(m/s)；

f_c——单频信号的频率(Hz)；

c —— 声速(m/s)；

θ —— 信号传送方向与运动方向间的夹角。

多径传播造成的多普勒展宽的变化范围是 $f_d = \pm f_{dmax}$，其中，f_{dmax} 是最大多普勒频移，表示为

$$f_{dmax} = \frac{vf_c}{c} \tag{6-2}$$

最大多普勒频移也称最大衰落速率。

定义相对多普勒频移 $\Delta = \frac{f_d}{f_c} = \frac{2\pi f_d}{2\pi f_c} = \frac{\omega_d}{\omega_c}$，对于单频分量 ω_c 来说，多普勒效应表示为多普勒频移

$$\omega' = \omega_c + \omega_d = \omega_c(1+\Delta) \tag{6-3}$$

对于窄带信号，也可以用式(6-3)表示多普勒效应，而对于宽带信号，不同频率分量的多普勒频移不同，可以用信号时域上的压缩或扩展来表示为

$$r(t) = s[(1+\Delta)t] \tag{6-4}$$

式中　$s(t)$ —— 发射信号；

$r(t)$ —— 接收信号。

多普勒补偿可以用对 $r(t)$ 在时域上进行反方向的压缩或扩展来实现，而对接收信号的压缩或扩展通常采用插值器来完成。由此可得多普勒补偿的基本方法：首先估计信道中的相对多普勒频移 Δ，然后再用插值器$(1+\Delta)$对接收信号进行解压缩或解扩展，如图 6-1 所示。

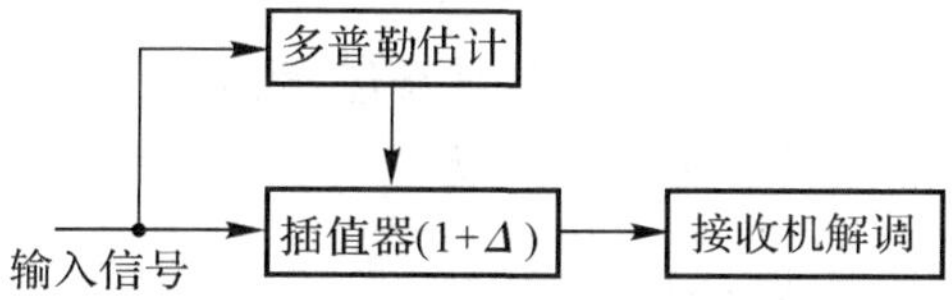

图 6-1　多普勒补偿的基本结构

由此可见，信道中多普勒频移的估计是多普勒补偿的基础，只有有了精确的多普勒估计，才能实现有效的多普勒补偿。目前，在水声通信系统中有两类多普勒估计方法：模糊函数方法和分组多普勒估计方法。

6.1.2　模糊函数的基本概念

信号参数的估计通常是通过对信号的相似程度的比较来进行的，而这种信号之间的比较通常会用到相关函数、模糊函数等概念，首先简要介绍模糊函数的基本概念。

1. 模糊函数的基本概念

设有信号 $u(t)$，$v(t)$，定义

$$R_{vu}=\int v(t)u^*(t)\mathrm{d}t \tag{6-5}$$

为信号 $v(t)$ 与 $u(t)$ 的互相关值，如果 $v(t)=u(t-\tau)$，则有

$$R_{vu}=\int u(t-\tau)u^*(t)\mathrm{d}t=\int u(t)u^*(t+\tau)\mathrm{d}t=R_u(\tau) \tag{6-6}$$

$R_u(\tau)$ 被称为 $u(t)$ 的自相关函数。一般情况下，信号 $v(t)$ 和 $u(t)$ 的互相关函数定义为

$$R_{vu}(\tau)=\int v(t)u^*(t+\tau)\mathrm{d}t \tag{6-7}$$

定义信号 $u(t)$ 的频域自相关函数为

$$K_u(f)=\int U(f)U^*(f+\varphi)\mathrm{d}f \tag{6-8}$$

式中 $U(f)$—— $u(t)$ 的傅里叶变换。

信号 $u(t)$ 的时频二维相关函数表示为

$$\chi_u(\tau,\varphi)=\int u^*(t)u(t-\tau)\mathrm{e}^{\mathrm{j}2\pi\varphi(t-\tau)}\mathrm{d}t=\int u(t)u^*(t+\tau)\mathrm{e}^{\mathrm{j}2\pi\varphi t}\mathrm{d}t \tag{6-9}$$

写成谱的形式

$$\chi_u(\tau,\varphi)=\int U^*(f)U(f-\varphi)\mathrm{e}^{-\mathrm{j}2\pi f\tau}\mathrm{d}f \tag{6-10}$$

$u(t)$ 的时频二维相关函数表示了信号 $u(t)$ 与自身经频移 φ 和延迟 τ 后的信号的相关性。

信号 $v(t)$ 与 $u(t)$ 的二维互相关函数定义为

$$\chi_{vu}(\tau,\varphi)=\int v(t)u^*(t+\tau)\mathrm{e}^{\mathrm{j}2\pi\varphi t}\mathrm{d}t \tag{6-11}$$

或

$$\chi_{vu}(\tau,\varphi)=\int U(f)V^*(f-\varphi)\mathrm{e}^{-\mathrm{j}2\pi f\tau}\mathrm{d}f \tag{6-12}$$

在雷达和声呐中，通常将 $|\chi_u(\tau,\varphi)|$ 定义为 $u(t)$ 的不确定函数，定义

$$\Psi_u(\tau,\varphi)=|\chi_u(\tau,\varphi)|^2=\chi_u(\tau,\varphi)\chi_u^*(\tau,\varphi) \tag{6-13}$$

为 $u(t)$ 的模糊函数。

$\chi(\tau,\varphi)$ 和 $\Psi(\tau,\varphi)$ 的基本性质（参见参考文献[3]）中有一些对信号的参数估计很有用，简要说明如下：

（1）原点对称性

$$\left.\begin{aligned}\Psi(\tau,\varphi)&=\Psi(-\tau,-\varphi)\\ \Psi_{vu}(\tau,\varphi)&=\Psi_{uv}(-\tau,-\varphi)\end{aligned}\right\} \tag{6-14}$$

但

$$\chi(\tau,\varphi)=\chi^{*}(-\tau,-\varphi)\mathrm{e}^{-\mathrm{j}2\pi\varphi\tau} \tag{6-15}$$

(2) 原点最大

$$\left.\begin{aligned}&\Psi(\tau,\varphi)\leqslant\Psi(0,0)=E_u^2\\&|\chi(\tau,\varphi)|\leqslant|\chi(0,0)|=E_u\end{aligned}\right\} \tag{6-16}$$

式中　E_u —— 波形 $u(t)$ 的能量。

对归一化信号有

$$\Psi(\tau,\varphi)\leqslant\Psi(0,0)=1 \tag{6-17}$$

(3) 时延、频移后的不变性

若

$$v(t)=u(t-\tau_0)\exp[\mathrm{j}2\pi\varphi_0(t-\tau_0)]$$

则有

$$\chi_v(\tau,\varphi)=\chi_u(\tau,\varphi)\exp[\mathrm{j}2\pi(\varphi\tau_0-\varphi_0\tau)] \tag{6-18}$$

但其模糊函数不变，即

$$\Psi_v(\tau,\varphi)=\Psi_u(\tau,\varphi) \tag{6-19}$$

(4) 时轴压缩定理

当 $v(t)=u(at)$，a 为常数时，有

$$\Psi_v(\tau,\varphi)=\frac{1}{|a|^2}\Psi_u(a\tau,\varphi/a) \tag{6-20}$$

这一性质也可以推广到频率轴压缩的情况。

(5) 体积不变原理

能量相同的波形，不管形状如何，模糊函数下的体积不变，即

$$\iint\Psi(\tau,\varphi)\mathrm{d}\tau\mathrm{d}\varphi=\Psi(0,0)=E^2 \tag{6-21}$$

式中　E —— 表征波形能量的常数。

一般形式是

$$\iint\Psi_{vu}(\tau,\varphi)\mathrm{d}\tau\mathrm{d}\varphi=E_vE_u \tag{6-22}$$

式中　E_v —— 信号 $v(t)$ 的能量。

按照体积不变原理，可以得到信号模糊度原理。定义与模糊函数在三维空间曲面下体积相等的等高柱形底面积

$$\mathrm{A_e}=\frac{\iint\Psi(\tau,\varphi)\mathrm{d}\tau\mathrm{d}\varphi}{\Psi(0,0)} \tag{6-23}$$

为波形的时间-频率联合分辨常数，根据体积不变原理，对于任何能量归一化的波形，有

$$A_e = 1 \tag{6-24}$$

也就是说，任何能量归一化的波形，其时间-频率联合分辨常数为1，与波形形状或参数无关。这一性质称为信号的模糊度原理。模糊度原理表明，只要波形的能量相同，改变波形的参量只改变模糊函数在 $\tau-\varphi$ 平面上的形状，而不改变该函数曲面下的体积。

2. 波形的分辨性能

波形 $v(t)$ 和 $u(t)$ 的可分辨性，主要是波形之间的差异性，可以通过其均方误差

$$\varepsilon = \int [u(t) - v(t)]^2 \mathrm{d}t = E_u + E_v - R_{uv} - R_{vu} \tag{6-25}$$

来描述，ε 越大，则 $u(t)$ 和 $v(t)$ 越容易分辨。若 $v(t) = u(t-\tau)$，则有

$$\varepsilon = 2E_u - 2R_u(\tau) \tag{6-26}$$

对于能量归一化信号，即 $E_u = 1$ 的信号，当 $R_u(\tau) \approx 1$ 时，$\varepsilon(\tau) \approx 0$。这表明两个相隔 τ 时刻的相同波形不可分辨；当 $R_u(\tau) \approx 0$ 时，$\varepsilon(\tau) \approx 2$，则两相邻波形完全可分辨。一般将满足

$$|R_u(\tau)|^2 \leqslant \frac{1}{2} \tag{6-27}$$

的全部 τ 的范围称为波形 $u(t)$ 的时间可分辨范围。同样，将满足

$$|K_u(\varphi)|^2 \leqslant \frac{1}{2} \tag{6-28}$$

的全部频移差值 φ 的范围称为 $u(t)$ 的频率可分辨范围。对于相对时差为 τ、频差为 φ 的两个相同信号，存在一个时间-频率联合可分辨范围，它满足

$$\Psi_u(\tau,\varphi) \leqslant \frac{1}{2}E_u^2 \tag{6-29}$$

而把

$$\Psi_u(\tau,\varphi) = \frac{1}{2}E_u^2 \tag{6-30}$$

所确定的最接近原点的曲线，称为波形 $u(t)$ 的最小可分辨曲线或称信号分辨曲线。该曲线在时间轴上的投影称为时间分辨率，可以表示为

$$\tau_e = \int |R(\tau)|^2 \mathrm{d}\tau / E_u^2 \tag{6-31}$$

信号分辨曲线在频率轴上的投影称为频率分辨率，可以表示为

$$\varphi_e = \int |K(\varphi)|^2 \mathrm{d}\varphi / E_u^2 \tag{6-32}$$

根据巴沙伐尔定理，分辨常数 τ_e 和 φ_e 还可分别表示为

$$\tau_e = \frac{\int |U(f)|^4 \mathrm{d}f}{\left[\int |U(f)|^2 \mathrm{d}f\right]^2} \tag{6-33}$$

$$\varphi_e = \frac{\int |u(t)|^4 \mathrm{d}t}{\left[\int |u(t)|^2 \mathrm{d}t\right]^2} \tag{6-34}$$

于是，定义波形的有效持续时间为

$$T_e = \frac{1}{\varphi_e} = \frac{\left[\int |u(t)|^2 \mathrm{d}t\right]^2}{\int |u(t)|^4 \mathrm{d}t} \tag{6-35}$$

有效带宽为

$$B_e = \frac{1}{\tau_e} = \frac{\left[\int |U(f)|^2 \mathrm{d}f\right]^2}{\int |U(f)|^4 \mathrm{d}f} \tag{6-36}$$

6.1.3　基于模糊函数的多普勒频移测量

设通信系统的输入信号为 $u(t)$，系统的响应为 $h(t)$，则最佳接收机为匹配滤波器，即

$$h(t) = Ku^*(t_0 - t)$$

式中　K —— 任意常数，这里取 $K=1$。

匹配滤波器的输出为

$$y(t) = \int u(t')u^*(t' - t + t_0)\mathrm{d}t' = R_u(t_0 - t) \tag{6-37}$$

当 $t = t_0$ 时，输出取得最大值

$$y(t_0) = R_u(0) = E_u \tag{6-38}$$

若系统的输入为一般信号 $v(t)$，匹配滤波器的输出为

$$y(t) = \int v(t')u^*(t' - t + t_0)\mathrm{d}t' = R_{vu}(t_0 - t) \tag{6-39}$$

当 $v(t) = u(t-\tau)$，是 $u(t)$ 的时延信号时，输出为

$$y(t) = \int u(t' - \tau')u^*(t' - t + t_0)\mathrm{d}t' = R_u(t_0 - \tau + t) \tag{6-40}$$

当 $t = t_0$ 时

$$y(t_0) = R_u(\tau) \tag{6-41}$$

当 $t = t_0 + \tau$ 时，达到最大输出

$$y(t_0 + \tau) = R_u(0) \tag{6-42}$$

与式(6-38)相比，匹配滤波器对延迟信号也是匹配的，只是最大值的出现延迟了 τ。

若 $v(t) = u(t-\tau)\exp[\mathrm{j}2\pi\varphi_0(t-\tau_0)]$ 是时延且频移的信号，则匹配滤波器的输出为

$$y(t)=\int u(t'-\tau')u^*(t'-t+t_0)\mathrm{e}^{\mathrm{j}2\pi\varphi_0(t'-\tau_0)}\mathrm{d}t'=$$
$$\int u(t')u^*(t'+\tau+t_0-t)\mathrm{e}^{\mathrm{j}2\pi\varphi_0 t'}\mathrm{d}t'=$$
$$\chi(\tau_0+t_0-t,\varphi_0) \tag{6-43}$$

而当 $t=t_0$ 时

$$y(t_0)=\chi_u(\tau_0,\varphi_0) \tag{6-44}$$

即输出的二次方是信号的模糊函数在 $t=\tau_0,\varphi=\varphi_0$ 时的值 $\Psi_u(\tau_0,\ \varphi_0)$。式(6-43)还表明，匹配滤波器对频移信号没有适应性，即不能匹配有频移的信号。

上述分析表明，当信号中没有时延和多普勒频移时，接收信号是一个确定性的波形，其时间和频率中心就是其模糊函数中心的主峰位置；而当接收信号中有时延和多普勒频移时，确定性波形的模糊主峰产生模糊，最大值位置将偏离波形的中心位置，而这种偏移可以借助于匹配滤波器的输出求得。

考虑到匹配滤波器不能匹配有频移的信号，接收机可以采用一组 M 个匹配滤波器，每个匹配滤波器都预置不同的频率。用 M 个匹配滤波器覆盖多普勒频移可能的范围，使匹配滤波器输出最大的频率与已知信号频率之差即为多普勒频移，如图 6-2 所示。

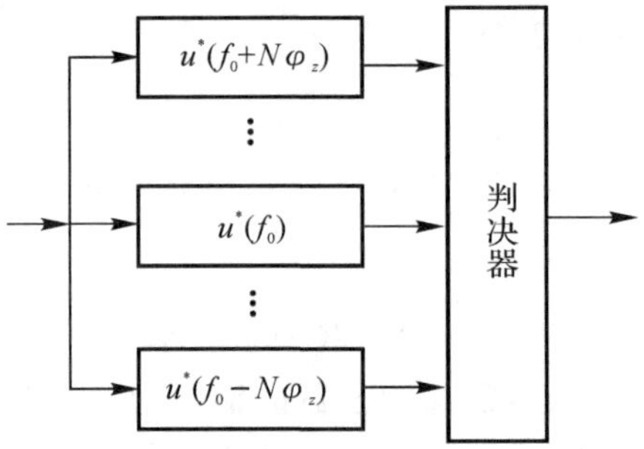

图 6-2 用于多普勒频移估计的匹配滤波器组

在图 6-2 中，φ_z 为匹配滤波器的多普勒频移容限，即当滤波器输入信号的频率与滤波器中心频率之差 $|\varphi|>\varphi_z$ 时，滤波器的输出下降到最大值的 0.7 倍以下。因此，若输入信号 $v(t)$ 的最大多普勒频移为 $\varphi_{\max}$，则至少需要 $2N+1=2[\varphi_{\max}/\varphi_z]+1$ 个匹配滤波器组成如图 6-2 所示的匹配滤波器组，各匹配滤波器的频移为 $\varphi_n=n\varphi_z$，$n=0, \pm1, \cdots, \pm N$，并相互覆盖。

考虑到最佳匹配滤波器与最佳相关器的等效性，可以采用一组相关器来实现多普勒频移估计，如图 6-3 所示。

在图 6-3 中，互相关器的参考波形相同，但载频为 $f_n=f_0+n\varphi_z$，相关器的输出是相关函数 $\chi_{vu}(\tau,\ \varphi-\varphi_z)$。使相关器输出最大相关峰的 $n\varphi_z$ 即为信道中的多普勒频移。

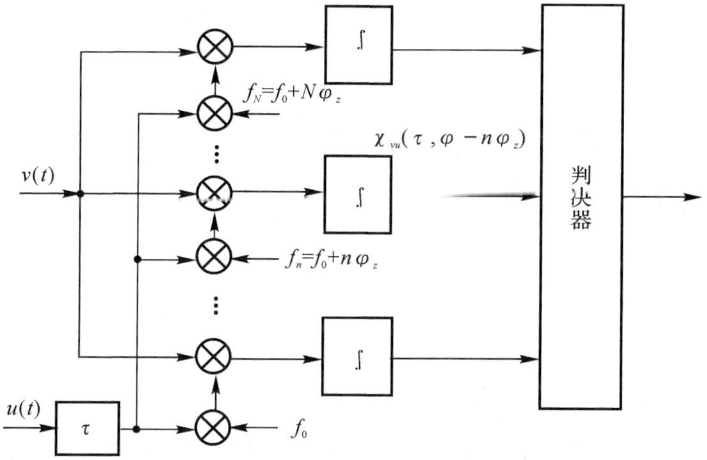

图 6-3　用于多普勒频移估计的相关器组

6.1.4　基于模糊函数的多普勒频移的测量精度

在对多普勒频移的测量中，接收信号中总会有一定的噪声干扰，这种干扰会使测量产生误差。设接收信号

$$v_0(t)=Au(t-\tau_0)\mathrm{e}^{\mathrm{j}2\pi\varphi_0(t-\tau_0)}+n(t)$$

对应的信道时延和多普勒频移分别为(τ_0,φ_0)，由于噪声和干扰，实测值为(τ_1,φ_1)，对应的信号为

$$v_1(t)=u(t-\tau_1)\mathrm{e}^{\mathrm{j}2\pi\varphi_1(t-\tau_1)}$$

则 $v_0(t)$ 与 $v_1(t)$ 之间的均方误差为

$$\begin{aligned}\varepsilon(\tau_1,\varphi_1)=&E\int[v_1(t)-v_0(t)]^2\mathrm{d}t=\\&E\,[\,|v_1(t)|\,]^2+E[\,|v_0(t)|^2]-2\chi_{v_1v_0}(\tau,\varphi)\end{aligned}\qquad(6-45)$$

要使测量误差 $\varepsilon(\tau_1,\varphi_1)$ 为最小，则应使 $\chi_{v_1v_0}(\tau,\varphi)$ 最大，即使

$$\begin{aligned}\chi_{v_1v_0}(\tau,\varphi)=&\int[Au(t-\tau_0)\mathrm{e}^{\mathrm{j}2\pi\varphi_0(t-\tau_0)}+n(t)]u^*(t-\tau_1)\mathrm{e}^{\mathrm{j}2\pi\varphi_1(t-\tau_1)}\mathrm{d}t=\\&A\chi_u(\tau_1-\tau_0,\varphi_1-\varphi_0)+\chi_{nu}(\tau,\varphi)\end{aligned}\qquad(6-46)$$

当 $\tau=\tau_0,\varphi=\varphi_0$ 时最大。式(6-46)中，$\chi_u(\tau_1-\tau_0,\varphi_1-\varphi_0)$ 是 $u(t)$ 的准相关函数，$\chi_{nu}(\tau,\varphi)$ 是噪声 $n(t)$ 和 $u(t)$ 的二维相关函数。使式(6-46)最大就是求满足

$$\left.\begin{aligned}\left.\frac{\partial\chi_{v_1v_0}(\tau,\varphi)}{\partial\tau}\right|_{\tau_1,\varphi_1}=A\left.\frac{\partial\chi_u(\tau-\tau_0,\varphi-\varphi_0)}{\partial\tau}\right|_{\tau_1,\varphi_1}+\left.\frac{\partial\chi_{nu}(\tau,\varphi)}{\partial\tau}\right|_{\tau_1,\varphi_1}=0\\ \left.\frac{\partial\chi_{v_1v_0}(\tau,\varphi)}{\partial\varphi}\right|_{\tau_1,\varphi_1}=A\left.\frac{\partial\chi_u(\tau-\tau_0,\varphi-\varphi_0)}{\partial\varphi}\right|_{\tau_1,\varphi_1}+\left.\frac{\partial\chi_{nu}(\tau,\varphi)}{\partial\varphi}\right|_{\tau_1,\varphi_1}=0\end{aligned}\right\}\tag{6-47}$$

条件的 τ_1 和 φ_1。定义

$$\left.\begin{aligned}\beta_0&=2\pi W_0\\ \delta_0&=2\pi T_0\\ a_0&=4\pi^2 C\end{aligned}\right\}\tag{6-48}$$

式中 W_0—— 信号的均方根带宽；

T_0—— 信号的均方根周期时间；

C_0—— 线性调频常数，用来描述波形的距离和速度的联合分辨性能。

将模糊函数展开为泰勒级数，并略去高阶项可得

$$\chi_u(\tau-\tau_0,\varphi-\varphi_0)\approx 1-\frac{1}{2}[\beta_0^2(\tau-\tau_0)^2-2a_0(\tau-\tau_0)(\varphi-\varphi_0)+\delta_0^2(\varphi-\varphi_0)^2]\tag{6-49}$$

于是有

$$\left.\begin{aligned}\left.\frac{\partial\chi_u(\tau-\tau_0,\varphi-\varphi_0)}{\partial\tau}\right|_{\tau_1,\varphi_1}=-\beta_0^2(\tau_1-\tau_0)+a_0(\varphi_1-\varphi_0)\\ \left.\frac{\partial\chi_u(\tau-\tau_0,\varphi-\varphi_0)}{\partial\varphi}\right|_{\tau_1,\varphi_1}=-\delta_0^2(\varphi_1-\varphi_0)+a_0(\tau_1-\tau_0)\end{aligned}\right\}\tag{6-50}$$

以及

$$\left.\begin{aligned}E\left[\left(\frac{\partial\chi_{nu}(\tau,\varphi)}{\partial\tau}\right)^2\right]\Bigg|_{\tau_1,\varphi_1}=N_0\beta_0^2\\ E\left[\left(\frac{\partial\chi_{nu}(\tau,\varphi)}{\partial\varphi}\right)^2\right]\Bigg|_{\tau_1,\varphi_1}=N_0\delta_0^2\end{aligned}\right\}\tag{6-51}$$

将式(6-50)和式(6-51)代入式(6-47)可得

$$\sigma_\tau^2=E[(\tau_1-\tau_0)^2]=\frac{N_u}{A^2\beta_0^2}+\frac{a_0^2}{\beta_0^4}\sigma_\varphi^2\tag{6-52}$$

$$\sigma_\varphi^2=E[(\varphi_1-\varphi_0)^2]=\frac{N_u}{A^2\delta_0^2}+\frac{a_0^2}{\delta_0^4}\sigma_\tau^2\tag{6-53}$$

由式(6-51)可得测量的均方根误差

$$\sigma_\tau=\frac{\delta_n}{\sqrt{(A^2/N_0)(\beta_0^2\delta_0^2-a_0^2)}}=\frac{1}{\beta_0\sqrt{\dfrac{A^2}{N_0}(1-\rho)}}\tag{6-54}$$

$$\sigma_{\varphi}=\frac{\beta_n}{\sqrt{(A^2/N_0)(\beta_0^2\delta_0^2-a_0^2)}}=\frac{1}{\delta_0\sqrt{\frac{A^2}{N_0}(1-\rho)}} \tag{6-55}$$

式中

$$\rho=a_0/(\delta_0\beta_0)=C_0/(T_0B_0) \tag{6-56}$$

由此可见，一般情况下，对信号延迟或频移的测量误差，不仅与信噪比 $A^2/N_0=2E_\varepsilon/N_0$ 有关，而且与信号波形的时间带宽积 W_0T_0 有关，而信号的时间带宽积与信号的模糊函数有关。为了提高分辨率，需要采用模糊函数在时间频率轴上有尖锐峰的信号，如伪随机信号、调频信号等。

6.1.5　水声通信系统中基于模糊函数的多普勒频移估计

M. Johnson 等人研究了与 AUV 进行通信的自适应接收机的改进算法(参见参考文献[5])，用来改善水声通信系统对多普勒频移的响应。改进的部分包括增加了多普勒频移估计器、时域插值器和稳健的锁相环(PLL) 算法，这些改进算法减小了均衡器的计算量，提供了精确的多普勒跟踪。

M. Johnson 等人利用每个数据帧起始部分的训练信号，用模糊函数的方法估计多普勒频移。为了减小计算量，先确定给定应用中可能的多普勒频移范围 $\omega_{\min}<\omega<\omega_{\max}$，模糊函数在该范围内进行计算，分辨率小于多普勒扩展。多普勒频移通过下式来估计：

$$u=\sum_{k=0}^{n-1}e^{j\omega k}d_kx_k \tag{6-57}$$

式中　x_k—— 接收数据序列样值；

d_k—— 长度为 n 的训练序列样值。

$\hat{\omega}_d$ 是使 u 值为最大的 ω 值。

由式(6-57) 得到的估计方差的 Cramer-Rao 下界为

$$E[|\hat{\omega}_d-\omega_d|^2]\geqslant\frac{1}{\eta\tau^3} \tag{6-58}$$

式中　τ—— 观察时间；

η—— 匹配滤波器的输出信噪比。

基于模糊函数计算的多普勒频移估计方法的计算量比较大，虽然可以根据某个具体的应用先确定要搜索的多普勒频移范围，但若要达到较高的频率分辨率，则需要提高相互覆盖的相关器。

例如，在 $\pm1\%$ 的多普勒频移范围内，若要达到 0.02% 的分辨率，所需要的相关器数为

$$N=2[\varphi_{\max}/\varphi_z]+1=2[\Delta_{\max}f_0/\Delta f_0]+1=2\times[0.1\%/0.02\%]+1=101\approx100$$

6.2 基于数据分组长度的多普勒频移估计

基于模糊函数计算的多普勒频移估计方法需要比较大的计算量和复杂的相关器结构，参考文献[4]介绍了一种计算效率比较高的多普勒估计方法，即通过测量接收机数据分组的时间长度来实现多普勒频移估计。由于多普勒频移在时域上表现为数据分组的时间压缩或扩展，因此，可以借助于发射数据分组和接收数据分组长度的变化进行多普勒频移的估计，即

$$\hat{\Delta}=\frac{T_{rp}}{T_{tp}}-1 \tag{6-59}$$

式中 T_{tp} —— 发射数据分组长度；

T_{rp} —— 接收数据分组长度；

$\hat{\Delta}$ —— 相对多普勒频移的估计值。

由式(6-59)可知，这种多普勒估计方法的关键是数据分组长度的测量。

6.2.1 数据分组长度的测量

一种比较可靠的测量数据分组长度的方法是将数据分组与已知信号进行交织，形成如图6-4所示的数据格式。数据分组两端采用相同的信号，这样可以用一个匹配滤波器进行检测，经匹配滤波后，两信号在数据分组的两端形成两个相关峰，测量相关峰之间的时间，便可得到 T_{tp} 和 T_{rp}。由于多普勒频移造成接收信号压缩或扩展，使得 T_{tp} 不同于 T_{rp}，于是可由式(6-59)测得相对多普勒频移。

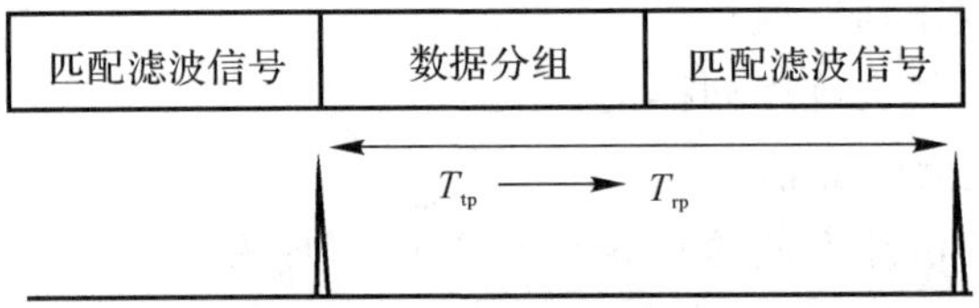

图 6-4 采用匹配滤波分组长度测量(参见参考文献[12]图 3)

由此可见，相关峰之间的时间长度测量精度将决定由式(6-59)确定的多普勒估计的精度，而能否在多普勒频移环境中形成尖锐的相关峰将取决于匹配滤波的信号。

匹配滤波信号的选择取决于两个因素：一是信号应有较大的多普勒容限，否则当信道中存在较大的多普勒频移时，接收信号可能与匹配滤波器失配，从而不会出现明显的相关峰；二是信号波形自身在有多普勒频移时不会出现较大时延扩展或压缩，使得 T_{rp} 的测量出现误差。

在上一节也提到了多普勒容限 φ_z 的概念。多普勒容限描述的是信号对多普勒频移敏感性的特征参量，该参量在声呐中通常被称为窄带多普勒容限，与此对应的还有宽带多普勒容限

β_k，它反映的是信号的复包络对多普勒效应的敏感性。

在常用的信号中，伪随机序列的模糊函数在 $WT \gg 1$ 的条件下，可以近似为

$$\Psi_n(\tau,\varphi) \approx \begin{cases} \left| \dfrac{T-|\tau|}{T} \sin\left[c(\pi W\tau)\right] \sin\left[c\pi\varphi(T-|\tau|)\right] \right|^2, & |\tau| \leqslant T \\ 0 & |\tau| > T \end{cases} \tag{6-60}$$

式中　W —— 信号带宽，

T —— 信号码元时间。

在近原点主峰区有

$$\Psi(\tau,\varphi) \approx \sin[c^2(\pi W\tau)]\sin[c^2(\pi\varphi T)] \tag{6-61}$$

主峰随 T 和 W 增大而变尖，因而在频率轴上有比较窄的相关峰。按照参考文献[4]，伪随机信号多普勒容限是

$$\beta_k = \frac{1.6}{WT} \tag{6-62}$$

另一种常用的波形是线性调频(LFM) 信号，其模糊度函数为

$$\Psi(\tau,\varphi) \approx \begin{cases} \left(1-\dfrac{|\tau|}{T}\right)^2 \sin\{c^2[\pi(\varphi - M\tau)(T-|\tau|)]\}, & |\tau| \leqslant T \\ 0, & |\tau| > T \end{cases} \tag{6-63}$$

这是刀刃形模糊函数，与伪随机信号相比，LFM 信号在频率轴上有较宽的相关峰，因而有更好的多普勒容限。LFM 信号的窄带多普勒容限为

$$\beta_k = \frac{1.74}{WT} \tag{6-64}$$

例如，若取 $W=10$ kHz，$T=0.01$ s，则 $\beta_k = 1.74\%$，即可以容忍的相对多普勒频移为 1.74%。若需要更大的多普勒容限，则可以选择双曲线调频(HFM) 信号，HFM 和 LFM 信号分别被称为宽带和窄带多普勒不变信号。

当信道中有多普勒频移时，匹配信号自身也含有扩展或压缩，这种时间上的变化可用信号的模糊函数的主瓣作为相对多普勒频移 Δ 的函数在时间轴上的扩展来描述。LFM 信号的模糊函数在时间轴上的扩展为

$$\tau(\Delta) = \frac{T}{W}\,\frac{\Delta}{1-\Delta}\left(\frac{f_{\min}}{1-\Delta} - \frac{\Delta f_{\max}}{1+\Delta}\right) \tag{6-65}$$

式中　$f_{\min}$ —— 带宽 W 的下限频率；

$f_{\max}$ —— 带宽 W 的上限频率。

当多普勒频移较小时，主瓣的时延变化近似随多普勒频移线性变化；而且，若发射机和接收机之间的相对运动为匀速的，则数据分组两端的相关峰会呈现相同的时延，不会给多普勒频移估计带来误差。

6.2.2 多普勒频移估计的精度

基于数据分组长度测量的多普勒频移估计的分辨率取决于匹配滤波信号的带宽 W 和发射数据分组的长度 T_{tp}。对于非时延扩展信道，匹配滤波检测器的时间分辨率为 $1/W$。于是，按照参考文献[4]，多普勒估计的分辨率可近似为

$$\delta\hat{\Delta} \approx \frac{1}{WT_{tp}} \tag{6-66}$$

该式为分辨率的下限，随着信道中时延扩展的增加，估计的分辨率将会下降。由式(6-66)可知，随着信号带宽 W 或数据分组长度 T_{tp} 的增加，估计的分辨率性能提高，但并非 T_{tp} 越大越好，特别是当发射机和接收机之间的相对运动不是匀速的，而是有加速度时，在数据分组的前端和后端的匹配滤波信号会受到不同的多普勒频移的影响，造成多普勒频移估计的误差。

为了简化分析，设加速度 a 为常数，于是，时变的相对多普勒频移可以表示为

$$\Delta_t = \Delta_0 + \frac{at}{c} \tag{6-67}$$

式中 Δ_0—— 起始相对多普勒频移。

不失一般性，可设 $\Delta_0=0$，当 $\Delta_t \ll 1$，且取 $W=f_{min}=0.5f_{max}$ 时，则按照式(6-65)、式(6-67)可得估计误差近似为

$$\varepsilon_\Delta \approx \frac{aT}{c} \tag{6-68}$$

由式(6-68)可见，这种估计误差与数据分组长度无关，且通常较小。实际上加速度主要影响的是自适应均衡器的剩余多普勒容限。由于数据分组两端的多普勒频移不一样，由式(6-59)得到的多普勒估计实际上应是整个数据分组的多普勒频移的平均值，也就是数据分组中间点对应的多普勒频移。经多普勒补偿后，在数据分组的其他时间点上会有剩余多普勒频移，最大的剩余多普勒频移出现在数据分组的两端。按照参考文献[4]，这个最大剩余多普勒频移可以表示为

$$(\Delta_{re})_{max} = \pm\frac{aT_{tp}}{2c} \tag{6-69}$$

式中 Δ_{re}—— 剩余多普勒频移。

由此可见，剩余多普勒频移与数据分组的长度成正比，也就是说，当发射机和接收机之间的相对运动不是匀速的时，若数据分组长度 T_{tp} 的值取得太大，会有较大的剩余多普勒频移。因此，这时需要较短的数据分组，能够不断地对多普勒频移进行估计。

6.3　多普勒补偿的方法

有了估计的多普勒频移，就可以用来对接收信号中的频偏进行补偿。在 6.1 节中提到，对于单频或窄带信号来说，多普勒效应表现为信号载波中心频率的偏移；而对于宽带信号，多普勒效应会使不同的频率分量有不同的频移。因此，用信号在时间上的压缩或扩展来描述多普勒频移更精确。按照式(6－4)，离散的接收信号可以表示为

$$r(nT_s)=s[n(1+\Delta)T_s] \tag{6-70}$$

式中　T_s—— 信号抽样周期。

可见，多普勒频移等价于在发射信号的抽样周期上乘了一个比例系数$(1+\Delta)$。已知相对多普勒频移 Δ 后，接收信号就可以用反时间比例进行扩展或压缩(加值或抽值) 来消除多普勒频移。在多采样率离散时间系统中，这等价于将接收信号以$(1+\Delta)$ 倍的采样率进行重采样，即

$$s(nT_s)=r\left(\frac{n}{1+\Delta}T_s\right) \tag{6-71}$$

这相当于对采样频率乘以比例因子，即

$$f'_s=(1+\Delta)f_s \tag{6-72}$$

多普勒补偿的方法有两种。由于相对多普勒频移 Δ 的值通常很小($\Delta<1\%$)，因此，由式(6－72) 表示的采样率变化也很小。可以采用多相滤波器来实现插值器。在这种补偿方法中，接收信号由一系列滤波器来实现插值。按照多普勒频移正负号的不同，这些滤波器有逐渐增大或减少的时延，插值器的计算量正比于滤波器的长度。但采用多相滤波器实现插值器时，如果要求在整个输入频率范围内都有比较低的谱失真，则所需滤波器的数量会很多，插值器的计算量会相当大。而且，当多普勒频移随时间变化时，对滤波器组进行更新的计算量也会很大。

另一种计算效率更高的方法是用线性插值器来计算新的样值，这种插值有两个参数要确定：新的采样点的位置及其采样值。具体的方法是用估计的相对多普勒频移 Δ 来确定新的采样点的位置，即利用下式来计算新的采样点：

$$(nT_s)'=(1+\Delta)(nT_s) \tag{6-73}$$

式中　(nT_s) —— 补偿前的第 n 个采样点；

$(nT_s)'$ —— 补偿后的第 n 个采样点。

若将式(6－59) 改写为 $T_{rp}=(1+\Delta)T_{tp}$，并将其与式(6－73) 对比，可以得到新采样点的位置的计算方法。得到新采样点的位置后，可以用其相邻的两个已知采样样本进行线性插值，计算新的采样值。所有新样本组成的信号就是消除多普勒频移后的信号。

用线性插值法构造的补偿信号与真实信号不完全相同，使得补偿信号出现失真，其失真的程度可由插值器输出端的信号与失真的比(SDR) 来表示。按照参考文献[4]，SDR 近似表

示为

$$\mathrm{SDR} \approx 40 \lg \frac{2f_s}{f} \tag{6-74}$$

式中 f—— 信号频率；

f_s—— 采样频率。

可见，要减小由线性插值器引入的补偿失真，应选择采样频率 f_s 远大于信号频率。

【例 6-1】 水声信道中多普勒频移对通信系统性能的影响的仿真。表 6-1 为用射线模型给出的水声信道各传播路径的信道系数和相对时延，表中数据用最先到达路径的数据进行了归一化，仿真信道水深 200 m。系统采用 QPSK 调制，载波频率为 1.7 kHz；采用 DFE 来消除由于多径传播带来的码间干扰，自适应均衡算法采用递推最小二乘(RLS) 算法。发射序列为 1.2×10^5 个独立同分布的二进制数据，采用分组发送，在每组的起始为100个码元的训练序列；每组信息码元为900，组与组之间插入LFM信号，LFM信号的带宽B取为系统带宽1 kHz，持续时间 T 取为 0.2 s，以保证大的相关增益，避免虚警。数据率为 240 b/s，输入 SNR = 10 dB。

表 6-1 各路径传播损失和相对时延

信道系数	1.369	1.451	0.576	1.0
相对时延 /ms	727	615	264	0

(1) 相对多普勒频移对 DFE 输出误码率的影响

DFE 输出的误码率随相对多普勒频移的变化如图 6-5 所示。在无编码的情况下，要达到 10^{-2} 的误码率，相对多普勒频移应小于 0.9×10^{-4}，即多普勒容限为 0.9×10^{-4} 量级。这意味着当信号频率为 1.7 kHz 时，系统所允许的多普勒频移应小于 1.6 Hz。

(2) 多普勒频移估计与补偿的仿真

仿真时假设相对运动的初始速度 v_0 为 5 m/s，数据按帧发送，每帧数据长度为 1 s，帧间多普勒频移按递减方式变化。用线性插值法产生多普勒频移，通过数据分组时间长度的测量实现多普勒频移估计，再采用线性插值实现多普勒补偿。

表 6-2 给出了理论上的相对多普勒频移和估计的相对多普勒频移的对比。由表 6-2 可以看出，相对多普勒频移的估计误差 $\leqslant 2.0\times10^{-4}$，在系统最大剩余多普勒容限范围内。

表 6-2 理论的相对多普勒频移及估计的相对多普勒频移 Δ

理论值	0.006 7	0.006 0	0.005 3	0.004 7	0.004 0	0.003 3	0.002 7	0.002 0	0.001 3	0.000 7
估计值	0.006 8	0.006 0	0.005 5	0.004 8	0.004 0	0.003 5	0.002 8	0.002 0	0.001 5	0.000 8
理论值	0	−0.000 7	−0.001 3	−0.002 0	−0.002 7	−0.003 3	−0.004 0	−0.004 7	−0.005 3	−0.006 0
估计值	0	−0.000 5	−0.001 2	−0.002 0	−0.002 5	−0.003 2	−0.004 0	−0.004 5	−0.005 2	−0.006 0

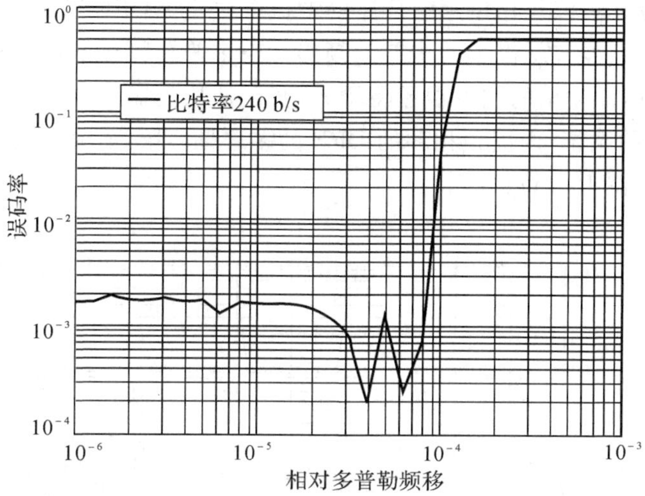

图 6-5　DFE 误码率随相对多普勒频移的变化

表 6-3 给出了当多普勒频移固定时，信号原始频率、多普勒频移后的频率及补偿后频率的比较，表中 $\Delta=0.067$。由表 6-3 可见，经多普勒补偿后，最大剩余多普勒频移为 6.23×10^{-4}。

表 6-3　原始频率、频移后的频率及补偿后频率

原始频率 /Hz	1 675	1 950	1 600	1 750	1 925	1 725	1 875
频移后频率 /Hz	1 685.8	1 962.9	1 610.1	1 761.5	1 937.3	1 737.1	1 887.2
补偿后频率 /Hz	1 674.8	1 949.5	1 599.1	1 749.3	1 923.8	1 724.9	1 875.0

(3) 多普勒频移对系统性能影响的仿真

首先对匀速运动时系统的多普勒频移估计和补偿性能进行分析。如图 6-6 所示为信道中有 4 条传播路径，有多普勒补偿和无多普勒补偿时系统输出的误码率的比较，可见经多普勒补偿后，系统允许的相对运动速度可达 ±10 m/s。

笔者还对速度随时间变化时，多普勒频移对系统的影响进行了分析。如图 6-7 所示为仿真的相对运动所产生的多普勒频移随时间的变化，如图 6-8 所示为系统输出误码率随时间的变化，同时给出了有多普勒补偿和无多普勒补偿时系统输出的误码率的比较。由图可见，经多普勒补偿后，系统允许的多普勒频移超过±15 Hz。

综上所述，接收机能够实现的多普勒频移补偿的精度主要取决于多普勒频移估计的精度和插值器的精度；而估计器与补偿器的精度要求则完全取决于接收机的剩余多普勒频移容限。对于采用相干检测的系统来说，剩余多普勒频移容限由判决反馈均衡器(DFE)的多普勒容限、跟踪速度、自适应算法以及相位跟踪环路的增益等决定。DFE 通常用来跟踪信道慢变化，在保证低均方误差时只能容忍很小的多普勒频移。当多普勒频移增加，使得 DFE 不能跟踪快速的相位变化时，均衡器输出的均方误差将增大，甚至使均衡器发散。按照参考文献[4]，对于一个带宽为 10 kHz 的系统，内嵌锁相环的 DFE 的多普勒容限为 10^{-4}，也就是说，多普勒估计器和插值器的精度应在 10^{-4} 以内。

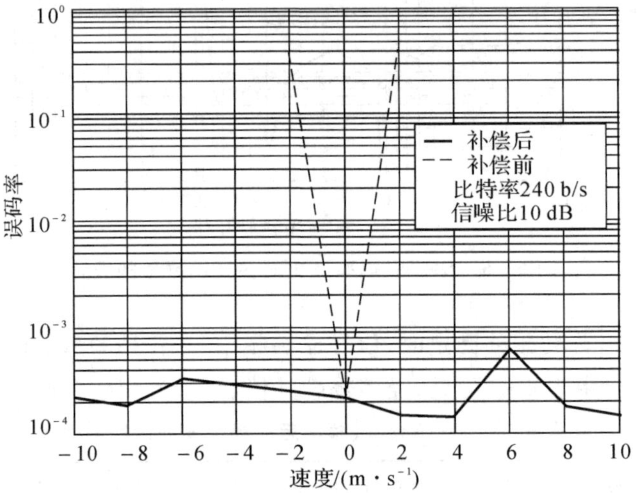

图 6-6 系统误码率随相对运动速度的变化

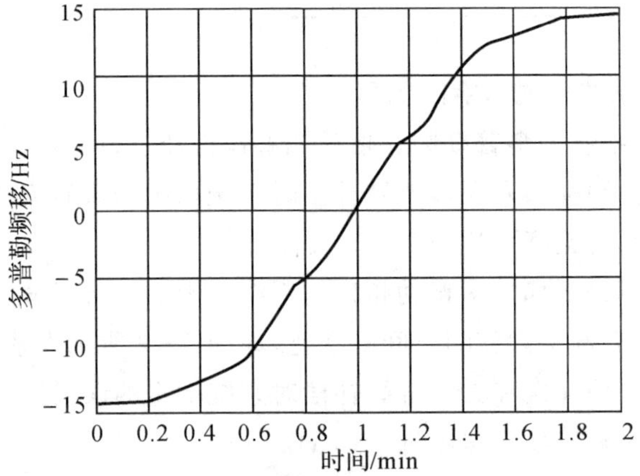

图 6-7 多普勒频移随时间的变化

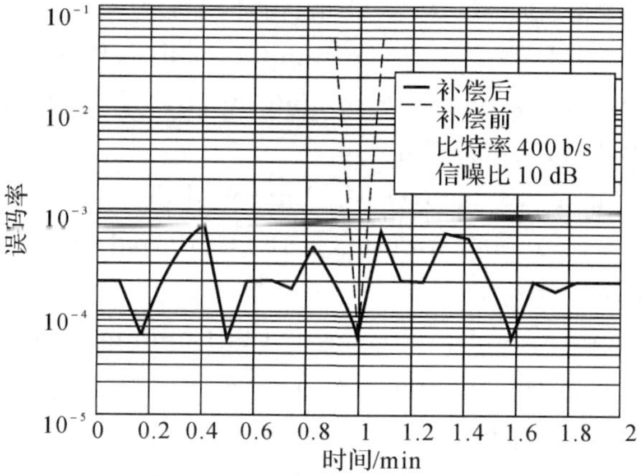

图 6-8　系统误码率随时间的变化

思考与练习题

6-1　造成水声信道多普勒频移和多普勒扩展的主要因素有哪些？多普勒频移和多普勒扩展对通信系统有什么影响？

6-2　多普勒补偿的基本方法是什么？

6-3　基于模糊函数的多普勒估计的基本原理是什么？

6-4　试分析基于数据分组长度的多普勒估计方法的原理，其估计精度与什么有关？

6-5　多普勒补偿的方法有哪些？

6-6　用射线模型仿真的水声信道的参数见表 6-4，试用该信道参数按例 6-1 仿真多普勒频移对水声通信系统误码率的影响。

表 6-4　水声信道参数

信道系数	0.804	1	0.804	0.692	0.822	0.582
相对时延/ms	954	0	576	2 342	1 966	1 423

参 考 文 献

[1]　Proakis J G. 数字通信[M]. 4 版. 张力军，等，译. 北京：电子工业出版社，2003.

[2]　Stojanovic M S. Recent advances in high-speed underwater acoustic communications [J]. IEEE Journal of Oceanic Engineering，1996，21(2)：125-136.

[3] 朱埜. 主动声呐检测信息原理 [M]. 北京:海洋出版社，1990.

[4] Sharif B S, Neasham J, et al. A computationally efficient Doppler compensation system for underwater acoustic communications [J]. IEEE Journal of Oceanic Engineering,2000, 25(1): 52-60.

[5] Johnson M, Freitag L, Stojanovic M. Improved doppler tracking and correction for underwater acoustic communications[C]. IEEE Journal Proc. ICASSP 1997, Munich, Germany, 1997:575-578.

[6] Eggen T H, Baggeroer A B, Preisig J C. Communication over Doppler spread channels—Part I: channel and receiver Presentation [J]. IEEE Journal of Oceanic Engineering,2000, 25(1): 62-71.

[7] Eggen T H, Baggeroer A B, Preisig J C. Communication over Doppler spread channels—Part I: receiver chatacterization and practical results [J]. IEEE Journal of Oceanic Engineering, 2001, 26(4): 612-621.

第 7 章　水声衰落信道中的分集技术

在第 3 章提到，水声信道时变多径的特性会引起信号的衰落，衰落现象主要是各多径分量的相位时变的结果。这些时变的相位使得接收端叠加的多径分量时而相消，时而相长，从而使得合成的接收信号的幅度和相位发生变化。按照通信信号特征的不同，信道会呈现平坦衰落或频率选择性衰落，衰落会严重影响通信系统的可靠接收，为此，通信系统必须采用有效的对抗衰落的技术措施。分集技术就是一种有效的抗衰落技术，在水声通信中得到了广泛应用。

本章将介绍在水声通信系统中采用的分集与合并技术。

7.1　分集与合并技术的基本概念

7.1.1　分集技术的基本概念

在无线通信中广泛采用分集技术来减少多径衰落的影响，在不增加发射功率或牺牲通信带宽的条件下提高传输的可靠性。分集技术的基本思想是，如果把在几个独立衰落子信道上发送的、相同的信息信号副本提供给接收机，那么所有信号分量同时衰落的概率将大大减少。采用合理的方式合并这些副本可以大大降低衰落的影响，相应地提高传输的可靠性。因此，分集技术的关键在于提供独立衰落的子信道。按照为接收机提供独立衰落方法的不同，分集技术通常分为时间分集、频率分集和空间分集。

1. 时间分集

在不同的时隙上发送相同的信息可以实现时间分集。为了保证不同的时隙上发送信号的独立衰落，相邻时隙的最小间隔要大于等于信道的相干时间$(\Delta t)_c$或衰落速率的倒数。在时间分集中，发射信息的副本是以时间冗余的形式到达接收机的，一般采用重复发射、差错控制编码和交织技术等方式来实现时间分集。差错控制编码带来的时间冗余可以提供发射信号的副本，而时间交织可以增加发射信号副本之间的时间间隔，从而得到时间上独立衰落的信号副本。时间分集无需额外增加发射、接收设备，易于实现。但由于时间交织会产生译码延迟，而且交织越大，时间间隔越长，延迟越大，这使得时间分集技术不适合对时延比较敏感的通信系统。时间分集一般在信道相干时间小的快衰落环境中比较有效，对于慢衰落环境，时间分集可能无法减少衰落，而且由于在时间域上引入了冗余，使得带宽利用率受到损失。

2. 频率分集

在频率分集中，携带相同信息的信号在不同的频率上发送。为了保证每个频率的衰落是独立的，发射频率的间隔必须足够大，要等于或超过信道的相干带宽$(\Delta f)_c$。在频率分集中，发射信号的副本是以频域冗余的形式到达接收端的。这种频率冗余可由FSK调制、直接序列扩频和跳频扩频、多载波调制技术等引入。直接序列扩频方法是采用带宽W远大于信道相干带宽$(\Delta f)_c$的信号，宽带信号可以分辨出$[W/(\Delta f)_c]$个多径分量，从而将若干独立衰落的多径信号提供给接收机。借助于Rake接收机可以将这些多径分量进行相干组合，这种宽带信号可以提供$W/(\Delta f_c)$阶频率分集。由于这种频率分集方法没有采用冗余的载波，因此，也被称为隐分集。

采用扩频技术的频率分集要求扩展的带宽要远大于信道的相干带宽。和时间分集一样，由于在频域引入了冗余，频率分集也使得带宽利用率受到损失。

3. 空间分集

空间分集是水声通信中比较常用的技术。典型的空间分集是在接收机采用多个换能器组成的接收阵来实现的。各换能器必须在物理空间上分开一定的距离，以使各个换能器接收的信号互不相关。一般要求换能器间隔在几个信号波长以上，以获得独立的空间衰落。在空间分集中，发射信号副本是以空间域冗余的形式到达接收机的。与时间分集、频率分集不同，空间分集不会带来带宽利用率上的损失，这一特性对高速率水声通信很有吸引力。

按照在发射或接收端是否使用换能器阵，可以把空间分集分成两类：发射分集和接收分集。接收分集是在接收机使用多个换能器，接收发射信号的独立副本，通过合并信号降低衰落的影响，并且提高总的接收信噪比。发射分集则是在发射机使用多个发射换能器，多路发射信号通过多个换能器同时发射，在接收端通过一个或多个换能器接收并组合这些信号。

长期以来，接收分集技术一直在通信系统中得到广泛应用，其技术发展比较成熟。而发射分集由于需要复杂的信号处理，其发展受到限制。近年来，随着信息理论中对多输入多输出(MIMO)信道容量的研究，MIMO系统及发射分集对无线信道容量的改善引起了众多科研人员的兴趣，发射分集技术的研究受到了广泛重视。

在实际的通信系统中，为了满足系统的性能要求，经常将多个常规的分集方法结合起来使用，以实现多维分集。

7.1.2 分集合并方法

所谓合并就是根据某种方式把得到的各个独立衰落信号相加后合并输出，从而获得分集增益。假设N个独立衰落信号分别为$r_1(t)$，$r_2(t)$，…，$r_N(t)$，则合并器的输出通常可以表示

为

$$r(t)=k_1r_1(t)+k_2r_2(t)+\cdots+k_Nr_N(t)=\sum_{i=1}^{N}k_ir_i(t) \tag{7-1}$$

式中　k_i—— 第 i 个子信道接收信号的加权系数；

r_i—— 第 i 个子信道的接收信号。

通信系统的分集性能通常取决于接收机如何合并多个信号副本，即加权系数的选择。因此，可以按照接收端所采用的合并方法对分集进行分类。根据实现合并的复杂性和合并方法所需的信道状态信息，可以将合并方法主要分为 4 种：选择合并、切换合并、等增益合并和最大比合并。下面以空间接收分集为例来说明各合并方法。

1. 选择合并

选择合并是所有合并方式中最简单的一种，其原理是检测所有接收分支输出的信噪比(SNR)，选择其中 SNR 最大的分支作为合并器的输出。也就是说，对接收换能器个数为 N 的接收分集系统，在每个码元判决时，都选择具有最大瞬时 SNR 的分支作为输出，其原理框图如图 7-1 所示。在实际使用中，由于 SNR 很难测量，一般采用信号和噪声功率之比最大的信号。

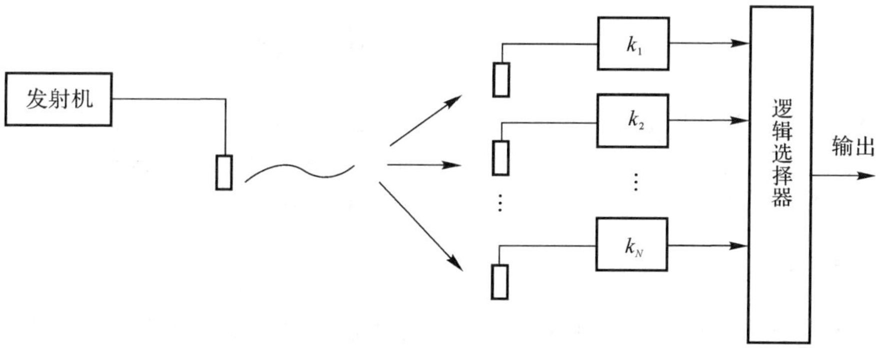

图 7-1　选择合并方法的原理框图

按照参考文献[3]，选择合并的平均输出 SNR 为

$$\bar{\gamma}=\bar{\gamma}_{\max}\sum_{k=1}^{N}\frac{1}{k} \tag{7-2}$$

式中　$\bar{\gamma}$—— 合并器平均输出 SNR；

$\bar{\gamma}_{\max}$—— 分支信号中最大平均 SNR。

合并增益为

$$GM=\frac{\bar{r}}{\bar{r}_{\max}}=\sum_{k=1}^{N}\frac{1}{k} \tag{7-3}$$

当接收机采用选择合并时，需要对所有的分支进行连续的跟踪、检测，以选择具有最好的瞬时信号的分支。

2. 切换合并

在图 7-2 所示的切换合并分集系统中，接收机扫描所有的分集支路，并选择 SNR 在特定的预设门限之上的特定分支，在该支路的 SNR 降到所设的门限之前，一直选择该支路的信号作为输出信号；当该支路的 SNR 低于设定的门限时，接收机开始重新检测各分支并切换到 SNR 在门限以上的新的分支，这种合并方法称扫描合并。

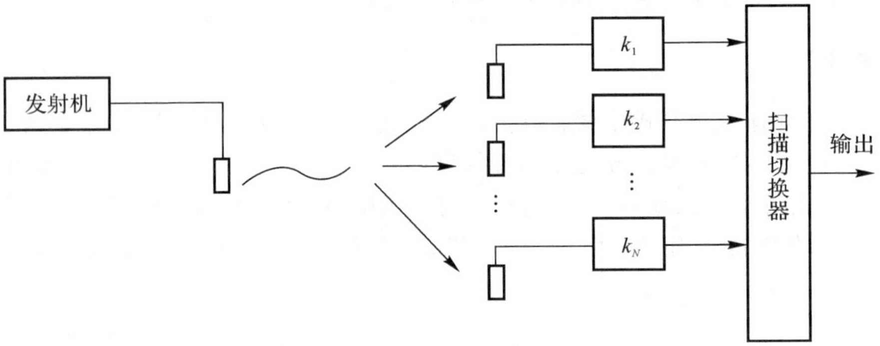

图 7-2 切换合并方法的原理框图

由于切换合并并非选择最好的瞬时信号，因此，它比选择合并的性能要差一些。但由于切换合并不需要同时连续不停地检测所有的分支，因此，这种方法要简单得多。而且切换合并不需要知道信道的状态信息，因此可用于相干调制和非相干调制。

3. 等增益合并

等增益合并的原理如图 7-3 所示。等增益合并是一种次优但比较简单的线性合并方法，它不需要估计各个分支的衰落幅度，而是使加权系数的幅度相等，即 $k_1=k_2=\cdots=k_N$。采用等增益合并，就是所有的接收信号经同相后等增益相加。

假设每条分支的平均噪声功率是相等的，按照参考文献[3]，等增益合并的平均输出 SNR 为

$$\bar{\gamma}=\bar{\gamma}_0\left[1+(N-1)\frac{\pi}{4}\right] \tag{7-4}$$

式中 $\bar{\gamma}_0$—— 合并前每条分支的平均信噪比。

合并增益为

$$GM=\frac{\bar{\gamma}}{\bar{\gamma}_0}=1+(N-1)\frac{\pi}{4} \tag{7-5}$$

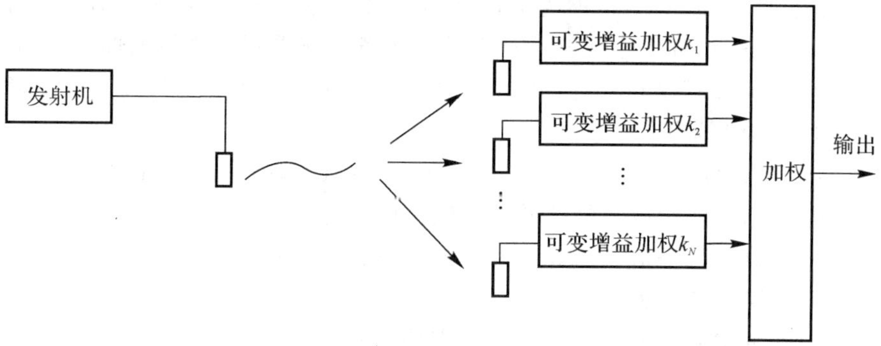

图 7-3　等增益合并、最大比合并方法的原理框图

4. 最大比合并

最大比合并是一种线性合并方法，其原理框图如图 7-3 所示。与等增益合并不同的是，最大比合并中各条支路加权系数与该支路的 SNR 成正比，SNR 越大，加权系数越大，对合并后信号贡献也越大。

设 A_i 和 φ_i 分别代表各分支接收信号的幅度和相位，可以得到相应的加权因子

$$k_i = A_i e^{-j\varphi_i} \tag{7-6}$$

可以证明，当各分支的加权系数为

$$k_i = \frac{A_i^2}{\sigma_n^2} \tag{7-7}$$

时，分集合并后的平均输出 SNR 最大。式中，σ_n^2 为每条支路的噪声平均功率。由于此方法能达到最大的输出 SNR，因此，也叫做最优合并。最大比合并的平均输出 SNR 为

$$\bar{\gamma} = N\bar{\gamma}_0 \tag{7-8}$$

合并增益为

$$GM = \frac{\bar{\gamma}}{\bar{\gamma}_0} = N \tag{7-9}$$

可见，合并增益与分集支路数 N 成正比。

在最大比合并中，各信号必须同相，并且用各自相应的幅度加权后求和。由于此方法需要知道各分支信号的衰落幅度和相位的信息，因此只能用于相干检测的场合，而不能用于非相干检测。

7.1.3　衰落信道中分集的差错率性能

以瑞利衰落信道为例来说明在衰落信道下二进制通信系统中分集的性能。

假设有 L 条分集信道，每条信道为平坦、慢衰落的，其包络统计特性为瑞利分布，并假设 L 条分集信道之间的衰落过程是相互统计独立的。每条信道受到零均值加性高斯白噪声过程的影响，各条信道的噪声过程是相互统计独立的，且具有相同的自相关函数。于是，第 k 条信道上的等效的低通接收信号为

$$r_{1k}(t)=a_k \mathrm{e}^{-\mathrm{j}\varphi_k} s_{km}(t)+z_k(t),\quad k=1,2,\cdots,\quad m=1,2 \tag{7-10}$$

式中 $r_{1k}(t)$ —— 第 k 条信道上的等效的低通接收信号；

a_k —— 第 k 条信道上的衰减系数或称衰减因子；

φ_k —— 第 k 条信道上的相移；

$s_{km}(t)$ —— 发送到第 k 条信道上的基带信号；

$z_k(t)$ —— 第 k 条信道上的加性高斯白噪声，其双边功率谱密度为 $N_0/2$。

假设信道衰落得足够慢，使得相移能够从接收信号中无误地估计出来，在这种情况下可以对信号进行相干检测。第 k 条信道上接收信号的最佳接收机是 $s_{km}(t)$ 信号的匹配滤波器。接收信号经匹配滤波后，通过分集组合得到判决变量。当信道衰减 a_k 和相移 φ_k 已知时，合并器可以采用最大比合并，完成上述过程的系统模型如图 7-4 所示。

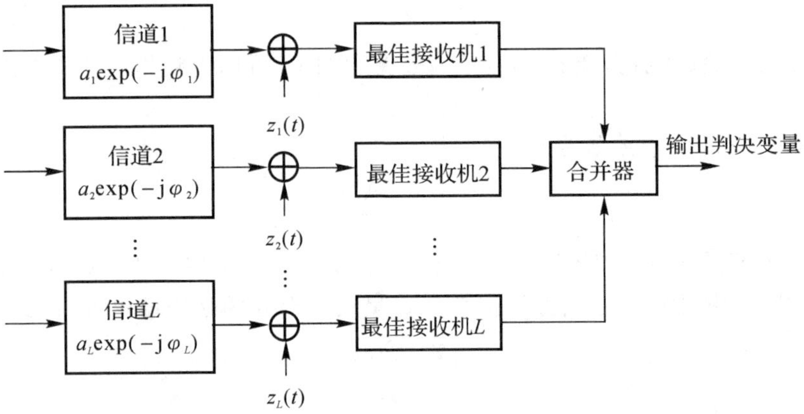

图 7-4 具有分集的二进制数字通信模型(参见参考文献[1]图 14-4-1)

当采用最大比合并时，输出的判决变量为

$$V=\mathrm{Re}\left[2E_{\mathrm{b}}\sum_{k=1}^{L}a_k^2+\sum_{k=1}^{L}a_k\eta_k\right]=2E_{\mathrm{b}}\sum_{k=1}^{L}a_k^2+\sum_{k=1}^{L}a_k\eta_{kr} \tag{7-11}$$

式中 E_{b} —— 匹配滤波器输出的信号能量，$E_{\mathrm{b}}=\int_0^T s_k(t)s_k^*(t)\mathrm{d}t$；

η_{kr} —— 匹配滤波器输出的噪声变量 η_k 的实部，η_k 表示为

$$\eta_k=\mathrm{e}^{\mathrm{j}\varphi_k}\int_0^T z_k(t)s_k^*(t)\mathrm{d}t \tag{7-12}$$

判决变量送入判决器用来判定发送的信息。信道衰落会引起信号失真，从而造成误判。

下面根据判决变量来分析衰落信道中的差错率。

在第4章已推导出在加性高斯白噪声(AWGN)信道中，采用相干检测的二进制PSK信号的误比特率为

$$P_{\text{ePSK}}=\frac{1}{2}\operatorname{erfc}\left(\sqrt{\frac{a}{2\sigma_n}}\right)=\frac{1}{2}\operatorname{erfc}\left(\sqrt{\frac{E_b}{2(N_0/2)}}\right)=Q\left(\sqrt{\frac{2E_b}{N_0}}\right)$$

式中 $Q(x)$—— 误差函数，$Q(x)=\frac{1}{2}\operatorname{erfc}\frac{x}{\sqrt{2}}$；

$N_0/2$—— 高斯白噪声的双边功率谱密度。

当衰落信道的衰减因子为固定值 α 时，相干二进制PSK信号的条件误比特率为

$$P_{\text{PSK}}(e/a)=Q(\sqrt{2\gamma_0}) \tag{7-13}$$

式中 γ_b—— 每比特接收的SNR，$\gamma_b=a^2E_b/N_0$。

对于相干检测的二进制FSK信号，按照参考文献[1]，误比特率为

$$P_{\text{FSK}}(e/a)=Q(\sqrt{\gamma_b}) \tag{7-14}$$

当 a 随机变化时，需要将式(7-13)和式(7-14)中的 $P(e/a)$ 对 γ_b 的概率密度函数 $P(\gamma_b)$ 取平均以求得平均差错率，即

$$P_e=\int_0^b P(e/a)P(\gamma_b)\mathrm{d}\gamma_b \tag{7-15}$$

式中 $P(\gamma_b)$——a 为随机变量时 γ_b 的概率密度函数。

1. 瑞利衰落信道中无分集信道的误比特率

当信道衰减因子 a 服从瑞利分布时，a^2 服从具有两个自由度的 χ^2 分布，因此，γ_b 服从 χ^2 分布。按照参考文献[1]，有

$$P(\gamma_b)=\frac{1}{\gamma_b}\mathrm{e}^{-\gamma_b\bar{\gamma}_b},\quad \gamma_b\geqslant 0 \tag{7-16}$$

式中 $\bar{\gamma}_b$—— 平均信噪比，定义为

$$\bar{\gamma}_b=\frac{E_b}{N_0}E(a^2) \tag{7-17}$$

式中 $E(a^2)$——a^2 的期望值。

将式(7-13)代入式(7-15)，对 $P_b(\gamma_b)$ 求积分得到二进制PSK信号的误比特率为

$$P_{\text{ePSK}}=\frac{1}{2}\left(1-\sqrt{\frac{\bar{\gamma}_b}{1+\bar{\gamma}_b}}\right) \tag{7-18}$$

将式(7-14)代入式(7-15)，对 $P_b(\gamma_b)$ 求积分得到二进制相干检测的FSK信号的误比特率为

$$P_{\text{eFSK}}=\frac{1}{2}\left(1-\sqrt{\frac{\bar{\gamma}_b}{2+\bar{\gamma}_b}}\right) \tag{7-19}$$

式(7-18)和式(7-19)是在慢衰落,可以在对相移 φ 进行无误差估计的条件下得到的,可以看成是瑞利衰落时差错率的上限。

当信道呈现快衰落,无法通过在多个信号间隔上对接收信号的相位平均得到稳定的相位估计时,通信系统可以采用非相干检测的 FSK 调制或 DPSK 调制。按照参考文献[1],在瑞利衰落信道中,二进制 DPSK 的误比特率为

$$P_{\mathrm{eDPSK}}=\frac{1}{2(1+\bar{\gamma}_{\mathrm{b}})} \tag{7-20}$$

而采用包络检波的二进制 FSK 的误比特率为

$$P_{\mathrm{eFSK}}=\frac{1}{2+\bar{\gamma}_{\mathrm{b}}} \tag{7-21}$$

2. 瑞利衰落信道中 L 阶分集信道的误比特率

对于某一固定集合 $\{a_k\}$,式(7-11)给定的判决变量是高斯分布的,其均值和方差分别为

$$E(\mathrm{V})=2E_{\mathrm{b}}\sum_{i=1}^{L}a_k^2 \tag{7-22}$$

$$\delta^2(\mathrm{V})=2E_{\mathrm{b}}N_0\sum_{k=1}^{L}a_k^2 \tag{7-23}$$

于是可得当信道衰减因子 $\{a_k\}$ 为固定时,采用 L 阶分集时二进制 PSK 的误比特率为

$$P_{\mathrm{ePSK}}=Q(\sqrt{2\gamma_{\mathrm{b}}}) \tag{7-24}$$

式中 γ_{b}—— 比特信噪比 γ_{b},表示为

$$\gamma_{\mathrm{b}}=\frac{E_{\mathrm{b}}}{N_0}\sum_{k=1}^{L}a_k^2=\sum_{k=1}^{L}\gamma_k \tag{7-25}$$

式中 γ_k—— 第 k 条信道的瞬时比特信噪比,$\gamma_k=a_k^2E_{\mathrm{b}}/N_0$。

当信道衰减因子 $\{a_k\}$ 随机变化时,需要按照式(7-15)在 γ_{b} 的概率密度函数 $P(\gamma_{\mathrm{b}})$ 上求平均,定义信道的平均信噪比 $\bar{\gamma}_{\mathrm{c}}$ 为

$$\bar{\gamma}_{\mathrm{c}}=\frac{E_{\mathrm{b}}}{N_0}E(a_k^2) \tag{7-26}$$

式中 $E(\cdot)$—— 期望函数。

假设所有信道的平均信噪比都相同,则在瑞利信道上,二进制 PSK 信号的平均误比特率为

$$P_{\mathrm{ePSK}}=\left[\frac{1}{2}\left(1-\sqrt{\frac{\bar{\gamma}_{\mathrm{b}}}{1+\bar{\gamma}_{\mathrm{c}}}}\right)\right]^L\sum_{k=0}^{L-1}\mathrm{C}_{L-1+k}^{k}\left[\frac{1}{2}\left(1+\sqrt{\frac{\bar{\gamma}_{\mathrm{c}}}{1+\bar{\gamma}_{\mathrm{c}}}}\right)\right]^k \tag{7-27}$$

当每个分集信道上的平均信噪比比较高时,式(7-27)可以近似为

$$P_{\mathrm{ePSK}}=\left(\frac{1}{4\bar{\gamma}_{\mathrm{c}}}\right)^{L}\mathrm{C}_{2L-1}^{-L} \tag{7-28}$$

由式(7－28)可见，误比特率随 $1/\bar{\gamma}_{\mathrm{c}}$ 的 L 次幂变化。

按照参考文献[1]，在随机变化的 L 阶瑞利信道上，相干检测的二进制 FSK 的误比特率为

$$P_{\mathrm{eFSK}}=\left[\frac{1}{2}\left(1-\sqrt{\frac{\bar{\gamma}_{\mathrm{c}}}{2+\bar{\gamma}_{\mathrm{c}}}}\right)\right]^{L}\sum_{k=0}^{L-1}\mathrm{C}_{L-1+k}^{k}\left[\frac{1}{2}\left(1+\sqrt{\frac{\bar{\gamma}_{\mathrm{c}}}{2+\bar{\gamma}_{\mathrm{c}}}}\right)\right]^{k} \tag{7-29}$$

当 $\bar{\gamma}_{\mathrm{c}}\gg 1$ 时，式(7－29)可近似为

$$P_{\mathrm{eFSK}}\approx\left(\frac{1}{2\bar{\gamma}_{\mathrm{c}}}\right)^{L}\mathrm{C}_{2L-1}^{L} \tag{7-30}$$

当信道是慢衰落，即在连续两个信号符号内信道相移不发生明显变化时，差分检测的二进制 DPSK 的误比特率为

$$P_{\mathrm{eDPSK}}=\left[\frac{1}{2}\left(1-\frac{\bar{\gamma}_{\mathrm{c}}}{1+\bar{\gamma}_{\mathrm{c}}}\right)\right]^{L}\sum_{k=0}^{L-1}\mathrm{C}_{L-1+k}^{k}\left[\frac{1}{2}\left(1+\frac{\bar{\gamma}_{\mathrm{c}}}{1+\bar{\gamma}_{\mathrm{c}}}\right)\right]^{k} \tag{7-31}$$

当 $\bar{\gamma}_{\mathrm{c}}\gg 1$ 时，式(7－31)近似为

$$P_{\mathrm{eDPSK}}\approx\left(\frac{1}{2\bar{\gamma}_{\mathrm{c}}}\right)^{L}\mathrm{C}_{2L-1}^{L} \tag{7-32}$$

平方律检测的二进制 FSK 的误比特率为

$$P_{\mathrm{eFSK}}=\left[\frac{1}{2}\left(1-\frac{\bar{\gamma}_{\mathrm{c}}}{2+\bar{\gamma}_{\mathrm{c}}}\right)\right]^{L}\sum_{k=0}^{L-1}\mathrm{C}_{L-1+k}^{k}\left[\frac{1}{2}\left(1+\frac{\bar{\gamma}_{\mathrm{c}}}{2+\bar{\gamma}_{\mathrm{c}}}\right)\right]^{k} \tag{7-33}$$

当 $\bar{\gamma}_{\mathrm{c}}\gg 1$ 时，式(7－33)近似为

$$P_{\mathrm{eFSK}}\approx\left(\frac{1}{\bar{\gamma}_{\mathrm{c}}}\right)^{L}\mathrm{C}_{2L-1}^{L} \tag{7-34}$$

【例 7－1】　如图 7－5 所示为不同分集阶数 L 时二进制数字调制信号在瑞利衰落信道中的误比特率曲线。二进制 PSK、差分检测 DPSK 和非相干检测 FSK 的误比特率分别由式(7－27)、式(7－31)和式(7－33)表示。计算时，利用表达式

$$\gamma_{\mathrm{b}}=L\bar{\gamma}_{\mathrm{c}}$$

将信道平均信噪比 $\bar{\gamma}_{\mathrm{c}}$ 转化为比特信噪比 γ_{b}。由图 7－5 可见，与不分集的情况 $L=1$ 相比，分集明显提高了系统的抗误码性能。同样要达到 10^{-4} 的误比特率，当分集阶数从 1 增加到 2 时，BPSK 信号所需的信噪比从 34 dB 降低为 18 dB；当分集阶数 $L=4$ 时，所需的信噪比为 13 dB。对于非相干检测的 FSK 信号，当分集阶数从 1 增加到 4 时，所需的信噪比可以降低约 20 dB。

由此可见，分集是克服衰落引起的信噪比下降的一种有效手段。

3. 多进制信号的差错率

这里简单引用参考文献[1]给出的 L 阶分集信道上多进制信号的差错率。

M 元 PSK 和 DPSK 系统中的误码率结果为

$$P_M=\frac{(-1)^{L-1}(1-\mu^2)^L}{\pi(L-1)}\left(\frac{\partial^{L-1}}{\partial b^{L-1}}\left\{\frac{1}{b-\mu^2}\left[\frac{\pi}{M}(M-1)-\right.\right.\right.$$

$$\left.\left.\left.\frac{\mu\sin(\pi/M)}{\sqrt{b-\mu^2\cos^2(\pi/M)}}\operatorname{arccot}\frac{-\mu\cos(\pi/M)}{\sqrt{b-\mu^2\cos^2(\pi/M)}}\right]\right\}\right)_{b=1} \tag{7-35}$$

式中，对于 PSK，有

$$\mu=\sqrt{\frac{\bar{\gamma}_c}{1+\bar{\gamma}_c}} \tag{7-36}$$

对于 DPSK，有

$$\mu=\frac{\bar{\gamma}_c}{1+\bar{\gamma}_c} \tag{7-37}$$

式中　$\bar{\gamma}_c$—— 信道的平均接收信噪比，它与平均信噪比的关系为 $\bar{\gamma}_b=L\bar{\gamma}_c/k$，$k=\mathrm{lb}M$。

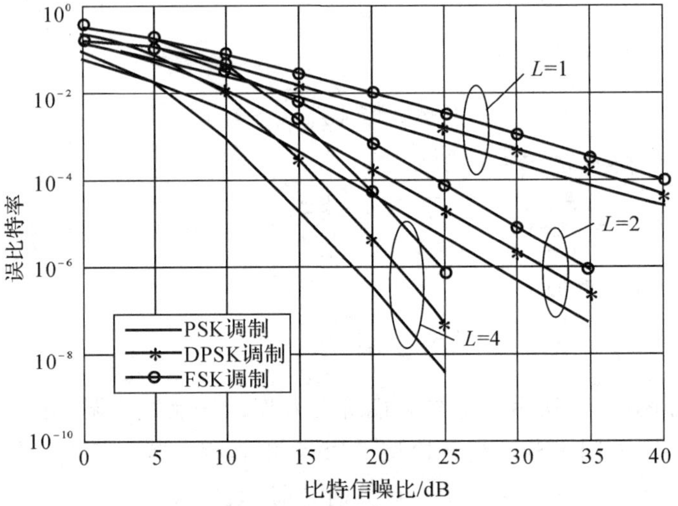

图 7-5　瑞利信道中不同分集阶数时二进制数字调制信号的误比特率

对于按照格雷码映射的 QPSK，其误比特率为

$$P_b=\frac{1}{2}\left[1-\frac{\mu}{\sqrt{2-\mu^2}}\sum_{k=0}^{L-1}C_{2k}^{k}\left(\frac{1-\mu^2}{4-2\mu^2}\right)^k\right] \tag{7-38}$$

式中，对于 PSK 和 DPSK，μ 分别由式(7-36) 和式(7-37) 给出。

M 元平方律检测的 FSK 信号的误码率为

$$P_M=1-\int_0^{\infty}\frac{1}{(1+\bar{\gamma}_c)^L(L-1)!}U_1^{L-1}\exp\left(-\frac{U_1}{1+\bar{\gamma}_c}\right)\left(1-e^{-U_1}\sum_{k=0}^{L-1}\frac{U_1^k}{k!}\right)^{M-1}dU_1 \tag{7-39}$$

$$U_1 = \sum_{k=1}^{L} |2E_b a_k e^{-j\phi_k} + N_{k1}|^2 \tag{7-40}$$

式中　U_1—— 检测器的输出。

7.2　水声信道中的分集技术

7.1 节介绍了时间、频率和空间分集的基本概念以及分集系统的性能，这些分集技术利用发射信号在时间、频率和空间上的冗余，通过对所有传输路径上信号的线性组合来获得分集增益，改善接收机的信噪比。

频率分集，如 MFSK，是水声通信系统中常用的分集技术。在公开发表的文献中，最早采用 MFSK 调制的是美国的数字声遥测系统(DATS)，它采用 1/2 码率的(9,4)汉明码，将 4 b 信息扩展到 2 kHz 的带宽上，用汉明码从 2 kHz 带宽上的 16 个频率中选出 8 个单频，并用慢跳频的方式发射这 8 个单频以减小码间干扰的影响。与后来的其他许多文献一样，这些 MFSK 系统都没有测量或估计信道的相干带宽，在缺乏相干测量的情况下，频率分集的贡献无法分析。

在水声信道中采用时间分集的程度有限。在多数水声信道中，除非有中等速度的平台运动，否则信道中的多普勒扩展都不大，也就是说，信道的相干时间很长。这对任何采用显时间分集的系统来说，等待的时间可能长得无法接受，因而限制了时间分集的应用。但在许多对数据率没有太多要求的水声通信系统，如遥控系统，通常采用交织、纠错编码等隐时间分集技术来提高可靠性。

无论是时间分集还是频率分集都会降低带宽效率，这在带宽受限的水声信道是个严重的问题。

与水声通信系统中频率分集和时间分集的应用相比，空间分集的应用出现得晚一些，采用换能器阵的空间分集由于不消耗额外的时频信号空间，因而对带宽受限的水声信道很有吸引力。

实际上，单个全向的换能器本质上可以激励全部可能的空间谱，因而可以同时实现方位和空间位置分集，用全向的单个接收换能器可以接收来自不同方位或到达角的多根声线，因而得到方位或到达角分集；而从单个发射换能器发出的信号可以扩展多个空间分量，则得到空间位置分集。

采用多个接收换能器组成换能器阵，则可对空间谱进行采样，采用不同的阵处理方法可得不同的分集。采用自适应波束形成算法，接收机可以获得方位分集；而采用多信道的组合，则可得到空间位置分集。

方位分集在相干水声通信系统中较为常见，通常是采用窄带或宽带波束形成算法抵消多径到达，只留下直达路径，这类算法在参考文献[6]和[7]中都有描述。

近年来,在相干水声通信系统中经常采用的空间分集方法是将多信道组合与自适应均衡算法结合在一起,参考文献[7]～[10]等都对这类多信道均衡进行了研究。有两种多信道均衡算法,一种是用所有接收信道或从中选出 K 个信道,每个信道后接一个自适应均衡器,形成多信道均衡器,其典型结构如图 7-6 所示。

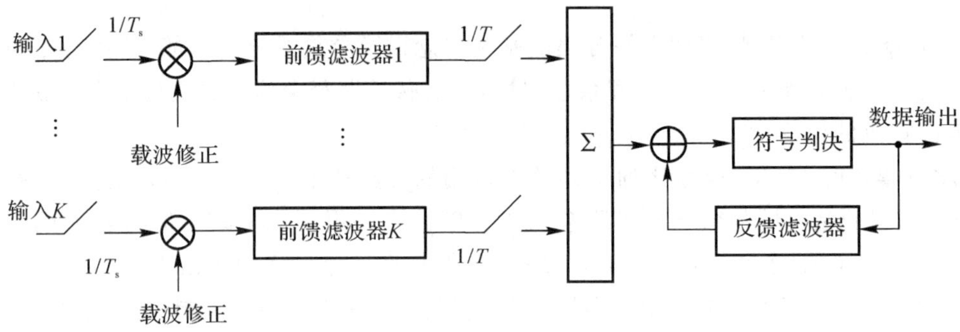

图 7-6 基于信道 DFE 的相位相干接收机

另一种算法是首先通过窄带波束形成将 K 个信道转化为 P 个信道($K > P$),然后再加多信道均衡器,其典型结构如图 7-7 所示。

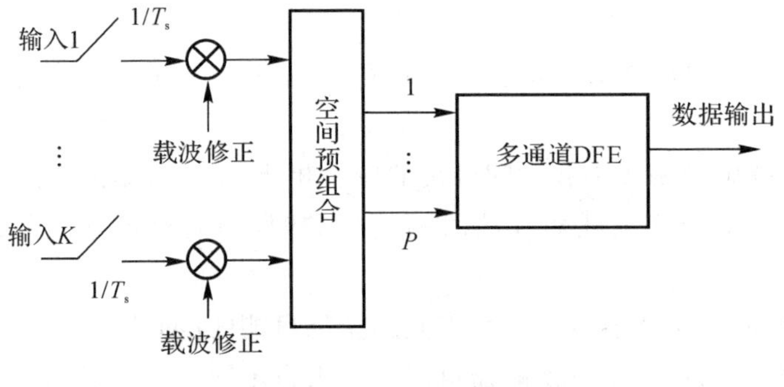

图 7-7 多信道预组合 DFE 器

Stojanovic 从算法复杂性的角度对两种算法进行了比较,并进行了海试,传输距离为 15～65 n mile,接收机采用 20 个阵元组成的垂直线阵列阵。第一种算法从 20 个阵元中选出 3 个信道进行多信道均衡,信道的选择对系统性能的影响很大;第二种算法则先将 10 个信道通过波束形成转变为 3 个信道,再进行多信道均衡。与第一种算法相比,有 3 dB 的输出 SNR 增益,更重要的是接收机只增加了中等程度的复杂度就消除了算法对信道选择的敏感性。

水声通信试验清楚地表明,分集技术可以显著地改善水声通信系统的性能,但遗憾的是很少有文献提及对信道频率、时间、空间相干性的测量，因而无法准确评估分集增益对系统性能改善的贡献。

7.3　多径分离技术与 Rake 接收

7.2 节介绍的各种分集接收技术，是对抗时变信道选择性衰落的有效方法，它们能减少信号幅度的起伏范围，提高平均信噪比，降低数字通信的差错概率。由于这些分集技术一般都需要使用多套设备，因此，一般将它们称为显分集技术。

尽管各种显分集技术具有不少优点，但它们也存在着两个缺陷。首先，对于频率分集和空间分集来说，采用几种分集就需要几套设备，使整个系统变得很复杂；其次，不管分集阶数有多少，由于传播信道并未改变，多径时延不能减小，因而对数字通信中码间干扰无能为力，串扰到其他码元中的信号能量，既不能消除又不能利用，而且，显分集不能提高传输速率。

为了克服码间干扰，在数字通信中还广泛采用了另一类分集技术。它通过一定的技术途径扩展被传送信号的带宽以达到分集的效果，这就是 7.2 节介绍的隐频率分集。由于它的分集效果是隐蔽在信号波形内部的，并不需要增加设备套数来达到多重分集的效果，因此，相对于显分集技术，称这类分集技术为隐分集技术。常用的隐分集技术包括时频编码分集、时频相编码分集和多径分离技术等。本节着重介绍多径分离技术。

7.3.1　多径分离技术

由于多径延迟现象，接收信号是由不同路径来的信号叠加而成的，当多径时延差较大而信号码元长度较短时，就会产生严重的码间干扰，使得通信系统的差错率增大。如果在接收端能将这些来自不同路径、具有不同时延的信号识别并分离出来，进行同相相加，则由信道时间色散而造成的频率选择性衰落对通信带来的危害可以大为降低。基于这种思路的分集技术，就叫做多径分离技术。

这种分集技术与显分集技术不同，它通过信号设计，使被传送的信号具有某种可分性，以便在接收端能把各路径的信号分离开来。在 7.2 节曾提到，对于多径扩展为 T_m 的信道，若信号的带宽 W 远大于信道相干带宽 $(\Delta f)_c \approx 1/T_m$，可以得到 $[T_m W]$ 个可分辨的信号分量。多径分离技术在接收端将携带相同信息，来自各路径的有不同时延、不同相位和幅度的信号分离后，通过相位校正、时间对齐等措施进行加权合并，从而获得多径分集增益。因此，这种分集技术是一种积极利用多径分量克服码间干扰影响的抗多径衰落技术。

由于多径分离技术是通过采用大带宽信号来获得分集的，因此也是一种隐频率分集。

当实现多径分离时，大带宽信号通常采用扩频信号，而处理宽带信号的最佳接收机通常称为 Rake 接收机或 Rake 匹配滤波器，下面着重介绍 Rake 接收机及其性能。

7.3.2 Rake 接收机

在第 3 章曾经提到，时变的频率选择性信道可以用抽头间隔为 $1/W$、抽头加权系数为 $\{c_n(t)\}$ 的抽头时延线来模化，具有 L 个抽头（分支）的抽头时延线模型如图 7-8 所示。下面用抽头时延线模型来分析二进制信号传输的性能。

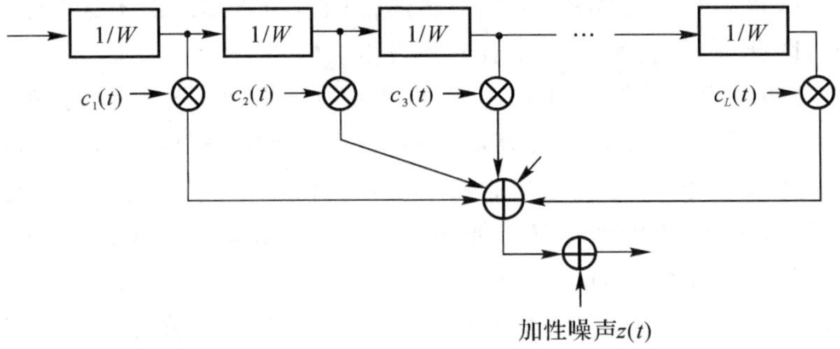

图 7-8 频率选择性信道的抽头时延线模型

设有两个等能量的等效低通信号 $s_{11}(t)$ 和 $s_{12}(t)$，它们是双极性的或正交的，其码元时间 $T \gg T_m$。于是，可以忽略由多径传播引起的码间干扰。因为经过扩频后信号的带宽超过信道的相干带宽，所以，经解扩后，等效低通接收信号为

$$r_1(t) = \sum_{k=1}^{L} c_k(t) s_{1m}(t - k/W) + z(t) = v_m(t) + z(t), 0 \leqslant t \leqslant T, \quad m=1,2 \tag{7-41}$$

式中 $v_m(t)$—— 接收的信号分量，$v_m(t) = \sum_{k=1}^{L} c_k(t) s_{1m}(t - k/W)$；

$z(t)$—— 零均值复高斯白噪声信号。

假设信道的抽头权值已知，则最佳接收机是由 $v_1(t)$ 和 $v_2(t)$ 的匹配滤波器或相关器组成的，解调器输出用码元速率取样，取样值通过判决电路，选择对应于最大输出的信号。经最佳检测后形成的判决变量可以表示为

$$V_m = \text{Re}\left[\int_0^T r_1(t) v_m^*(t) \text{d}t\right] = \text{Re}\left[\sum_{k=1}^{L} \int_0^T r_1(t) c_k^*(t) s_{1m}^*(t - k/W) \text{d}t\right], \qquad m=1,2 \tag{7-42}$$

按照式(7-42)得到的宽带二进制信号的最佳解调器的原理框图如图 7-9 所示，接收信号 $r_1(t)$ 通过时延线后与 $c_k^*(t) s_{1m}^*(t)$ 相关，$k=1, \cdots, L, m=1, 2$，经合并、抽样后形成判决信号。

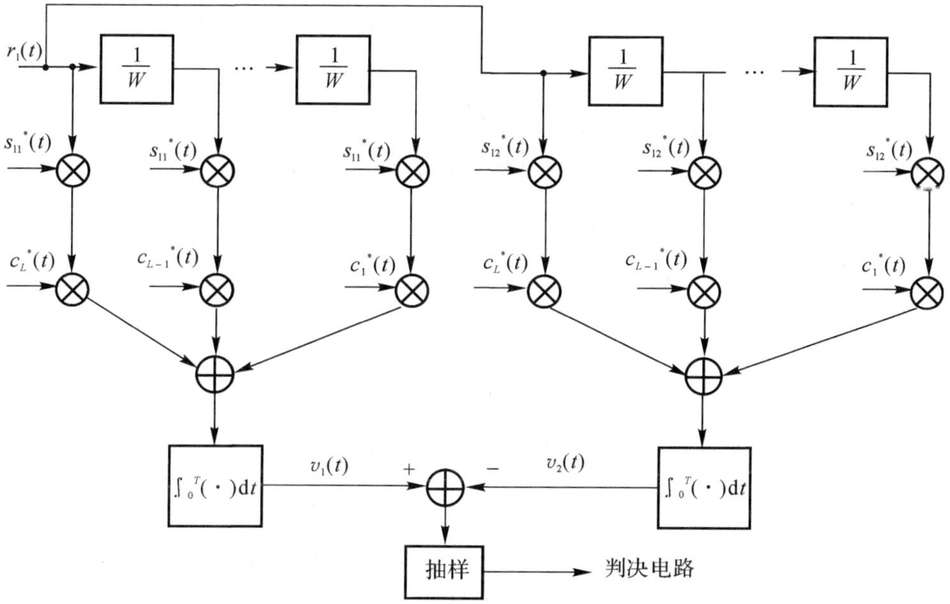

图 7-9 宽带二进制信号的最佳解调器

由图 7-9 可见,抽头时延线接收机将时延线覆盖范围内所有接收路径的信号收集起来,其作用类似于草耙(rake),因此称这种结构的接收机为 Rake 接收机。

7.3.3 Rake 接收机的性能

设信道衰落得足够慢,能够对 $c_k(t)$ 进行准确的估计,在一个码元时间内,$c_k(t)$ 可以看成常数 c_k,在这种情况下,式(7-42)中的判决变量为

$$V_m = \mathrm{Re}\left[\sum_{k=1}^{L} c_k^*(t)\int_0^T r_1(t)s_{1m}^*(t-k/W)\mathrm{d}t\right],\quad m=1,2 \tag{7-43}$$

假设发送的信号为 $s_{11}(t)$,则有

$$V_m = \mathrm{Re}\left[\sum_{k=1}^{L} c_k^*(t)\sum_{n=1}^{L} c_n(t)\int_0^T r_1(t)s_{11}(t-k/W)s_{1m}^*(t-k/W)\mathrm{d}t\right]+ \mathrm{Re}\left[\sum_{k=1}^{L} c_k^*(t)\int_0^T z(t)s_{1m}^*(t-k/W)\mathrm{d}t\right] \tag{7-44}$$

通常宽带信号 $s_{11}(t)$ 和 $s_{12}(t)$ 采用伪随机序列,具有良好的自相关特性,即

$$\int_0^T s_{1m}(t-n/w)s_{1m}^*(t-k/W)\mathrm{d}t \approx 0,\quad k\neq n,\quad m=1,2 \tag{7-45}$$

于是,在理想自相关特性假设条件下,式(7-44)可以简化为

$$V_m = \mathrm{Re}\left[\sum_{k=1}^{L} \mid c_k(t) \mid^2 \int_0^T s_{1m}(t-k/W)s_{1m}^*(t-k/W)\mathrm{d}t + \right.$$
$$\left.\mathrm{Re}\left[\sum_{k=1}^{L} c_k^*(t)\int_0^T z(t)s_{1m}^*(t-k/W)\mathrm{d}t\right]\right. \tag{7-46}$$

当二进制信号是双极性的时，只需一个判决变量，式(7-46)简化为

$$V_1 = \mathrm{Re}\left(2E_b\sum_{k=1}^{L}a_k^2 + \sum_{k=1}^{L}a_k N_k\right) \tag{7-47}$$

式中　a_k—— 抽头系数的畅值，$a_k = \mid c_k \mid$；

E_b—— 信号能量，表示为

$$E_b = \int_0^T s_{11}(t)s_{11}^*(t)\mathrm{d}t$$

N_k—— 第 k 条支路上经相关接收后的噪声分量，表示为

$$N_k = \mathrm{e}^{\mathrm{j}\varphi k}\int_0^T z(t)s_{11}^*(t-k/W)\mathrm{d}t \tag{7-48}$$

对比式(7-47)和式(7-11)可知，Rake 接收机等效于 L 阶分集系统中的最大比合并器。于是，当所有抽头权值具有相同的期望值，即对所有 k，$E(a_k^2)$ 都相同时，Rake 接收机的差错率性能由式(7-27)决定；而当对所有 k，其期望值 $E(a_k^2)$ 不同时，需要重新推导差错率性能。对于二进制双极性和正交信号的条件差错率为

$$P(\gamma_b) = Q\left(\sqrt{\gamma_b(1-\rho_r)}\right) \tag{7-49}$$

式中，对双极性信号 $\rho_r = 1$，对于正交信号，$\rho_r = 0$，且

$$\gamma_b = \frac{E_b}{N_0}\sum_{k=1}^{L}a_k^2 = \sum_{K=1}^{L}\gamma_k \tag{7-50}$$

γ_k 服从具有两个自由度的 χ^2 分布，即

$$P(\gamma_k) = \frac{1}{\bar{\gamma}_k}\mathrm{e}^{-\gamma_k/\bar{\gamma}_k} \tag{7-51}$$

式中　$\bar{\gamma}_k$—— 第 k 条路径的平均 SNR，定义为

$$\bar{\gamma}_k = \frac{E_b}{N_0}E(a_k^2) \tag{7-52}$$

按照参考文献[1]，γ_b 的概率密度函数

$$P(\gamma_b) = \sum_{k=1}^{L}\frac{\pi_k}{\bar{\gamma}_k}\mathrm{e}^{-\gamma_b/\bar{\gamma}_b},\qquad \gamma_b \geqslant 0 \tag{7-53}$$

式中

$$\pi_k = \prod_{i\neq k}^{i=1}\frac{\bar{\gamma}_k}{\bar{\gamma}_k - \bar{\gamma}_i} \tag{7-54}$$

将式(7-49)的条件差错率在衰落信道求统计平均，可得

$$P_e = \int_0^{\infty} P_2(\gamma_b)P(\gamma_b)\mathrm{d}\gamma_b = \frac{1}{2}\sum_{k=1}^{L}\pi_k\left[1 - \sqrt{\frac{\gamma_k(1-\rho_r)}{2+\bar{\gamma}_k(1-\rho_r)}}\right] \tag{7-55}$$

当 $\bar{\gamma}_k \gg 1$ 时

$$P_e \approx \mathrm{C}_{2L-1}^{L}\prod_{k=1}^{L}\frac{1}{2\bar{\gamma}_k(1-\rho_r)} \tag{7-56}$$

以上是在假设信道衰落得足够慢，能够对信道抽头权值进行理想估计的情况下推导的 Rake 接收机的性能。如果是在不估计频率选择性衰落信道的抽头系数，或信道衰落得足够快，难有好的估计值的情况下，可使用 DPSK 信号传输方式或非相干检测正交信号传输方式，DPSK 信号的 Rake 接收机结构如图 7-10 所示。

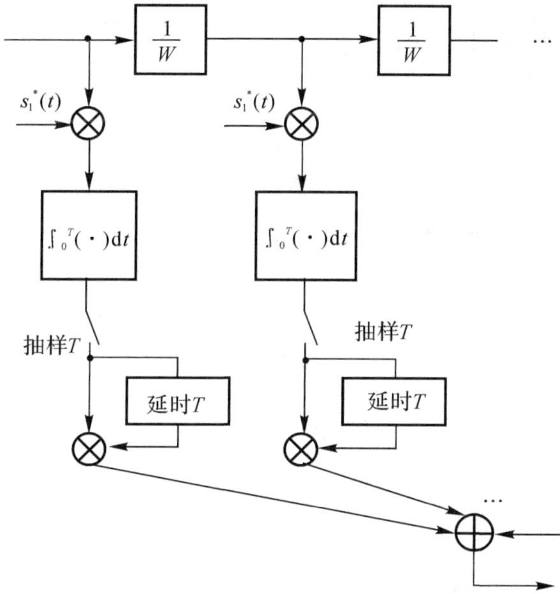

图 7-10　DPSK 信号的 Rake 解调器(参见参考文献[1]图 14-5-6)

当传送的信号波形 $s_e(t)$ 满足式(7-45)的正交性，且所有的信号路径具有相同的信噪比时，二进制 DPSK 系统中 Rake 接收差错率与式(7-31)描述的差错率是相同的，当信噪比 $\{\bar{\gamma}_k\}$ 不同时，按照文献[1]，DPSK 信号的 Rake 接收机的差错率为

$$P_e = \left(\frac{1}{2}\right)^{2L-1}\sum_{m=0}^{L-1}\sum_{n=0}^{L-1-m}\mathrm{C}_{2L-1}^{n}\sum_{k=1}^{L}\frac{\pi_k}{\bar{\gamma}_k}\left(\frac{\bar{\gamma}_k}{1+\bar{\gamma}_k}\right)^{m+1} \tag{7-57}$$

式中，π_k 由式(7-54)定义。

对于正交 FSK 信号，采用平方律合并的 Rake 接收机框图如图 7-11 所示。

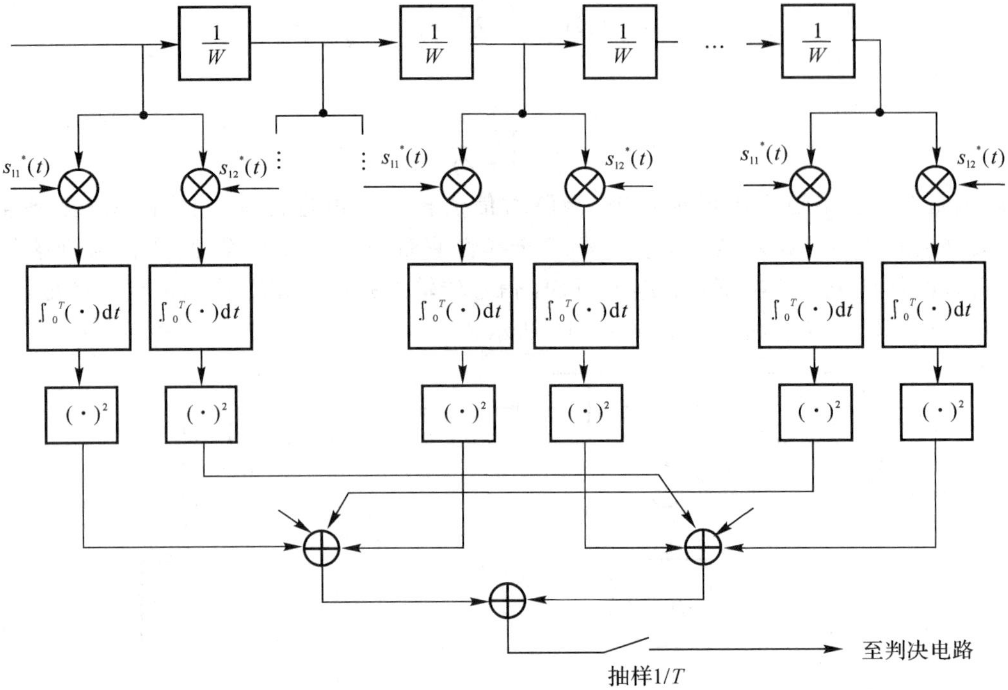

图 7-11 正交信号平方律合并的 Rake 解调器(参见参考文献[1]图 14-5-7)

在满足理想正交性的条件下,Rake 输出的判决变量为

$$\left.\begin{aligned} V_1 &= \sum_{k=1}^{L} \left| 2E_b c_k + N_{k1} \right|^2 \\ V_2 &= \sum_{k=1}^{L} \left| N_{k2} \right|^2 \end{aligned}\right\} \tag{7-58}$$

假设发送的信号是 $s_{e1}(t)$,则当所有信号路径都具有相同的信噪比时,平方律检测正交信号的 Rake 接收机的性能由式(7-33) 确定,即

$$P_{eFSK} = \left[\frac{1}{2}\left(1-\frac{\bar{\gamma}_R}{2+\bar{\gamma}_R}\right)\right]^L \sum_{k=0}^{L-1} C_{L-1+k}^k \left[\frac{1}{2}\left(1+\frac{\bar{\gamma}_R}{2+\bar{\gamma}_R}\right)\right]^k$$

如果各信号路径的信噪比不同,其结果由式(7-57) 确定,其中 γ_k 用 $\gamma_k/2$ 代替。

7.3.4 有码间干扰时接收机结构

以上描述的 Rake 接收机是基于比特间隔 $T_b \gg T_m$ 条件时的最佳接收机,当这个条件不满足时 Rake 接收机的输出将受到码间干扰(ISI) 的影响,在这种情况下,需要采用均衡器来抑制

ISI。

假设发送信号的带宽足够分辨出两个或以上的多径分量，在接收机端，信号解调为基带信号后，利用 Rake 系统进行处理。Rake 输出以比特率抽样后送到均衡器，均衡器可以采用最大似然序列估计器(MLSE) 或判决反馈均衡器(DFE)，该接收机结构如图 7－12 所示。

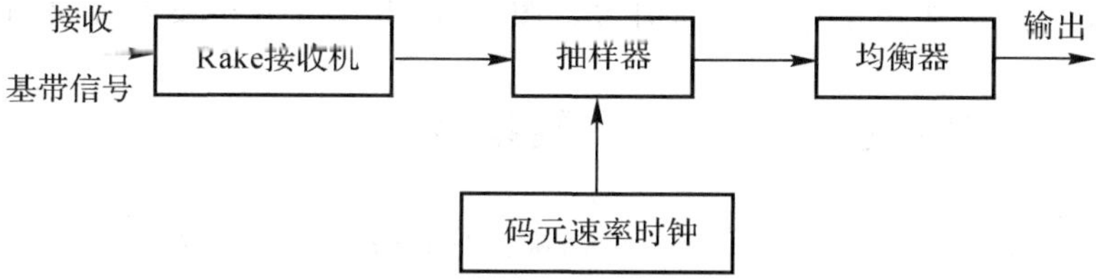

图 7－12　有 ISI 时 Rake 接收机结构(参见参考文献[1] 图 14－5－8)

7.4　MIMO 系统与发射分集

一方面，随着蜂窝移动通信、因特网和多媒体业务的发展，世界范围内无线通信的容量需求在迅速增长；另一方面，可利用的无线频带是有限的。如果通信频带的利用率没有得到显著提高，就不可能满足通信容量日益增长的需求。信息理论的分析表明，通过增加发射和接收天线可以使无线通信系统的信息容量得到显著提高。对于具有多根发射和接收天线，且接收机已知独立平坦衰落信道的状态信息系统而言，信息容量随收、发天线数之间的小值呈线性增长。

在接收机采用多天线是不需扩展传输信号带宽而获得空间分集的标准方法，空间分集也可以在发射机采用多天线来实现发射分集。这种采用多个发射和多个接收天线的系统称为多输入多输出(MIMO) 系统。

与无线通信系统中广泛采用的接收分集相比，发射分集实现的难度很大。主要困难在于：① 由于从多根天线发射的信号在到达接收机之前已经在空中混合在一起，因此要分离出这些接收信号实现分集，发射机和接收机都需要进行一些额外的信号处理；② 与通常可以估计衰落信道的接收机不同，如果不从接收机向发射机反馈信息，发射机就不能实时获得信道的状态信息。

但发射分集很适合那些由于体积限制而无法采用接收分集的系统。发射分集降低了接收机所需的处理功率，因此能简化接收系统的结构，降低功耗和成本。多个发射天线也可以用来产生多个空间信道，使得多路信号可以同时从发射天线发送，实现空间复用，从而具有提高传输数据率的潜力。而且，发射分集可以和接收分集结合使用，进一步提高系统的性能。

要获得发射分集，需要有效的发射分集方案。近年来，人们在空间编码和发射分集的联合设计方面进行了大量研究。空时编码(STC，Space-Time Coding) 是一种用于多发射天线的编码技术，属于发射分集技术范畴，它在发射机未知信道信息的情况下依靠空间编码来获得分集。空时编码在发射天线之间和各个时间周期的发射信号之间产生空域和时域的相关性，这种空时相关性可以使接收机克服 MIMO 信道衰落的影响，减少发射误码，达到 MIMO 系统的容量。由于多天线发射和空时编码可以在不牺牲带宽的情况下实现发射分集和空间复用，这对功率和带宽双受限的水声信道很有吸引力。因此，本节简要介绍发射分集和空时编码。

7.4.1 MIMO 通信系统的一般结构

如图 7-13 所示为采用 N_T 个发射天线和 N_R 个接收天线的 MIMO 通信系统的一般结构图。发射数据首先送入空时编码器进行编码，在每个时刻 t，将由 m 个二进制信息符号组成的块 $\boldsymbol{c}_t$ 送入空时编码器，这个块可表示为

$$\boldsymbol{c}_t = [c_t^1 \quad c_t^2 \quad \cdots \quad c_t^m] \tag{7-59}$$

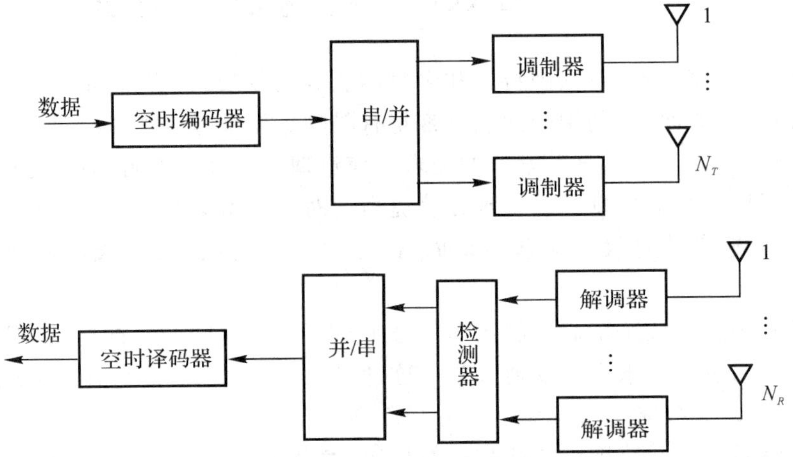

图 7-13 MIMO 通信系统原理框图

空时编码器从 $M=2^m$ 点的信号集中将 m 个二进制输入数据映射成 N_T 个调制码元，经串/并转换后，得到 N_T 个并行的码元序列，称为空时码元序列，表示为

$$\boldsymbol{x}_t = [x_t^1 \quad x_t^2 \quad \cdots \quad x_t^{N_T}]^{\mathrm{T}} \tag{7-60}$$

N_T 个并行序列由 N_T 根不同的天线同时发射出去。其中，$x_t^i(1 \leqslant i \leqslant N_T)$ 是由第 i 根天线发射的，并且所有发射码元都具有相同的时间宽度 T_s。

假设从发射天线到接收天线之间的每个信道都可以用非选择性瑞利衰落模型来表示，发射天线数为 N_T，接收天线数为 N_R 的 MIMO 信道可以用一个 $N_R \times N_T$ 阶的信道矩阵 $\boldsymbol{H}$ 来表示。在 t 时刻，信道矩阵表示为

$$\boldsymbol{H}(\tau,t)=\begin{bmatrix} h_{11}(\tau,t) & h_{12}(\tau,t) & \cdots & h_{1N_T}(\tau,t) \\ h_{21}(\tau,t) & h_{21}(\tau,t) & \cdots & h_{2N}(\tau,t) \\ \vdots & \vdots & & \vdots \\ h_{N_R1}(\tau,t) & h_{N_R2}(\tau,t) & \cdots & h_{N_RN_T}(\tau,t) \end{bmatrix} \tag{7-61}$$

式中　$h_{ji}(\tau,\ t)$ —— 第 i 个发射天线到第 j 个接收天线之间时变的信道冲激响应。

在接收端，N_R 根接收天线上的每个信号都是 N_T 个发射信号经衰落信道衰减后的叠加。假设信号从 N_T 个发射天线到 N_R 个接收天线的传播时间差相比于码元时间 T_s 很小，可以假设从 N_T 个发射天线到接收天线的信号是同步的。于是，在 t 时刻，第 $j(j=1,\ 2,\ \cdots,\ N_R)$ 个天线上的接收信号 $y_j(t)$ 可以表示为

$$y_j(t)=\sum_{t=1}^{N_T} h_{ji}(\tau,t)x_i(t)+z_i(t) \tag{7-62}$$

式中　$z_j(t)$—— 第 j 根接收天线在 t 时刻的噪声分量，是单边功率谱密度为 N_0 的零均值高斯随机变量，$j=1,\ \cdots,\ N_R$。

将接收信号向量表示为

$$\boldsymbol{y}=[y_1(t)\quad y_2(t)\quad \cdots\quad y_{N_R}(t)]^{\mathrm{T}} \tag{7-63}$$

接收端的噪声表示为

$$\boldsymbol{z}=[z_1(t)\quad z_2(t)\quad \cdots\quad z_{N_R}(t)]^{\mathrm{T}} \tag{7-64}$$

于是，接收信号向量可以表示为

$$\boldsymbol{y}=\boldsymbol{H}(\tau,t)\boldsymbol{x}(t)+\boldsymbol{z}(t) \tag{7-65}$$

若发射和接收端都只采用一个天线，即 $N_T=1,N_R=1$，所得到的系统称为单输入单输出(SISO，Single-Input Single-Output) 系统，其信道矩阵为

$$\boldsymbol{H}(\tau,t)=h(\tau,t) \tag{7-66}$$

若接收端采用 N_R 个天线，即 $N_T=1,N_R>1$，所得到的系统称为单输入多输出(SIMO，Single-Input Multiple-Output) 系统，即采用接收分集的系统，这时的信道矩阵为

$$\boldsymbol{H}(\tau,t)=\boldsymbol{h}(\tau,t)=[h_1(\tau,t)\quad h_2(\tau,t)\quad \cdots\quad h_{N_R}(\tau,t)]^{\mathrm{T}} \tag{7-67}$$

式中　$h_j(\tau,\ t)$—— 发射天线到第 j 个接收天线之间的信道冲激响应。

SIMO 信道可以被分解为 N_R 个 SISO 信道。

若发射端采用 N_T 个天线，即 $N_T>1,N_R=1$，所得到的系统称为多输入单输出(MISO，Multiple-Input Single-Output) 系统，即采用发射分集的系统，其信道矩阵为

$$\boldsymbol{H}(\tau,t)=\boldsymbol{h}(\tau,t)=[h_1(\tau,t)\quad h_2(\tau,t)\quad \cdots\quad h_{N_T}(\tau,t)] \tag{7-68}$$

式中　$h_i(\tau,\ t)$—— 第 i 个发射天线到接收天线之间的信道冲激响应。

由此可见，SISO，SIMO，MISO 系统都是 MIMO 系统的特例。

7.4.2 MIMO 信道容量

信道容量定义为在保证误码率任意小的条件下可实现的最大数据率。第 2 章已经介绍了加性高斯白噪声信道中的香农容量。MIMO 信道容量的研究是在近几年才发展起来的，本节概述其主要概念。

1. 互信息与信道容量

考虑一个带有 N_T 个发射和 N_R 个接收天线的 MIMO 信道，用 $N_R \times N_T$ 的复矩阵 $\boldsymbol{H}$ 描述信道，并设发射信号的协方差矩阵为

$$\boldsymbol{R}_{xx} = E\{\boldsymbol{x}\boldsymbol{x}^{\mathrm{H}}\} \tag{7-69}$$

为了限制发射总功率，发射信号的协方差矩阵必须满足

$$\mathrm{tr}(\boldsymbol{R}_{xx}) = P \tag{7-70}$$

式中 P —— 发射总功率；

$\mathrm{tr}(\boldsymbol{A})$ —— 矩阵 $\boldsymbol{A}$ 的迹，可以通过对 $\boldsymbol{A}$ 的对角元素求和得到。

若信道在发送端未知，则假定从各发射天线上发送的信号都有相等的功率 P/N_T，这时，发射信号的协方差矩阵为

$$\boldsymbol{R}_{xx} = \frac{P}{N_T}\boldsymbol{I}_{N_T} \tag{7-71}$$

式中 $\boldsymbol{I}_{N_T}$——$N_T \times N_T$ 阶单位矩阵。

接收信号的协方差矩阵定义为 $E(\boldsymbol{y}\boldsymbol{y}^{\mathrm{H}})$，利用式(7-65)、式(7-69)，并不考虑信道中的噪声，可以得出

$$\boldsymbol{R}_{yy} = \boldsymbol{H}\boldsymbol{R}_{xx}\boldsymbol{H}^{\mathrm{H}} \tag{7-72}$$

假设信道带宽为 1 Hz，且在这个带宽上是频率平坦的；信道 $\boldsymbol{H}$ 对接收端是已知的，并通过训练和跟踪来保持。信道 $\boldsymbol{H}$ 可以是确定的或随机的，首先假设 $\boldsymbol{H}$ 是确定的，则 MIMO 信道的容量定义为信道输入和输出的互信息，即

$$C = \max_{f(\boldsymbol{x})} I(\boldsymbol{x}, \boldsymbol{y}) \tag{7-73}$$

式中 $f(\boldsymbol{x})$ —— 向量 $\boldsymbol{x}$ 的概率分布；

$I(\boldsymbol{x}, \boldsymbol{y})$—— 向量 $\boldsymbol{x}$ 和 $\boldsymbol{y}$ 之间的互信息，表示为

$$I(\boldsymbol{x}, \boldsymbol{y}) = \boldsymbol{H}(\boldsymbol{y}) - H(\boldsymbol{y}/\boldsymbol{x}) \tag{7-74}$$

式中 $H(\boldsymbol{y})$ —— 向量 $\boldsymbol{y}$ 的微分熵；

$H(\boldsymbol{y}/\boldsymbol{x})$ —— 向量 $\boldsymbol{y}$ 的条件微分熵。

当 $\boldsymbol{y}$ 和 $\boldsymbol{x}$ 是零均值循环对称复高斯向量时，式(7-74) 简化为

$$I(\boldsymbol{x},\boldsymbol{y})=\mathrm{lb}\ \det\left(\boldsymbol{I}_{N_R}+\frac{P}{N_TN_0}\boldsymbol{HR}_{xx}\boldsymbol{H}^{\mathrm{H}}\right)\quad((\mathrm{b}\cdot\mathrm{s}^{-1})/\mathrm{Hz})\tag{7-75}$$

于是，MIMO 信道的容量可以表示为

$$C=\max_{\mathrm{tr}(R_{xx})-N_T}\mathrm{lb}\ \det\left(\boldsymbol{I}_{N_R}+\frac{P}{N_TN_0}\boldsymbol{HR}_{xx}\boldsymbol{H}^{\mathrm{H}}\right)\quad((\mathrm{b}\cdot\mathrm{s}^{-1})/\mathrm{Hz})\tag{7-76}$$

式(7－76)中的容量 C 可以看成是无差错频谱效率，或者是在 MIMO 信道中能够可靠传输的、单位带宽上的数据率。若假设带宽为 W (Hz)，则 MIMO 信道所能达到的最大数据率就是 WC (b/s)。

当发射端不知道信道信息时，信号将在各发射天线间等功率发射，这时有 $\boldsymbol{R}_{xx}=\boldsymbol{I}_{N_T}$，MIMO 信道容量为

$$C=\mathrm{lb}\ \det\left(\boldsymbol{I}_{N_R}+\frac{P}{N_TN_0}\boldsymbol{HR}_{xx}\boldsymbol{H}^{\mathrm{H}}\right)=\mathrm{lb}\ \det\left(\boldsymbol{I}_{N_R}+\frac{P}{N_TN_0}\boldsymbol{HH}^{\mathrm{H}}\right)\tag{7-77}$$

设信道矩阵 $\boldsymbol{H}$ 的秩为 r，对 $\boldsymbol{H}$ 进行奇异值分解，得到

$$\boldsymbol{H}=\boldsymbol{UDV}^{\mathrm{H}}\tag{7-78}$$

式中　$\boldsymbol{U}$—— $N_R\times r$ 阶的酋矩阵；

$\boldsymbol{V}$—— $N_T\times r$ 阶的酋矩阵；

$\boldsymbol{D}=\mathrm{diag}\{\sigma_1,\sigma_2,\cdots,\sigma_r,\}$，$\sigma_i$ 是 $\boldsymbol{H}$ 的第 i 个奇异值，且有 $\sigma_i\geqslant 0$，$\sigma_i\geqslant\sigma_{i+1}$。

$\boldsymbol{HH}^{\mathrm{H}}$ 是一个 $N_R\times N_T$ 阶半正定 Heimitian 矩阵。使 $\boldsymbol{HH}^{\mathrm{H}}$ 的特征值分解为 $\boldsymbol{Q\Lambda Q}^{\mathrm{H}}$，这里 $\boldsymbol{Q}$ 是一个 $N_R\times N_R$ 阶矩阵，满足 $\boldsymbol{Q}^{\mathrm{H}}\boldsymbol{Q}=\boldsymbol{QQ}^{\mathrm{H}}=\boldsymbol{I}_{N_R}$；且 $\boldsymbol{\Lambda}=\mathrm{diag}\{\lambda_1,\lambda_2,\cdots,\lambda_{N_R}\}$，其中，$\lambda_i$ 是特征值，定义为

$$\lambda_i=\begin{cases}\sigma_i^2, & \text{当 } i=1,2,\cdots,r \text{ 时}\\ 0, & \text{当 } i=r,r+1,\cdots,N_R \text{ 时}\end{cases}\tag{7-79}$$

且满足 $\lambda_i\geqslant 0$，$\lambda_i\geqslant\lambda_{i+1}$。矩阵 $\boldsymbol{HH}^{\mathrm{H}}$ 非零特征值 λ_i 的数量等于矩阵 $\boldsymbol{H}$ 的秩 r。对于 $N_R\times N_T$ 阶矩阵 $\boldsymbol{H}$，秩的最大值为 $r_{\max}=\min(N_R,N_T)$。

将 $\boldsymbol{HH}^{\mathrm{H}}=\boldsymbol{Q\Lambda\Lambda}^{\mathrm{H}}$ 代入式(7－77)并利用 $\boldsymbol{Q}^{\mathrm{H}}\boldsymbol{Q}=\boldsymbol{I}_{N_R}$，可得

$$C=\mathrm{lb}\ \det\left(I_{N_R}+\frac{P}{N_TN_0}\boldsymbol{Q\Lambda\Lambda}^{\mathrm{H}}\right)=\mathrm{lb}\ \det\left(\boldsymbol{I}_{N_R}+\frac{P}{N_TN_0}\boldsymbol{\Lambda}\right)=$$

$$\sum_{i=1}^{r}\mathrm{lb}\left(1+\frac{P}{N_TN_0}\lambda_i\right)\quad((\mathrm{b}\cdot\mathrm{s}^{-1})/\mathrm{Hz})\tag{7-80}$$

式(7－80)把 MIMO 信道的容量表示成 r 个 SISO 信道的容量之和。也就是说，将 MIMO 信道等效为 r 个平行去耦子信道，其中每个信道的功率增益为 $\lambda_i(i=1,2,\cdots,r)$，发送功率为 P/N_T，于是接收功率为 λ_iP/N_T。

2. 随机 MIMO 信道的信道容量

对于随机 MIMO 信道，即当信道矩阵的元素是随机变量时，仍假设接收端可以正确估计

信道系数，而发送端不了解 CSI。假定信道矩阵的元素是零均值复高斯随机变量，按照参考文献[11]，当信道是慢衰落信道，即信道 $\boldsymbol{H}$ 的元素在一个码元时间内保持不变，而在不同码元之间变化时，则 MIMO 信道仍可等效分解为 r 个去耦平行子信道，信道总的容量是这些子信道容量相加，即

$$C=E\left[\sum_{i=1}^{r}\mathrm{lb}\left(1+\lambda_i\frac{P}{N_TN_0}\right)\right]\quad((\mathrm{b}\cdot\mathrm{s}^{-1})/\mathrm{Hz})\tag{7-81}$$

对于慢瑞利衰落 MIMO 信道，信道容量是一个随机变量。这时，分析慢衰落信道的两个常用统计量是遍历性容量和中断容量。

遍历性信道的基本假设是发射信号的码元时间 T 远大于信道的相干时间 T_c，也就是说，传输过程足够长，以使信道的冲激响应是一个遍历性过程。在这种典型的情况下，香农意义上的标准容量仍然存在，其定义是在信道矩阵 $\boldsymbol{H}$ 元素的分布上的信息速率的总平均，表示为

$$\overline{C}=E\{C\}=E\left\{\mathrm{lb}\ \det\left(\boldsymbol{I}_{N_R}+\frac{P}{N_TN_0}\boldsymbol{HH}^{\mathrm{H}}\right)\right\}\quad((\mathrm{b}\cdot\mathrm{s}^{-1})/\mathrm{Hz})\tag{7-82}$$

遍历性容量的意义在于，在遍历性信道中，可以使用渐进最佳码本，以误码为零的速率发信号。

若 $N_T\geqslant N_R$，可以给出容量的下限

$$C>W\sum_{i=N_T-(N_R-1)}^{N_T}\mathrm{lb}\left[1+\frac{P}{N_TN_0}(\chi_2^2)_i\right]\quad((\mathrm{b}\cdot\mathrm{s}^{-1})/\mathrm{Hz})\tag{7-83}$$

式中 W—— 信道带宽；

χ_2^2—— 自由度为 2 的 χ^2 随机变量。

实际的衰落信道不一定满足遍历性条件 $T\gg T_c$，这时不存在香农意义上的信道容量，信道容量可以看成是一个随机量，它取决于瞬时信道参数存在为零的概率。也就是说，由于信道的衰落，无论传输速率有多小，都有可能超出信道容量，无法实现无差错传输。这时，无论采用多长的纠错码，系统中的误码率都不会随着信噪比的提高而进一步下降，即出现误码率曲线的平台现象。在这种情况下，引入中断容量的概念。

中断容量与信道的中断概率有关。中断概率是指使系统性能，如误比特率(BER)，降低到某一可以接受的阈值(如 10^{-6}) 以下的信道条件所占的时间比值；相应于某一传输速率 R 的中断概率 P_{out} 定义为 $P_{\mathrm{out}}(R)=P(C\leqslant R)$，它表示对于某一信道容量，传输会出现差错(中断) 的概率，或者表示没有达到一定容量的概率。中断容量 $C_{\mathrm{out}}(q\%)$ 定义为以 $(100-q)\%$ 的概率实现无误传输的信道容量，或者说当中断概率为 $q\%$ 时，可以实现的信道容量。

当信道容量是随机变量时，中断概率 P_{out} 等于容量的累积分布函数(CDF)；而中断容量，用 $P_c=1-P_{\mathrm{out}}$ 表示，等于容量的补充累积分布函数(CCDF)。

3. 系统参数和信道特性对信道容量的影响

系统的参数包括发射、接收天线的数量、天线间的空间相关性等；信道特性包括信道的多

径扩展、频率选择性衰落以及信道衰落的统计分布等。首先分析 MIMO 信道与采用单发射单接收的单输入单输出(SISO) 信道的容量比较。

按照式(7-82)、式(7-80)，MIMO 信道的遍历性容量可以表示为

$$\widetilde{C}=E\left\{\mathrm{lb}\ \det\left(\boldsymbol{I}_{N_R}+\frac{P}{N_TN_0}\boldsymbol{HH}^{\mathrm{H}}\right)\right\}=E\left\{\sum_{i=1}^{r}\mathrm{lb}\left(1+\frac{P}{N_TN_0}\lambda_i\right)\right\}\qquad((\mathrm{b}\cdot\mathrm{s}^{-1})/\mathrm{Hz})\tag{7-84}$$

式(7-84) 表明，MIMO 信道的容量可以表示为 r 个 SISO 子信道的容量和，由于 $\boldsymbol{H}$ 的秩 r 等于矩阵 $\boldsymbol{HH}^{\mathrm{H}}$ 的非零特征值的数量，其最大值 $r_{\max}=\min(N_T,N_R)$，因此，MIMO 信道容量将随 $\min(N_T,N_R)$ 线性增长。

对于 SISO 信道，$N_T=N_R=1$，信道矩阵 $\boldsymbol{H}$ 的秩为 1，信道系数 $|h|^2$ 是一个自由度为 2 的 χ^2 分布的随机变量，用 χ_2^2 表示。按照式(7-84) 可得信道容量为

$$\widetilde{C}=E\{\mathrm{lb}(1+\chi_2^2P/N_0)\}\qquad((\mathrm{b}\cdot\mathrm{s}^{-1})/\mathrm{Hz})\tag{7-85}$$

式(7-85) 是信道中能量的函数。当信道中存在多径扩展时，对 SISO 信道，信道矩阵 $\boldsymbol{H}=\widetilde{\boldsymbol{H}}_l=\{h_l\}$ 是一个 $1\times L$ 的向量，其秩仍为 1，信道的遍历性容量仍然只是信道总能量的函数。也就是说，多径扩展 SISO 信道相比平坦 SISO 信道没有容量增益。而对于 MIMO 信道，信道矩阵 $\boldsymbol{H}=\widetilde{\boldsymbol{H}}_l$ 是一个 $N_RL\times N_TL$ 阶块对角矩阵，其秩最多为 N_TL，N_RL 中的小值 $\min(N_TL,N_RL)$。因此，多径 MIMO 信道相比平坦 MIMO 信道有可能有遍历性容量增益。

按照参考文献[11]，中断容量是由信道中分集的自由度决定的。因此，若水声通信系统中采用 Rake 接收等方法获得多径分集，则无论是 SISO 信道，还是 MIMO 信道，多径扩展都会带来中断容量增益。

4. 频率选择性衰落 MIMO 信道中的信道容量

平坦衰落是对窄带系统的理想假设，该系统的信号带宽小于信道的相干带宽。而对于高速传输的水声通信系统，其信号带宽会大于信道的相干带宽，因而信道将呈现频率选择性衰落。对于频率选择性 MIMO 信道，典型的研究方法是将频带分成 N 个窄子信道，每个子信道都是平坦的。这时，信道矩阵 $\boldsymbol{H}$ 是一个 $N_RN\times N_TN$ 阶块对角矩阵。仍限制总的发射功率为 P，则频率选择性 MIMO 信道的容量为

$$C=\frac{1}{N}\max_{\mathrm{tr}(\boldsymbol{R}_{xx})=P}\mathrm{lb}\ \det\left(\boldsymbol{I}_{N_RN}+\frac{P}{N_TN_0}\boldsymbol{HR}_{xx}\boldsymbol{H}^{\mathrm{H}}\right)\qquad((\mathrm{b}\cdot\mathrm{s}^{-1}/\mathrm{Hz})\tag{7-86}$$

若发射端不知道信道的状态信息，选择 $\boldsymbol{R}_{xx}=\boldsymbol{I}_{N_RN}$，即发射功率在各天线和各频率中均匀分配，则确定性信道的容量为

$$C\approx\frac{1}{N}\sum_{i=1}^{N}\mathrm{lb}\left(I_{N_R}+\frac{P}{N_TN_0}\boldsymbol{H}_i\boldsymbol{H}_i^{\mathrm{H}}\right)\qquad((\mathrm{b}\cdot\mathrm{s}^{-1})/\mathrm{Hz})\tag{7-87}$$

式中　$\boldsymbol{H}_i$——$\boldsymbol{H}$ 中的块对角元素。

频率选择性 MIMO 信道的遍历性容量 $\widetilde{C}$ 则为各个 $\boldsymbol{H}$ 实现时信道容量的平均，即

$$\widetilde{C} \approx E\left\{\frac{1}{N}\sum_{i=1}^{N}\mathrm{lb}\left(I_{N_R}+\frac{P}{N_T N_0}\boldsymbol{H}_i\boldsymbol{H}_i^{\mathrm{H}}\right)\right\} \quad ((\mathrm{b}\cdot\mathrm{s}^{-1})/\mathrm{Hz}) \tag{7-88}$$

若通信系统中采用 OFDM 调制等方法将整个信道频带分成并行的频率子信道，则与多径扩展的作用相似，系统获得的频率分集可以改善信道的中断容量。

以上是在假设信道矩阵是独立的复高斯变量的理想假设条件下推导出的 MIMO 信道容量，当信道是赖斯信道，或由于天线间隔不够使得接收端信号相关时，MIMO 信道的容量都会受到影响。

5. 赖斯衰落信道的容量

在定义以上各信道的容量时，都假设了各发射和接收天线间的信道系数是独立同分布(i. i. d) 的瑞利衰落，这一假设意味着在信道中有丰富的散射分量。但在实际的水声信道，特别是一些近距离传输的高速水声通信系统中，接收信号中可能会出现直达的信号成分，而散射分量不足。在这种情况下，信道更常用赖斯衰落模型来描述。赖斯衰落的 MIMO 信道矩阵是一个均值非零的复高斯矩阵，通常建模为稳定(直达) 成分和可变(散射) 成分之和，即

$$\boldsymbol{H}=\sqrt{\frac{K}{1+K}}\overline{\boldsymbol{H}}+\sqrt{\frac{1}{1+K}}\widetilde{\boldsymbol{H}}=\boldsymbol{H}_1+\boldsymbol{H}_2 \tag{7-89}$$

式中 $\boldsymbol{H}_1$—— 无散射，只有直达分量时的信道矩阵，$\boldsymbol{H}_1=\sqrt{K/(1+K)}\,\overline{\boldsymbol{H}}$；

$\boldsymbol{H}_2$—— 信道中只有散射分量时的信道矩阵，$\boldsymbol{H}_2=\sqrt{1/(1+K)}\,\widetilde{\boldsymbol{H}}$；

K —— 信道中的赖斯因子，定义为直达分量的总功率 D 和散射分量的总功率 σ_{ray}^2 之比。

若进一步假设阵元间的空间距离足够大，则信道系数的散射分量仍是独立同分布的。

可以通过两种极限情况来研究 K 因子对 MIMO 信道容量的影响。一是发射 / 接收天线完全相关，$\boldsymbol{H}_1$ 的所有元素都等于 1，其秩为 1。当 $K=0$ 时，其容量与全相关瑞利衰落信道的容量相等。假设 $N_T=N_R=M$，则 MIMO 信道容量表示为

$$C=\mathrm{lb}\left[\det\left(\boldsymbol{I}_M+\frac{P}{MN_0}\boldsymbol{\Theta}_R^{\mathrm{H}}\boldsymbol{H}\boldsymbol{\Theta}_T\boldsymbol{H}^{\mathrm{H}}\right)\right] \quad ((\mathrm{b}\cdot\mathrm{s}^{-1})/\mathrm{Hz}) \tag{7-90}$$

式中 $\boldsymbol{\Theta}_T$——$N_T\times N_T$ 阶的发射阵元的相关系数矩阵；

$\boldsymbol{\Theta}_R$——$N_R\times N_R$ 阶的接收阵元的相关系数矩阵。

当 K 增大到 $K\to\infty$ 时，矩阵 $\boldsymbol{H}\boldsymbol{H}^{\mathrm{H}}$ 只有一个特征值 M^2，信道容量可以写成

$$C=\mathrm{lb}\left(1+M\frac{P}{N_0}\right) \quad ((\mathrm{b}\cdot\mathrm{s}^{-1})/\mathrm{Hz}) \tag{7-91}$$

另一种极限情况是，当发射 / 接收阵元不相关时，$\boldsymbol{H}_1$ 的秩为 M，信道矩阵的元素表示为

$$h_{ij}=\exp(j\gamma_{ik}),\quad i=1,\cdots,M,\quad k=1,\cdots,M \tag{7-92}$$

式中

$$\gamma_{ik} = (\pi/M)\left[(i-i_0)(k-k_0)\right]^2 \tag{7-93}$$

式中，i_0 和 k_0 是整数。当 $K=0$ 时，其容量与不相关瑞利衰落信道的容量相等。当 $K\to\infty$ 时，其容量为

$$C = M\text{lb}\left(1+\frac{P}{N_0}\right) \quad ((\text{b}\cdot\text{s}^{-1})/\text{Hz}) \tag{7-94}$$

对通信信道容量的分析和测量表明，采用多发射和多接收的 MIMO 信道可以改善通信信道的容量，而且在多径信道中，MIMO 系统可以获得更大的容量增益。这意味着，如果在水声通信系统中采用 MIMO 技术，并将其与正交频分复用、多径分离等技术相结合，就有可能获得空间分集和频域分集，从而大大改善水声通信系统的性能。

【例 7-2】 水声 MIMO 信道容量的仿真分析。采用声场模型与瑞利衰落统计模型相结合的方法来模化时变 MIMO 水声信道。对有 N_T 个发射、N_R 个接收阵元的 MIMO 信道，首先通过射线模型计算 $N_R\times N_T$ 个 SISO 信道冲激响应，然后将各确定系数的信道转化为时变的复高斯信道，即信道冲激响应的幅度服从瑞利分布，相位服从[0，2π]上的均匀分布。用 10^4 个样点产生了概率密度函数为瑞利分布的信道系数。表 7-1、表 7-2 分别表示的是用射线模型计算的两输入、两输出($M_T=M_R=2$)的 MIMO 信道中，4 个发射 / 接收阵元对之间 SISO 信道的归一化信道参数。计算时信道参数为：水深为 50 m，传输距离为 3 km，信号频率为20 kHz。表中 S_D，R_D 分别表示发射、接收阵元深度。

表 7-1　3 km 单径信道的参数

发射 / 接收深度	归一化信道衰减系数	相对时延 /ms
S_D = 27 m，R_D = 30 m	1.679	1.1
S_D = 27 m，R D = 31.5 m	1.535	4.1
S_D = 28 m，R_D = 30 m	1	0
S_D = 28 m，R_D = 31.5 m	1.440	2.7

表 7-2　3 km 多径水声信道的参数

发射 / 接收深度	归一化信道衰减系数	相对时延 /ms
S_D = 31.5 m，R_D = 37 m	0.815	6.8
S_D = 31.5 m，R_D = 39.5 m	0.757　0.658　0.486	7.0　2.0　7.8
S_D = 33.5 m，R_D = 37 m	0.817　0.818　0.542　0.564	0.8　7.7　5.1　7.5
S_D = 33.5 m，R_D = 39.5 m	1　0.405	0　13.0

为了在相同的条件下进行性能比较，在各种仿真条件下都规定信道的总能量 $P=1$，采用

Monto Carroll 仿真，仿真次数为 10 000。

如图 7-14 所示，仿真的是多径扩展对遍历性容量的影响，图 7-14(a) 和图 7-14(b) 分别是表 7-1 和表 7-2 所示单径和多径 MIMO 信道中遍历性容量的直方图。由图 7-19 可见，多径扩展使得信道容量更集中于均值(7.92 $(b\cdot s^{-1})/Hz$) 附近；相比单径 MIMO 信道 5.98($(b\cdot s^{-1})/Hz$) 的遍历性容量，多径扩展使得获得了约 2 ($(b\cdot s^{-1})/Hz$) 遍历性信道容量的改善。

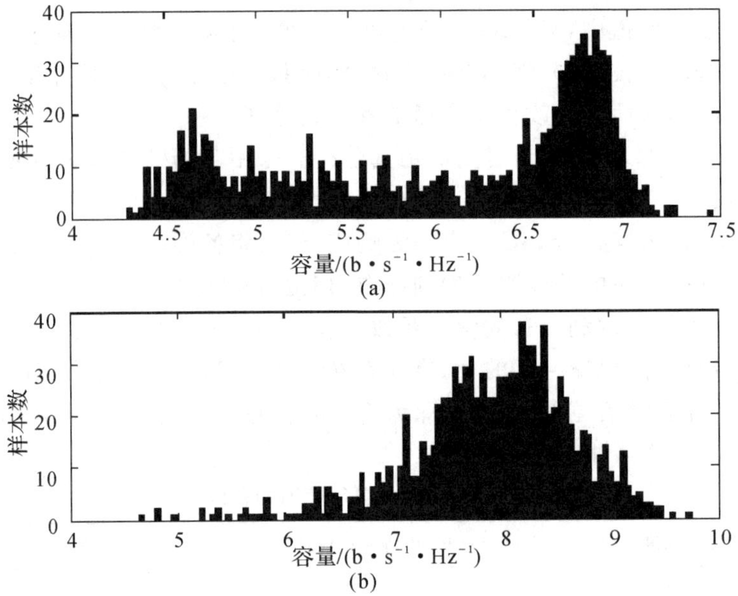

图 7-14　多径扩展对遍历性容量的影响

(a) 单径 MIMO 信道中的容量直方图；(b) 多径 MIMO 信道中的容量直方图

如图 7-15 所示，仿真的是多径扩展对中断容量的影响，图中同时还给出了 SISO 信道的中断容量(CDF-SS)。对比图 7-15(a) 和图 7-15(b) 可以看到，多径扩展不仅改善了 MIMO 信道的中断容量，也改善了 SISO 信道的中断容量。这是因为多径扩展可以为信道提供更多的空间自由度。

【例 7-3】 水声 MIMO 信道容量测量与分析。湖试测量系统为两输入、两输出的 MIMO 系统，采用 PN 码作为测量信号，测量信号采用差分相移键控调制，载波频率为 25 kHz，码片速率为 5 kc/s。信道测量时，测试点距发射端的传输距离在 500 m ～ 1.5 km 之间。借助于信道冲激响应(CIR) 来分析水声信道的衰落特性，采用直方图的方法来估计 CIR 的统计分布。

对信道冲激响应(CIR) 的测量表明，信道中主要有单径和多径两种类型的信道。如图 7-16 所示是典型的单径信道中，CIR 的包络的概率密度函数(PDF) 估计，图中同时给出了赖斯分布的 PDF。

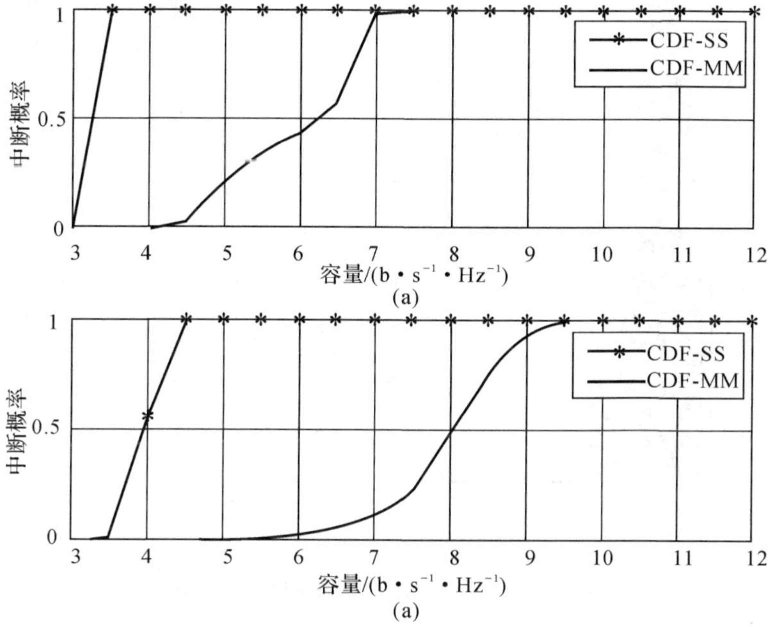

图 7-15　多径扩展对中断容量的影响

(a) 单径 MIMO 信道中的中断概率；(b) 多径 MIMO 信道中的中断概率

由图 7-16 可见，单径信道的 CIR 的包络接近于方差 $\sigma^2=0.25$，非中心参数 $s^2=0.47$ 的赖斯分布，其赖斯衰落因子 $K=s^2/\sigma^2=1.96$。如图 7-17 所示是距发射机 700 m 处典型的多径信道的 CIR 的包络的 PDF 估计。由图 7-17 可见，该多径信道的 CIR 的包络近似于方差为 $\sigma^2=0.26$，$s^2=0.275$，自由度 $n=3.1$ 的非中心 χ^2(或 γ) 分布。

非中心的 χ^2 分布是由一个非零均值的高斯变量平方而得，其 PDF 表示为

$$p_Y(y)=\frac{1}{2\sigma^2}\left(\frac{y}{s^2}\right)^{(n-2)/4}\mathrm{e}^{-(s^2+y)/2\sigma^2}I_{n/2-1}\left(\sqrt{y}\,\frac{s}{\sigma^2}\right) \tag{7-95}$$

式中　$I_a(x)$——第 Ⅰ 类 a 阶修正贝塞尔函数

当 $n=2$ 时 χ^2 分布就是赖斯分布。在图 7-17 所示的信道 PDF 中，直达分量与衰落分量的比值 $s^2/\sigma^2=1.06$。可见，由于多径分量的出现，直达分量被减弱，信道中的衰落增加，CIR 包络的分布也偏离赖斯分布。

利用信道 CIR 的测量结果估计信道容量。如图 7-18 所示为信道平均中断容量曲线，计算时信道平均信噪比为 24 dB，信道带宽为 5 kHz。图中同时给出了在单径和多径信道中，SISO 和 MIMO 信道的中断容量，其中，SISO 信道的容量是两对发射 / 接收之间 4 条信道容量的平均。

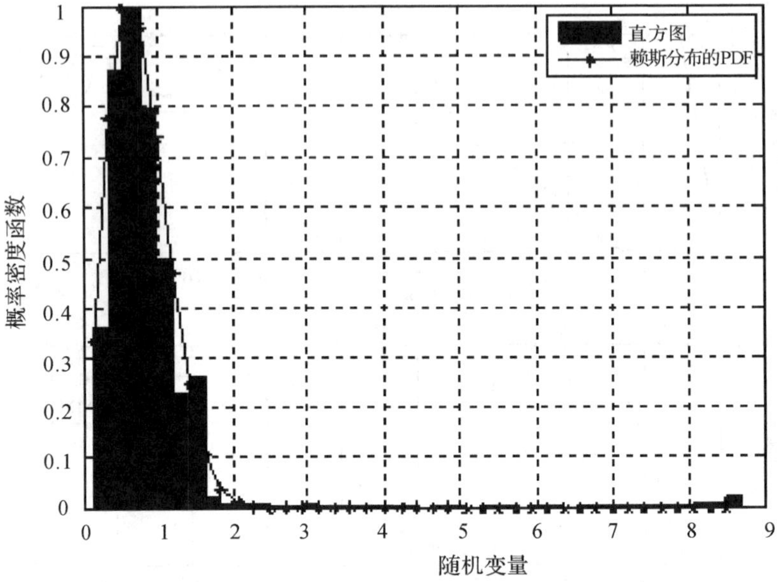

图 7-16　670 m 处典型单径信道的 CIR 包络的 PDF

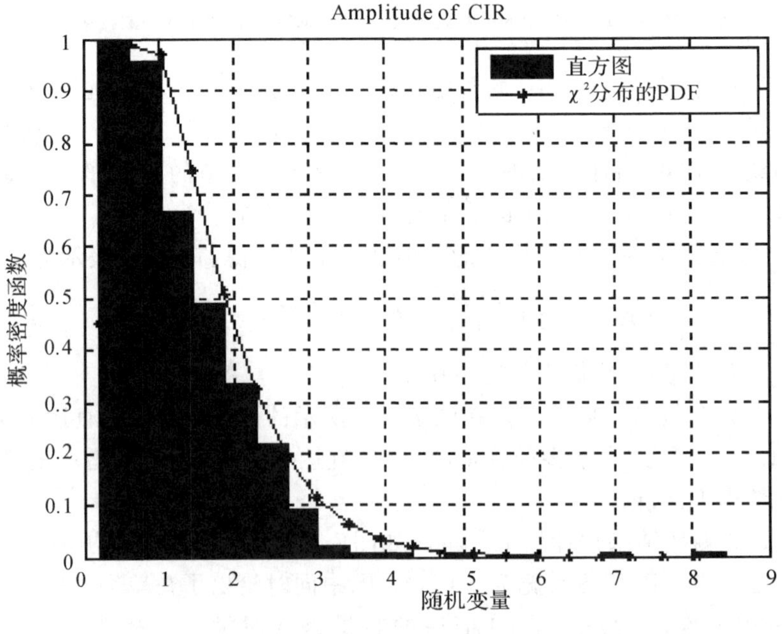

图 7-17　700 m 处典型多径信道的 CIR 包络的 PDF

由图 7－18 可见，在相同的中断概率条件下，无论是单径还是多径信道，相比 SISO 信道，MIMO 信道都可实现更高的容量，即获得容量增益。

因此，研究 MIMO 水声信道的容量限可以为 MIMO 技术的设计提供理论指导。目前，空时编码是实现潜在的 MIMO 信道容量增益的有效技术。

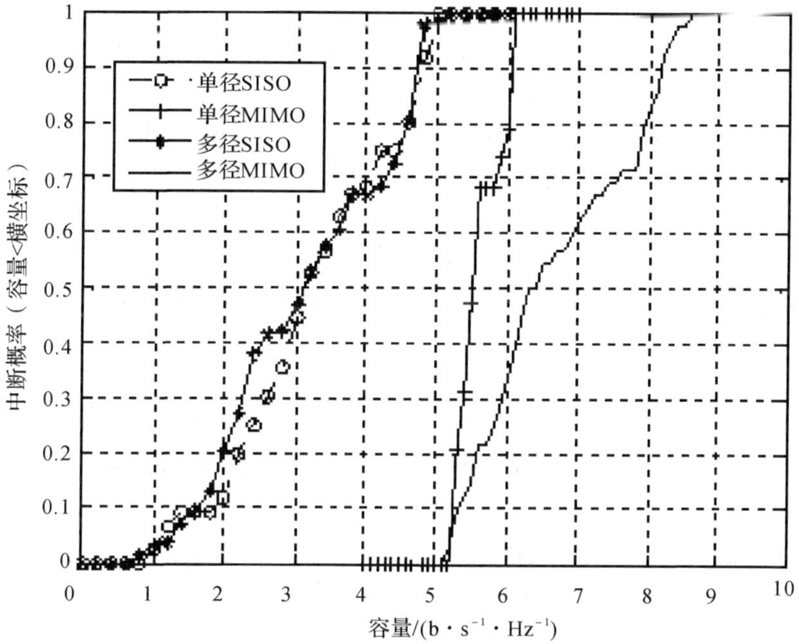

图 7－18　测量信道的平均中断容量

7.5　空 时 编 码

7.5.1　频率平坦衰落信道上空时编码的性能与设计准则

采用空时编码(STC，Space-Time-Codes)是接近或达到 MIMO 无线信道容量的一种可行的、有效的方法。空时编码所引入的空时相关性可以使接收机克服 MIMO 信道衰落，减少发射误码。相对于空间未编码系统，空时编码可以在不牺牲带宽的情况下起到发射分集和空间复用的作用。空时编码包括空时分组码、空时网格码和分层空时码等。本节简要介绍空时编码的基本概念。

考虑一个有 N_T 个发射和 N_R 个接收天线的 MIMO 系统，假设每个天线上发射的数据帧

长为 M 个码元，将发射序列按矩阵排列为 $N_T \times M$ 的空时码字矩阵，表示为

$$\boldsymbol{x}=[\boldsymbol{x}_1 \quad \boldsymbol{x}_2 \quad \cdots \quad \boldsymbol{x}_M]=\begin{bmatrix} x_1^1 & x_2^1 & \cdots & x_M^1 \\ x_1^2 & x_2^2 & \cdots & x_M^2 \\ \vdots & \vdots & & \vdots \\ x_1^{N_T} & x_2^{N_T} & \cdots & x_M^{N_T} \end{bmatrix} \tag{7-96}$$

矩阵 $\boldsymbol{x}$ 中的第 i 行 $\boldsymbol{x}_i=[x_1^i \quad x_2^i \quad \cdots \quad x_M^i]$ 表示从第 i 个天线发射的数据序列，第 t 列 $\boldsymbol{x}_t=[x_t^1 \quad x_t^2 \quad \cdots \quad x_t^{N_t}]^{\mathrm{T}}$ 是时刻 t 的空时码元。

假设 t 时刻发射的空时码元序列为 $\boldsymbol{x}_t=[x_t^1 \quad x_t^2 \quad \cdots \quad x_t^{N_T}]^{\mathrm{T}}$，由 7.1 节的信号模型可知，在总发射功率不变的条件下，接收信号为

$$\boldsymbol{y}_t=\sqrt{\frac{P}{N_T}}\boldsymbol{H}\boldsymbol{x}_t+\boldsymbol{n}_t \tag{7-97}$$

假设信道信息在接收端是已知的，则接收端可采用最大似然检测器对发送码字进行估计，估计码字为

$$\hat{\boldsymbol{x}}=\arg\min_{\boldsymbol{x}} \| y-\boldsymbol{H}x \|_F^2=\arg\min_{\boldsymbol{x}}\sum_t \left\| \boldsymbol{y}_t-\sqrt{\frac{E_s}{N_T}}\boldsymbol{H}\boldsymbol{x}_t \right\|_F^2 \tag{7-98}$$

假设发送码字为 $\boldsymbol{x}$，而接收端选择错误估计序列 $\hat{\boldsymbol{x}}$ 作为输出的概率 $P(\boldsymbol{x},\hat{\boldsymbol{x}}/\boldsymbol{H})$ 称为成对差错概率。按照文献[12]和[13]，成对差错概率可以表示为

$$P(\boldsymbol{x},\hat{\boldsymbol{x}}/\boldsymbol{H})=\boldsymbol{Q}\left(\sqrt{\frac{E_s \| \boldsymbol{H}(\boldsymbol{x}-\hat{\boldsymbol{x}}) \|_F^2}{2N_TN_0}}\right)=\boldsymbol{Q}\left(\sqrt{\frac{E_s \| \boldsymbol{HB}(\boldsymbol{x}-\hat{\boldsymbol{x}}) \|_F^2}{2N_TN_0}}\right)=$$
$$\boldsymbol{Q}\left(\sqrt{\frac{\rho d_h^2(\boldsymbol{x},\hat{\boldsymbol{x}})}{2N_T}}\right) \tag{7-99}$$

式中 ρ —— 信噪比，$\rho=P/N_0$；

$\boldsymbol{B}(\boldsymbol{x},\hat{\boldsymbol{x}})$ —— $N_T \times L$ 阶的码字差别矩阵，$\boldsymbol{B}(\boldsymbol{x},\hat{\boldsymbol{x}})=\boldsymbol{x}-\hat{\boldsymbol{x}}$；

$d_h^2(\boldsymbol{x},\hat{\boldsymbol{x}})$ —— 码字 $\boldsymbol{x}$ 和 $\hat{\boldsymbol{x}}$ 的修正欧氏距离，表示为

$$d_h^2(\boldsymbol{x},\hat{\boldsymbol{x}})=\| H(\boldsymbol{x}-\hat{\boldsymbol{x}}) \|_F^2=\sum_{t=1}^{M}\sum_{j=1}^{N_R}\left|\sum_{i=1}^{N_T}h_{ji}^t(x_t^i-t^i)\right|^2 \tag{7-100}$$

利用 Chernoff 界，有

$$P(\boldsymbol{x},\hat{\boldsymbol{x}}/\boldsymbol{H}) \leqslant \exp\left(-d_h^2(\boldsymbol{x},\hat{\boldsymbol{x}})\frac{\rho}{4N_T}\right) \tag{7-101}$$

定义码字距离矩阵

$$\boldsymbol{A}(\boldsymbol{x},\hat{\boldsymbol{x}})=\boldsymbol{B}(\boldsymbol{x},\hat{\boldsymbol{x}})\boldsymbol{B}^{\mathrm{H}}(\boldsymbol{x},\hat{\boldsymbol{x}}) \tag{7-102}$$

矩阵 $\boldsymbol{A}(x,\hat{x})$ 为非负定 Hermitian 矩阵，且特征值为非负实数。设矩阵 $\boldsymbol{A}(\boldsymbol{x},\hat{\boldsymbol{x}})$ 的秩为 r，特征值为 $\lambda_i(i=1, 2, \cdots, r)$，且有 $\lambda_1>\lambda_2>\cdots>\lambda_r>0$，按照参考文献[13]，对慢瑞利衰落信道，当 rN_R 值较大时，成对差错概率的上界表示为

$$P(\boldsymbol{x},\hat{\boldsymbol{x}}) \leqslant \exp\left[\frac{1}{2}\left(\frac{\rho}{4N_T}\right)^2 N_R\sum_{i=1}^{r}\lambda_i^2 - \frac{\rho}{4N_T}N_R\sum_{i=1}^{r}\lambda_i\right]\times$$

$$\boldsymbol{Q}\left(\frac{\rho}{4N_T}\sqrt{N_R\sum_{i=1}^{r}\lambda_i^2} - \frac{\sqrt{N_R}\sum_{i=1}^{r}\lambda_i}{\sqrt{\sum_{i=1}^{r}\lambda_i^2}}\right) \tag{7-103}$$

当 rN_R 较小时，成对差错概率的上界为

$$P(x,\hat{x}) \leqslant \left(\prod_{i=1}^{N_T}\frac{1}{1+\frac{\rho}{4N_T}\lambda_i}\right)^{N_R} \tag{7-104}$$

当信噪比较大时，式(7-104) 可进一步简化为

$$P(x,\hat{x}) \leqslant \left(\prod_{i=1}^{r}\lambda_i\right)^{-N_R}\left(\frac{\rho}{4N_T}\right)^{-rN_R} \tag{7-105}$$

由式(7-105) 可见，成对差错概率随信噪比的增加呈指数下降，因此，称信噪比项的指数 rN_R 为分集增益，且称

$$G_c = \frac{(\lambda_1\lambda_2\cdots\lambda_r)^{1/r}}{d_u^2} \tag{7-106}$$

为编码增益，其中，d_u^2 为相对无编码系统的平方欧氏距离。可见，分集增益和编码增益由所有不同码字对的最小值 rN_R 和 $(\lambda_1\lambda_2\cdots\lambda_r)^{1/r}$ 决定。

分集增益是相同差错概率条件下，空间分集系统相对于无分集系统的近似功率增益，它决定了差错率曲线随信噪比变化的斜率；编码增益是相同分集增益和差错概率条件下，编码系统相对于无编码系统的功率增益，它决定了无编码系统的差错概率曲线相对于空时编码系统的差错率曲线水平偏移的程度。

一般而言，要得到最小的差错概率，必须获得尽可能大的分集和编码增益。由式(7-105) 可知，对于 rN_R 较小的系统，得到较大的分集增益要比得到较大的编码增益要重要得多。

由式(7-105) 还可以得到频率平坦衰落信道中两个重要的空时码构造准则，即“秩准则”和“行列式准则”。

(1) 秩准则

秩准则优化从空时编码获得的空间分集增益，空时编码获得的分集增益为 rN_R，因此，要获得 N_TN_R 的完全空间分集增益，编码设计应使任意码字矩阵对 $\mathbf{A}(x,\hat{x})$ 满秩。

(2) 行列式准则

行列式准则优化了编码增益，编码增益取决于项 $\left(\prod_{i=1}^{r}\lambda_i\right)$，因此，要得到高的编码增益，应最大化 $\mathbf{A}(x,\hat{x})$ 行列式的最小值。

7.5.2 空时编码在频率选择性衰落信道上的性能

以上发射分集的性能是在假设信道具有非选择性平坦衰落特性的条件下进行的，但对于宽带通信，特别是应用于水声信道的宽带通信，发射信号要经历频率选择性衰落，因此需要分析频率选择性衰落信道上空时码的性能。

设 $h_{ji}(t,\tau)$ 表示第 i 根发射天线和第 j 根接收天线之间的信道冲激响应，对于有 L 条不同路径的多径衰落信道，时变的信道冲激响应可以表示为

$$h_{ji}(t,\tau)=\sum_{l=1}^{L}h_{ji}^{tl}\delta(\tau-\tau_l) \tag{7-107}$$

式中 τ_l—— 第 l 条路径的时间延迟；

h_{ji}^{tl} —— 第 l 条路径的复幅度。

假设延迟扩展 τ_d 与码元时间相比较小，且接收机中未采用均衡。按照参考文献[14]，在 t 时刻经匹配滤波之后，天线 j 上的接收信号表示为

$$y_t^j=\frac{1}{T}\int_{tT}^{(t+1)T}\left[\sum_{i=1}^{N_T}\int_0^{\infty}u^i(t'-\tau_i)h_{ji}(t-\tau_i)\mathrm{d}\tau_i\right]\mathrm{d}t'+n_t^j \tag{7-108}$$

式中 T —— 码元时间；

$n_t{}^j$ —— 单边功率谱密度为 N_0 的零均值复高斯随机过程的采样；

$u(t)$—— 天线 i 的发射信号。

可以将接收信号分解为以下三项：

$$y_t^j=\alpha\sum_{i=1}^{N_T}\sum_{l=1}^{L}h_{ji}^{tl}x_t^i+I_t^j+n_i^j \tag{7-109}$$

式中 x_t^j—— 第 i 个发送天线上第 t 个码元的信息；

I_t^j—— 码间干扰(ISI)；

α —— 取决于信道功率延迟分布的常数，表示为

$$\alpha=\frac{1}{T}\int_{-T}^{T}p(\tau)(T-|\tau|)\mathrm{d}\tau \tag{7-110}$$

ISI 项 $I_t{}^j$ 的均值为零，方差为 $\sigma_I{}^2$。为简便起见，用均值为零、单边功率谱密度为 $N_I=\sigma_I^2T$ 的高斯随机变量近似 ISI 项，于是可以将接收信号重写为

$$y_t^j=\alpha\sum_{i=1}^{N_T}\sum_{l=1}^{L}h_{ji}^{tl}x_t^l+\bar{n}_t^j \tag{7-111}$$

式中 $\bar{n}_t^j$—— 均值为零、单边功率谱密度为 N_I+N_0 的复高斯随机变量，且加性噪声和 ISI 项是不相关的，$\bar{n}_t^j=I_t^j+n_t^j$。

在此近似条件下，成对差错概率可以表示为

$$P(\boldsymbol{x},\hat{\boldsymbol{x}}) \leqslant \left[\prod_{i=1}^{N_T}\left(1+\lambda_i \frac{\alpha^2 E_s}{4(N_0+N_T)}\right)\right]^{-N_R} \leqslant \left[\prod_{i=1}^{r}\lambda_i \frac{\alpha^2}{N_T/N_0+1}i\right]^{-N_R}\left(\frac{E_s}{4N_0}\right)^{-rN_R} \tag{7-112}$$

式中　E_s —— 每码元的能量；

r —— 码字距离的秩；

λ_i —— 矩阵的非零特征值，$i=1, 2, \cdots, r$。

由式(7-112)可知，空时码在多径和频率选择性衰落信道上可以实现的分集增益为 rN_R，与平坦衰落信道上能够实现的分集增益相同，而编码增益为

$$G_c = \frac{\left(\prod_{i=1}^{r}\lambda_i\right)^{\frac{1}{r}} \frac{a^2}{N_T/N_0+1}}{d_n^2} \tag{7-113}$$

与平坦衰落信道的编码增益相比，式(7-113)表示的编码增益减小了$\frac{a^2}{N_T/N_0+1}$。

以上分析是在假设时延扩展较小，且没有使用均衡器的条件下进行的。当时延扩展较大时，由于码间干扰(ISI)，编码增益将大幅度减小，会引起较大的性能衰减，这时需要其他技术措施来抗 ISI。

按照 Y. Grone 在参考文献[14]中的分析，假设接收机进行最大似然译码，那么空时码在频率选择性衰落信道上能够获得比频率非选择性衰落信道上更高的分集增益。

由于频率选择性信道上的最大似然译码非常复杂，因此，更合理的方案是减小 ISI，通过减小 ISI，将频率选择性信道转变为频率非选择性信道，然后再利用空时码实现分集增益。

要减小 ISI，可以在接收机中使用自适应均衡器，形成多输入多输出均衡器(MIMO-EQ)。该方法的缺点是接收机的复杂度较高。

另一种减小 ISI 的方法是将空时码和正交频分复用(OFDM)、直接序列扩频(DSSS)等抗 ISI 的调制方法相结合，具体的实现方法参见文献[12]。

7.5.3　空时网格编码

由上一节的介绍可知，利用空时编码，MIMO 系统可以获得空间分集增益和编码增益，这些增益可使通信系统的误码率下降，使得系统性能得到改善。本节简要介绍几种常用的空时编码实现方案，这些方案是在通信速率、分集增益和编码增益之间不同的折中。

目前研究较多的空时码有空时分组码(STBC，Space-Time Block Code)、空时格码(STTC，Space-Time Trellis Code)和分层空时码(LST，Layered Space-Time)。空时分组码和空时格码都是空间分集编码，即以获得最大分集阶数为设计准则，它们在码率 $R_s \leqslant 1$ 的情况下获得完全分集阶数。而分层空时码是从信号处理的角度出发，以获得最大空间复用为设

计准则。

空时格码(STTC)是传统格型码在多天线系统的扩展。Tarokh 发现格型编码调制(TCM)在衰落信道上良好的分集潜力,于1998年提出STTC。STTC利用空间分集和信道编码同时提供分集增益和编码增益,而且在信号星座图复杂度、传输率之间获得最佳折中,能在平坦衰落信道中同时提供较大的编码增益和分集增益。如图 7-19 所示为 STTC 发射结构图。

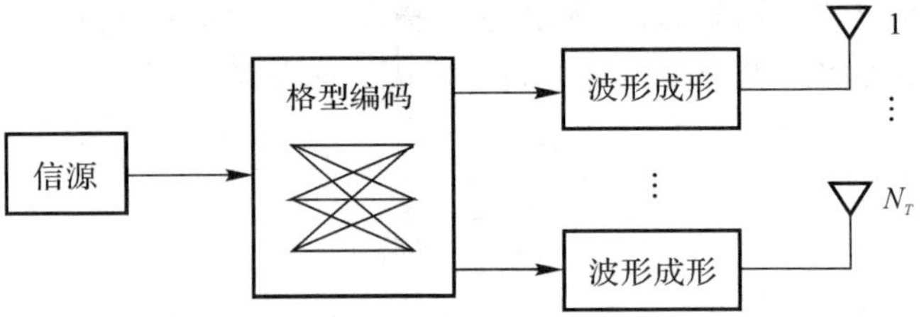

图 7-19 STTC 发射结构图

对于STTC,编码器将二进制数据映射为调制符号,这种映射函数是由网格图描述的。假设如图 7-19 所示的空时网格 MPSK 编码器,其发射天线数是 N_T,输入的信息序列 $\boldsymbol{c}$ 表示为

$$\boldsymbol{c}=[\boldsymbol{c}_0 \quad \boldsymbol{c}_1 \quad \cdots \quad \boldsymbol{c}_t \quad \cdots] \tag{7-114}$$

式中 $\boldsymbol{c}_t$ —— t 时刻的一组 $m=\mathrm{lb}M$ 个信息比特,表示为

$$\boldsymbol{c}_t=[c_t^1 \quad c_t^2 \quad \cdots \quad c_t^m] \tag{7-115}$$

STTC 编码器将输入序列映射为一个 MPSK 调制信号序列

$$\boldsymbol{x}=[\boldsymbol{x}_0 \quad \boldsymbol{x}_1 \quad \cdots \quad \boldsymbol{x}_t \quad \cdots] \tag{7-116}$$

式中 $\boldsymbol{x}_t$—— t 时刻的一组空时信号,表示为

$$\boldsymbol{x}_t=[x_t^1 \quad x_t^2 \quad \cdots \quad x_t^{N_T}]^{\mathrm{T}} \tag{7-117}$$

式中 $x_t{}^i$ ——t 时刻从第 i 个发射天线的发射输出,表示为

$$x_t^i=\sum_{k=1}^{m}\sum_{j=1}^{v_k} g_{ji}^k c_{t-j}^k \qquad \mathrm{mod} \quad M, i=1,\ 2,\ \cdots,\ N_T \tag{7-118}$$

调制信号 $x_t^1, x_t^2, \cdots, x_t^{N_T}$ 同时通过 N_T 根发射天线发射出去。

STTC 编码器由 m 个前馈移位寄存器组成,m 个二进制输入序列中的第 k 个输入序列 $\boldsymbol{c}^k=[c_0^k \quad c_1^k \quad \cdots \quad c_t^k]$,$k=1,\ 2,\ \cdots,\ m$,送入到第 k 个移位寄存器,并与一个乘法系数集相乘。乘法系数集序列表示为

$$\boldsymbol{g}^k=[(g_{01}^k \quad g_{02}^k \quad \cdots \quad g_{0N_T}^k)\ ((g_{11}^k \quad g_{12}^k \quad \cdots \quad g_{1N_T}^k)\ \cdots\ (g_{v_k1}^k \quad g_{v_k2}^k \quad \cdots \quad g_{v_kN_T}^k)],\ k=1,\ \cdots,\ m \tag{7-119}$$

式中 g_{ji}^k ——MPSK 信号星座图集中的一个元素,$j=1,\ \cdots,\ v_k$,$i=1,\ \cdots,\ N_T$;

v_k —— 第 k 个移位寄存器的记忆长度,由下式决定:

$$v_k = \left\lfloor \frac{v+k-1}{\mathrm{lb}M} \right\rfloor \tag{7-120}$$

式中　v—— 编码器的全部记忆长度的和，表示为

$$v = \sum_{k=1}^{m} v_k \tag{7-121}$$

将所有移位寄存器的乘法器输出模 M 相加，就得到 t 时刻的编码器输出 $\boldsymbol{x}_t = [x_t^1 \quad x_t^2 \quad \cdots \quad x_t^{N_T}]^{\mathrm{T}}$。STTC 编码器的结构如图 7-20 所示。

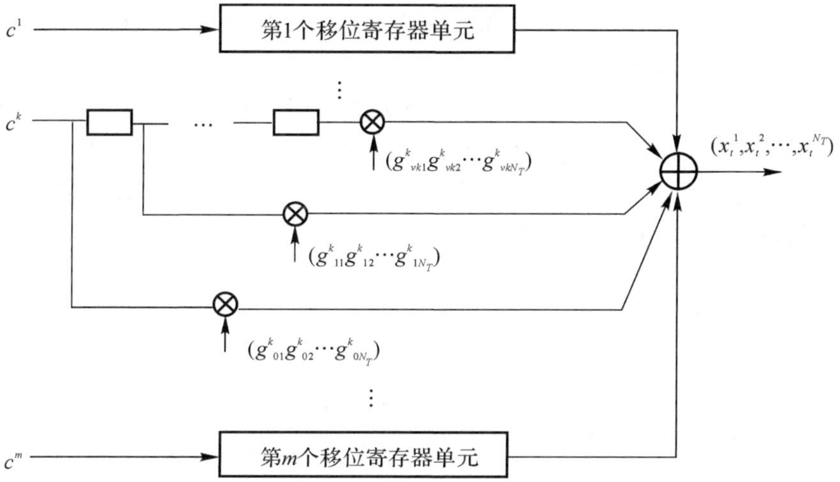

图 7-20　STTC 编码器结构图

网格编码器的总状态数为 2^v，m 个乘法系数序列也称为生成序列，它可以完全描述编码器结构。如图 7-21 所示是一个简单的 4-正交幅度调制(4QAM)、4 状态格码的网格图，其 $N_T=2$，速率为 2 $(\mathrm{b \cdot s^{-1}})/\mathrm{Hz}$，对应着 4 个状态，网格有 4 个节点，因为有 4 个可能的输入，所以在每个节点的左边有 4 组符号，对应着要通过两个发送天线输出的符号，每组有两个项。

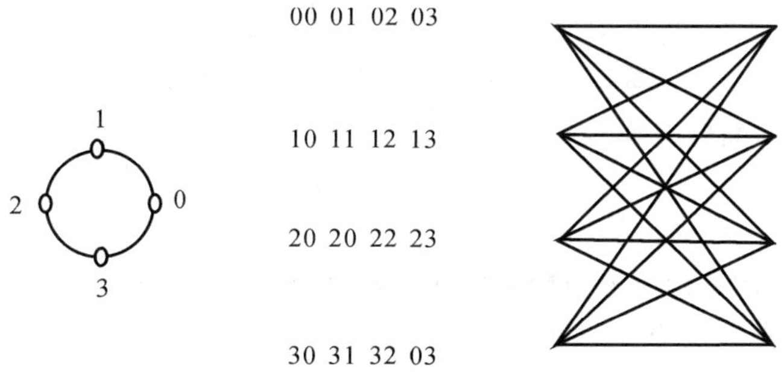

图 7-21　一个 4QAM，4 状态网格码

STTC 译码器采用 Viterbi 算法进行最大似然序列估计(MLSE) 译码。假设接收机已知信道的状态信息,对一个以$[x_t^1 \quad x_t^2 \quad \cdots \quad x_t^{N_T}]$标识的分支,分支度量是假设接收信号和实际接收信号之间的二次方欧式距离,即

$$\left(\sum_{j=1}^{N_R} r_t^j - \sum_{i=1}^{N_T} h_{ji}^t x_t^i\right)^2 \tag{7-122}$$

式中 r_t^i——t 时刻第 j 个接收天线的接收信号。

Viterbi 算法选择具有最小路径度量的路径作为译码输出。

STTC 可以按照码字设计的秩准则和行列式准则来设计最佳 STTC。有关 STTC 的设计方法,可参见参考文献[13]。

在平坦衰落信道中,STTC 可以同时提供较大的编码增益,以及完全分集增益,其频谱利用率由所选的星座图决定,空时网格 MPSK 编码器能够实现 $m(\mathrm{b\cdot s^{-1}})/\mathrm{Hz}$ 的带宽利用率。

由于 STTC 的最佳译码由 Viterbi 算法实现,当天线数固定时,其译码复杂度随发射速率的增大而指数增加,因而限制了数据率。

7.5.4 空时分组编码

1998 年 Alamouti 提出了空时分组编码的结构,这是一种双路分集传输结构,通过一种简单的最大似然译码算法,可以为发射天线数为 2 的系统提供完全发射分集。Alamouti 空时分组编码器的原理框图如图 7-22 所示。

假设采用M进制的调制方案,$m=\mathrm{lb}M$个信息比特首先进行M进制的调制。在编码器中,每次取出两个调制符号 x_1, x_2 组成一个分组,通过编码矩阵映射到发射天线。

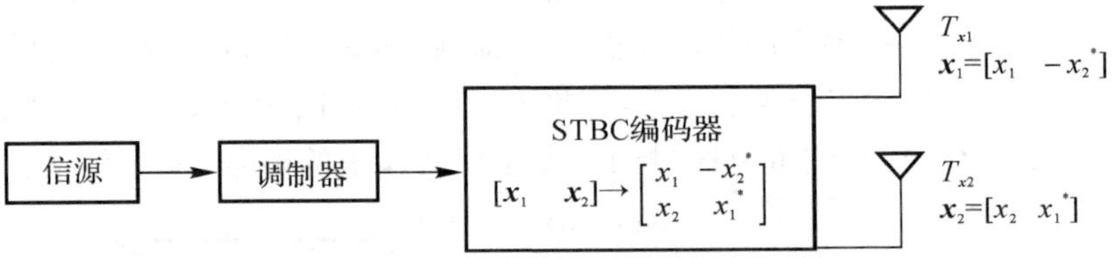

图 7-22 Alamouti 空时编码器原理框图

Alamouti 方案的编码矩阵为

$$\boldsymbol{X} = \begin{bmatrix} x_1 & -x_2^* \\ x_2 & x_1^* \end{bmatrix} \tag{7-123}$$

编码器的输出在两个连续发射周期里从两根发射天线发射出去,用 $\boldsymbol{x}^1$ 和 $\boldsymbol{x}^2$ 来表示天线 1 和 2 的发射序列,分别表示为

$$\left.\begin{aligned} \boldsymbol{x}^1 &= [x_1 \quad -x_2^*] \\ \boldsymbol{x}^2 &= [x_2 \quad x_1^*] \end{aligned}\right\} \tag{7-124}$$

显然，这种方案既在空域又在时域进行编码。Alamouti 方案的主要特征是两根发射天线的发射序列是正交的，其编码矩阵具有如下正交特性：

$$\boldsymbol{X}\boldsymbol{X}^{\mathrm{H}}=(|x_1|^2+|x_2|^2)\boldsymbol{I}_2 \tag{7-125}$$

式中　$\boldsymbol{I}_2$——2×2 的单位阵。

由于码字矩阵的正交性，所以等效的信道矩阵也呈正交性，即

$$\boldsymbol{H}=\begin{bmatrix} h_1 & h_2 \\ h_2^* & -h_1^* \end{bmatrix} \tag{7-126}$$

由于这种正交结构，接收端使用简单的线性组合就可以实现最大似然译码。

假设接收端采用 N_R 个接收天线，在连续两个时刻，第 j 个天线上的接收信号 r_1^j 和 r_2^j 分别表示为

$$\left.\begin{aligned} r_1^j &= h_{j1}x_1+h_{j2}x_2+n_1^j \\ r_2^j &= -h_{j1}x_2^*+h_{j2}x_1^*+n_2^j \end{aligned}\right\} \tag{7-127}$$

式中　h_{ji}—— 发射天线 i 到接收天线 j 之间信道的衰落系数，$i=1, 2, j=1, \cdots, N_R$；

n_i^j—— 接收天线 j 在 i 时刻的加性高斯白噪声取样。

Alamouti 译码器利用接收信号的线性组合来构造统计判决。假设接收机完全知道信道的状态信息(CSI)，则统计判决构造为

$$\left.\begin{aligned} \tilde{x}_1 &= \sum_{j=1}^{N_R}[h_{j1}^* r_1^j + h_{j2}^*(r_2^j)^*] = \sum_{i=1}^{2}\sum_{j=1}^{N_R}|h_{j1}|^2 x_1 + \sum_{j=1}^{N_R}[h_{j1}^* n_1^j + h_{j2}(n_2^j)^*] \\ \tilde{x}_2 &= \sum_{j=1}^{N_R}[h_{j2}^* r_1^j - h_{j1}^*(r_2^j)^*] = \sum_{i=1}^{2}\sum_{j=1}^{N_R}|h_{j2}|^2 x_2 + \sum_{j=1}^{N_R}[h_{j2}^* n_1^j - h_{j1}(n_2^j)^*] \end{aligned}\right\} \tag{7-128}$$

由式(7-128)可知，对于给定信道实现，统计判决 $\tilde{x}_i$ 仅是 x_i 的函数。于是最大似然译码可以是分别对 x_1 和 x_2 的独立译码。假设调制星座中的所有信号都是等概率发送的，则两个独立信号 x_1 和 x_2 的最大似然译码准则可以表示为

$$\begin{aligned} \hat{x}_1 &= \arg\min_{x_1\in S}\left\{\left[\sum_{j=1}^{N_R}(|h_{j1}|^2+|h_{j2}|^2)-1\right]|\hat{x}_1|^2+d^2(\tilde{x}_1,\tilde{x}_2)\right\} \\ \hat{x}_2 &= \arg\min_{x_2\in S}\left\{\left[\sum_{j=1}^{N_R}(|h_{j1}|^2+|h_{j2}|^2)-1\right]|\hat{x}_2|^2+d^2(\tilde{x}_1,\tilde{x}_2)]\right\} \end{aligned} \tag{7-129}$$

对 Alamouti 编码方案的成对差错概率分析表明，Alamouti 方案没有编码增益，但可以实现完全分集增益。一般来说，2 个发射天线、N_R 个接收天线的 Alamouti 方案与 1 个发射天线、$2N_R$ 个接收天线的最大合并接收分集方案具有相同的分集增益。

Alamouti 方案的关键是两个发射序列之间的正交性。Tarokh 将这种正交设计扩展到任意天线中形成 STBC。STBC 可以实现发射天线数 N_T 决定的完全发射分集，而且由于 STBC 的码字矩阵具有正交性，其解码仍然采用基于接收信号线性组合的最大似然译码。

一般来说，STBC的编码矩阵 $\boldsymbol{X}$，又称传输矩阵，是 $N_T \times p$ 阶的，N_T 为发射天线数，p 为一组编码信号的时间周期数。假设信号星座由 2^m 个点组成，在每次编码时，将一组 km 个信息比特映射到信号星座。STBC编码器对 k 个调制信号进行编码，根据编码矩阵 $\boldsymbol{X}$ 生成 N_T 个长度为 p 的并行信号序列，在 p 个时间周期内同时从 N_T 个天线发射出去。

编码矩阵 $\boldsymbol{X}$ 的元素是 k 个调制信号 $x_1, x_2, \cdots, x_k$ 及其共轭的线性组合。例如，当 $N_T=4$ 时，实信号STBC的编码矩阵为

$$\boldsymbol{X}=\begin{bmatrix} x_1 & -x_2 & -x_3 & -x_4 \\ x_2 & x_1 & x_4 & -x_3 \\ x_3 & -x_4 & x_1 & x_2 \\ x_4 & x_3 & -x_2 & x_1 \end{bmatrix} \tag{7-130}$$

为了实现完全发射分集 N_T，编码矩阵 $\boldsymbol{X}$ 是基于正交设计的，即

$$\boldsymbol{X}\boldsymbol{X}^{\mathrm{H}}=c(|x_1|^2+|x_2|^2+\cdots+|x_k|^2)\boldsymbol{I}_{N_T} \tag{7-131}$$

式中 c —— 常数；

$\boldsymbol{X}^{\mathrm{H}}$ —— $\boldsymbol{X}$ 的 Hermitian 转置；

$\boldsymbol{I}_{N_T}$ —— $N_T \times N_T$ 阶的单位阵。

$\boldsymbol{X}$ 的第 i 行表示在 p 个传输周期内从第 i 根发射天线连续发射的信号，$\boldsymbol{X}$ 的第 j 列表示 j 时刻同时通过 N_T 根发射天线发射的信号。正交性使得特定数量的发射天线能够实现完全发射分集，允许接收机分离不同天线发射的信号，从而可以采用基于简单的接收信号线性处理的最大似然译码。

以实信号调制为例来说明STBC的译码过程。

假定信道系数 $h_{ji}(t)$ 在 p 个码元周期内是恒定的，对于实信号编码矩阵，STBC为传输信号 x_i 构建的统计判决为

$$\tilde{x}_i=\sum_{i=1}^{N_T}\sum_{j=1}^{N_R}\operatorname{sgn}_t(i) r_t^j h_{j\in_t(i)}^*, \quad i=1,\cdots,N_T \tag{7-132}$$

式中 $\operatorname{sgn}_t(i)$ —— 编码矩阵的第 t 列 x_i 的符号；

$\varepsilon_t(i)$ —— 符号排列 ε_t 的第 t 列中 x_i 的位置，ε_t 为编码矩阵中从第1列到第 t 列的符号排列。

由于传输矩阵行的两两正交性，使最大似然矩阵

$$\sum_{i=1}^{N_T}\sum_{j=1}^{N_R}\left|r_t^j-\sum_{i=1}^{N_T}h_{ji}x_t^i\right|^2 \tag{7-133}$$

最小等效于使联合判决度量

$$\left|\sum_{i=1}^{N_T}[\tilde{x}_i-x_i]^2+\left[\sum_{t=1}^{N_T}\sum_{j=1}^{N_R}|h_{jt}|^2-1\right]|x_i|^2\right| \tag{7-134}$$

最小。由于 $\tilde{x}_i$ 的值仅依赖于码元 x_i，因此对于给定的接收信号、路径系数和正交传输矩阵的

结构，该联合判决度量最小可以等效为使每个独立判决度量

$$|\tilde{x}_i - x|^2 + (\sum_{t=1}^{N_T}\sum_{j=1}^{N_R} |h_{jt}|^2 - 1)\ |x_i|^2 \tag{7-135}$$

最小。

根据正交性，理想传输信号 x_i 的判决统计独立于其他传输信号 x_j，$j=1, 2, \cdots, N_T, j\neq i$，每个信号 x_i 的译码度量都是基于对其判决统计 $\tilde{x}_i$ 的线性处理。

当编码矩阵不是方阵，或调制信号为复信号星座时的译码算法可参见文献[12][15][16]。

STBC 的速率(码率)定义为编码器在输入时提取的码元数 k 与每根天线发射的 STBC 码元数 p 之比，表示为

$$R_s = k/P \tag{7-136}$$

STBC 的频谱利用率为

$$\eta = \frac{r_b}{B} = \frac{r_s m R_s}{r_s} = \frac{km}{p} \tag{7-137}$$

式中　r_b—— 比特速率；

r_s—— 码元速率；

B—— 带宽。

具有完全发射分集的 STBC 的速率小于等于 1，全速率 $R_s=1$ 的码不要求扩展带宽，而速率 $R_s<1$ 的码要求有 $1/k$ 的带宽扩展。

STBC 以较强的抗衰落性能和较低的译码复杂度而受到广泛关注，并已被正式列入 WCDMA 提案，但 STBC 只能获得分集增益，不提供编码增益，性能比 STTC 略差。STBC 在发射端不需要知道信道状态信息(CSI)，但解码时接收机需要知道 CSI，因此信道估计的精确度将影响系统的性能。除此之外，发射、接收天线之间的相关性也会影响分集增益。另外，STBC 的频谱利用率也较低，STBC 和 STTC 的速率 $R_s\leqslant 1$。

7.5.5　分层空时码(LST)

1996 年，Foschini 提出了分层空时编码(LST)的概念。在 STC 中，LST 是唯一可使频谱利用率随发射天线数的增加而增大的空时编码。LST 编码结构的突出特点是可以在同一空间范围内，通过一维处理方法处理多维信号。

LST 的最大优点是频带利用率随发送天线数的增加而线性增加，但译码复杂度较高。由于各层子数据流独立编码，接收机要将各子层信号独立解码，需要复杂的信号处理方法，如直接矩阵求逆、干扰抵消、迫零反馈均衡等。设计低复杂度的检测器是 LST 技术的一大挑战。

1. 分层空时码的编码结构

LST 先将待传的信息流串并变换为 n 路，分别进行一般的信道编码，再将 n 路信息按一定的规律分层编码后加载在同样的载波上由发射天线阵同时发射。分层的方式包括水平分层、垂直分层、对角分层，其结构分别如图 7-23、图 7-24 和图 7-25 所示。

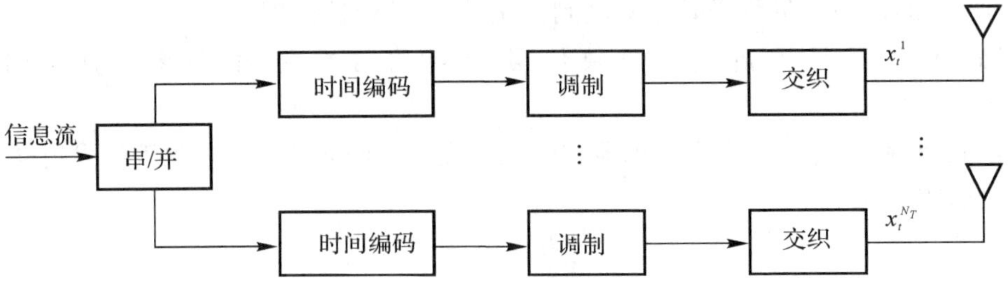

图 7-23 水平分层空时编码(HLST)结构

在水平分层空时编码中(HLST)，比特流首先分解成 N_T 个子信息流，经独立的信道编码调制后从 N_T 个天线发送，其空间速率 $R_s = N_T$，HLST 最多可达 N_R 重分集，是一种次最优结构。

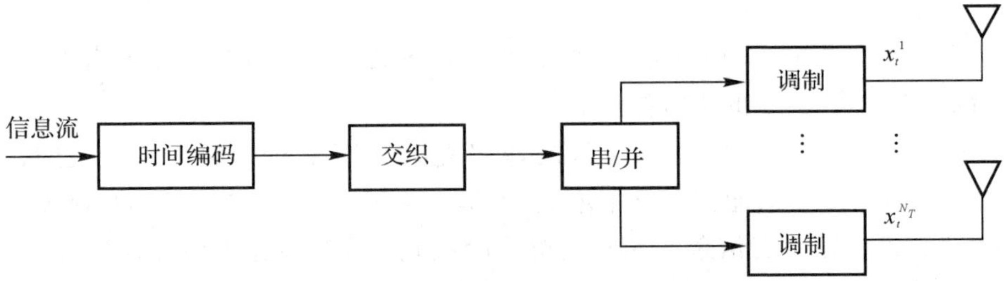

图 7-24 垂直分层空时编码(VLST)结构

在垂直分层空时编码(VLST)中，比特流经编码、调制后串并变换为 N_T 个子数据流，由于每个信息位潜在地可在所有的天线中传播，所以这种编码形式可以达到最优，但要求在接收端对各层子数据流进行联合解码，需要复杂的信号处理算法。VLST 的空间速率为 $R_s = N_T$，可获得大于 N_T 重的分集增益。

在对角分层空时编码(DLST)中，数据流首先经过水平编码，然后进行空间交织。每个编码器的调制码字沿着传输矩阵的对角线分配给 N_T 个天线进行发射。这样，每个编码器的码字符号都是在不同天线上发射的，例如，在一个发射天线数为 3 的系统中，传输矩阵 $\boldsymbol{X}$ 为

$$\boldsymbol{X}=\begin{bmatrix} x_1^1 & x_2^1 & x_3^1 & x_4^1 & \cdots \\ x_1^2 & x_2^2 & x_3^2 & x_4^2 & \cdots \\ x_1^3 & x_2^3 & x_3^3 & x_4^3 & \cdots \end{bmatrix} \tag{7-138}$$

对于 HLST 来说，序列 x_1^1，x_2^1，x_3^1，x_4^1，… 由天线 1 发射，序列 x_1^2，x_2^2，x_3^2，x_4^2，… 由天线 2 发射，序列 x_1^3，x_2^3，x_3^3，x_4^3，… 由天线 3 发射。而 DLST 的调制码字沿传输矩阵的对角线分配给 N_T 根天线进行发射，其传输矩阵表示为

$$\begin{bmatrix} x_1^1 & x_2^1 & x_3^1 & x_4^1 & x_5^1 & x_6^1 & \cdots \\ 0 & x_1^2 & x_2^2 & x_3^2 & x_4^2 & x_5^2 & \cdots \\ 0 & 0 & x_1^3 & x_2^3 & x_3^3 & x_4^3 & \cdots \end{bmatrix} \rightarrow \begin{bmatrix} x_1^1 & x_1^2 & x_1^3 & x_4^1 & x_4^2 & \cdots \\ 0 & x_2^1 & x_2^2 & x_2^3 & x_5^1 & \cdots \\ 0 & 0 & x_3^1 & x_3^2 & x_3^3 & \cdots \end{bmatrix} \tag{7-139}$$

对 DLST 来说，序列 x_1^1，x_1^2，x_1^3，x_4^1，… 由天线 1 发射，序列 x_2^1，x_2^2，x_2^3，x_5^1，… 由天线 2 发射，序列 x_3^1，x_3^2，x_3^3，x_6^1，… 由天线 3 发射。

由于 DLST 引入了空间分集，因而可以实现的最大分集增益为 N_TN_R，即实现完全分集。DLST 比 HLST 性能好，但存在频谱利用率损耗。这是因为式(7－139) 左侧的传输矩阵有一部分是用零元素补齐的，这意味着在某些时间间隔内没有传送信号。

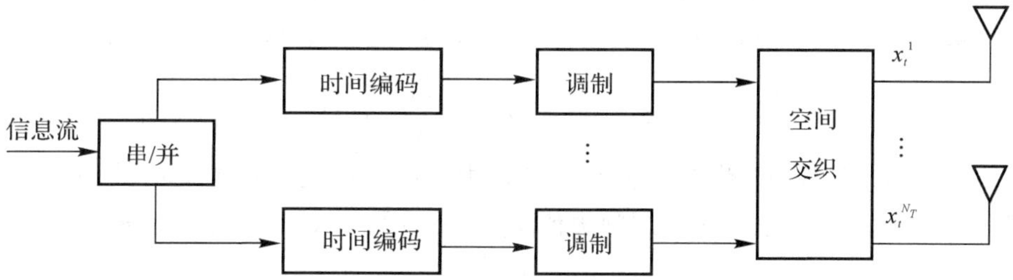

图 7－25　对角分层空时编码(DLST) 结构

2. 分层空时码的译码算法

从不同天线发射的 LST 信号经独立路径传输后，在接收机中产生空间干扰。LST 结构可以看成是同步码分多址(CDMA)，发射天线数等同于用户数，发射天线之间的干扰也等同于 CDMA 系统中的多址干扰(MAI)。因此，未编码 LST 系统的最佳接收机是运行在网格上的最大似然多用户检测器，其检测算法的复杂度随发射天线数的增加呈指数上升。对于编码 LST，最佳接收机是在分层空时编码网格与信道编码网格上的联合检测与译码，其算法复杂度是发射天线数与编码记忆长度乘积的指数函数。这使得实际的最佳接收机难以实现。因此，LST 接收机通常采用在性能和复杂度之间折中的结构。

目前常用的 LST 接收机有基于迫零(ZR) 的干扰抑制和干扰抵消接收机、基于连续干扰抵消、并行干扰抵消和非线性 MMSE 检测器的迭代接收机等。

迫零法的基本思路是每一路发射的子数据流依次被当做理想信号，而剩余的子数据流则作为干扰用迫零法进行抑制。

接收信号可以表示为

$$\boldsymbol{r} = \boldsymbol{Hx} + \boldsymbol{n} \tag{7-140}$$

式中 $\boldsymbol{r}$—— 经 N_R 根接收天线获得的接收信号矩阵，每列有 N_R 个元素；

$\boldsymbol{x}$—— 传输矩阵或空间交织器输出矩阵；

$\boldsymbol{n}$—— 独立同分布高斯白噪声信号矩阵，每列有 N_R 个元素，且每根接收天线的噪声方差均为 σ^2。

在算法实现时，首先对 $N_R \times N_T$ 阶的信道矩阵 $\boldsymbol{H}$ 进行 QR 分解，即

$$\boldsymbol{H} = \boldsymbol{U}_R \boldsymbol{R} \tag{7-141}$$

式中 $\boldsymbol{U}_R$ ——$N_R \times N_T$ 阶的酋矩阵；

$\boldsymbol{R}$ ——$N_T \times N_T$ 阶的上三角矩阵。

用 $\boldsymbol{U}_R$ 乘以式(7-140) 中的接收向量 $\boldsymbol{r}$ 可得 $N_T \times 1$ 的列向量 $\boldsymbol{y}$，即

$$\boldsymbol{y} = \boldsymbol{U}_R^{\mathrm{T}} \boldsymbol{r} = \boldsymbol{U}_R^{\mathrm{T}} \boldsymbol{Hx} + \boldsymbol{U}_R^{\mathrm{T}} \boldsymbol{n} = \boldsymbol{Rx} + \boldsymbol{n}' \tag{7-142}$$

式中 $\boldsymbol{n}'$——$N_T \times 1$ 阶的独立同分布的高斯白噪声信号矩阵，$\boldsymbol{n}' = \boldsymbol{U}_R^{\mathrm{T}} \boldsymbol{n}$。

由于 $\boldsymbol{R}$ 是一个上三角矩阵，$\boldsymbol{y}$ 的第 i 个分量只取决于 t 时刻第 i 层及更高层的传输符号，即

$$y_t^i = (R_{ii})_t x_t^i + n'^i_t + \sum_{j=i+1}^{N_T} (R_{ij})_t x_t^j \tag{7-143}$$

假设 x_t^i 是当前理想的检测信号，式(7-143) 中的第三项表示其他干扰，如 x_t^{i+1}，…，$x_t^{N_T}$ 的总和。可以假设它们已被检测的有效判决值 $\hat{x}_t^{i+1}$，…，$\hat{x}_t^{N_T}$ 抵消，x_t^i 的判决统计用 y_t^i 表示为

$$y_t^i = \sum_{j=i}^{N_T} (R_{ij})_t x_t^i + n_t^i, \qquad i = 1, \cdots, N_T \tag{7-144}$$

x_t^i 的估计值为

$$\hat{x}_t^i = q\left[\frac{y_t^i - \sum\limits_{j=i+1}^{N_T} (R_{ij})_t x_t^i}{(R_{ii})_t}\right], \qquad i = 1, \cdots, N_T \tag{7-145}$$

式中 $q[x]$——x 的硬判决。

在实现时，可以首先计算判决统计 $y_t^{N_T}$，然后计算 $y_t^{N_T-1}$，依此类推；也可以首先检测具有最大信噪比的分层，然后检测具有第二大信噪比的分层，依此类推。这种检测顺序可以提高性能。

迫零(ZR) 法要求接收天线数不少于发射天线数，其可实现的分集阶数依赖于特定分层。

ZR 算法是努力去除接收信号中的多层干扰而达到无干扰的条件。另一种空时信号检测算法是多层干扰抑制，常用的接收机结构是采用连续串行干扰抵消并行干扰抵消或非最小均方误差(MMSE) 检测器的迭代接收机。下面以并行干扰抵消为例来说明迭代接收机的工作

原理。

具有并行干扰抵消的标准迭代接收机(PIC-STD) 的原理框图如图 7-26 所示，假设空时编码采用各分层具有独立差错控制编码的 HLST 结构，信号采用 BPSK 调制，并对信息进行卷积编码。

在首次迭代中，PIC 检测器等效于一组匹配滤波器，检测器提供 N_T 个发射符号序列的判决统计。t 时刻，天线 i 在首次迭代中的判决统计 y_t^{i1} 表示为

$$y_t^{i1} = \boldsymbol{h}_i^{\mathrm{H}} \boldsymbol{r} \tag{7-146}$$

式中　$\boldsymbol{h}_i^{\mathrm{H}}$—— 矩阵 $\boldsymbol{H}^{\mathrm{H}}$ 的第 i 行。

将这些判决统计值输入到独立译码器中，产生传输码元的软判决值。

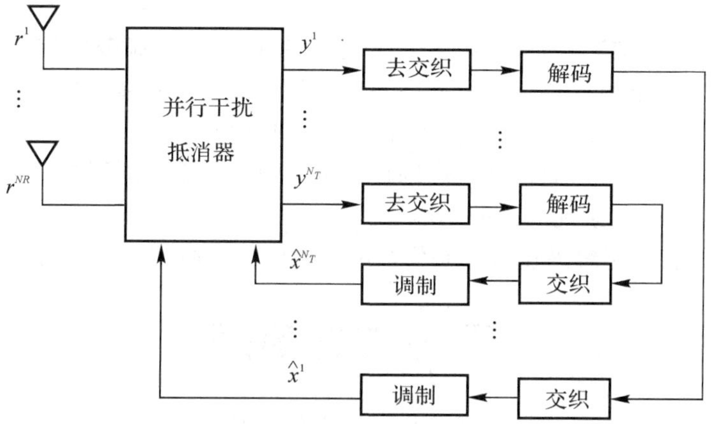

图 7-26　PIC-STD 迭代接收机框图

在第二次及后续的迭代中，使用译码器的软判决输出去更新 PIC 检测器的判决统计值。t 时刻，第 k 次迭代中的判决统计值

$$y_t^{ik} = \boldsymbol{h}_i^{\mathrm{H}} (\boldsymbol{r} - \boldsymbol{H} \hat{\boldsymbol{x}}_i^{k-1}) \tag{7-147}$$

式中　$\hat{\boldsymbol{x}}_i^{k-1}$ —— 一个 $N_T \times 1$ 的列向量，其元素是第 k 次迭代得到的码元估值，表示为

$$\hat{\boldsymbol{x}}_i^{k-1} = \begin{bmatrix} \hat{x}_t^{1,k-1} & \cdots & \hat{x}_t^{i-1,k-1} & 0 & \hat{x}_t^{i+1,k-1} & \cdots & \hat{x}_t^{N_T,k-1} \end{bmatrix}^{\mathrm{T}} \tag{7-148}$$

在第 i 层上，对于整个发射码元分组的检测输出形成向量 $\boldsymbol{y}^{ik}$，再经交织后将其输入到第 i 个译码器。各发射信号的估计值可以表示为

$$x_t^{ik} = \frac{\exp(\lambda_t^{ik}) - 1}{\exp(\lambda_t^{ik}) + 1} \tag{7-149}$$

式中　λ_t^{ik}—— 第 k 次迭代中 t 时刻的对数似然比，表示为

$$\lambda_t^{ik} = \lg \frac{P(x_t^{ik} = 1/y^{ik})}{P(x_t^{ik} = -1/y^{ik})} \tag{7-150}$$

式中　$P(x_t^{ik} = j/y^{ik})$—— 码元的后验概率，$j = 1,\ 2$。

无论是 PIC - STD 还是迭代 MMSE 接收机，其计算复杂度都随着发射天线数以及数据率的增加而线性增加。因此，设计有效且低复杂度的接收机结构及算法是 LST 接收机要解决的主要问题之一。

除上述三种 STC 外，人们还研究了将 Turbo 编码优势与 STC 的分集优势、编码调制的带宽利用率优势结合在一起的空时 Turbo 网格编码，无需信道估计的差分空时分组编码(DSTBC)、差分空时调制和酉空时分组码等。

以上介绍的 STC 都是针对平坦衰落信道设计的。对于频率选择性衰落信道，一种方法是采用针对频率选择性衰落信道设计的 STC，如参考文献[17]和[18]提出的时间反转 STC；另一种方法是采用针对平坦衰落信道设计的 STC，在接收机中使用 MIMO 空时均衡器。这两种方法的复杂度都较高。

在频率选择性衰落信道中，最常用的方法是将 STC 与正交频分复用、直接序列扩频等技术结合，将频率选择性衰落信道转变成并行相关的频率非选择性衰落信道，减小或消除码间干扰对 STC 信号的影响，详细的内容可参考文献[12]和[13]等。

总之，在 MIMO 系统中，通过空时编码技术可以使多径衰落的影响减少到最小，并且能够改善无线信道上数字通信系统的性能和容量。

MIMO 系统以及空时编码在水声通信系统中的研究和应用可参见参考文献[19]～[23]。

思考与练习题

7-1　时间分集、频率分集和空间分集的基本原理是什么？

7-2　常用的分集组合方法有哪些？

7-3　试分析瑞利衰落信道中采用 L 阶分集的二进制 PSK 和 FSK 调制的误码率性能，并画出曲线。

7-4　设系统中的分集阶数为 L，用 Matlab 仿真采用 Rake 接收机，求当 $L=1,2,4$ 时 DPSK 和 FSK 信号的误码率性能，并画出曲线。

7-5　设某水声信道的多径扩展 $T_m=100$ ms，信道可用带宽 $W=10$ Hz。假设用宽带信号进行传输，采用 Rake 接收机来解调信号。试问：

(1)在 Rake 接收机中需要多少抽头？

(2)若采用 Rake 接收机解调 DPSK 信号，要达到 10^{-5} 的差错率，所需的近似信噪比为多少？

7-6　MIMO 信道中信道容量的定义是什么？

7-7　试分析空时编码在频率选择性衰落信道中的性能。

7-8　试描述 STBC 的基本原理，并用 Matlab 仿真其性能。

7-9　空时分层编码和译码的基本原理是什么？

参考文献

[1] Proakis J G. 数字通信[M]. 4 版. 张力军，等，译. 北京：电子工业出版社，2003.

[2] Vucetic B，Yuon J H. 空时编码技术[M]. 王晓海，黄开枝，等，译. 北京：机械工业出版社，2004.

[3] 张辉，曹丽娜. 现代通信原理与技术[M]. 西安：西安电子科技大学出版社，2002.

[4] Kilfoyle D B，Baggeroer A B. The state of the art in underwater acoustic telemetry [J]. IEEE Trans. Oceanic Engineering，2000，25(1)：4 - 27.

[5] Henderson G B，Tweedy A，et al. Investigation of adaptive beamformer performance and experimental verification of applications in high data rate digital underwater communications [C]. IEEE Proc. OCEANS 1994，Brest，France，1994.

[6] Howe G S，Tarbit P S D，et al. Sub-sea acoustic remote communications utilizing a receiving beamformer for multipath suppression [C]. IEEE Proc. OCEANS 1994，Brest，France，1994.

[7] Wen Q，Ritcey J A. Spatial diversity equalization applied to underwater communications[J]. IEEE Journal of Oceanic Engineering，1994，19(2)：227 - 241.

[8] Stojanovic M，Catipovic J A，Proakis J G. Reduced-complexity spatial and temporal processing of underwater acoustic communication signals[J]. J. Acoust. Soc. Aner，1995，98：961 - 972.

[9] Song B G，Ritcey J A. Spatial diversity equalization for Ocean acoustic communication channels. IEEE Journal of Oceanic Engineering，1996，21(7)：505 - 512.

[10] Stojanovic M. Recent advances in high speed underwater acoustic communications [J]. IEEE Journal of Oceanic Engineering，1996，21(2)：125 - 136.

[11] Biglieri E，Proakis J，Shamai S. Fading channels：information-theoretic and communications aspects[J]. IEEE Trans. Information Theory，1998，44(6)：2619 - 2629.

[12] Paulraj A，Nabar R，Gore D. 空时无线通信导论[M]. 刘威鑫，译. 北京：清华大学出版社，2007.

[13] Grong Y，Letaief K B. Performance evaluation and analysis of space-time coding in unequalited multipath fading links[J]. IEEE Trans. Commun，2000，48(11)：1779 - 1782.

[14] Tarokh V，Calderbank A R. Space-time block codes from orthogonal designs[J]. IEEE Trans. IT，1999，45(5)：1456 - 1467.

[15] Tarokh V, Naguib A, et al. Space-time codes for high data rate wireless communication: performance criteria in the presentes of channel estimation errors, mobility, and multiple paths [J]. IEEE Trans, Communications, 1999, 47 (2): 199 - 207.

[16] Foschni G J. Layered space-time architecture for wireless communications in fading enviroment when using multiple antennas [J]. Bell Labs, Tech J, 1996, 2:41 - 59.

[17] Lindskog E, Paulraj A. A transmit diversity scheme for channels with intersymbol interference[C]. IEEE Proc. ICC 2000, 2000:307 - 311.

[18] Lindskog E, Flore D. Time-Reversal Space-Time Block Coding and Transmit Delay Diversity-Separate and Combined [C]. IEEE Conf. Signals, Systems and Computers, 2000, 1:572 - 577.

[19] Hayward Thomas J, Yang T C. Single-and multi-channel underwater acoustic communication channel capacity: A Computational study. Acoustical Society of America, September, 2007, 122 (3): 1652 - 1661.

[20] Kilfoyle D B, Preisig J C, Baggeroer A B. Spatial modulation experiments in the underwater acoustic channel. IEEE Journal of Oceanic Engineering, 2005, 30 (2): 406 - 415.

[21] Song H C, Roux P, Hodgkiss W S, et al. Multiple-input-multiple-output coherent time reversal communications in a shallow-water acoustic channel [J]. IEEE Journal of Oceanic Engineering, 2006, 31(1):170 - 178.

[22] Roy S, Duman T M, McDonald V, et al. High rate communication for underwater acoustic channels using multiple transmitters and space-time coding: receiver structures and experimental results [J]. IEEE Journal of Oceanic Engineering, 2007, 32(3): 663 - 688.

[23] Li B S, Huang J, Zhou S L, et al. MIMO-OFDM for High-Rate Underwater Acoustic Communications [J]. IEEE Journal of Oceanic Engineering, 2009, 34 (4):634 - 644.

第8章　扩频水声通信技术

在某些水声通信系统的应用中，通信信号不仅会受到信道中多径干扰的影响，而且在被敌意方探测到后，还会受到敌意方释放的干扰器的攻击。因此，希望通信系统不仅要有很强的抗干扰能力，而且还要具有隐蔽性。扩展频谱技术就是这样一种技术，由于它具有很强的抗人为干扰和多径干扰的能力，以及具有隐蔽通信、多址通信等功能，所以广泛应用于军用及民用通信系统中，并得到大量研究。

扩展频谱技术是指将要发送的信息扩展到一个比要发送的信息带宽要宽得多的频带上，在接收机通过相关接收，将信息恢复到信息带宽的一种技术。这种技术除了大量的通信应用外，还可用于雷达、导航中，用来测距、测速、定位等。

本章主要介绍扩频技术及其在水声通信系统中的应用。

8.1　扩频通信系统的模型

扩展频谱技术，简称扩频（SS，Spread Spectrum）技术，包括以下几种扩频方式：直接序列扩频、跳频扩频、跳时、线性调频等。下面主要介绍以伪噪声（PN，Pseudo Noise）编码为扩频函数的系统。

如图8－1所示是扩频数字通信系统基本组成的原理框图，二进制信息序列经信道编码器编码后进行调制，调制器按照伪随机序列发生器输出的伪噪声或称伪随机序列随机地选择信号调制的相位或频率，将二进制PN序列加载到发送信号上，接收机按照PN序列复本进行解调，将PN序列从接收信号中去除，恢复发送信息。

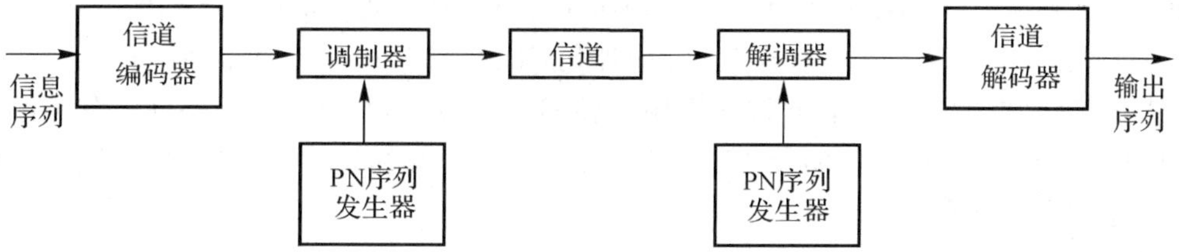

图8－1　扩频数字通信系统原理框图

调制器可以选择PSK调制或FSK调制，如果PN序列使PSK信号的相位伪随机地变化，所产生的调制信号称为直接序列扩频（DSSS）信号；当PN码与FSK结合时，调制器按照伪随机方式选择发送信号的频率，所形成的信号称为跳频扩频（FHSS）信号。PSK信号适用于收发信号间相位相干能保持较长时间的情况，而 FSK 适用于因信道时变而不能保持相位相干的场合。为了解调信号，要求接收机中产生的 PN 序列副本与接收信号中所含的 PN 序列同步。

扩频信号具有以下特点。

(1)抗干扰能力强

扩频信号的特征之一是传输带宽远大于信息带宽，这一特征可用于克服信道中的干扰。信息信号利用频谱扩展技术扩展到很宽的频带上，接收机对扩频信号做相关处理，进行带宽压缩，恢复成窄带信号。而干扰信号由于与扩频信号不相关，所以在与扩频信号副本进行相关时被扩展到一个很宽的频带上，使得进入信号通带内的干扰功率大大降低，从而大大增加了相关器输出端的信号/干扰比，因而具有很强的抗干扰能力。

(2)抗多径能力强

多径干扰会使信号产生波形展宽，造成信号失真甚至码间干扰。对于 DSSS 信号来说，PN 码尖锐的相关性使得接收信号中的多径分量完全独立。当多径时延小于码片宽度时，多径分量只影响信号幅度，不产生波形的展宽，因而不影响信息传输；当多径时延大于码片宽度时，多径分量被当做干扰处理。而 FHSS 信号的瞬时宽带一般能满足相干带宽的要求，因而多径干扰不影响 FHSS 信号的接收。因此，扩频信号对多径干扰不敏感。

(3)隐蔽通信

由于扩频序列的伪随机性，传输信号看上去很像随机噪声，使得除指定接收机之外的其他接收机很难检测，因而扩频信号被称为低检测概率(LPD，Low Propobility of Detection)信号。扩频信号用编码方法扩展带宽，并把信号用低平均功率发送出去，使得信号被淹没在背景噪声中，很难被敌意方发现或截获，因此，也被称为低截获概率(LPI，Low Probability of Interception)信号。由于具有 LPD 和 LPI 特性，扩频很适用于需要隐蔽或保密通信的情况。

(4)可进行多址通信

多址通信系统应该能够在给定频谱资源下同时允许多个用户进行通信，解决这个问题的技术称为多址技术。扩频技术本身就是一种多址技术，即扩频多址(SSMA，Spread Spectrum Multiple Access)。它用不同的扩频码构成不同的用户或网，构成码分多址(CDMA)。虽然扩频系统占据了很宽的频带，但它允许多个用户在同一频带同时工作，因而保证了其高的频谱利用率，使其频谱利用率比单路单载波系统还要高得多。扩频多址方式组网灵活，适合于机动灵活的战术通信和移动通信。

(5)抗频率选择性衰落

由于扩频信号的频带很宽，当遇到频率选择性衰落时，它只影响到扩频信号的一小部分，对整个信号的频谱影响不大。

扩频技术的理论基础是香农定理。按照香农定理，在高斯白噪声条件下，通信系统的最大传输速率，即信道容量为

$$C = B\text{lb}(1 + \frac{S}{N}) \qquad (\text{b/s})$$

按照第 2 章的分析，在信道容量一定的条件下，信号功率和带宽可以互换，也就是说，可以通过增加发送功率来减小信号带宽，也可以通过增加信号带宽来减小发送功率。依据香农定理的分析表明，编码系统的输出信噪比与带宽成指数关系，增加带宽，编码系统可以大大提高抗噪声性能，而且采用编码调制能更有效地实现信噪比与带宽的互换。这一理论指出了提高通信系统抗干扰能力的途径，即增加信号的传输带宽。

扩频技术的抗多径、抗干扰、多址通信、LPD 和 LPI 的特点使得其在水声通信系统中受到广泛重视，在隐蔽水声通信系统、水声网络系统中得到应用。下面分别介绍在水声通信系统中常用的直接序列扩频和跳频扩频技术的工作原理。

8.2　直接序列扩频

8.2.1　直接序列扩频的系统模型

直接序列扩频就是用高速率的伪随机码与信息序列模 2 加形成的复合码序列去调制载波而获得的扩频信号。DSSS 信号通常与 PSK 调制结合在一起，使载波信号的相位按 PN 序列伪随机地变化。

如图 8-2 所示为采用 BPSK 调制的 DSSS 系统调制原理框图。由信源输出的信息基带信号 $m(t)$ 与 PN 序列进行模 2 加或波形相乘，产生一个与 PN 码速率相同的扩频序列，然后用扩频序列去调制载波，得到已扩频调制的信号 $s(t)$。在接收端，接收到的扩频信号用 PN 码的副本进行相关解扩，解调后恢复所发送的信息。

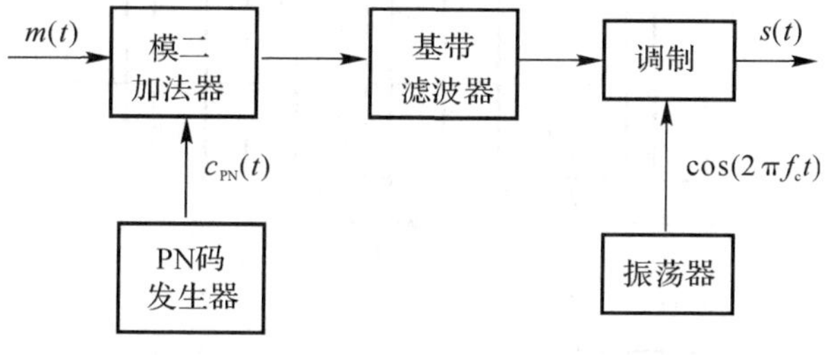

图 8-2　PSK 调制的 DSSS 调制原理框图

假设输入二进制基带信号 $m(t)$ 的码元宽带为 T_b，码元速率即信息比特速率 $R_b = 1/T_b$，所用的信道带宽为 W。PN 信号的时间宽度为 T_c，它也被称为码片(chip) 宽度，或称码片间隔；其倒数称为码片速率，即 $R_c = 1/T_c$。则 DSSS 信号的带宽扩展因子定义为

$$N_c = \frac{T_b}{T_c} = \frac{R_c}{R_b} \tag{8-1}$$

若采用 BPSK 调制，则带宽扩展因子是每信息比特的码片数，即比特时间内信号相移的次数，通常 $N_c \gg 1$。为了利用整个可用的信道带宽，可取 $T_c = 1/W$，这时带宽扩展因子为

$$N_c = \frac{T_b}{T_c} = \frac{W}{R} \tag{8-2}$$

设基带信号 $m(t)$ 为

$$m(t) = \sum_{n=-\infty}^{\infty} a_n g(t - nT_b) \tag{8-3}$$

式中 a_n—— 二进制信息码；

$g(t)$—— 基带波形信号。

PN 码发生器产生的 PN 信号表示为

$$c_{PN}(t) = \sum_{n=-\infty}^{\infty} c_n g(t - nT_c) \tag{8-4}$$

式中 c_n—— 二进制 PN 码。

扩展后的扩频序列 $d(t)$ 表示为

$$d(t) = m(t)c_{PN}(t) = \sum_{n=\infty}^{\infty} d_n g(t - nT_c) \tag{8-5}$$

式中
$$d_n = \begin{cases} 1, & a_n = c_n \\ -1, & a_n \neq c_n \end{cases}$$

$d(t)$ 的示意图如图 8-3 所示。经 BPSK 调制后，输出的扩频信号为

$$s(t) = d(t)\cos[2\pi f_c(t)] = m(t)c_{PN}(t)\cos[2\pi f_c(t)] \tag{8-6}$$

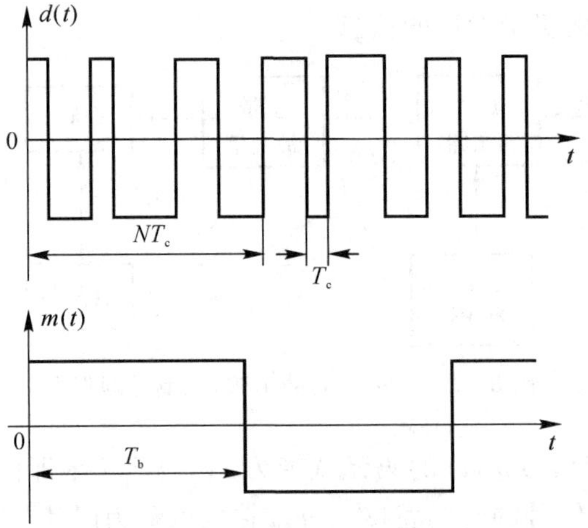

图 8-3 扩频信号与数据信号

扩频信号的解调可以采用与波形 $g(t)$ 匹配的滤波器或相关器来实现，如图 8-4 所示是采用相关器实现的解调器的原理图。有两种基本的相关解调方式：第一种是先将接收信号 $r(t)$ 与 PN 信号的复本相乘进行解扩，然后再与 $\cos(2\pi f_c t)$ 互相关，进行 BPSK 解调，如图 8-4(a) 所示；第二种方法是先将接收信号与 $g^*(t)$ 互相关，进行 BPSK 解调，然后再与 PN 码复本互相关进行解扩，如图 8-4(b) 所示。为了正确恢复信号，两种方法中的 PN 码复本都必须与接收信号中的 PN 信号同步。以图 8-4(b) 所示的相关器为例来说明解调过程。设解调器输入为

$$r(t)=s(t)+n(t)=m(t)c_{\mathrm{PN}}(t)\cos[2\pi f_c(t)]+n(t) \tag{8-7}$$

式中　$n(t)$—— 加性高斯噪声。

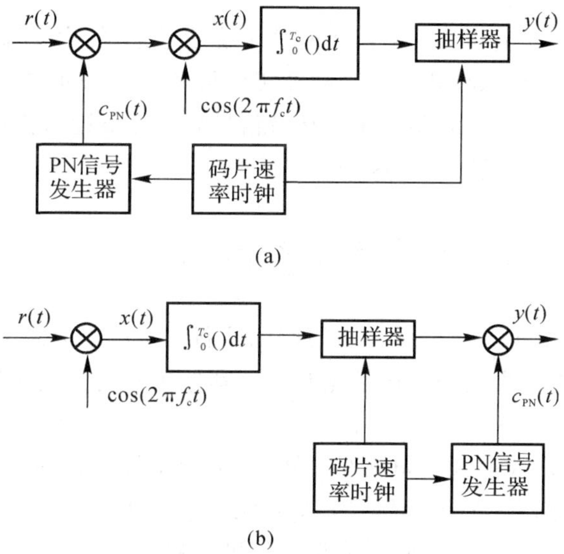

图 8-4　DSSS 解调器原理框图

(a) 先解扩后解调；(b) 先解调后解扩

BPSK 解调器的输出为

$$x(t)=m(t)c_{\mathrm{PN}}(t)+n_c(t) \tag{8-8}$$

式中　$n_c(t)$——$n(t)$ 中的同相部分。

经相关和积分后输出为

$$y(t)=\int_0^{T_c}x(t)c_{\mathrm{PN}}(t)\mathrm{d}t=\frac{1}{T_c}\int_0^{T_c}[c_{\mathrm{PN}}^2(t)m(t)+n_c(t)]\mathrm{d}t=P_c m(t)+n_c(t) \tag{8-9}$$

式中　P_c——$c_{\mathrm{PN}}(t)$ 的平均功率，$P_c=\frac{1}{T_c}\int_0^{T_c}c_{\mathrm{PN}}^2(t)\mathrm{d}t$。

式(8-9) 中的第一项即为发送信息。

得到式(8-9) 利用了 PN 码的一个重要特性，即 PN 码具有良好的相关特性。设 c_n 的周期

（长度）为 p，则 c_n 的归一化自相相关函数为

$$R_c(j)=\frac{1}{p}\sum_{j=1}^{p}c_i c_{i+j}=\begin{cases}1, & \text{当 } j=0 \text{ 时(模 } p)\\ -\dfrac{1}{p}, & \text{当 } j\neq 0 \text{ 时(模 } p)\end{cases},\quad j=0,\cdots,p-1 \tag{8-10}$$

当码长 p 取得足够长或 $p\to\infty$ 时，式(8-10)可简化为

$$R_c(j)=\begin{cases}1, & i=0\\ -\dfrac{1}{p}\approx 0, & i\neq 0\end{cases} \tag{8-11}$$

式(8-11)表明，当码长 p 足够长时，PN 码具有和白噪声相类似的统计特性。

对于窄带噪声、干扰分量和其他用户或网的干扰信号来说，由于噪声和干扰信号与接收机的本地扩频码不相关，在相关处理时，噪声和干扰信号的能量被扩展到整个扩频带宽内，降低了干扰电平，相关器后的基带滤波器只输出基带信号和滤波器通带内的部分干扰和噪声，这样就大大地改善了系统的输出信噪比(SNR)。

8.2.2 直接序列扩频系统的抗干扰性能

信道中的干扰包括由于多径扩展引起的码间干扰(ISI)，在敌意环境中的人为干扰，在多址通信系统中，许多用户共享同一信道带宽时来自其他用户的干扰，以及来自其他系统发出的信号等。

扩频系统对单个用户来说频谱利用率很低，但扩频系统允许很多用户在同一频带中同时工作，因此存在来自其他用户的干扰信号，称为多址（多用户）干扰。一般可以把多址干扰和来自其他系统的干扰信号归类为带限平稳高斯随机过程。

在现代通信对抗中，人为干扰包括窄带瞄准式干扰、宽带阻塞式干扰以及转发干扰。当干扰信号瞄准扩频系统的频谱中心时，对直接序列扩频信号来说是最恶劣的干扰条件；而宽带阻塞式及转发干扰对跳频扩频危害较大。

信道中的时间色散传播所引起的可分辨的多径分量可以看成是自干扰的一种，属于乘性干扰。

扩频系统的抗干扰能力可以用处理增益来衡量，处理增益定义为

$$G_P=\frac{\text{输出信噪比}}{\text{输入信噪比}}=\frac{(S/N)_o}{(S/N)_i} \tag{8-12}$$

式(8-12)中的噪声是指噪声和干扰的总和。式(8-12)表示经扩频接收系统处理后，使信号增强的同时抑制噪声干扰信号能力的大小，处理增益越大，抗带内干扰的能力越强。处理增益通常用 dB(分贝)表示。

下面以广义平稳高斯随机干扰和多径干扰为例来分析 DSSS 系统的抗干扰性能。

1. 广义平稳高斯随机干扰

考虑最不利的情况，设进入接收机的干扰信号与信号载波同频同相，则接收机经相关解扩后，基带滤波器输出的干扰为

$$v_n(t)=\int_{-\infty}^{\infty} n(u)c_r[u,\hat{\tau}(u)]h(t-u)\mathrm{d}u \tag{8-13}$$

式中　$n(t)$—— 基带干扰信号，设其具有单位平均功率，其单边功率谱密度为 N_0；

$c_r(t)$—— 与发射端同步的本地扩频码；

$\hat{\tau}(t)$—— 对信道中随机时延的估计；

$h(t)$—— 基带滤波器的响应。

设 $n(t)$ 是一个平稳随机过程，且与 $c_r(t)$ 相互独立。在广义平稳干扰作用下，基带滤波器输出的干扰信号的平均功率为

$$\sigma_n^2=\int_{-\infty}^{\infty} |H(f)|^2[(S_c(f)S_n(f))]\mathrm{d}f \tag{8-14}$$

式中　$S_c(f)$—— 本地扩频码的功率谱密度；

$S_n(f)$—— 干扰信号的功率谱密度；

$H(f)$—— 基带滤波器的传输函数。

式(8-14) 表明，接收机输出的干扰信号的功率谱密度等于扩频信号功率谱密度 $S_c(f)$ 和广义平稳干扰功率谱密度 $S_n(f)$ 的卷积。由于扩频信号的带宽占据了可用信道带宽 W，因此，两个谱卷积的结果是在带宽 W 上扩展了干扰的功率谱密度。若 $n(t)$ 为一窄带过程，即其功率谱密度的带宽远小于 W，则相关器输出的干扰功率谱密度将至少占据 W 的带宽。基带滤波器的带宽近似为 $1/T_b \ll W$，故只有一小部分干扰功率从基带滤波器输出，从而大大降低了干扰 $n(t)$ 对系统的影响。对于有用信号，由于信号与本地扩频码相关性很强，在卷积过程中把信号能量从扩频码的带宽内集中到基带滤波器带宽内，提高了信号电平，从而提高了系统的输出信噪比。

由上述描述可知，基带滤波器输出的干扰功率的大小与基带滤波器的带宽成正比，与扩频带宽 $1/t_c$ 成反比，通常取 $W=1/t_c$，而基带滤波器的带宽约为 $1/T_b$，因此，处理增益即输出信噪比与输入信噪比之比表示为

$$G_P=\frac{1/T_c}{1/T_b}=\frac{T_b}{T_c}=\frac{R_c}{R_b} \tag{8-15}$$

式(8-15) 表明，DSSS 系统的处理增益等于扩频码码片速率 R_c 与基带数字信息的比特率 R_b 之比，即等于 DSSS 信号的带宽扩展因子。如图 8-5 所示为 DSSS 对宽带干扰的抑制原理的示意图。

按照参考文献[3]，对于单频正弦干扰，DSSS 系统的处理增益与广义平稳干扰时相同。由此可见，对 DSSS 来说，要提高抗干扰的处理增益，可以提高相对于信息比特率的码片速率。

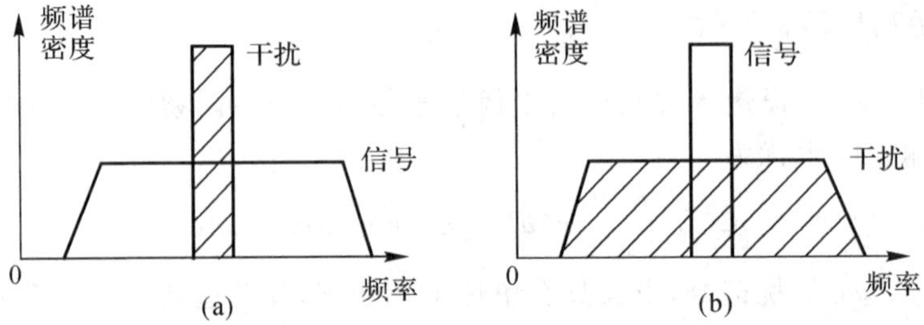

图 8-5 DSSS 系统对带内窄带干扰的抑制示意图

(a) 相关解扩前宽带滤波器输出；(b) 相关解扩后基带滤波器输出

【例 8-1】 某一水声 DSSS 系统，信息速率 $R_b=100$ b/s，码片速率 $R_c=5$ kb/s，求系统的处理增益；若将码片速率增加到 10 kb/s，求系统的处理增益。

解 当码片速率 $R_c=5$ kb/s 时，系统带宽为 10 kHz，系统的处理增益

$$G_P=\frac{R_c}{R_b}=\frac{5\times 10^3}{100}=50=16.99\ \text{dB}$$

当码片速率 $R_c=10$ kb/s 时，系统带宽为 20 kHz，系统的处理增益

$$G_P=\frac{R_c}{R_b}=\frac{10\times 10^3}{100}=100=20\ \text{dB}$$

由此可见，将码片速率提高一倍，系统的处理增益只增加 3 dB，但提高码片速率对系统的同步精度要求更高，系统的复杂度和成本大大增加。因此，不能靠单纯增加码片速率的方法提高处理增益，而应提高码片速率与信息比特率之比。

2. 多径干扰

与窄带或正弦人为干扰不同，多径干扰属于乘性干扰。多径干扰是信号在传输过程中，遇到各种反射体引起的反射或散射分量，在接收端与直达信号随机叠加形成的。它会使信号波形展宽，产生失真，使通信系统产生严重的误码。

在 DSSS 系统中，当码长 N_c 足够长时，其相关函数可以表示为

$$R_c(\tau)=\begin{cases}\dfrac{A^2}{T_c}(T_c-|\tau|), & |\tau|\leqslant T_c\\ 0, & |\tau|\geqslant T_c\end{cases}\tag{8-16}$$

式中 A ——PN 信号的振幅；

T_c —— 码片时间；

τ —— 时延。

由于 PN 的相关函数具有尖锐的峰值，当多径时延 $|\tau|<T_c$ 时，多径信号与直达信号叠加，看做是信号的一部分，使合成信号功率发生起伏衰落，其起伏的大小由 $|\tau|$ 与 T_c 的比值决

定。叠加的多径信号只影响其幅度，而不产生对PN码宽度的展宽或压缩，故不影响系统的信息传输。而当 $|\tau| \geqslant T_c$，即当多径时延超过一个码片宽度 T_c 时，$R_c(\tau)=0$，接收机可将多径信号作为干扰噪声处理。当 T_c 很小，且PN码片数很多时，系统频谱很宽，反射的多径频率分量不可能同相到达接收点，所形成的多径干扰信号在相关检测中被削弱，因此，DSSS系统对多径干扰不敏感。

实际中，DSSS系统不仅可以抗多径，甚至可以利用多径分量来获得多径分集。DSSS系统是一宽带系统，当其带宽 W 远大于信道的相干带宽 Δf_c 时，可以分辨出 $[W/\Delta f_c]$ 个多径分量，其中，$[\cdot]$ 表示取整运算。若利用Rake接收机来分辨出多径分量并相干接收，则可使DSSS系统获得等效的 $L=[W/\Delta f_c]$ 阶频率分集。

一般来说，对于多径传播造成的干扰，信号干扰比(简称信干比)不仅与直达路径强度 A 和多径路径强度 A' 之比 A/A' 有关，而且与两者的时延差 τ 和PN码的速率有关。当 $A/A' \geqslant 1$ 时，多径干扰主要取决于 τ/T_c。当 $\tau > T_c$，即 $\tau/T_c > 1$ 时，多径传播不能对有用信号形成干扰。因此，抗多径干扰的条件是

$$\tau/T_c > 1 \tag{8-17}$$

因此，当多径时延 τ 一定时，抗多径干扰的能力主要由PN码的速率决定，T_c 越小，抗干扰能力越强。

3. 干扰容限

DSSS系统处理增益的大小，决定了系统抗干扰能力的强弱。但在实际的干扰环境中，并非当干扰与信号的功率比等于系统的处理增益时，系统还能正常工作，这时还需要考虑系统自身的信噪比损耗，为此引入干扰容限的概念。干扰容限是在满足指定的差错概率的要求下，干扰与信号功率之比能选取的最大值。按照参考文献[3]，干扰容限定义为

$$\frac{J}{S}=G_P-\left[L_{sys}+\left(\frac{S}{N}\right)_{out}\right] \tag{8-18}$$

式中　J/S —— 干扰容限；

L_{sys} —— 系统的执行损耗；

$(S/N)_{out}$ —— 相关器输出要求的信噪比。

【例8-2】　一个扩频系统的带宽扩展因子为 $N_c=T_b/T_c=1\,000$，要求进入基带解调器的最小 $(S/N)_{out}=10$ dB，系统损耗 $L_{sys}=5$ dB，则其干扰容限为

$$\frac{J}{S}=G_P-[L_{sys}+(S/N)_{out}]=10\lg 1\,000-[5+10]=15\text{ dB}$$

该系统的处理增益为30 dB，干扰容限为15 dB，这说明扩频系统的输入干扰功率电平，最多只能在比信号高15 dB而非30 dB的条件下，系统才能正常工作。

在实际工程应用时，扩频接收机的相关解扩和解调器中的乘法器，达不到理想的线性要

求，其非线性和码元跟踪误差导致 SNR 损失，且在输入 SNR 很低时存在门限效应，因此，扩频接收机实际允许输入的干扰与信号功率比，比干扰容限还要低。

8.3 跳频扩频

8.3.1 跳频扩频的系统模型

跳频扩频系统中的载波频率受 PN 码的控制，随机地跳变。因此，跳频可以看成是载频按一定规律变化的多频移键控。与 DSSS 系统相比，FHSS 系统中的 PN 码并不直接用于信号传输，而是用来选择信道。在 FHSS 系统中，把可用的信道带宽分成大量相邻的频率间隙（简称频隙），在任一信号传输时间内，发送信号占据一个或多个可用的频隙。在每个信号传输时间内，按照 PN 码发生器的输出选择一个或多个频隙。简单地说，就是用 PN 码构成跳频指令控制频率合成器输出的频率。

跳频扩频系统有两种跳频方式：改变载波的频偏实现跳频，以及改变载波频率实现跳频的单频跳频。改变频偏实现跳频的原理框图如图 8-6 所示。

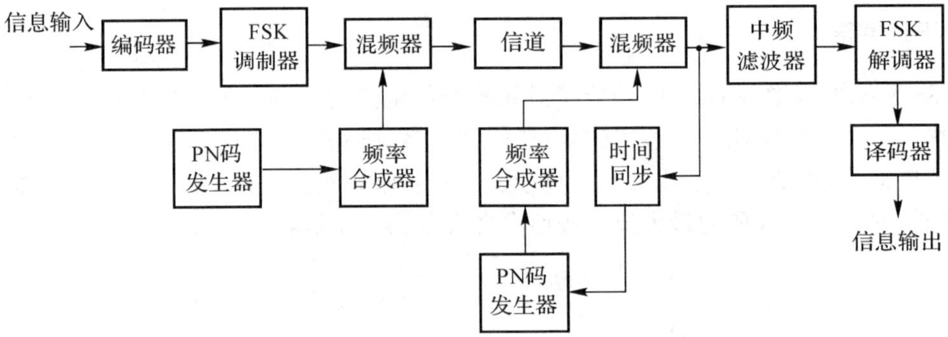

图 8-6 改变频偏的 FHSS 系统框图（见参考文献[1]图 13-3-2）

在图 8-6 所示的系统中，PN 码发生器控制频率合成器产生一个频率偏移量，加在 FSK 信号频率上，再将频率搬移后的信号发送到信道上。对于 BFSK 调制，其输出的 m(b) 可用来产生 2^m-1 个频率偏移。

在接收机中，有一个与发送端相同的本地 PN 码发生器，用来控制频率合成器的输出，产生与发射端相同的频率跳变，通过与接收信号混频，将伪随机频率偏移去除，得到一个固定的 FSK 的频率。通过中频滤波器后，再进行 FSK 解调，恢复原信号。而对于干扰信号来说，由于不知跳频频率变化的规律，与本地的频率合成器的频率混频后，所得到的信号无法通过中频滤波器，因而不能对 FHSS 系统产生影响。

单频跳频的原理框图如图 8－7 所示。在发射机，信息序列与 PN 序列调制后，按不同的跳频图案或指令去控制频率合成器，使其输出的频率随机变化；在接收机，本地 PN 码发生器的输出控制本地频率合成器，使其输出的信号在解调器与接收信号差频出固定中频信号，对跳频信号进行解调。

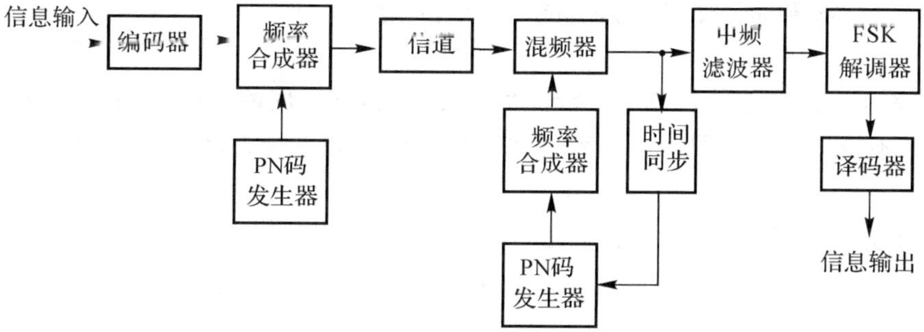

图 8－7　单频 FHSS 系统框图

从时-频域看，FHSS 信号由时频矩阵组成，每个频率持续时间为 T_c，并按跳频指令的规定在时频矩阵内跳变。把跳频系统的频率跳变规律称为跳频图案，如图 8－8 所示。跳频图案或时频矩阵的性能直接关系到跳频系统的性能。

通常选择跳频速率等于或大于码元速率。若跳频速率大于码元速率，每个码元内多次跳频，就是快跳频信号；若按码元速率进行跳频，则为慢跳频信号。跳频速率不同，抗干扰性能不同，复杂程度与成本也不同。

跳频系统采用躲避干扰的方法来抗干扰，只有当干扰信号频率与跳频信号频率相同时，才能形成干扰，因而抗干扰能力较强。跳频频率数越多，跳频速率越快，抗干扰能力越强。目前，FHSS 信号主要用在需要抗人为干扰的数字通信系统中，特别适合于战术通信系统中。

利用 FHSS 信号也可以实现码分多址。利用不同的码可以得到不同的跳频图案，从而组成不同的网，且频谱利用率比 DSSS 系统略高。

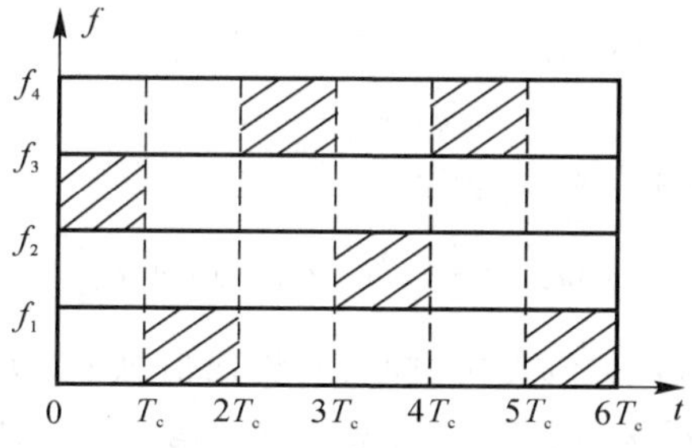

图 8－8　跳频图案

在大多数情况下，FHSS 信号的性能优于 DSSS 信号。这是因为 DSSS 信号对同步的要求严格，其定时同步需要在码片间隔内建立；而 FHSS 信号的码片间隔远大于 DSSS 信号的码片间隔，因此，FHSS 系统的同步要求低。

8.3.2 跳频扩频系统的抗干扰性能

跳频扩频系统的抗干扰机制与 DSSS 系统的不同，它采用的是躲避的方法，随机地改变载波频率，使其不受干扰。以图 8-6 所示的改变频偏的跳频系统为例，说明 FHSS 系统的抗干扰性能。

设 $s_t(t)$ 为发送的跳频信号，表示为

$$s_t(t)=m(t)\cos[(\omega_c+n\omega_\Delta)t+\varphi_n],\qquad 0\leqslant t\leqslant T_c \tag{8-19}$$

式中 n —— 跳频总数，$n=1,2,\cdots,N-1,N$；

ω_Δ —— 跳频间隔，每跳持续时间为 T_c；

$m(t)$ —— 要传送的数字信息；

φ_n —— 初相。

接收机收到的信号为

$$s_r(t)=s_t(t)+s_J(t)+n(t)+J(t) \tag{8-20}$$

式中 $s_J(t)$ —— 其他多址信号或无线信号；

$n(t)$ —— 噪声信号；

$J(t)$ —— 干扰信号。

假设收发两端跳频图案已同步，则混频器输出信号为

$$s_P(t)=\frac{1}{2}m(t)\{\cos(\omega_I t+\varphi_I)+\cos[(\omega_0+\omega_r+2n\omega_\Delta)t+\varphi_n+\varphi_r]\}+$$
$$[s_J(t)+n(t)+J(t)]\cos[(\omega_r+n\omega_\Delta)t+\varphi_r] \tag{8-21}$$

式中 ω_I —— 接收机中的固定中频；

φ_r —— 本地跳频信号的初相。

$$\varphi_I=\varphi-\varphi_n$$

经中频滤波后，得到的有用信号分量为

$$s_t(t)=\frac{1}{2}m(t)\cos(\omega_I t+\varphi_I) \tag{8-22}$$

将式(8-21)中的信号送入解调器中，即可解调出信息 $m(t)$。而其他地址跳频信号、干扰信号和噪声信号因为不能在每次跳频时间内都与本地信号混频成固定中频，经中频滤波后，不会对有用信号的解调产生影响。任何外来干扰和无用信号，只在与有用信号频率相同，且在有用信号载波持续时间内才起作用。但有用信号载波频率随 PN 码快速跳变，当频率跳变时，干

扰就不再起作用了。

设FHSS系统占据的系统带宽为W，将W等间隔地分为N个频道，即可用频率数为N，频率间隔为ΔF，信息带宽$W_a \leqslant \Delta F$。定义跳频系统的处理增益为系统带宽与信息带宽之比，即

$$G_P = \frac{W}{W_a} \leqslant N \tag{8-23}$$

由此可见，跳频系统的处理增益与跳频系统的可用频道数N成正比，N越大，系统扩频带宽越宽，处理增益越大，抗干扰能力越强。

因此，由PN码发生器和频率合成器组成的跳频器是FHSS系统的核心，FHSS系统中的频谱扩展由跳频间隔ΔF和跳频数N决定，跳频数N和跳频速率决定了整个系统的抗干扰能力，而跳频数取决于系统差错率。

跳频系统也具有抗多径能力。跳频系统要抗多径，应保证跳频信号在一跳时间内与多径信号没有重叠，即每跳的驻留时间T_h小于多径时延τ，即

$$\tau / T_h \geqslant 1 \tag{8-24}$$

由此可知，在多径时延一定的条件下，跳频系统要抗多径，最有效的方法是减少每跳的驻留时间，即提高跳频速率，但这会增加系统的复杂度。实际上，多径干扰对跳频系统的干扰是通过不同路径的传播时延起作用的，它一方面与信号跳频速率有关，另一方面也与跳频的频率差有关。因此，提高跳频系统的抗多径能力，可以通过跳频速率和增加跳频频率之间的频差来实现。

按照参考文献[1]，在宽带干扰下，假设宽带干扰可以表征为加性高斯白噪声且功率密度谱为J_0；假设跳频信号采用二进制FSK调制和非相干检测，跳频速率为1跳/b，则FHSS系统的差错率为

$$P_e = \frac{1}{2} e^{-\gamma_b/2} \tag{8-25}$$

式中　γ_b—— 比特信号干扰比(信干比，SIR)，$\gamma_b = E_b / J_0$。

若跳频速率为L跳/b的快跳频，将L个子频率相应的匹配滤波器输出信号进行平方律合并，则FHSS系统的差错率为

$$P_e(L) = \frac{1}{2^{2L-1}} e^{-\gamma_c/2} \sum_{i=1}^{L-1} K_i \left(\frac{1}{2}\gamma_c\right)^i \tag{8-26}$$

式中　γ_b—— 比特信干比，$\gamma_b = E_b / J_0 = L\gamma_c$；

γ_c——L个码片中的码片SNR。

$$K_i = \frac{1}{i} \sum_{L=0}^{L-1-i} \binom{2L-1}{L} \tag{8-27}$$

对于部分频带干扰(窄带干扰)，假设窄带干扰可建模为零均值、高斯随机过程，其带宽为W_n，这种干扰可以是人为干扰信号或多址系统中来自其他用户的干扰。对于BFSK调制和非相干检测的慢跳频FHSS系统，平均错误概率为

$$P_{e}(W_{n})=\frac{1}{2}W_{n}\exp\left(-\frac{W_{n}E_{b}}{2J_{o}}\right) \tag{8-28}$$

在扩频系统中，除了 DSSS 和 FHSS 外，还有跳时 TH 系统，以及 FH，DS 和 TH 的混合调制，具体内容可参见参考文献[1] 和[3] 等。

8.4 伪随机编码

在扩频系统中，伪随机码起着很重要的作用。在直接序列扩频系统中，用伪随机码扩展信息信号的频谱，并使干扰信号频谱扩散，提高了系统的抗干扰性能；在跳频扩频系统中，用伪随机码控制频率合成器输出跳变的频率。伪随机码的长度及其相关特性决定了扩频系统的性能。本节将对伪随机码的概念、产生方法进行介绍。

香农的信道编码定理指出，只要信息速率 R_{b} 小于信道容量 C，则总可以找到一种编码方法，实现无差错传输，这里有两个条件：一是 $R_{c}\leqslant C$，二是码周期足够长。香农在证明编码定理的同时，提出用有白噪声统计特性的信号来编码，这种信号具有极其优良的相关特性。

在扩频系统，通常用类似于带限白噪声统计特性的伪随机或伪噪声码信号来逼近白噪声，并作为扩频码。

8.4.1 伪随机码的概念

PN 码通常是二进制序列，序列中的元素只取值“0” 或“1”。在扩频系统中，最关心的是 PN 码的相关特性，包括自相关特性、互相关特性等。

设两个长度为 N 的序列$\{a\}$ 和$\{b\}$，序列中的元素分别为 a_{i} 和 b_{i}，$i=0,1,\cdots,N-1$，则序列的自相关函数定义 $R_{a}(j)$ 为

$$R_{a}(j)=\sum_{i=0}^{N-1}a_{i}a_{i+j} \tag{8-29}$$

由于$\{a\}$ 是长度为 N 的周期性序列，故有 $a_{N+i}=a_{i}$。序列$\{a\}$ 和$\{b\}$ 的互相关函数定义 $R_{ab}(j)$ 为

$$R_{ab}(j)=\sum_{i=0}^{N-1}a_{i}b_{i+j} \tag{8-30}$$

PN 码的定义如下：

1) 凡自相关函数具有

$$R_a(j)=\begin{cases}\sum_{i=0}^{N-1} a_i a_{i+j}=N, & j=0\\ \sum_{i=0}^{N-1} a_i a_{i+j}=\pm 1, & j\neq 0\end{cases} \tag{8-31}$$

形式的码，称为狭义伪随机码。

2）凡自相关函数具有

$$R_a(j)=\begin{cases}\sum_{i=0}^{N-1} a_i a_{i+j}=N, & j=0\\ \sum_{i=0}^{N-1} a_i a_{i+j}=\frac{K}{N}<1, & j\neq 0\end{cases} \tag{8-32}$$

形式的码，称为第一类广义伪随机码。式(8-32)中的 K 为小于 N 的整数。

3）凡互相关函数具有

$$R_{ab}(j)\approx 0 \tag{8-33}$$

形式的码，称为第二类广义伪随机码。

4）凡相关函数满足1)、2)、3)三者之一的码，统称为伪随机码。

作为扩频函数的PN信号，应具有下列特点：

1)PN信号必须具有尖锐的自相关函数，而互相关函数应接近于零；

2）有足够长的码周期，以确保抗侦测、抗干扰的要求；

3）有足够多的序列数，以满足码分多址的要求；

4）工程上易于产生、加工、复制和控制。

8.4.2　伪随机码的产生

二进制序列一般可由移位寄存器产生。由于移位寄存器的级数有限，其状态也是有限的，故产生的序列是周期性的。迄今为止，最常用的二进制PN序列是最大长度移位寄存器序列，简称 m 序列，其长度为 $N=2^r-1$(b)，由 r 级移位寄存器加线性反馈生成，如图8-9所示。图中，$a_{n-i}(i=1,2,\cdots,r)$ 是移位寄存器中每位寄存器的状态；c_i 是第 i 位寄存器的反馈系数，$c_i=0$，表示无反馈；$c_i=1$，表示有反馈。c_r 和 c_0 不能等于零。c_0 等于零就不能构成周期性序列；当 c_r 等于零时，r 级寄存器将简化为 $r-1$ 级或更低级的寄存器。c_i 取不同的值，表示不同的反馈逻辑，将产生不同的移位寄存器序列。

反馈移位寄存器可以用特征多项式表示为

$$f(x)=\sum_{i=0}^{r} c_i x^i \tag{8-34}$$

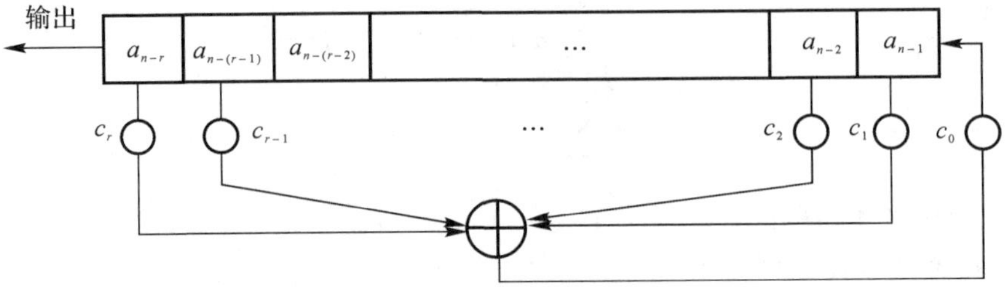

图 8-9 反馈移位寄存器结构

一个以有限域的元素为系数的多项式

$$G(x)=a_0+a_1x+a_2x^2+\cdots+a_nx^n+\cdots=\sum_{n=0}^{\infty}a_nx_n \tag{8-35}$$

称为序列$\{a_n\}$的生成多项式。序列$\{a_n\}$与生成多项式$G(x)$是一一对应的。

设线性移位寄存器的输出序列为$\{a_n\}$，则序列生成多项式与移位寄存器特征多项式之间的关系为

$$G(x)=\frac{1}{f(x)} \tag{8-36}$$

也就是说，对$f(x)$进行长除，得到序列生成多项式，生成多项式的系数就是所求的序列。

可以证明，如果序列$\{a_n\}$的周期为N，则$f(x)$可以整除$1+x^N$。

构造一个产生m序列的线性移位寄存器，首先要确定本原多项式，可以根据不可约多项式表查找本原多项式。产生m序列的条件为：

1)r级移位寄存器产生的码，其周期$N=2^r-1$，其特征多项式必然是不可约的，即不能再进行因式分解产生最长序列。

2) 所有次数$r>1$的不可约多项式$f(x)$必能除尽$1+x^N$，因为$a_N(x)=(1+x^N)/f(x)$。

3) 如果2^r-1是一个素数，则所有r次不可约多项式产生的线性移位寄存器序列一定是m序列，产生这个m序列的不可约多项式称为本原多项式。

4) 除了第r阶以外，如果还有偶数个抽头的反馈结构，则产生的序列就不是最长线性移位寄存器序列。

第4)个条件表明，移位寄存器总的反馈抽头数必为偶数。m序列产生的方法及例子可参见参考文献[3]和[4].

m序列是周期序列，其周期为$N=2^r-1$，r为反馈移位寄存器的级数；每个周期内"1"比"0"的个数多1。m序列的自相关函数满足

$$R(\tau)=\begin{cases}1, & \tau=0, \quad 模\ N \\ \dfrac{1}{N}, & \tau\neq 0, \quad 模\ N\end{cases} \tag{8-37}$$

m 序列是 PN 序列中最重要的序列之一，这种序列易于产生，有良好的自相关特性。当 N 很大时，$1/N$ 很小。因此，从自相关函数来看，m 序列几乎是理想的。但对于大多数 m 序列来说，任何一对周期相同的 m 序列之间的周期互相关函数具有较大的峰值，这使得 m 序列不适于在码分多址通信中应用。

在扩频系统中，不仅要求 PN 码的随机性好、周期长、自相关和互相关特性好，而且要求可用的 PN 序列数也多。可用 PN 序列数越多，在码分多址应用时的组网能力越强，抗干扰、抗窃听的能力也就越强。m 序列具有良好的伪随机性和自相关特性，但序列数相对较少，很难满足作为地址码的要求。而 Gold 码则能满足地址码的要求。

Gold 码是 m 序列的复合码，是由两个码长相同、码时钟速率相同的 m 序列优选对模 2 加构成的。m 序列优选对，是指 m 序列集合中，其互相关函数最大值的绝对值最接近或达到互相关值下限的一对 m 序列，每改变两个 m 序列相对位移就可得到一个新 Gold 序列。

设序列 $\{a\}$ 是对应于 r 阶本原多项式 $f(x)$ 产生的 m 序列，序列 $\{b\}$ 是对应于 r 阶本原多项式 $g(x)$ 产生的 m 序列，当它们的互相关函数 $R_{ab}(\tau)$ 满足不等式

$$|R_{ab}(\tau)| \leqslant \begin{cases} 2^{\frac{r+1}{2}}+1, & r\text{ 为奇数} \\ 2^{\frac{r+2}{2}}+1, & r\text{ 为偶数，但不被 4 整除} \end{cases} \tag{8-38}$$

则 $f(x)$ 和 $g(x)$ 产生的 m 序列 $\{a\}$ 和 $\{b\}$ 构成一对优选对。

一对 m 序列优选对可产生 2^r-1 个 Gold 码。设序列 $\{a\}$ 和 $\{b\}$ 为长 $N=2^r-1$ 的 m 序列优选对，以序列 $\{a\}$ 为参考序列，对 $\{b\}$ 序列进行 i 次移位，得到 $\{b\}$ 的移位序列 $\{b_i\}$，$i=1, 2, \cdots, N$，然后与 $\{a\}$ 序列模 2 加，得到一个新的长度为 N 的序列 $\{c_i\}$，则此序列就是 Gold 序列，表示为

$$\{c_i\}=\{a_i\}+\{b_i\}, \qquad i=1, 2, \cdots, N \tag{8-39}$$

对不同的 i，可以得到不同的 Gold 序列。于是可得到 2^r-1 个 Gold 码，加上序列 $\{a\}$ 和 $\{b\}$，共得到 2^r+1 个 Gold 码。这 2^r+1 个 Gold 码称为一个 Gold 码族。

产生 Gold 序列的结构形式有两种：一种是串联成级数为 2^n 级的线性移位寄存器；另一种是两个 n 级并联而成，具体的产生方法可参见参考文献[1]～[4]。

8.5　扩频系统的同步

当扩频信号进行相关解扩和解调时，接收机本地参考信号必须与输入信号同步，即到达接收机的编码信号与本地参考信号在扩频图案的位置上，以及时钟时间上都是准确一致的。同步是扩频系统至关重要的问题，也是扩频系统中的一大难题。

8.5.1 实现同步的方法

同步是进行信息传输的必要前提,同步性能的好坏将直接影响通信系统的性能。如果出现同步误差或失去同步就会导致通信系统性能的下降或通信中断,因此,同步系统应具有比信息传输系统更高的可靠性和更好的性能。

一方面,在数字通信系统中,同步包括码元同步、码字同步及载波同步。码元同步是指需要在接收端产生一个与接收到的码元重复频率和相位一致的定时脉冲,即同步脉冲,以便进行正确的码元划分。

另一方面,在编码通信中,检测器通常不是按码元而是按码组(码字)来进行判决的。因此,当对收到的码序列进行译码时,需要有码组的同步,即码字同步,以便进行正确的分组。这在 PN 编码扩频通信中是个必不可少的前提。

除此之外,在相关解调中,还要求本地载波信号与输入信号载波同频、同相。在无线信道,特别是在水声信道中,由于发射机和接收机的相对运动,接收信号的频率通常受到多普勒频移的影响而发生偏移,因此,需要载波同步以使接收信号在接收滤波器的频率范围内。

在数字通信系统中,实现同步的方法有很多,按照获取和传输同步信息方式的不同,可分为外同步法和自同步法。由发送端发送专门的同步信息(导频或特殊码字),接收端将其提取出来作为同步信号的方法,称为外同步法;而发送端不发送专门的同步信息,接收端直接从接收信号中提取同步信息的方法,称为自同步法。由于自同步法无需专门的频带、时隙或信号功率,因而是人们最希望的同步方法。在载波同步和位同步中,既可以采用内同步法,也可以采用外同步法;而码字同步一般采用外同步法。

一般的同步可分为两步进行:

1) 初始同步,或称粗同步、捕获,主要解决载波频率和码相位的不确定性,保证解调后的信号能通过滤波器。当同步已经建立后,可以根据已得到的信息建立后续的同步。

2) 跟踪,或称细同步,在初始同步的基础上,使码相位进一步减小,保证本地码的相位一直追随接收信号的相位,在一定范围内变化。与此同时,不断地对同步信号进行检测,一旦发现同步信息丢失,马上进入初始捕获阶段,进行新的同步过程。

有关码元同步、码字同步和载波同步的详细内容可参见参考文献[1]和[2],本节着重于扩频信号的同步,即捕获和跟踪。

扩频系统对同步的要求是同步时间短、同步概率大、虚同步概率低、具有很强的抗干扰能力,且要容易实现。对于扩频系统的同步来说,存在两种不确定性,即码相位和载波频率的不确定。扩频系统要正常地工作,码相位的分辨率要小于一个码片;而接收机的中心频率要使解扩后的信号落在相关滤波器的带宽范围内,且本地载波要始终对准信号的载波频率,以便使解调器能正常工作。

8.5.2　扩频信号的捕获

在直接序列扩频系统中，PN 码必须在码片时间 $T_c \approx 1/B$ 内达到同步。DSSS 系统建立初始同步的过程一般是，发射机发送一个已知的 PN 序列给接收机，接收机连续搜索寻找该序列，以便建立初始同步。

初始同步可看做是使接收机的时钟与发射机的时钟在时间上同步。然而，由于收发之间距离变化等不确定性因素的影响，总有初始定时的不确定性。假设初始定时的不确定时间为 T_n，码片持续时间为 T_c，在有加性噪声和其他干扰下进行初始同步。假设在每一时刻测试同步所需的时间为 $T_d = NT_c$，如果以 $T_c/2$ 的步进时间节拍进行搜索，则建立初始同步所需的时间为

$$T_{同步} = \frac{T_n}{\frac{1}{2}T_c} NT_c = 2NT_n \tag{8-40}$$

可见，发送的同步序列至少有 $2NT_n$ 长，以使接收机有足够的时间进行搜索和捕获。

建立初始同步的一般方法是采用与已知 PN 序列的数据波形相匹配的匹配滤波器或相关器，匹配滤波器的输出送入阈值检测器，一旦搜索到匹配或相关输出超过预定阈值，初始同步就建立起来了。

初始同步可采用图 8－10 所示的滑动相关器来实现，这是一种最简单、最实用的捕获方法。滑动相关器采用与发射端有差别的时钟来驱动本地码，由于时钟差，引起接收信号与本地 PN 码的相对滑动。在滑动过程中，当本地码与接收码不重叠时，相关器输出噪声；当两码接近重合或重合时，有相关峰出现，经包络检波、积分后输出脉冲电压。当输出的脉冲电压超过阈值门限时，表示已检测到同步，停止搜索，转入跟踪状态。在跟踪状态，时钟恢复到正常的频率上。

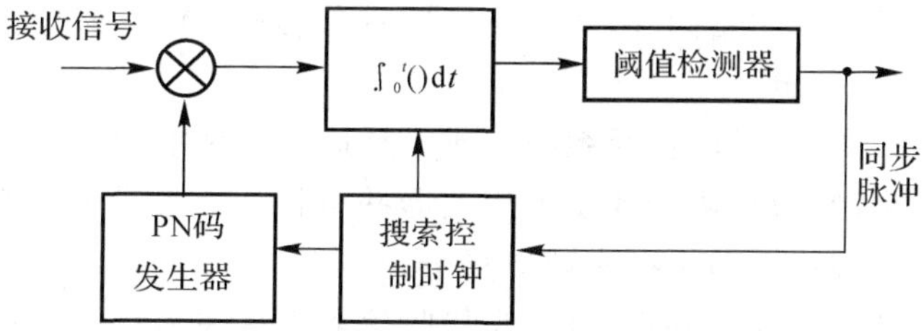

图 8－10　用于 DS 信号捕获的滑动相关器(见参考文献[1]图 13－5－1)

在滑动相关器工作过程中，相关器输入端每次移入 $T_c/2$ 长度的输入序列，并使长度为 NT_c 的接收信号与已知的同步序列进行相关运算。相关器的输出与阈值相比较，确定是否存

在已知的信号序列。如果未超过阈值，则相关器移入新的 $T_c/2$ 长度的数据，并移出原输入序列的前 $T_c/2$ 长度的数据，并重复前面的相关过程，直到检测出信号或在定时不确定间隔 T_n 上搜索完成为止。

在滑动相关过程中，因为没有载波同步，不可能进行相干检测，因而采用积分电路进行非相干检测。由于 PN 码具有良好的相关性，当接收机中的 PN 码与接收信号中的 PN 码对齐时出现相关尖峰，表明两码重合；而不相关时，相关系数很小。对相关峰进行处理，就可判断初始同步是否完成。

对于跳频扩频(FHSS) 信号，也可以采用类似的过程。在跳频系统中，接收机本地输出的跳变频率必须与发射端的频率严格同步，这样才能正确地相关解跳。在跳频系统中，可以采用与滑动相关类似的串行搜索方法，它通过逐个搜索相位单元来完成对跳频信号的捕获，如图 8－11 所示为其原理框图。

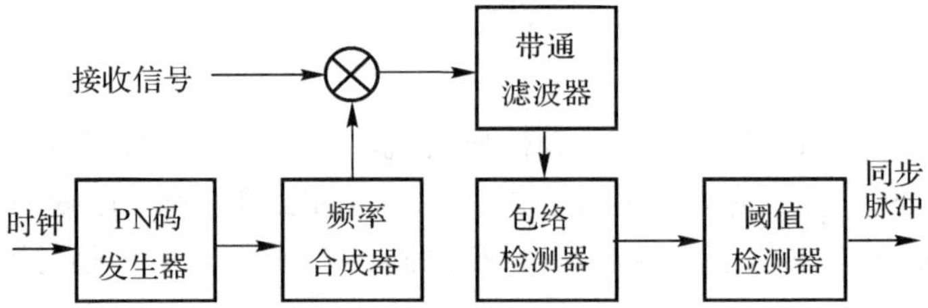

图 8－11　跳频信号串行同步器

接收的跳频信号与本地频率合成器产生的频率信号进行相关，经带通滤波器和检测器后，与阈值门限进行比较，如果未超出门限，则控制电路阻止时钟脉冲进入 PN 码发生器，从而使码相位延迟一个码片；若超过门限，则表明信号码与本地码的相位差小于 $T_c/2$，同步系统启动 PN 码发生器，同时累计超过门限的次数。当累计次数超过预定值时，表示捕获成功，自动进入跟踪状态。在串行同步器中，PN 码的同步是为了控制跳频图样，带通滤波器调谐到已知图样的发送频率上。为了完成初始同步，发射端发送一个已知的跳频信号，捕获系统搜索这个已知的跳频信号图样，进行同步。

如图 8－10 和图 8－11 所示的捕获系统本质上是进行一种串行搜索，一般搜索时间较长。为此可采用某种并行机制，通过两个或多个相关器并行操作并在非重叠间隙上搜索来实现。在这种情况下，搜索时间减少，但系统实现更复杂。

以上初始同步是针对时间不确定性的，当接收信号中存在多普勒频移时，则还需对频率不确定性进行搜索。通常在预估的频率不确定范围内分频带并行完成搜索。

8.5.3　扩频信号的跟踪

一旦信号被捕获，初始搜索过程即停止，开始细同步与跟踪。跟踪包括码片细同步和相干解调中的载波相位跟踪，用来维持接收机中 PN 码发生器与接收信号的同步，为解扩提供必要的条件。同时对同步情况不断检测，一旦发现失锁，应返回捕获状态，重新同步。

直接序列扩频信号跟踪是利用锁相环来控制本地码的时钟相位，常用的跟踪环是延迟锁定环(DLL，Delay Lock Loop)，又称早-迟码跟踪环，其原理框图如图 8-12 所示。

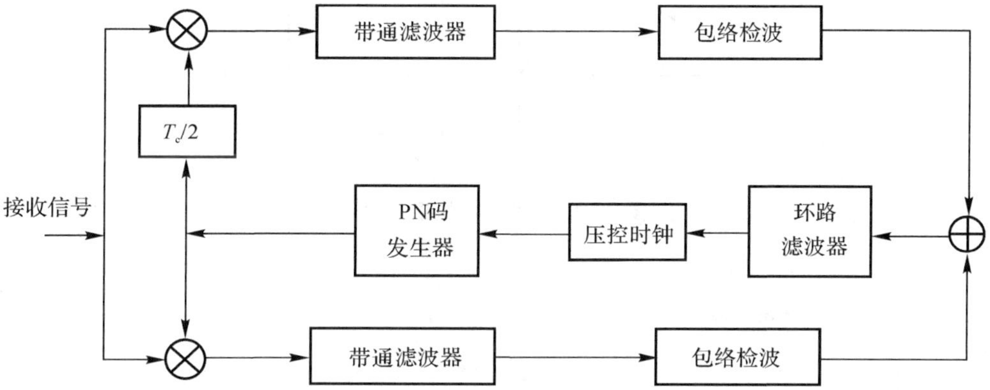

图 8-12　PN 码的延迟锁定环

在 DLL 中，接收信号加到两个乘法器上并与本地 PN 码发生器的两个输出相关，经过信号捕获阶段后，本地 PN 码与输入码的时间差在一个码片宽度 T_c 之内，即 $\tau \leqslant T_c$。两路相关器的输出经包络检波后的相关函数波形如图 8-13 所示。由图 8-13 可见，两个相关器的相关特性是相同的，差别在于其相对位置相差一个 δ，这是由所加的本地参考码的延迟所致。两路相关器的误差信号用来驱动压控时钟(VCC)，为 PN 码发生器提供时钟。

图 8-13(c) 中给出了跟踪点的位置，令其为坐标原点。由锁相环原理可知，只要输入 PN 码与本地 PN 码的时差 $|\tau| \leqslant \delta/2$，DLL 就可以锁定，也就是说，其跟踪范围为 $-\delta/2 \sim +\delta/2$。如果同步不准确，则两个相关器的滤波输出将等量地偏离其峰值，产生误差信号。由于环路的反馈作用，误差信号经环路滤波后，控制 VCC 的输出，从而调整本地 PN 码的相位，使剩余误差很小，即在 $\tau=0$ 附近工作。

由于真正的跟踪点在 $\tau=0$ 附近，因此，本地 PN 码不能直接用于对接收信号的相关解扩，需要将其延迟或超前 $\delta/2$ 后，才能用于解扩。

跳频扩频信号的典型跟踪方法如图 8-14 所示。

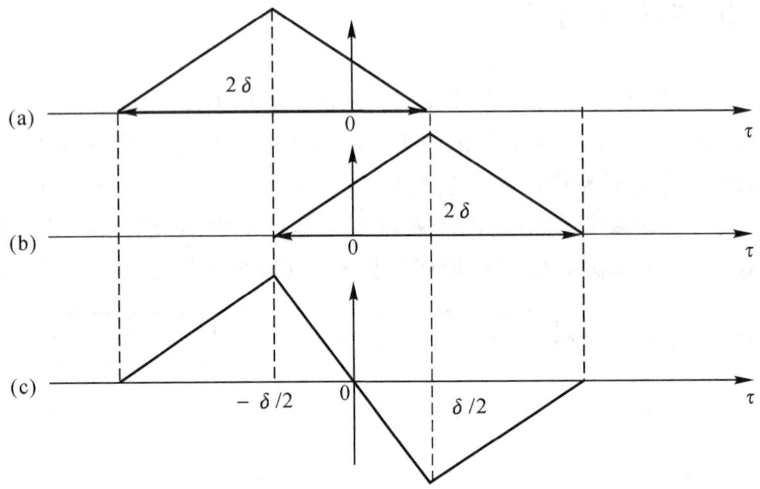

图 8-13 DLL 中的相关波形

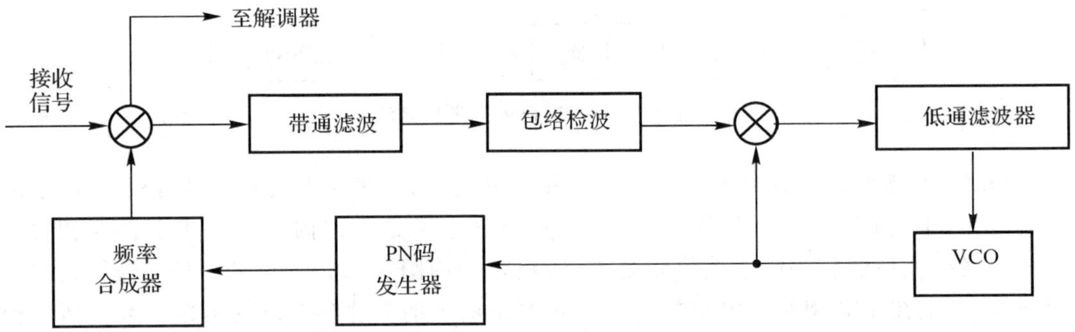

图 8-14 FH 信号的跟踪环(见参考文献[1]图 13-5-8)

经初始捕获后,接收信号与接收时钟之间存在小的定时误差。带通滤波器的输出经包络检波后与时钟信号相乘,产生驱动环路滤波器的电平信号。当接收码片与本地信号定时不同步时,按照 VCO 相对输入信号的定时是滞后还是超前,环路滤波器的输出可负可正,这个误差信号控制 VCO 的定时信号,以使频率合成器的输出与接收信号同步。

快速傅里叶变换(FFT)可代替跟踪环实现快速捕获,其框图如图 8-15 所示。经 FFT 变换后的频率经误差校正单元完成频率确定的误差修正,与跳频图案中的频率对应,并通过频率相位转换,使本地频率合成器输出该频率。

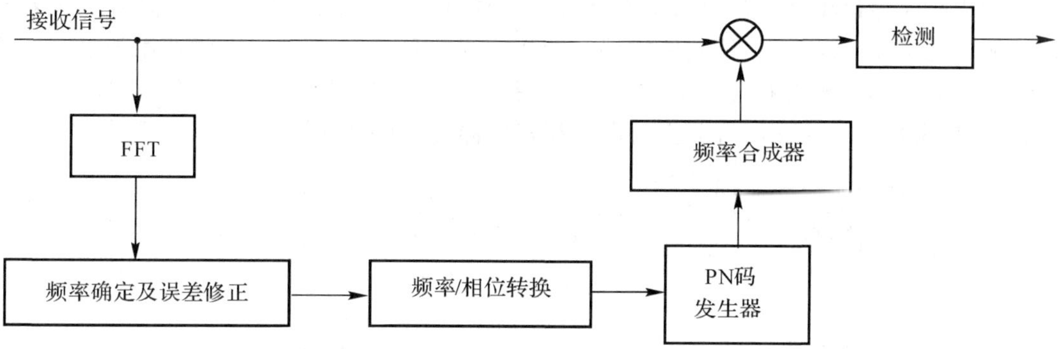

图 8－15　利用 FFT 实现的捕获

8.6　扩频技术在水声通信系统中的应用

扩频通信所具有的低截获概率(LPI)和低检测概率(LPD)的能力，抗多径和抗干扰能力，以及在低信噪比场合能获得处理增益的能力都是水声通信系统所感兴趣的，因而扩频技术在隐蔽水声通信或远距离水声通信中得到广泛应用。近年来，随着水下网络技术的发展，扩频技术的多址接入能力也受到关注，高速率水声扩频通信系统得到较多的研究。

P. S. Duke 研究了在 Seaweb 水声网络的公用数据包传输中采用 DSSS 调制的优势及性能。Seaweb 网络需要稳健的、能适应各种信道条件的、低截获概率的以及允许多用户接入的公用包，而 DSSS 技术能适应这种需求。Duke 仿真了 DSSS 的性能，其仿真结果表明，DSSS 调制非常适用于水下环境的通信，在采用软判决维特比(Viterbi)软译码、分支与多径到达自适应匹配的 Rake 接收机的情况下，公用包传输的比特误码率(BER)可达到 10^{-5} 以下。

C. Loubet 则对低信噪比(低于 0dB)情况下 DSSS 通信进行了分析和试验。Loubet 指出，在多径水声信道中，若信道中的信噪比高于 15dB，则最好也是最简单的抗多径方法是采用自适应均衡方法，如采用判决反馈均衡器(DFE)，均衡技术可使数据率最佳化。仿真和试验表明，均衡技术应用的信噪比下限为 10～15dB。当信噪比低于 0dB 以下时，通常采用扩频技术以确保可靠而稳健的传输。Loubet 在 5～45 n mail，20～50 km 两个不同区域对不同码长、不同扩频序列、不同数据率的 DSSS 系统进行了试验。

L. Freitag 等人对应用于水下网络的扩频通信进行了大量的研究。Freitag 分析了水声信道对 DSSS 和 FHSS 声通信的影响，一方面指出信道的瞬时相干性会影响 DSSS 信号的最大扩展带宽，这种情况下更适合采用 FHSS 信号。另一方面，DSSS 信号对多径的分辨能力使之能降低频率选择性衰落的影响；而频率选择性衰落会降低 FSK 调制的性能，因而降低 FHSS 信号的性能。

应用于高速通信场合的扩频系统不仅需要在时间和频率上同步，而且当信道中的多径扩展超过码元宽度 $T=NT_c$ 时，还要能抗码间干扰。为此 Freitag 提出了两种适用于水声信道的 DSSS 接收机结构，一种是在标准解扩器后接直接判决和相位跟踪，其原理框图如图 8－16 所示；另一种则采用码片速率的自适应均衡器和解扩器，其原理框图如图 8－17 所示。

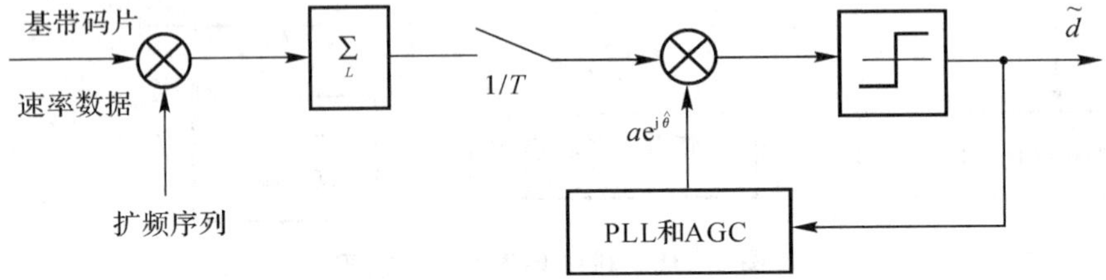

图 8－16　采用锁相环和 AGC 的扩频接收机结构

图 8-16 中，解扩信号以码元速率 $1/T$ 进行采样，然后经二阶锁相环获得相位估计，表示为

$$\hat{\theta}(n+1)=\hat{\theta}(n)+k_1\varphi(n)+k_2\sum_{i=0}^{n}\varphi(i) \tag{8-41}$$

式中　k_1，k_2 —— 跟踪常数，分别用来保证所需的环路增益和带宽；

$\varphi(n)$ —— 相位误差.

为了得到最佳环路参数，在 PLL 前加入自动增益控制(AGC)，以使输入信号幅度为常数。经相位校正的数据送判决器直接判决，得到数据的估计。

为改善 DSSS 在非平稳环境中的性能，还可以采用如图 8－17 所示的接收机结构，在解扩前用码片速率的自适应均衡器来减小多径的影响并完成多普勒修正。这种结构的接收机增加了对信道的跟踪能力，且可以消除码片内的干扰，这使得 DSSS 调制在多径扩展超过了码元长度时也可以采用。

码片速率自适应均衡器 DSSS 接收机的另一个重要特点是它能够减少来自其他用户的干扰。

参考文献[9]给出了在浅海信道对 DSSS 信号、FHSS 信号，以及两种 DSSS 接收机的试验结果。试验表明，采用码片速率自适应均衡的 DSSS 接收机有良好的性能。

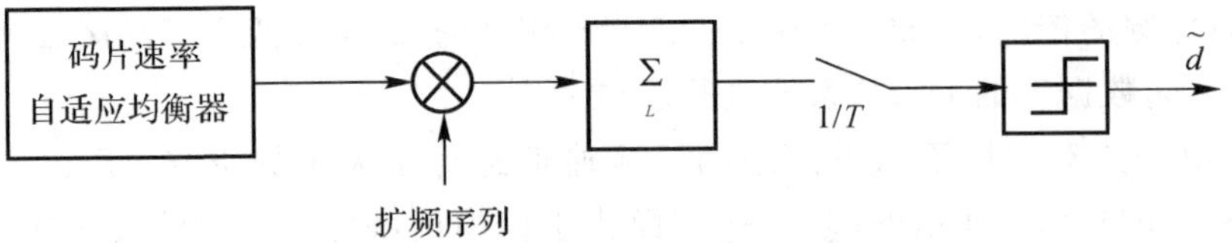

图 8－17　采用 chip 速率自适应均衡器的扩频接收机

M. Stojanovic 等人对基于预测反馈均衡器(hypothesis-feedback epualization)的 DSSS 结

构进行了研究，其原理框图如图 8 - 18 所示。对 DSSS 信号检测来说，预测反馈 DSSS 接收机在进行信号判决前预测出码元数据的值。在每次预测时，同时完成自适应码片速率判决反馈均衡器(DFE)和同步，输出端依据最小均方误差准则选择最佳预测作为判决输出。

F. Blackman 等人对基于 Rake 接收机和基于预测反馈均衡器的两种 DSSS 接收机进行了仿真和试验的性能比较。与图 8 - 18 所示的预测反馈均衡器 DSSS 接收机相比，基于 Rake 接收机的 DSSS 接收机复杂度低，而预测反馈均衡 DSSS 接收机可以码片速率修正接收机参数，因而更适用于快时变信道。

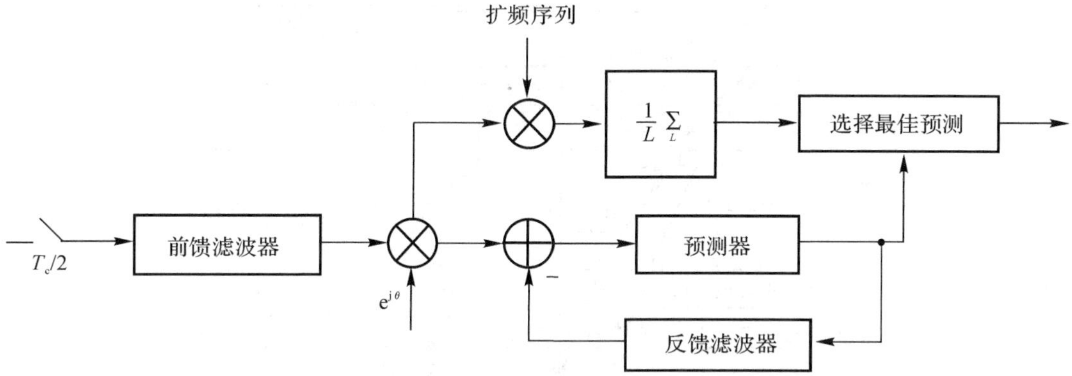

图 8 - 18 预测反馈均衡器 DSSS 接收机结构

两种接收机在时延扩展达 2～50 chip、最大相对运动速度为 15 kn 的环境中进行了试验，其结果表明，基于预测反馈均衡的接收机有更小的剩余误差，而 Rake 接收机性能略差的原因可能不在于多径抑制能力而在于系统同步，相位和时延的同步对于 DSSS 信号的正确接收是非常关键的。两种接收机的差异在于跟踪时变信号的能力，预测反馈均衡器接收机可以在码片级上跟踪信号的相位和时延，若在数据处理前能进行精确的多普勒修正，则 Rake 接收机也能提供较好的性能且实现更为简单。

性能比较还表明，预测反馈 DSSS 接收机在多用户性能方面也优于 Rake 接收机，这是因为均衡器能通过不同的训练序列区分不同的用户。

最后用多径水声信道中 DSSS 信号性能的仿真分析作为本章的结束。

【例 8 - 3】 两个水声信道的参数见表 8 - 1，其中，$|h|$ 表示信道的幅度衰减系数，t_p 表示相对传播时延，表中参数用最先到达路径的数据进行了归一化。信息序列为 100 位二进制随机序列，扩频码采用 64 位 m 序列，chip 速率 $f_c=1$ kb/s 和 0.5 kb/s，扩频信号采用 DPSK 调制，信号频率 $f_s=2$ kHz。对采用相关解扩和 Rake 接收的 DSSS 性能进行了仿真，采用蒙特卡罗仿真，总数据数为 10 000，仿真得到的误比特率(BER)随信噪比变化的曲线如图 8 - 19 所示。

表 8-1 仿真信道参数

	信道 1				信道 2				
$\lvert h \rvert$	1	0.39 7	0.684	0.928	1.0	0.219	2.709	2.716	2.840
t_p/ms	0	354	827	1188	0	44.1	8.1	76.7	83.0

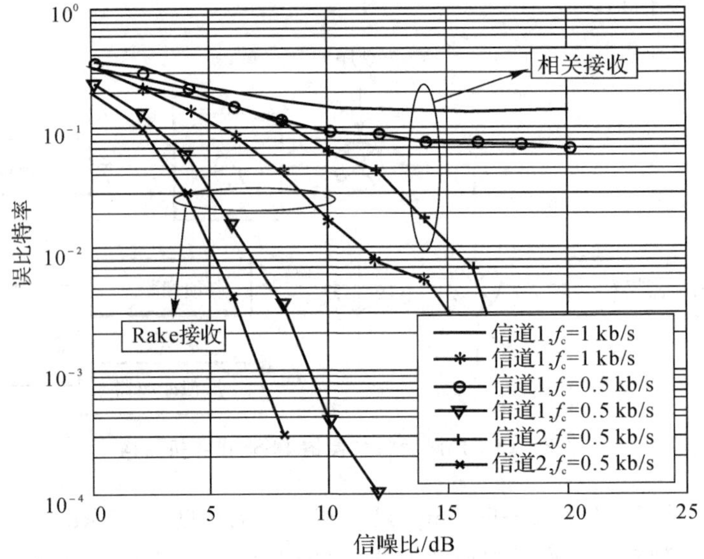

图 8-19 水声信道中 DSSS 的误比特率

由图 8-19 可以得到以下结果：

1)在同样的数据率(f_c=0.5 kb/s)下，无论采用相关解扩接收还是 Rake 接收，DSSS 信号在信道 2 中的性能都要优于在信道 1 中的。这是因为信道 2 中的最大多径时延为 83 ms，而在信道 1 中，最大多径时延为 1 188 ms，多径扩展远比信道 2 中的严重。这说明水声信道的多径对 DSSS 信号的性能有重要的影响。

2)在信道 1 中，由于多径时延超出了一个码元的宽度(128 ms 和 64 ms)，当采用相关解扩接收时，DSSS 信号的误比特率出现了信噪比平台；而采用 Rake 接收的 DSSS 信号的误比特率随信噪比的增大而减小。这说明由于 Rake 接收可以利用多径分量，因而有更好的抗多径性能。

3)在信道 2 中，在同样的码片速率下，当误比特率为 10^{-2} 时，采用 Rake 接收相比相关解扩接收，可以获得约 10 dB 的多径分集增益。

思考与练习题

8-1　直接序列扩频系统抗干扰的基本原理是什么？

8-2　图 8-20 所示为扩频系统中，直接序列扩频信号和窄带干扰的功率谱密度，试画出经相关解扩后，该信号和干扰的谱特性。

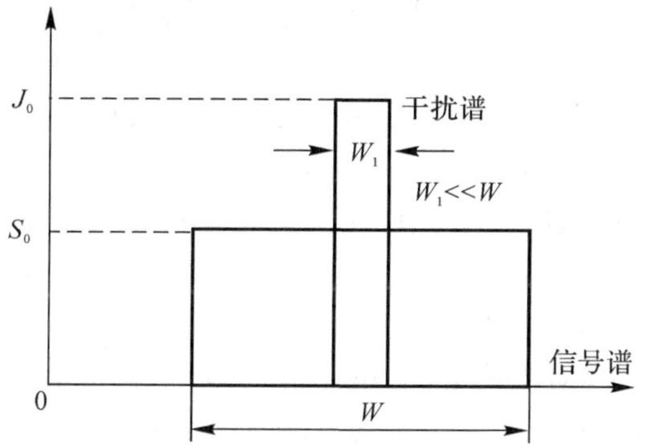

图 8-20　信号谱和干扰谱

8-3　用码片速率为 10 kchips/s 的扩频序列对信息速率为 50 b/s 的数据序列进行扩频。

(1)试求处理增益；

(2)假设相关解调时相关器输出要求的信噪比 SNR=10 dB，不考虑系统损耗，试求干扰容限。

8-4　某水声扩频系统在干扰中以 200 b/s 的速率发送信息，干扰功率比期望信号大 15 dB，满足性能所需的 SNR=10 dB。试求满足性能要求所需的扩展带宽。

8-5　跳频扩频系统抗干扰的基本原理是什么？

8-6　扩频信号同步时常用的捕获和跟踪方法有哪些？

8-7　设某水声信道的信道参数如表 8-1 中信道 2 所示，直接序列扩频系统的码片时间 t_c=5 ms，试仿真分析当分别采用相关接收和 Rake 接收时扩频系统的误码率性能。若改变码片时间 t_c=1 ms，试仿真相关接收和 Rake 接收时的误码率性能。

参 考 文 献

[1]　Proakis J G. 数字通信[M]. 4 版. 张力军，等，译. 北京：电子工业出版社，2003.

[2]　张辉，曹丽娜. 现代通信原理与技术[M]. 西安：西安电子科技大学出版社，2002.

[3]　查光明，熊贤祚. 扩频通信[M]. 西安：西安电子科技大学出版社，1990.

[4] 曾兴雯，刘乃安，孙献璞. 扩展频谱通信及其多址技术[M]. 西安:西安电子科技大学出版社，2004.

[5] Duke P S. Direct-sequence spread-spectrum modulation for utility packet transmission in underwater acoustic communication networks [D]. Naval Postgraduate School, 2002.

[6] Stojanovic M, Zronar Z. Multichannel processing of broadband multiuser communic signal in shallow-water acoustic channels [J]. IEEE Journal of Oceanic Engineering, 1996, 21: 156-166.

[7] Loubet G, Capellano V, et al. Underwater spread-spectrum communications[C]. IEEE Proc. OCEANS 1997, 1997, 1:574-579.

[8] Sozer E M, Proakis J G, et al. Direct sequence spread spectrum based modem for underwater acoustic communicator and channel measurements [C]. IEEE Proc. OCEANS 1999, 1999:229-233.

[9] Freitag L, Stojanovic M, et al. Analysis of channel effects on direct sequence and frequency-hopped spread spectrum acoustic communication [J]. IEEE Journal of Oceanic Engineering, 2001, 26(4): 586-593.

[10] Blackman F, Sozer E, et al. Performance comparison of RAKE and hypothesis feedback direct sequnce spread spectrum techniques for underwater communicator applications[C]. IEEE Proc. OCEANS 2002, 2002, 1: 594-603.

[11] Stojanovic M, Freitag L. Hypothesis-feedback equalization for direct sequence spread spectrum underwater communications [C]. IEEE Proc. OCEANS 2000, 2000, 1: 123-128.

[12] Stojanovic M, Freitag L. Acquisition of direct sequence spread spectrum acoustic communication signals[C]. IEEE Proc. OCEANS 2003, 2003, 1: 279-286.

第9章　正交频分复用技术

随着水声通信技术的发展，水声通信系统的数据率越来越高。现有的相干水声通信系统依赖于单载波传输和自适应均衡器来处理时变和高度色散的水声信道，但均衡器的复杂度限制了系统数据率的进一步改善。这是因为当码元速率增加时，均衡器的复杂度会大大增加。

在无线宽带和移动通信领域，高速率通信也会遇到均衡器复杂度的问题。为解决这个问题，人们提出了多载波调制技术，它把单个高速率数据流分成多个低速传输的子数据流，用子数据流去调制多个载波来并行传输数据。采用多载波调制可以将频率选择性衰落信道转化为并行的平坦衰落子信道，因而大大降低了接收机均衡器的复杂度。在多载波调制技术中，正交频分复用（OFDM，Orthogonal Frequency Division Multiplexing）技术由于频谱利用率高、抗多径能力强、实现方便等优点，受到广泛关注，不仅在宽带无线通信领域采用 OFDM 是发展趋势，而且它也将成为未来移动通信系统的关键技术。

本章简要介绍 OFDM 技术的基本原理及其在水声通信系统中的研究和可能遇到的问题。

9.1　OFDM 技术概述

9.1.1　多载波调制与 OFDM 技术

OFDM 是由多载波调制（MCM，multiple carrier modulation）技术发展而来的。MCM 技术包括多音调（Multi tone）、OFDM、多载波-码分多址（MC－CDMA）技术等。OFDM 既可以看成是一种调制技术，也可以看成是一种复用技术。采用多载波调制的一个主要原因是可以增强抵抗频率选择性衰落或窄带干扰的能力。在单载波系统中，一个衰落或干扰会造成整个链路的失效，但在多载波系统中，只有一小部分子载波会受到影响，可以采用纠错码来纠正出错的子载波。

在传统的并行多载波系统，整个信号频带被分割成 N 个各不重叠的频率子信道，每个子信道独立调制，N 个子信道复用。这样的子信道划分很好地避免了信道频带的重叠，减少了子信道之间的干扰。但由于各子信道之间要保留足够的保护频带，频谱利用率较低。为了克服这种低效率，在 20 世纪 60 年代中期，提出了采用相互重叠的子信道来并行传输数据的频率复用（FDM）的思想。如图 9－1 所示，给出了传统的不重叠子载波和重叠子载波调制技术之间的差别。由图 9－1 可见，采用重叠子载波调制技术，可以节省近 50％的带宽。要实现子载波重叠，又要减少子载波间的干扰，这就要求不同调制子载波之间要相互正交。

OFDM 采用重叠子载波调制技术，在频域把信道分成许多正交子信道。因此，OFDM 系统可以最大限度地利用频谱资源，提高频谱利用率。OFDM 在每个子信道上的信号带宽小于信道带宽，虽然整个信道是频率选择性的，但每个子信道是相对平坦的，从而大大减小了码间干扰。因此，OFDM 适用于多径和频率选择性衰落信道中的高速率数据传输。

OFDM 的思想早在 20 世纪 60 年代就已经提出了，主要用在军事通信中。但由于采用模拟滤波器实现的系统复杂度较高，所以一直没有发展起来。20 世纪 70 年代，Weinstein 和 Ebert 提出用离散傅里叶变换(DFT)实现多载波调制，使得 OFDM 技术开始走向实用。20 世纪 80 年代起，OFDM 用于高速率调制解调器、数字移动通信中。随着数字信号处理技术和高速电子器件的发展，OFDM 在非对称数字用户环路(ADSL)、无线本地环路(WLL)、数字音频广播(DAB)、高清晰度电视(HDTV)、无线局域网(WLAN)等系统中得到成功应用。20 世纪 90 年代后，无线信道的宽带传输开始研究 OFDM 技术，以满足多媒体通信需求。

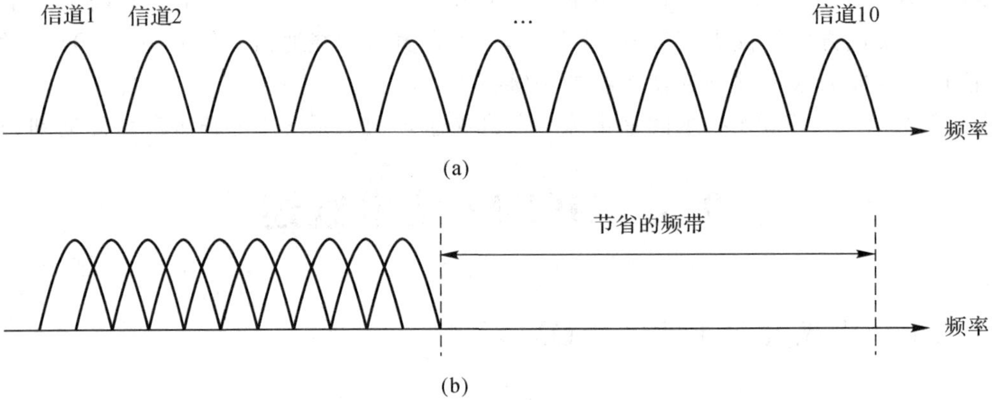

图 9-1 传统的多载波调制信道与正交多载波调制信道

OFDM 不仅自身具有抗多径、频谱利用率高的优点，还易于与空时编码、分集、干扰抑制，以及智能天线等技术相结合，最大限度地提高物理层信息传输的可靠性。

9.1.2 OFDM 系统的优、缺点

OFDM 系统有以下优点：

1)对于给定的多径时延，OFDM 是一种抗多径的有效方法。OFDM 把高速串行数据流转换成低速并行子数据流，使得每个子载波上的码元时间相对增加。OFDM 还采用插入循环前缀的方法，有效地减少了信道多径扩展带来的 ISI，由此带来的系统复杂度远低于单载波系统采用的均衡器的复杂度。

2)OFDM 采用重叠的正交载波传输信号，极大地提高了频谱利用率，子载波个数越多，系

统的频谱利用率越高，而且通过各子载波的联合编码，可以实现子载波间的频率分集，从而使系统的整体性能得到提高。

3）OFDM 系统可以根据信道状态，自适应采用合理的调制方式。在相对慢变的信道中，可以通过使用加载算法，将数据集中到条件好的载波上高速传输，因此可以提高系统的容量。

4）由于窄带干扰只能影响 OFDM 中一小部分子载波，因此，OFDM 对窄带干扰有很好的抵抗性。

5）无线数据业务一般存在非对称性，即下行链路中的数据传输量要大于上行链路中的数据传输量，这就要求物理层支持非对称高速数据传输，OFDM 可以通过使用不同数量的子载波来实行上、下行链路中不同的传输速率。

6）OFDM 易于与其他多址接入方法结合使用，构成 OFDMA 系统，包括多载波码分多址（MC－CDMA）、跳频 OFDM，以及 OFDM－FDMA 系统等，使得多个用户可以同时利用 OFDM 技术进行信息传输。

但由于 OFDM 信号的子载波相互重叠，因此，与单载波系统相比，存在以下缺点：

1）对频谱和相位噪声很敏感。由于子载波相互重叠，这就对子载波之间的正交性提出了严格的要求，由于无线信道的时变性，传输过程中出现的信号频率偏移，收、发端振荡器之间的频率偏差，以及振荡器的相位噪声等都会使子载波间的正交特性遭到破坏，出现子载波间干扰（ICI，Inter-Carrier Interference）。这种对频率偏差的敏感性是 OFDM 系统的主要缺点之一。

2）存在较高的峰值平均功率比（PAPR，Peak-to-Average Power Ratio），简称峰平功率比或峰均功率比。OFDM 系统的输出是多个子载波信号的叠加，当多个信号的相位一致时，所得到的叠加信号的瞬时功率会远高于信号的平均功率，导致较大的 PAPR。这会对发射机中功率放大器的线性度提出很高的要求。若 PAPR 超出了功放的线性范围，会带来信号畸变，使信号的频谱发生变化，从而导致载波间干扰，使系统性能恶化。

9.1.3 OFDM 系统的关键技术

OFDM 系统的关键技术有以下几个方面：

1. 同步技术

OFDM 中的同步通常包括三方面的内容：帧检测、载波频偏估计及校正、采样偏差及校正。在 OFDM 系统中，子数据流的并行传输可使码元时间 T 相对增加，因此，OFDM 对时间的偏差并不敏感，但传输中的频率偏差以及系统中的相位噪声会对系统造成大的损害。

相位噪声有两个基本的影响：首先是对所有的子载波引入了一个随机相位变量，这个相位误差可以采用跟踪技术和差分检测来降低；其次，相位噪声也会引入一定量的 ICI，因为相位误差导致子载波的间隔不再是精确的取值为 $1/T$ 的子载波宽度。

频率偏差会破坏子载波间的正交性，造成 ICI。因此，在进行 OFDM 解调前，必须要估计出频偏并加以校正，在实际处理过程中，通常将频偏分成整数频偏和分数频偏两部分，并采用分级同步的方法分别进行估计和补偿。

同步是 OFDM 技术的一个难点，有很多 OFDM 同步算法，主要有基于循环前缀(CP)、基于特殊的训练序列和基于子载波的导频信号的频偏、时偏及其联合估计。

2. 降低峰均功率比技术

OFDM 信号是由一系列子载波的信号叠加起来的，当多个信号的相位一致时，容易出现大的 PAPR。当峰值信号通过非线性功率放大器时会有很大的频谱扩展和带内失真。虽然峰值功率出现的概率较低，但为了不失真地传输这些峰值信号，发送端对功率放大器的线性度要求很高，从而导致发送效率很低。同时，接收端对前置放大电路及 A/D 的线性度要求也很高。为解决这一问题，一般采用信号失真技术、编码技术和扰码技术等来降低 OFDM 的 PAPR。

3. 信道估计技术

当 OFDM 系统采用相干检测时，需要给出信号的相位或幅度参考。在进行 OFDM 解调之前，必须要估计出接收信号中的频率偏差，以避免 ICI。这些都需要信道估计技术。通常采用训练序列或导频信号来进行信道估计。在非时变信道中采用训练序列，而在时变信道中一般采用导频信号。导频信号一般是时频二维的，为了提高估计的精度，可以插入连续导频和离散导频。导频的数量是估计精度和系统复杂度的折中，导频信号之间的间隔取决于信道的相干时间和相干带宽。信道估计的设计主要考虑两个问题：一是导频信息的选择；二是复杂度较低和导频跟踪能力良好的信道估计器的设计，两者通常是相互关联的。

4. 信道编码和交织

采用信道编码和交织是提高数字通信系统性能的常用方法。对于衰落信道中的随机错误通常采用信道编码；对于突发错误，可以采用交织技术；通常同时采用这两种技术来进一步改善整个系统的性能。OFDM 系统的结构特性为在子载波间进行编码提供了机会，形成了编码 OFDM(COFDM)方式。

除此之外，OFDM 信号的调制解调方式、循环前缀的设计、均衡器的采用以及信道的分配等技术都是 OFDM 系统研究的重要内容，OFDM 与空时编码、智能天线等技术的结合也广受关注。

9.2 OFDM 的基本原理

OFDM 的基本思想是把高速率数据流串并变换为 N 路速率较低的子数据流，用它们分别调制 N 个子载波后再并行传输。由于低速率的并行传输，码元时间增加，由多径时延扩展造成的信号码间干扰减少。若在每个 OFDM 信号中引入保护时间，则码间干扰（ISI）有可能被完全消除。在保护时间内，OFDM 采用循环扩展以避免子信道间干扰（ICI）。在 OFDM 信号的设计中，信号参数如子载波数目、保护时间、码元时间、子载波间隔、子载波的调制类型等都需要仔细考虑。这些参数的选择与信道的可用带宽、可容忍的时延扩展和多普勒频移等因素有关。

本节将从 OFDM 信号的产生开始，介绍 OFDM 的基本原理。

9.2.1 OFDM 信号的表示

一个 OFDM 码元内包含有多个经过相移键控（PSK）调制或正交幅度调制（QAM）的子载波信号。设 N 为子载波个数，T 为 OFDM 的码元时间，f_c 为载波频率，d_i 为分配给子载波的复调制符号，$i=0, 1, \cdots, N-1$，则一个在 $t=t_s$ 开始的、等效的 OFDM 复基带信号可以表示为

$$s(t)=\sum_{i=0}^{N-1} d_i \operatorname{rect}(t-t_s-T/2)\exp\left[\mathrm{j}2\pi\frac{i}{T}(t-t_s)\right], \quad t_s \leqslant t \leqslant t_s+T \tag{9-1}$$

式中 rect(t)—— 矩形脉冲信号。

OFDM 系统的基本模型如图 9-2 所示。

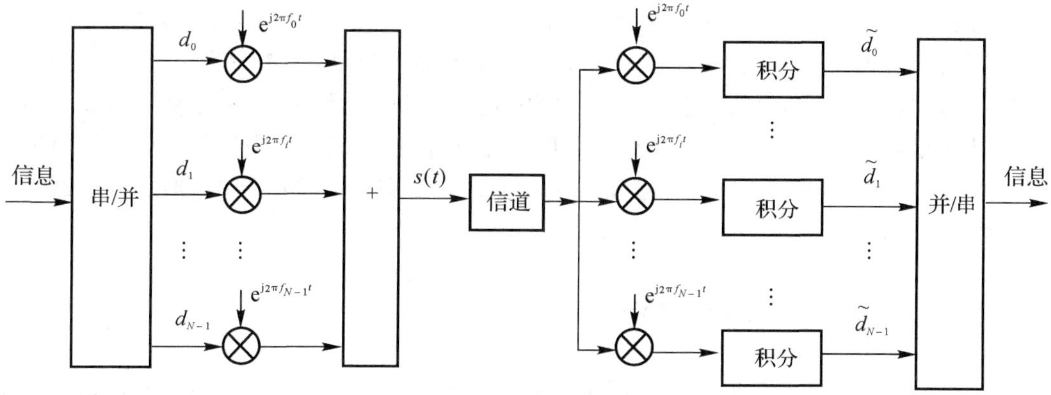

图 9-2 OFDM 系统的基本模型

图 9-2 中，$f_i=f_c+i/T$ 是第 i 个子载波，$f_c=1/T$。每个子载波在一个 OFDM 码元内都

包含整数倍个周期，且各个相邻的子载波之间相差 1 个周期。这样设计是为了保证子载波之间的正交性。如图 9－3 所示为一个 OFDM 码元内 4 个子载波的示意图。

在接收机，对第 i 个子载波进行解调，然后在时间 T 内进行积分，得到

$$\hat{d}_i = \frac{1}{T}\int_{t_0}^{t_0+T} \exp\left[-\mathrm{j}2\pi \frac{j}{T}(t-t_s)\right]\sum_{i=0}^{N-1} d_i \exp\left[\mathrm{j}2\pi \frac{i}{T}(t-t_s)\right]\mathrm{d}t =$$
$$\frac{1}{T}\sum_{T=0}^{N-1} d_i \int_{t_0}^{t_0+T} \exp\left[\mathrm{j}2\pi \frac{i-j}{T}(t-t_s)\right]\mathrm{d}t \tag{9-2}$$

由式(9－2) 可以看到，对第 i 个子载波进行解调可以恢复出期望码元，而对其他子载波来说，由于在积分间隔内，频率差 $(i-j)/T$ 可以产生整数倍个周期，所以积分结果为零。

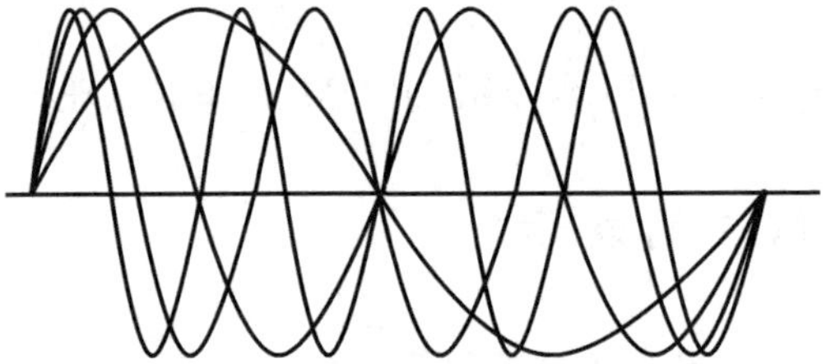

图 9－3　一个 OFDM 中的 4 个子载波

由式(9－2) 还可以看到，子载波之间满足正交性，即

$$\frac{1}{T}\int_0^T \exp\ (\mathrm{j}2\pi f_m t)\exp\ (\mathrm{j}2\pi f_n t)\mathrm{d}t = \begin{cases} 1, & m=n \\ 0, & m \neq 0 \end{cases} \tag{9-3}$$

这种正交性还可以从频域角度来解释。由式(9－1) 可知，每个 OFDM 码元时间 T 内包括多个子载波。因此，其频谱可以看做是周期为 T 的矩阵脉冲的频谱与一组位于各个子载波频率上的 δ 函数的卷积。矩阵脉冲的频谱为 Sinc(fT) 函数，这种函数的零点出现在频率为 $1/T$ 整数倍的位置上，如图 9－4 所示。在每个子载波频率最大值处，所有其他子信道的频谱值为零。在对 OFDM 码元进行解调时，要计算这些点上所对应的每个子载波频率的最大值。因此，可以从多个相互重叠的子信道码元中提取每个子信道码元，而不会受到其他子信道的干扰。从图 9－4 可以看出，OFDM 符号频谱实际上是满足奈奎斯特准则的，即多个子载波之间不存在相互干扰。

9.2.2　用 DFT 实现 OFDM

对于 N 比较大的系统，式(9－1) 中 OFDM 的等效基带信号可以采用离散傅里叶反变换(IDFT) 方法来实现。令式(9－1) 中 $t_s=0$，且忽略矩形函数，对信号 $s(t)$ 以 T/N 速率进行抽样，可得

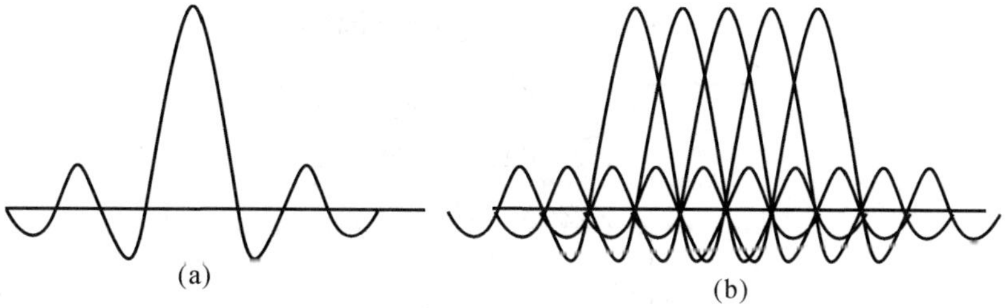

图 9-4　正交子载波的频谱

$$s_k = s(kT/N) = \sum_{T=0}^{N-1} d_i \exp\left(\mathrm{j}\,\frac{2\pi ik}{N}\right),\qquad 0 \leqslant k \leqslant N-1 \tag{9-4}$$

可以看到，s_k 等效为对 d_i 进行 IDFT 运算。在接收机，为了恢复原始的数据信号 d_i，对 s_k 进行逆变换，即离散傅里叶变换(DFT)，得到

$$d_i = \sum_{k=0}^{N-1} s_k \exp\left(-\mathrm{j}\,\frac{2\pi ik}{N}\right),\quad 0 \leqslant i \leqslant N-1 \tag{9-5}$$

由此可见，OFDM 系统的调制和解调可以分别由 IDFT 和 DFT 来代替，通过 N 点的 IDFT 运算，把频域数据信号 d_i 变换为时域数据信号 s_k，经载波调制后，发送到信道，其中，每个 IDFT 输出的数据信号 s_k 都是由所有子载波信号经过叠加而生成的。

在实际的 OFDM 系统中，IDFT 和 DFT 可以采用高效的 IFFT 和 FFT 来实现，由于携带信息的序列为多载波已调信号抽样序列的 DFT，所以说，采用 FFT 实现的多载波调制是在频率上进行的。

9.2.3　保护间隔和循环前缀

OFDM 系统把输入数据流串并变换到 N 个并行的子信道中，使得每个调制子载波的码元时间可以扩大为原始码元时间的 N 倍，因此，OFDM 信号能够有效地对多径时延所造成的 ISI。为了最大限度地消除 ISI，还可以在每个 OFDM 码元之间插入保护间隔(GI，Guard Interval)，而且该保护间隔长度 T_g 一般要大于信道中的最大多径时延，这样就不会造成 ISI。

保护间隔内可以不插任何信号，即传输全零信号。但在这种情况下，由于多径传播的影响，会产生载波间的干扰(ICI)，如图 9-5 所示。

每个 OFDM 码元中都包括所有的非零子载波信号，也可能同时出现 OFDM 码元的时延信号，如图 9-5 所示给出了第一个子载波信号和第二个子载波的时延信号。由图 9-5 可见，由于在 FFT 运算时间长度内，两个子载波之间的周期个数之差不再是整数，这两个子载波不再正交。这样当按式(9-2)进行解调时，第二个子载波的一部分会对第一个子载波造成干扰；同样，第一个子载波也对第二个子载波造成干扰。

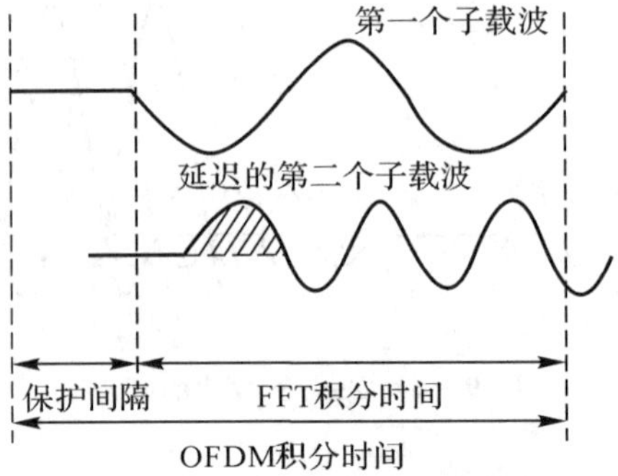

图 9-5 全零信号保护间隔在子载波间造成的干扰

为此,人们将循环前缀(CP)引入 OFDM 中以解决 ICI 问题,即在保护间隔中加入的是 OFDM 码元的循环扩展,而不是空白保护间隔。这种保护间隔是一种循环复制,即将每个 OFDM 信号的后 T_g时间内的样点复制到 OFDM 码元的前面,形成前缀,在交接点没有任何间断。循环前缀的加入方法如图 9-6 所示,加入循环前缀后的 OFDM 信号如图 9-7 所示。

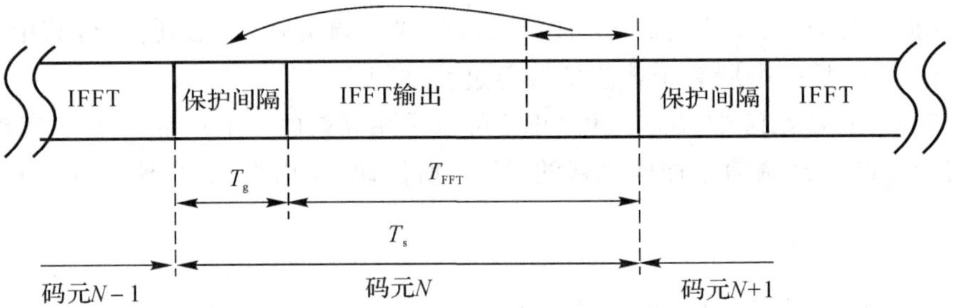

图 9-6 由循环前缀形成的保护间隔

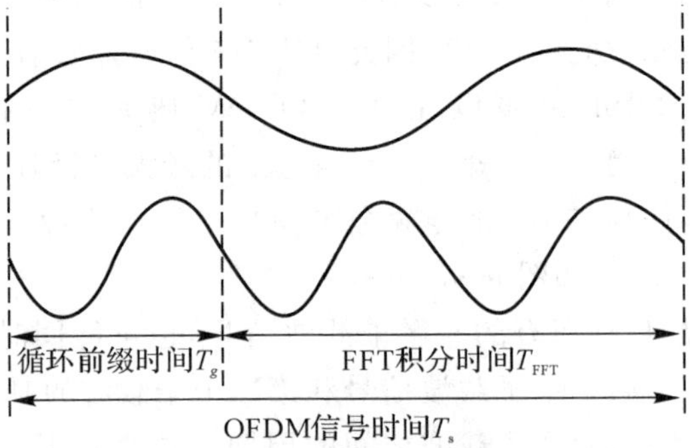

图 9-7 带有循环前缀的 OFDM 信号

改用循环前缀做保护间隔后，只要多径时延小于保护间隔，在 FFT 的运算时间长度内就不会发生信号相位的跳变，因此，OFDM 接收机所收到的仅仅是存在某些相位偏移的多个单纯连续正弦波的叠加信号，而且这种叠加不会破坏子载波之间的正交性。当多径时延超过保护间隔时，子载波之间不再保持正交，OFDM 信号仍会出现 ISI。

加入保护间隔后，OFDM 码元的总长度为

$$T_s = T_g + T_{FFT} \tag{9-6}$$

式中　T_s——OFDM 码元时间；

T_g——保护间隔时间；

T_{FFT}——FFT 变换产生的 OFDM 信号时间。

OFDM 系统加入保护间隔后，会带来功率和信息速率的损失，其中，功率损失定义为

$$\gamma_g = 10\lg\left(\frac{T_g}{T_{FFT}} + 1\right) \tag{9-7}$$

当保护间隔时间 T_g 占到 T_s 的 20% 时，功率损失不会超过 1 dB，但带来的信息速率损失达 20%。

9.2.4　OFDM 系统的结构

如图 9-8 所示为 OFDM 系统的组成框图。在发送端，调制器将被传输的数字信号转换成子载波幅度或相位的映射，根据采用的调制方式，完成相应的调制映射，形成调制信息序列。经串/并转换后，对其进行 IFFT，将一组数字调制信号调制成一组子载波。然后在 OFDM 信号上加入循环前缀(CP)，形成 OFDM 码元。CP 的加入方法是将 IFFT 输出的最后 T_g 个样值插入到 OFDM 信号的最前面，IFFT 输出的最前面的 T_g 个样值被插入到 OFDM 信号的最后面。对 OFDM 码元信号进行加窗处理，即将 OFDM 码元信号与升余弦函数信号相乘，使得系统带宽外的功率快速下降。加窗处理后的 OFDM 码元经 D/A 转换后，得到 OFDM 已调信号的时域波形。

接收机首先对接收信号进行 A/D 转换，去掉循环前缀 CP，得到 OFDM 已调信号的抽样序列，对该序列做 FFT 进行子载波解调，得到调制信息序列。再经解调、解交织、解码后，恢复原发送信息。

在接收信号过程中还需要一些信号处理，如在信号训练阶段，需要有效的信号处理方法进行码元定时，估计频偏；当对数字调制信号进行解调时，需要给出幅度或相位的参考；若接收信号中有残余的码间干扰，在解调前，还需要对信号进行均衡处理，以消除码间干扰的影响。

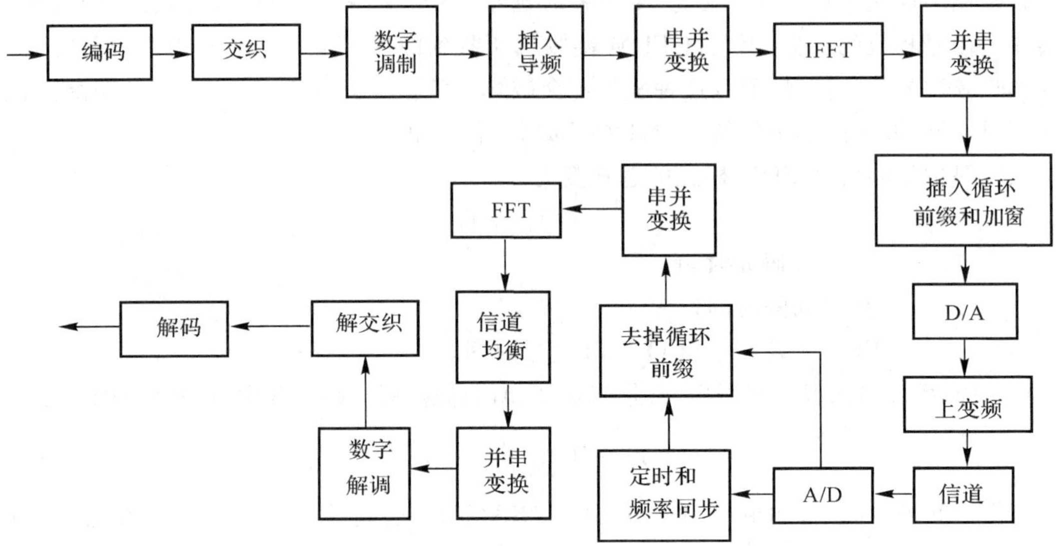

图 9-8 OFDM 系统的组成框图

9.2.5 OFDM 系统基本参数的设计

一般来说，在 OFDM 的各种参数中首先要确定 3 个基本参数：带宽、比特率及保护间隔。一般情况下，保护间隔是无线信道时延扩展的 2～4 倍。

一旦确定了保护间隔，则 OFDM 的码元时间就可以确定。为了最大限度地减少由于插入保护间隔所带来的信噪比损失，希望 OFDM 的码元时间要远大于保护间隔长度。但如果码元时间过长，OFDM 系统中要包括更多的子载波数，导致子载波间隔相应减少，系统对频偏更加敏感，系统实现的复杂度增加，且加大了系统的峰均功率比。因此，在实际应用中，一般选择码元时间是保护时间的 5 倍。这样由于插入保护间隔所造成的信噪比损耗在 1 dB 左右。

在确定了码元时间 T_s和保护时间 T_g后，子载波的数量可以确定为有用信号的时间 T 的倒数，其数值与 FET 处理过的复数点数相对应。

OFDM 系统的调制模式可以根据功率或频谱利用率来选择，应用到每个子载波的调制模式选择则是在数据率与传输稳定性之间的折中。

下面以一个实例来说明如何确定 OFDM 系统的参数。

【例 9-1】 设计一个水声通信系统，要求满足如下条件：

(1)比特率为 10 kb/s；

(2)信道中的时延扩展为 8 ms；

(3)带宽应小于 6.5 kHz。

解 (1)保护间隔

首先由时延扩展确定保护时间。保护时间 T_g 应为时延扩展的 2 ～ 4 倍,取为 4 倍,则

$$T_g = 4 \times 8 = 32 \text{ ms}$$

(2)OFDM 码元时间

取 OFDM 码元时间 T_s 为 T_g 的 5 倍,即

$$T_s = 5 \times 32 = 160 \text{ ms}$$

这样,由保护时间所造成的信噪比损失小于 1 dB。

(3) 子载波间隔

子载波间隔 Δf 取为 OFDM 码元中 FFT 时间 T_{FFT} 的倒数,即

$$\Delta f = \frac{1}{T_s - T_g} = \frac{1}{(160 - 32)\text{ms}} = 7.812\ 5 \text{ Hz}$$

(4) 子载波数

子载波数与系统采用的调制、编码方式有关。由已知的比特率可知,每个 OFDM 码元要传送的信息为

$$\frac{10 \text{ kb/s}}{1/160 \text{ ms}} = 1\ 600 \text{ b}$$

若采用 16QAM 和码率为 1/2 的编码方法,这样每个子载波可以携带 2 b 的有用信息,因此,需要的子载波数为

$$N = \frac{1\ 600}{2} = 800$$

以满足每个码元 2 000 b 的传输速率。这时系统占据的带宽为

$$B = N \times \Delta f = 800 \times 7.812\ 5 = 6.25 \text{ kHz}$$

以满足系统带宽 6.5 kHz 的要求。可以利用 1 024 点的 FFT/IFFT 来实现,剩余 224 个子载波补零,用于 FFT/IFFT 的过采样。

(5) 采样速率和正交性

影响参数选择的另一个问题是要求在 FFT/IFFT 运算时间内和码元时间内的采样数是整数。因此,希望在 FFT/IFFT 间隔内恰好有 1 024 个采样,以保持子载波之间的正交性,这样采样速率为

$$\frac{1\ 024}{128} = 8 \text{ kHz}$$

在码元时间 160 ms 内,8 kHz 的采样速率使得采样点数为 1 280,满足整数的要求。

9.3　OFDM 信号的差分检测与相干检测

在 OFDM 系统中，二进制信息以 PSK 或 QAM 等调制方式调制到相应的子载波上，当接收端接收信号时，需要每个子载波上信号星座的相位和幅度参考值的信息，以便恢复原始信息。在实际系统中，由于载波频率偏移、定时偏差，以及信道的频率选择性衰落的影响，信号会产生失真，导致随机的相位偏移和幅度变化。要准确恢复信号，接收端有两种信号检测方法：差分检测和相干检测。相干检测利用估计的相位和幅度参考值进行最佳判决，为此需要信道估计算法，以确定信号相位和幅度的最佳估计值。差分检测不需要信号相位和幅度的参考值，只需要两个调制信号的相位或幅度差。

9.3.1　差分检测

差分检测的结构如图 9－9 所示，由于不需要信道估计，所以接收机的复杂度降低。

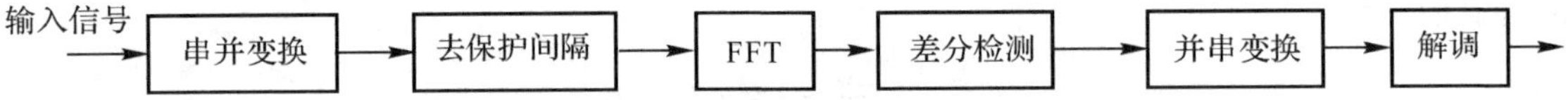

图 9－9　OFDM 系统差分检测框图

差分检测既可以在时域进行，也可以在频域进行。时域内的差分通过比较当前 OFDM 码元子载波与前一个 OFDM 码元对应的子载波的幅度或相位来实现，差分检测在每个子载波上独立完成，如图 9－10 所示为时域差分检测的示意图。

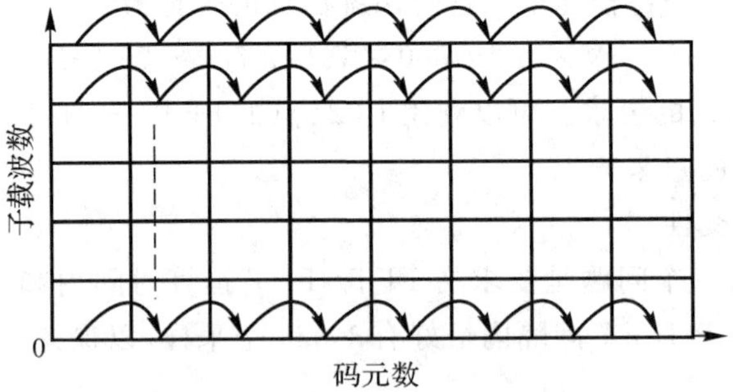

图 9－10　时域差分检测示意图

对于相位角为 φ_{kj} 的 DPSK 信号，在接收端经过 FFT 后，得到的第 i 个码元的第 j 个子载波上的信号值为

$$x_{ij}=a_{ij}\,\mathrm{e}^{\varphi_{ij}+\beta_{ij}}+n_{ij} \tag{9-8}$$

式中　a_{ij}—— 信号幅度；

β_{ij}—— 信道引入的相位偏移；

n_{ij}—— 信道中的加性高斯白噪声。

时域内的差分相位检测是通过将每个 FFT 输出与其在前一个 OFDM 信号中相同子载波上的共轭 FFT 输出相乘得到的，即

$$y_{ij} = x_{ij} x^{*}_{i-1,j} \tag{9-9}$$

要实现时域差分检测，要求信道特性在两个 OFDM 码元内保持不变。

频域差分则是在一个 OFDM 码元内，通过比较两个相邻的子载波的幅度或相位来实现的，也就是通过将每个 FFT 输出与同一码元内前一个子载波的共轭 FFT 输出相乘得到的，即

$$y_{ij} = x_{ij} x^{*}_{i,j-1} \tag{9-10}$$

频域差分检测的示意图如图 9-11 所示。

对于频域差分，要求信道特性在一个 OFDM 码元内保持不变。

与相干检测相比，虽然差分检测接收机的复杂度降低，但会有 3 dB 的信噪比损失。

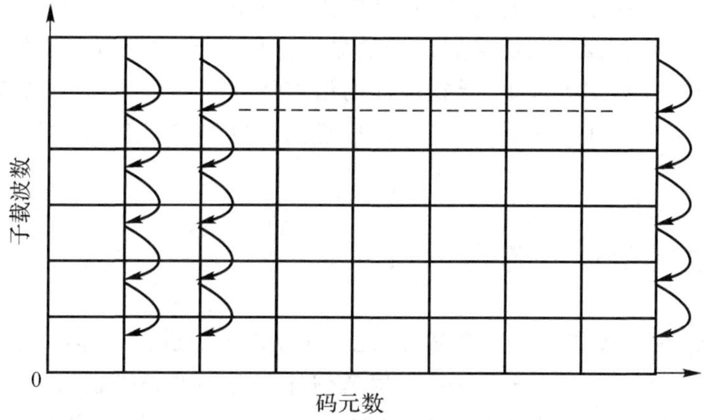

图 9-11　频域差分检测示意图

9.3.2　相干检测

相干检测是利用信号的参考值来检测信号的，通过信道估计得到 OFDM 符号子载波的绝对参考相位和幅度，其系统框图如图 9-12 所示。

由于受到信道冲激响应的随机相移和幅度变化、本地载波偏移以及定时偏差等的影响，接收的 OFDM 信号的相位和幅度会产生偏差。为了得到准确的信号参考值，OFDM 系统通常采用插入导频或特殊的训练序列进行信道估计，准确的信道估计是 OFDM 系统进行相干检测的关键技术。

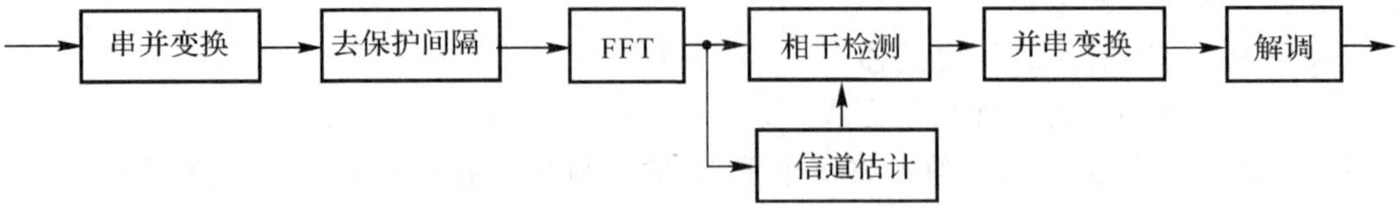

图 9-12 OFDM 系统相干检测框图

9.4 信道估计

在无线传输环境中，无线信道的时域和频域响应都是时变的，多径引起的频率选择性衰落在不同的子载波上可能不一致，从而使得 OFDM 的各个子载波上出现的失真也不一致，使得信道估计器成为采用相干接收的 OFDM 系统中一个重要的组成部分。在 OFDM 系统中，信道估计器的设计主要涉及两个方面：一是导频信息的选择，包括导频的结构和数量，以及发送时机的把握等。由于无线信道的时变特性，需要接收机不断对信道进行跟踪，所以导频信息必须连续发送。二是既有较低复杂度又有良好的导频跟踪能力的信道估计器的设计，在确定导频发送方式和信道估计准则条件下，寻找最佳的信道估计器结构；同时在复杂度和良好的导频性能之间取最好的折中。在实际设计中，导频信息的选择和最佳估计器的设计通常是相互关联的。

9.4.1 信道估计的基本方法

通常，无线信道在时域和频域双衰减，因此，OFDM 的信道估计器必须估计时变的幅度和所有子载波的相位。在信道估计过程中，由信道估计模型得到的接收信号 $\hat{y}(n)$ 与实际接收信号 $y(n)$ 之间存在一误差 $e(n)$，信道估计算法的一般准则是要使均方误差 $E[e^2(n)]$ 最小，同时还要考虑算法的复杂度不能太高。信道估计的一般模型如图 9-13 所示。

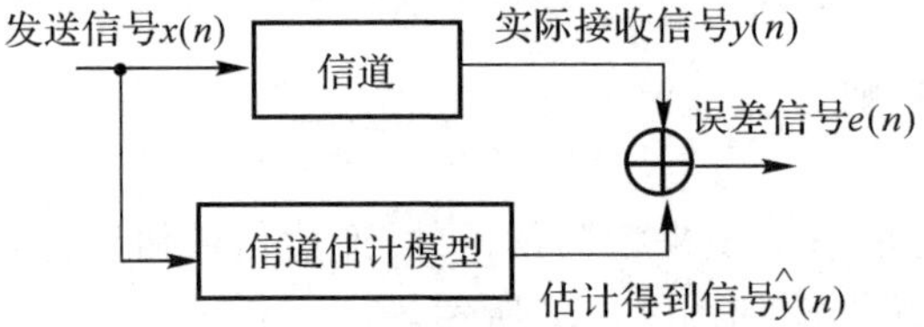

图 9-13 信道估计的一般模型

一般来说，信道估计算法有两种：基于训练序列或导频的估计算法和盲估计算法。基于训练序列和导频的信道估计算法是接收机利用训练序列中或在信号中插入已知的导频信息来进行信道估计，其好处是算法简单，但训练序列或导频会占用信道资源，降低信息传输的效率，并有一定的时延。盲估计不需要训练序列，利用接收数据内在的信息来实现。这种算法的效率高，但算法复杂。

在 OFDM 系统中，信道估计主要采用基于训练序列或导频的信道估计方法。基于导频的信道估计方法大致可以分为两类：一类是在频域内进行信道估计，另一类是在时域内进行估计。导频可以在时域和频域内插入，插入的两种典型方式是块状导频和梳状导频。

块状导频主要用于慢衰落的无线信道中，它是在时域内周期性地插入特定的 OFDM 信号作为训练信号。因为这种训练信号中包括所有的子载波频率上的信号，不需要在接收端进行频域内的插值，所以这种导频的设计对信道中的频率选择性衰落不是很敏感。这种信道估计算法一般基于最小平方(LS) 和最小均方误差(MMSE) 估计准则，块状导频的结构如图 9－14 所示。

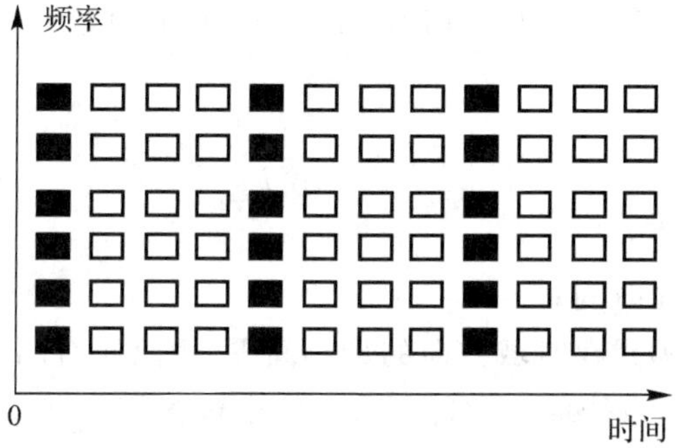

图 9－14　块状导频 OFDM 的结构

梳状导频主要用于快衰落的无线信道中，导频均分布于每个 OFDM 码元中。梳状导频有更高的重传率，因而在快衰落信道中估计的效果更好。但在梳状导频情况下，非导频频率的子载波上的信道特性只有根据对导频频率子载波上信道特性的插值才能得到，因此这种导频方式对频率选择性衰落比较敏感。为此，子载波间隔要比信道的相关带宽小很多，以抗频率选择性衰落。采用梳状导频的 OFDM 结构如图 9－15 所示。

由于信道的频率响应可以看做是一个时间、频率上的二维随机信号，插入导频实际可以看做是进行二维采样。为了能够通过导频得到所有载波的信道估计值，插入导频的间隔必须满足奈奎斯特抽样定理，即无失真恢复的抽样间隔，必须小于抽样信号两倍带宽的倒数。为了不失真地还原频域信号，要求时域延拓周期 $1/(N_f \Delta f_c)$ 应小于信道的最大多径时延，可得

$$N_f \leqslant \frac{1}{T_m \Delta f_c} \tag{9-11}$$

式中　Δf_c—— 子载波间隔；

T_m—— 信道中的最大多径时延；

N_f—— 插入导频符号在时域方向的最小间隔，用子载波间隔 Δf_c 进行归一化。

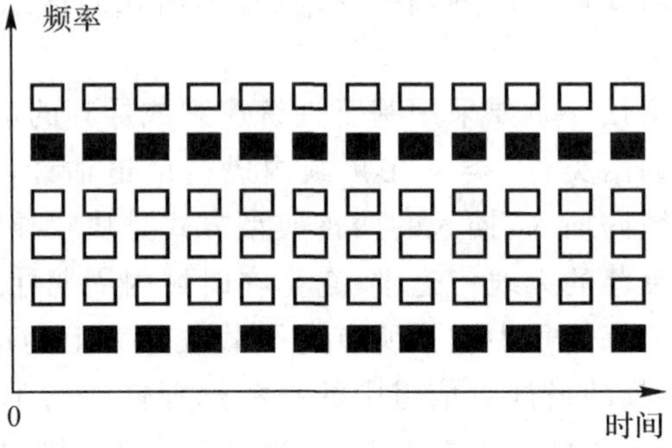

图 9-15 梳状导频 OFDM 的结构

根据时域抽样定理，为了不失真地还原时域信号，要求频域上的抽样频率 $1/(N_t T)$ 不小于信号带宽 W 的 2 倍，可得

$$N_t \leqslant \frac{1}{2WT_s} \tag{9-12}$$

式中 W—— 信号带宽；

T_s——OFDM 码元时间；

N_t—— 插入导频码元在时域方向的最小间隔，用码元时间 T_s 进行归一化。

实际系统中，N_t 和 N_f 只能取整数，因此，一帧中包含的所有导频码元总数为

$$N_{\text{grid}} = \left[\frac{N}{N_f}\right]\left[\frac{N_s}{N_t}\right] \tag{9-13}$$

式中 N —— 子载波数；

N_s—— 一帧所包含的 OFDM 码元数；

[·]—— 取整运算。

由于在插入导频信号的位置不能再传输有效数据，所以导频信号会带来传输资源浪费，导致信噪比损失。如果系统的子载波间隔已经确定，则信道的多普勒带宽越大，最大多径时延越长，需要的导频信号开销也就越大。

9.4.2 信道估计算法

1. 信道估计算法准则

按照进行信道估计所用的信道维数，OFDM 系统的信道估计算法可分为一维和二维信道估计；按照估计时所依据的准则可分为最小平方(LS) 和最小均方误差(MMSE) 估计。

如图 9 - 16 所示是信道估计的一般过程。为了简便起见，首先考虑只有加性白高斯噪声（AWGN）的信道，发送信号 x 在多径衰落信道 h 中传送，接收机需要从接收信号 y 中检测出发送信息 x，当进行相干检测时，检测器需要知道信道的参数，它在接收机中通过信道估计器得到。

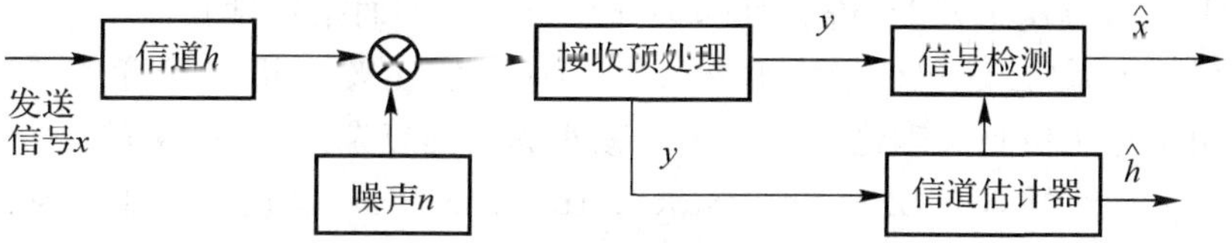

图 9 - 16　信道估计的一般过程

信道估计器接收到的信号 y 可以表示为

$$y = \boldsymbol{Mh} + n \tag{9-14}$$

式中　$\boldsymbol{M}$ —— 训练序列矩阵；

n —— 噪声抽样；

$\boldsymbol{h}$ —— 信道的冲激响应，表示为

$$\boldsymbol{h} = [h_0 \quad h_1 \quad \cdots \quad h_L]^{\mathrm{T}} \tag{9-15}$$

式中　L—— 信道长度。

对于基于训练序列的信道估计器，用 $\boldsymbol{m}$ 表示在每个数据包中插入的训练序列，表示为

$$\boldsymbol{m} = [m_0 \quad m_1 \quad \cdots \quad m_{P+L-1}]^{\mathrm{T}} \tag{9-16}$$

式中　P —— 参考长度；

m_i —— 双极性元素序列，即 $m_i \in [-1, 1]$，于是矩阵 $\boldsymbol{M}$ 表示为

$$\boldsymbol{M} = \begin{bmatrix} m_L & \cdots & m_0 \\ m_{L+1} & \cdots & m_1 \\ \vdots & & \vdots \\ m_{L+P-1} & \cdots & m_{P-1} \end{bmatrix} \tag{9-17}$$

基于最小平方（LS）准则的信道估计算法就是使以下平方误差最小：

$$\hat{h} = \arg\ \min\ \| y - \boldsymbol{Mh} \|^2 \tag{9-18}$$

在高斯白噪声情况下，采用 LS 准则得到的最佳信道估计为

$$\hat{h}_{\mathrm{LS}} = (\boldsymbol{M}^{\mathrm{H}}\boldsymbol{M})^{-1}\boldsymbol{M}^{\mathrm{H}} y \tag{9-19}$$

LS 算法受高斯白噪声和子载波间干扰（ICI）的影响很大，因此算法的准确度有限。

信号估计误差可以表示为

$$e = h - \hat{h} \tag{9-20}$$

其均方误差为

$$J = E(|e|^2) \tag{9-21}$$

最小均方误差(MMSE) 估计算法就是要使均方误差最小,即使

$$\hat{h}_{\mathrm{MMSE}} = \arg\min\left[E(|e|^2)\right] \tag{9-22}$$

基于 MMSE 准则的信道估计算法对 ICI 和高斯白噪声有很好的抑制作用,在相同的均方误差条件下,MMSE 算法在信噪比上要优于 LS 算法 10 ~ 15 dB 左右,因而 MMSE 算法的效果更好。但 MMSE 算法的复杂度高,且随抽样点数的增加而指数增长。

用于信道估计的算法还包括最大似然算法(ML),它主要采用迭代算法,其性能好,但复杂度高,主要用于算法仿真和理论分析。为了减小算法的复杂度,可以采用低阶的基于频域相关的算法,称为低阶线性 MMSE(Low Rank Linear MMSE),其核心思想是利用奇异值分解得到最优的低阶估计器,其性能与 MMSE 近似。

2. 二维信道估计算法与一维信道估计算法

根据 OFDM 频域模型,一帧内第 l 个码元的第 k 个子载波上接收到的频域信号为

$$R_{l,k} = H_{l,k}S_{l,k} + n_{l,k}, \qquad k=0,1,\cdots,N-1; \quad l=0,1,\cdots,N_s-1 \tag{9-23}$$

式中 $S_{l,k}$ —— 第 l 个码元的第 k 个子载波上发送的频域信号;

$n_{l,k}$ —— 高斯噪声频域抽样;

N —— 子载波数;

N_s —— 一帧内的 OFDM 码元数。

假设第一个导频信号位于帧结构的第一个 OFDM 信号的第一个子载波上,导频信号表示为 $S_{l',k'}$,导频信号位置组成集合

$$P\{(l',k'),l'=qN_t,q=0,\cdots,[N_s/N_f]-1;k'=pN_f,p=0,\cdots,[N/N_f]-1\} \tag{9-24}$$

式中 N_t—— 插入导频在时域方向的最小间隔;

N_f—— 插入导频在频域方向的最小间隔。

基于二维导频信号的信道估计是根据插入的已知导频信号,首先通过估计算法获得信道在导频位置的传输特性,然后再利用插值算法获得信道在其他位置的传输特性。因此,基于二维导频信号的信道估计算法一般分为两个步骤:

(1) 利用 LS 算法估计信道在插入导频位置的频率响应值

$$\widetilde{H}_{l',k'} = \frac{R_{l',k'}}{S_{l',k'}} = H_{l',k'} + \frac{n_{l',k'}}{S_{l',k'}}, \quad \forall (l',k') \in P \tag{9-25}$$

(2) 在估计的导频位置的信道频率响应的基础上,进行二维内插滤波,即

$$\widetilde{H}_{l,k} = \sum_{(l',k')\in\Gamma_{l,k}} w_{l',k',l,k}\widetilde{H}_{l',k'}, \quad \Gamma_{l,k} \subseteq P \tag{9-26}$$

式中 $w_{l',k',l,k}$—— 内插滤波器的加权系数;

$\Gamma_{l,k} \subseteq P$ —— 估计 $\widetilde{H}_{l,k}$ 时实际用到的导频信号。

内插滤波器的抽头数为

$$N_{\text{tap}} = \| \Gamma_{l,k} \| \leqslant \| P \| \tag{9-27}$$

插值可以为二维和一维插值。基于维纳滤波的二维插值算法，通过计算估计的信道点位置(l, k)与所用导频信号位置处信道冲激响应的时频互相关函数 $Q_{l-l',k-k'}$ 来求得插值滤波器的系数。由于无线信道的时延功率谱 $p(\tau)$ 和多普勒功率谱 $S(f)$ 之间统计独立，信道的离散时频互相关函数 $Q_{l-l',k-k'}$ 可以分解为离散频率互相关函数 $Q_{k-k'}$ 和离散时间互相关函数 $Q_{l-l'}$，而 $Q_{k-k'}$ 和 $Q_{l-l'}$ 分别与时延功率谱 $p(\tau)$ 和多普勒功率谱 $S(f)$ 互为傅里叶变换对。

因此，只要知道信道的 $p(\tau)$ 和 $S(f)$ 以及平均信噪比，就可以得到信道在所有子载波位置上的频率响应值。当采用维纳滤波时，每一个待求位置(l, k)的信道样点都需要使用一个 N_{tap} 抽头的滤波器来辨识。为了得到长度为 N_{tap} 的抽头系数，需要解有关 $Q_{l-l',k-k'}$ 的方程组。因此，采用二维方法估计信道的复杂度很高。为了减小复杂度，可以考虑采用级联的一维 FIR 滤波器来进行信道估计。

当用两个级联的一维 FIR 滤波器进行估计时，先对包含导频信号的 OFDM 信号在频域方向滤波，然后再在时域方向对所有的子载波进行滤波。选择这样的滤波顺序是因为当包含导频信号的 OFDM 信号到达时就可以立即进行第一步滤波，这样可以减少整个信道估计的时延。

设第一级 FIR 频域滤波器的系数为 $w_k^{[1]}$，信道估计值为

$$\widetilde{H}_{l,k}^{[1]} = w_k^{[1]} \tilde{h}_{l'} \qquad k = 1, \cdots, N_c \tag{9-28}$$

式中 $\tilde{h}_{l'}$—— 第 l' 个用来估计 $\widetilde{H}_{l,k}^{[1]}$ 的导频信号处的信道估计值序列，其长度为 $N_{\text{tap}}^{[1]}$。

滤波器的系数只与子载波 k 有关，在所有的$[N_s/N_t]$个有导频信号的 OFDM 信号中进行上述计算。

第二级 FIR 时域滤波器的系数为 $w_k^{[2]}$，信道估计值为

$$\widetilde{H}_{l,k} = \widetilde{H}_{l,k}^{[2]} = w_l^{[2]} h_k^{[1]}, \qquad k = 1, \cdots, N_c \tag{9-29}$$

式中 $h_k^{[1]}$—— 第 k 个子载波中用来估计 $\widetilde{H}_{l,k}^{[2]}$ 的第一步的估计值，它也可以采用导频信号的初始估计值。

对所有的 N_c 个子载波都进行上述计算。

综上所述，这类二维或一维信道估算法都是借助于导频信号处的信道估计值，再借助于二维或一维 FIR 维纳滤波来获得 OFDM 信号处的信道估计值。算法把导频插入到二维的时频格图中，使得系统的信道估计可以在时域和频域同时进行。但这类算法过于复杂，在实际应用中受到限制。

为了降低二维信道估计的复杂度，可以分别在时域和频域进行信道估计。这类算法因为简单易行，应用范围很广。基于离散傅里叶变换(DFT)的信道估计算法就属于这一类。

9.4.3 基于 DFT 的信道估计算法

基于离散傅里叶变换(DFT)的信道估计算法首先进行 LS 算法的信道估计，再经过离散

傅里叶反变换(IDFT)进入时域,在时域内进行线性变换,最后经过 DFT 进入频域,如图 9-17 所示。这种算法利用了时域内能量集中和傅里叶变换的特性来减少复杂度。

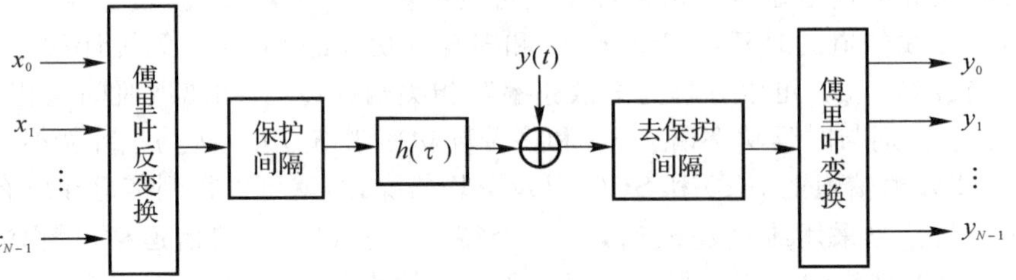

图 9-17 基于 DFT 的信道估计算法的系统模型

假设信道 $h(\tau)$ 为慢衰落的瑞利信道,即信道特性在一个 OFDM 码元内保持不变。在这种假设下,系统可以表示为一系列平行的高斯信道,如 9-18 所示。图中,$H_i(i=0,1,\cdots,N-1)$ 为信道在一个 OFDM 码元内的信道频域响应,Z_i 为高斯噪声的频域抽样,这里假设 OFDM 码元的保护间隔大于信道的最大多径时延,因此不考虑码间干扰。由图 9-18 可知,接收信号可以表示为

$$Y(k)=X(k)H(k)+Z(k),\quad k=0,1,\cdots,N-1 \tag{9-30}$$

式中 $X(k)$—— 发射信号 $x(n)$ 的频域分量,简写为 $X_k,k=0,1,\cdots,N-1$;

$Y(k)$—— 接收信号 $y(n)$ 的频域分量,简写为 $Y_k,k=0,1,\cdots,N-1$。

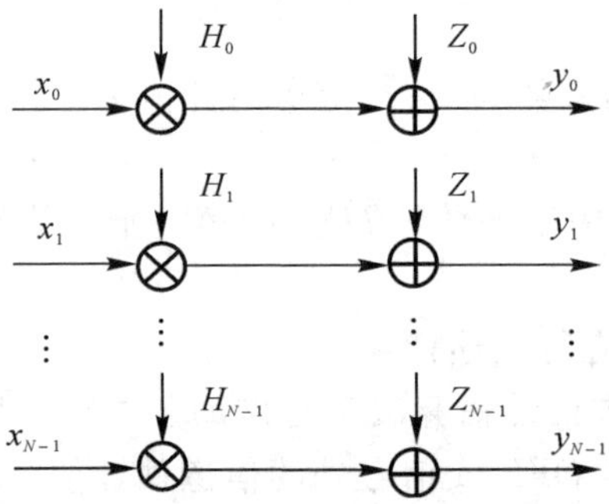

图 9-18 等效的平行高斯信道模型

于是,基于 LS 的信道估计表达式为

$$\boldsymbol{H}_{\mathrm{LS}}=\boldsymbol{X}^{-1}\boldsymbol{Y}=\begin{bmatrix}\dfrac{Y(0)}{X(0)} & \dfrac{Y(1)}{X(1)} & \cdots & \dfrac{Y(N-1)}{X(N-1)}\end{bmatrix}^{\mathrm{T}} \tag{9-31}$$

基于线性最小均方误差(LMMSE) 的估计为

$$\boldsymbol{H}_{\mathrm{LMMSE}}=\boldsymbol{R}_{HH}\left(\boldsymbol{R}_{HH}+\sigma_n^2\left(\boldsymbol{X}\boldsymbol{X}^{\mathrm{H}}\right)^{-1}\right)^{-1}\boldsymbol{H}_{\mathrm{LS}} \tag{9-32}$$

式中 $\boldsymbol{H}$—— 信道矩阵,$\boldsymbol{H}=[H_0 \quad H_1 \quad \cdots \quad H_{N-1}]^{\mathrm{H}}$

$\boldsymbol{R}_{HH}$—— 信道冲激响应的自相关矩阵，表示为

$$\boldsymbol{R}_{HH}=E\{\boldsymbol{H}\boldsymbol{H}^{\mathrm{H}}\} \tag{9-33}$$

σ_n^2—— 加性高斯白噪声的方差。

式(9-32)所示的MMSE算法的运算量要比式(9-31)所示的LS算法的运算量大得多。为了降低算法复杂度，将$(\boldsymbol{X}\boldsymbol{X}^{\mathrm{H}})^{-1}$用其期望值$E\{(\boldsymbol{X}\boldsymbol{X}^{\mathrm{H}})^{-1}\}\boldsymbol{I}$代替，其中，$\boldsymbol{I}$为单位矩阵。仿真表明，这种近似所引起的性能下降可以忽略。在信号等概率调制的条件下，有

$$E\{(\boldsymbol{X}\boldsymbol{X}^{\mathrm{H}})^{-1}\}=E\{|1/X_k|^2\}\boldsymbol{I} \tag{9-34}$$

定义平均信噪比 $\mathrm{SNR}=E\{|X_k|^2\}/\sigma_n^2$，并定义$\beta=E\{|x_k|^2\}/E\{|1/x_k|^2\}$，则式(9-32)可以进一步简化为

$$\widetilde{\boldsymbol{H}}=\boldsymbol{R}_{HH}\left(\boldsymbol{R}_{HH}+\frac{\beta}{\mathrm{SNR}}\right)^{-1}\boldsymbol{H}_{\mathrm{LS}} \tag{9-35}$$

式中，β在指定的星座调制中为常数。在式(9-32)中，每当信号$\boldsymbol{X}$变化时，$\{\boldsymbol{R}_{HH}+\sigma_n^2(\boldsymbol{X}\boldsymbol{X}^{\mathrm{H}})^{-1}\}^{-1}$都要随之变化，需要重新计算。而式(9-35)中，$\boldsymbol{X}$不再是$\left(\boldsymbol{R}_{HH}+\frac{\beta}{\mathrm{SNR}}\boldsymbol{I}\right)^{-1}$中的矩阵变量，当$\boldsymbol{X}$变化时，$\left(\boldsymbol{R}_{HH}+\frac{\beta}{\mathrm{SNR}}\right)^{-1}$不必重新计算一次；而且当信道是慢衰落信道，且信道已知时，$\boldsymbol{R}_{HH}$和SNR可设为常数，则$\boldsymbol{R}_{HH}\left(\boldsymbol{R}_{HH}+\frac{\beta}{\mathrm{SNR}}\boldsymbol{I}\right)^{-1}$只需计算一次。

下面计算$\boldsymbol{R}_{HH}$。设第k个子载波对应的信道响应值为

$$H_k=\sum_{i=0}^{L-1}a_i\exp\left(-\mathrm{j}2\pi k\tau_i/N\right) \tag{9-36}$$

式中　a_i—— 第i条路径信道冲激响应的幅度，且a_i之间相互独立，$i=0,1,\cdots,L$；

τ_i—— 第i条路径信道冲激响应的时延；

L—— 信道中可分辨的路径数。

信道的相关矩阵可以表示为

$$\boldsymbol{R}_{HH}=E(\boldsymbol{H}\boldsymbol{H}^{\mathrm{H}})=\{r_{m,n}\} \tag{9-37}$$

式中

$$\begin{aligned}r_{m,n}&=E\left\{H_mH_n^*\right\}=E\left\{\sum_{i=1}^{L-1}h_i\exp(-\mathrm{j}2\pi m\tau_i/N)\sum_{k=0}^{L-1}h_k^*\exp\left(\mathrm{j}2\pi n\tau_i/N\right)\right\}=\\&E\left\{\sum_{i=0}^{L-1}|h_i|^2\exp\left[-\mathrm{j}2\pi(m-n)\tau_i/N\right]+\sum_{i=0}^{L-1}\sum_{\substack{k=0\\k\neq i}}^{L-1}h_ih_k^*\exp\left[-\mathrm{j}2\pi(m\tau_i+n\tau_k)/N\right]\right\}=\\&E\left\{\sum_{i=0}^{L-1}|h_i|^2\exp\left[-\mathrm{j}2\pi(m-n)\tau_i/N\right]\right\}\end{aligned} \tag{9-38}$$

式(9-38)与信道的功率延迟包络和时延τ_k的概率密度函数有关，可表示为

$$r_{m,n}=\frac{1-\exp\left\{-L\left[(1/\tau_{rms})+2\pi \mathrm{j}(m-n)/N\right]\right\}}{\tau_{rms}\left[1-\exp\left(-L/\tau_{rms}\right)\right]\left[\frac{1}{\tau_{rms}}+2\pi \mathrm{j}(m-n)/N\right]} \tag{9-39}$$

式中 τ_{rms}—— 信道的均方根时延扩展。

基于 DFT 的信道估计的结构如图 9－19 所示。

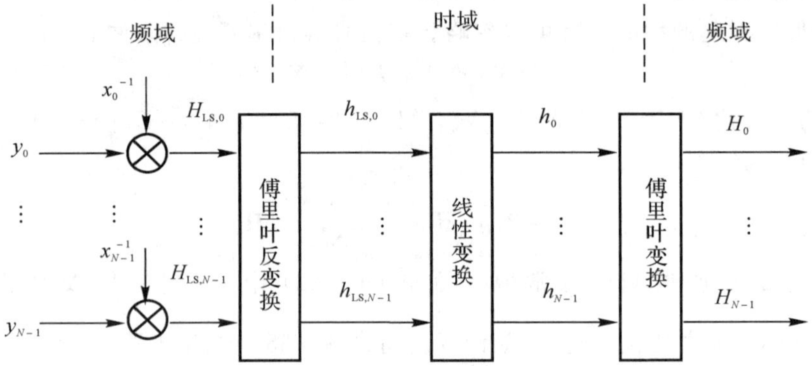

图 9－19 DFT 信道估计算法框图

将 LS 算法得到的信道响应 $\boldsymbol{H}_{\mathrm{LS}}$ 进行傅里叶反变换(IDFT) 得到 $\boldsymbol{h}_{\mathrm{LS}}$，$\boldsymbol{h}_{\mathrm{LS}}=\mathrm{IDFT}(\boldsymbol{H}_{\mathrm{LS}})$，在时域内进行信道估计。实验结果表明，在信道满足整数采样的情况下，在时域内，能量只集中在少数几个采样点上，可以利用这种能量集中的特性在时域内进行信道估计。在信道为非整数点采样的情况下，信道能量虽分散在所有载波上，但仍是集中的，在简化算法时舍去一部分值会带来无法消除的误差。

得到 $\boldsymbol{h}_{\mathrm{LS}}$ 后，进行线性变换 $\boldsymbol{h}=\boldsymbol{Q}(\boldsymbol{h}_{\mathrm{LS}})$，再进行离散傅里叶变换得到 $\boldsymbol{H}=\mathrm{DFT}(\boldsymbol{h})$。这种算法利用了时域内能量集中和傅里叶变换的特性来减少复杂度，而且信道估计性能没有明显的下降。

时域内的变换式 $\boldsymbol{Q}$ 可以表示为

$$\boldsymbol{Q}=\boldsymbol{F}^{\mathrm{H}}\left[\boldsymbol{R}_{HH}\left(\boldsymbol{R}_{HH}+\frac{\beta}{\mathrm{SNR}}\boldsymbol{I}\right)\right]^{-1}\boldsymbol{F} \tag{9-40}$$

式中 $\boldsymbol{F}$——N 维的 DFT 矩阵，表示为

$$\boldsymbol{F}=\begin{bmatrix} W_N^{00} & \cdots & W_N^{0(N-1)} \\ \vdots & & \vdots \\ W_N^{(N-1)0} & \cdots & W_N^{(N-1)(N-1)} \end{bmatrix}$$

式中
$$W_N^{nk}=1/\sqrt{N}\exp\left(-\mathrm{j}2\pi nk/N\right)$$

可以通过简化 $\boldsymbol{Q}$ 的计算来降低系统的复杂度。最简单的方法是忽略 $\boldsymbol{h}_{\mathrm{LS}}$ 中信噪比较小的参数，只让信噪比较大的参数经过 DFT 进入频域。这对系统的同步定时的准确度要求比较

高，即要求信道满足整数点采样，否则会带来较大误差。目前常用的简化信道估计的方法有三种，其基本思想就是减少时域内的非零元素。

第一种简化估计方法，简称估计器 A，选择 $\boldsymbol{h}_{\mathrm{LS}}$ 中 M 个功率较大的参数，于是时域内的线性变换式 $\boldsymbol{Q}$ 可简化为 $M \times M$ 阶的矩阵，当选择 $M \ll N$ 时，估计器 A 的复杂度将远远低于 LMMSE 算法。

第二种算法，简称为估计器 B，忽略 $\boldsymbol{h}_{\mathrm{LS}}$ 中 M 个参数之间的互相关函数，这样 $\boldsymbol{Q}$ 可截短为 $M \times M$ 阶的对角矩阵，从而进一步简化 $\boldsymbol{Q}$。

第三种简化方法，简称估计器 C，将选择的 M 个参数直接作为 DFT 变换的输入，于是 $\boldsymbol{Q}$ 将简化为 $M \times M$ 阶的单位阵，当 M 接近于 N 时，估计器 C 就退化为 LS 估计器。

除了上述几种信道估计算法，目前研究的还包括基于奇异值分解(SVD) 的信道估计算法、基于滤波器的信道估计算法等，具体方法可见参考文献[2] 和[3]。

9.5　OFDM 系统的同步技术

OFDM 调制和其他数字调制一样，需要可靠的同步技术，包括时间同步和载波频率同步。无线信道的时变性会导致多普勒频移和多普勒扩展。多普勒扩展会引起频率发生弥散，引起信号失真。对于单载波系统，载波频率的偏移只会造成一定的幅度衰减和相位旋转，可以通过锁相环或均衡等方法加以克服。而对于要求子载波保持严格同步的 OFDM 系统来说，任何频率偏差都将引起载波间干扰(ICI)，同时还会引起相位噪声问题。如果不采取措施对这种 ICI 加以克服，会带来严重的系统性能下降。

因此，在 OFDM 信号进行解调前，必须至少先完成两个同步工作。首先完成时间同步，找到 OFDM 码元的边界和最佳采样时刻，使得 ISI 和 ICI 最小；其次，完成频率同步，正确估计出载波偏移，并加以消除。

本节简要介绍 OFDM 同步技术。

9.5.1　OFDM 同步概述

OFDM 系统的同步分为时间同步和载波同步，时间(码元) 同步是使接收端得到与发送端周期相同的信号序列，它包括 OFDM 分组同步和采样时钟同步。分组同步要确定每个 OFDM 码元的起始时刻，即确定准确的 FFT 窗位置；采样时钟同步主要是使接收机和发射机的采样时钟频率保持一致，采样时钟频率偏差将导致 ICI。但通常假设采样时钟同步是理想的。

码元定时的偏移会引起系统载波相位的旋转，而且相位旋转角度与子载波的频率有关，频率越高，旋转角度越大。如果定时的偏移量与最大时延扩展的长度之和小于循环前缀的长度，则不会破坏子载波之间的正交性，对解调出来的数据符号的影响只是一个相位的旋转；如果定时的偏移量与最大时延扩展的长度之和大于循环前缀的长度，则不仅会丢失一部分数据，而且会破坏子载波之间的正交性，由此带来 ICI 和 ISI。

时间同步一般分为粗同步(捕获)和细同步(跟踪)，先做粗同步，后做细同步。

由于收发设备的本地载频之间的偏差、信道的多普勒频移等因素的影响，接收的 OFDM 信号的子载波会发生频率偏移。一般情况下，将频偏表示为子载波间隔的整数倍频偏和小数倍偏移之和。子载波间隔的整数倍频偏不会引起 ICI，抽样点仍在子载波频谱的顶点，但解调出的符号有 50% 的错误率；由于子载波间隔的小数倍频偏会使抽样点不在子载波频谱的顶点，破坏了子载波之间的正交性，由此引起 ICI。参考文献[4] 给出了在有 ICI 和 AWGN 信道条件下有效信噪比 $\mathrm{SNR_e}$ 与子载波频偏 ε 的关系为

$$\mathrm{SNR_e}(\varepsilon) \geqslant \frac{\mathrm{SNR}}{1+0.5947\mathrm{SNR}\sin^2\pi\varepsilon}(\sin\pi\varepsilon/\pi\varepsilon)^2 \tag{9-41}$$

式中 SNR —— 信道中的信噪比；

ε —— 频偏，用子载波间隔进行了归一化。

要获得 30 dB 或以上的有效信噪比，则要求 $|\varepsilon| \leqslant 1.3\times10^{-2}$。这说明即使很小的频偏也会带来较大的性能损失。

载波同步一般也分为粗同步和细同步。先做细同步，即在时域首先完成子载波间隔的小数倍频偏的估计和校正，消除频偏引起的 ICI；然后做粗同步，即在频域完成子载波间隔的整数倍频偏的估计和校正。

有关定时和频偏估计的算法包括两类，一类是基于训练序列或导频信号的算法，其优点是捕获快，精度高，适合于分组数据通信或突发方式传输的系统，可以在很短时间内获得同步，以降低传输效率而获得可靠同步；另一类是盲估计，利用 OFDM 信号的结构特征进行估计，其优点是避免由于插入训练信号而带来的资源浪费，但捕获时间长。

当进行定时估计和频偏估计时，一般先做定时估计，采用对频偏不敏感的定时算法，得到定时信息后再做频偏估计。

9.5.2 载波和定时同步算法

1. 最大似然频偏估计算法

P. Moose 在参考文献[4] 中提出了在假设没有多径、没有噪声的信道中，假设已完成定时同步的情况下，通过连续发送两个相同的 OFDM 信号来推导最大似然子载波间隔小数倍的频偏估计方法。假设发送的两个长度为 N 的相同训练信号 $x_1(n)$ 和 $x_2(n)$ 之间有 N_d 个样值的时延，当存在频偏 Δf_c，相位偏差 $\Delta\varphi$ 时，接收到的两个训练信号可分别表示为

$$\left.\begin{aligned} y_1(n) &= y(n) = x_1(n)h(n)\exp\,(-\mathrm{j}2\pi\Delta f_c nT_s + \Delta\varphi) + z_1(nT_s), \\ &\qquad\qquad n = 0,\ 1,\ \cdots,\ N-1 \\ y_2(n) &= y(n+N_d) = x_1(n)h(n)\exp[-\mathrm{j}2\pi\Delta f_c(n+N_d)T_s + \Delta\varphi] + z_2(nT_s), \\ &\qquad\qquad n = 0,\ 1,\ \cdots,\ N-1 \end{aligned}\right\} \tag{9-42}$$

式中 $h(n)$ —— 信道的冲激响应，并假设信道在两个码元间保持不变；

T_s —— 信号抽样间隔；

z_1，z_2 —— 噪声抽样。

在不考虑噪声情况下，定义两个训练信号的时域相关为

$$\begin{aligned} R_t = \sum_{n=0}^{N-1} y_1(n)y_2^*(n) &= \sum_{n=0}^{N-1}\{[x_1(n)h(n)\exp\,(-\mathrm{j}2\pi\Delta f_c nT_s + \Delta\varphi)]\times \\ &\quad [x_1^*(n)h^*(n)\exp\,(\mathrm{j}2\pi\Delta f_c(n+N_d)T_s - \Delta\varphi)]\} = \\ &\quad \exp\,(-\mathrm{j}2\pi\Delta f_c N_d T_s)\sum_{n=0}^{N-1}[\,|x_1(n)h(n)|^2\,] \end{aligned} \tag{9-43}$$

相关值 R_t 的相位为 $\mathrm{ang}(R_t) = 2\pi\Delta f_c N_d T_s$，与载波相位偏差 $\Delta\varphi$ 没有关系。于是，从训练信号的时域相关值可得载波偏差为

$$\Delta f_c = \tilde{f}_c - f_c = \frac{\mathrm{ang}(R_t)}{2\pi N_d T_s} = \frac{\mathrm{ang}(R_t)N\Delta f}{2\pi N_d} \tag{9-44}$$

式中 Δf—— 子载波间隔，$\Delta f = N/T_s$。

由于相位角 $\mathrm{ang}(R_t)$ 的变化范围为 $[-\pi,\ \pi]$，所以载波频偏的估计范围为

$$|\Delta f_c| \leqslant \frac{N}{N_d}\,\frac{\Delta f}{2} \tag{9-45}$$

在实际的 OFDM 系统中，由于有循环前缀，$N_d = N + N_g > N$，所以频偏 Δf_c 的估计范围小于子载波间隔的一半。

在 AWGN 信道中，由式(9-44)给出的估计是最大似然估计，其估计的方差为

$$\sigma^2_{\Delta f_c} \propto \frac{1}{N \times \mathrm{SNR}} \tag{9-46}$$

式(9-46)表明，训练信号的长度 N 越大，用于相关的样值点越多，估计越准确；反之，N 越小，估计误差就越大。

对于训练信号也可以做频域相关。对训练信号做 N 点 FFT，可得接收信号的频域表示为

$$\begin{aligned} y_1(k) &= \sum_{n=0}^{N-1} y_1(n)\exp\,(-\mathrm{j}2\pi k/N) = \\ &\quad \sum_{n=0}^{N-1}\{x_1(n)h(n)\exp[-\mathrm{j}(2\pi\Delta f_c nT_s\Delta\varphi)]\exp\,(-\mathrm{j}2\pi k/N)\} + Z_1(k) \end{aligned} \tag{9-47}$$

$$y_2(k) = \sum_{n=0}^{N-1} y_2(n)\exp(-\mathrm{j}2\pi k/N) =$$

$$\sum_{n=0}^{N-1}\{x_1(n)h(n)\exp[-\mathrm{j}(2\pi\Delta f_c(n+N_d)T_s+\Delta\varphi)]\exp(-\mathrm{j}2\pi k/N)\}+Z_2(k)=$$
$$y_1(k)\exp(-\mathrm{j}2\pi\Delta f_c N_d T_s)+Z_2^1(k),\quad k=0,1,\cdots,N-1 \tag{9-48}$$

式中　$Z_1(k)$，$Z_2(k)$ 和 $Z_2^1(k)$—— 噪声的频域抽样。

做两个训练信号的频域相关可得

$$R_f=\sum_{k=0}^{N-1}y_1(k)y_2^*(k)=\exp(-\mathrm{j}2\pi\Delta f_c N_d T_s)\sum_{k=0}^{N-1}|y_1(k)|^2+Z \tag{9-49}$$

式中　$Z(k)$—— 频域相关得到的噪声项。

在不考虑噪声的情况下，相关值 R_f 的相位为

$$\mathrm{ang}(R_f)=-2\pi\Delta f_c N_d T_s \tag{9-50}$$

类似地，可得载波频偏的估计值为

$$\Delta f_c=\frac{\mathrm{ang}(R_f)}{2\pi N_d T_s}=\frac{\mathrm{ang}(R_f)N\Delta f}{2\pi N_d} \tag{9-51}$$

这种算法只能估计出子载波间隔一半的频偏。为了增大捕获范围，需要对其进行修改，一种方法是通过缩短 FFT 时间来使子载波间隔变宽，其代价是牺牲了同步的精度。

2. 基于循环前缀的最大似然算法

上述相关算法是基于训练信号的，加入训练信号会降低传输效率。为节省传输资源，可利用循环前缀所携带的信息来实现载波频率的同步。由于循环前缀的存在，每个 OFDM 信号的前 T_g 个信号样值是最后 T_g 个样值的复制，因此，可利用循环前缀及其相隔 N 个采样的信号之间的相关性得到定时和频偏的联合估计。

设 OFDM 信号的 FFT 时间为 T，子载波数为 N，循环前缀的时间为 T_g，数据点数为 L_g，利用循环前缀进行同步的基本思想是将信号延迟 T 后与原信号进行相关运算，如图 9-20 所示。

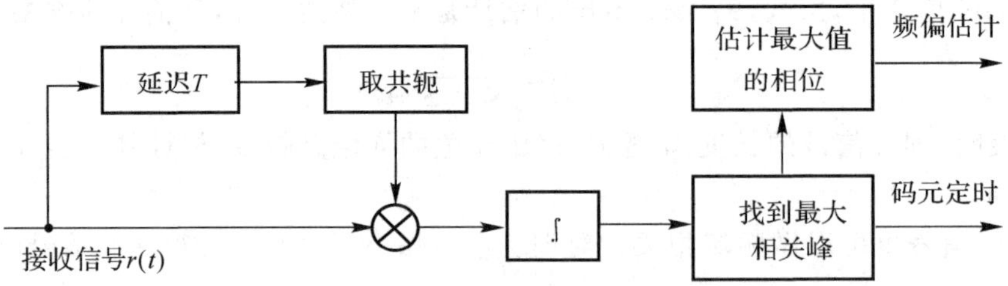

图 9-20　利用循环前缀的联合定时和频偏估计

相关器的输出表示为

$$\gamma(t)=\int_0^{T_g}r(t-\tau)r^*(t-\tau+T)\mathrm{d}\tau \tag{9-52}$$

式中　$r(t)$—— 接收信号，在多径信道中可以表示为

$$r(t)=\sum_{l=0}^{L}s(t-\tau_l)h(t,\tau_l)+z(t) \tag{9-53}$$

式中　$s(t)$ —— 发送信号；

$h(t,\tau_l)$ —— 第 l 条路径的信道冲激响应；

L —— 可分辨的路径数，假设信道中的最大时延扩展 $\tau_{\max}<T_g$；

$z(t)$ —— 加性高斯白噪声。

定义两个集合

$$\left.\begin{aligned}I&=\{N_d,\cdots,N_d+L_g-1\}\\I'&=\{d+N,\cdots,d+N+L_g-1\}\end{aligned}\right\} \tag{9-54}$$

其中，N_d 为码元定时同步点，即 OFDM 码元的起始位置，将 $2N+L_g$ 个观察样值作为一个向量 $\boldsymbol{r}$，即

$$\boldsymbol{r}=[r(N_d)\quad r(N_d+1)\quad\cdots\quad r(N_d+2N+L_g-1)]^{\mathrm{T}}=[\boldsymbol{r}(n)]^{\mathrm{T}},$$
$$n=N_d,N_d+1,\cdots,N_d+2N+L_g-1 \tag{9-55}$$

则在 $\boldsymbol{r}$ 中包含一个完整的 OFDM 码元。

在向量 $\boldsymbol{r}$ 中，只有属于集合 I 和 I' 中对应元素的样值之间存在相关性，其他 $2N$ 个样值间可以看成是相互独立的。因此，对 $\boldsymbol{r}$ 进行滑动相关可得

$$E\{r(n)r^*(n+m)\}=\begin{cases}\sigma_s^2+\sigma_n^2, & m=0\\ \sigma_s^2\exp(-\mathrm{j}2\pi\Delta f_c), & m=N,\ \forall n\in I\\ 0, & \text{其他}\end{cases} \tag{9-56}$$

式中　σ_s^2—— 有用信号的能量，$\sigma_s^2=E[|s(n)|^2]$；

σ_n^2—— 加性高斯白噪声的能量，$\sigma_n^2=E[|z(n)|^2]$；

N_d 和 Δf_c 是要估计的码元到达时间和载波频偏，为此，定义似然函数 $\Lambda(N_d,\Delta f_c)$ 为

$$\Lambda(N_d,\Delta f_c)=\lg f(\boldsymbol{r}/N_d,\Delta f_c) \tag{9-57}$$

式中　$f(\boldsymbol{r}\mid N_d,\Delta f_c)$—— 在给定 N_d 和 Δf_c 的条件下，$2N+L_g$ 个抽样点的联合概率密度函数。

为表达简洁，将 $f(\boldsymbol{r}\mid N_d,\Delta f_c)$ 简化为 $f[r(n)]$，利用向量 $\boldsymbol{r}$ 中对应元素之间的相关性，可将式(9-57)表示为

$$\Lambda(N_d,\Delta f_c)=\lg\left\{\prod_{n\in I}f[r(n),r(n+N)]\prod_{n\not\subset I\cup I'}f[r(n)]\right\}=$$
$$\lg\left\{\prod_{n\in I}\frac{f[r(n),f(n+N)]}{f[r(n)]f[r(n+N)]}\prod_{n}f[r(n)]\right\} \tag{9-58}$$

定义

$$\gamma(m)=\sum_{n=m}^{m+L_g-1}r(n)r^*(n+N) \tag{9-59}$$

$$\Phi(m)=\frac{1}{2}\sum_{n=m}^{m+L_g-1}(|r(n)|^2+|r(n+N)|^2) \tag{9-60}$$

对式(9-58)进行代数运算可得

$$\Lambda(N_d,\Delta f_c)=|\gamma(N_d)|\cos\{2\pi\Delta f_c+\arg[\gamma(N_d)]\}-\rho\Phi(N_d) \tag{9-61}$$

式中

$$\rho=\left|\frac{E[r(n)r^*(n+N)]}{\sqrt{E[|r(n)|^2E[|r(n+N)|^2]}}\right|=\left|\frac{\sigma_s^2\exp(-j2\pi\Delta f_c)}{\sigma_s^2+\sigma_n^2}\right|=\frac{\sigma_s^2}{\sigma_s^2+\sigma_n^2}=\frac{\mathrm{SNR}}{\mathrm{SNR}+1} \tag{9-62}$$

可以看到,式(9-61)的第二项是能量项,与 Δf_c 无关,Δf_c 主要取决于第一项。

对 N_d 和 Δf_c 的最大似然估计分两步完成,即

$$\max_{(N_d,\Delta f_c)}\Lambda(N_d,\Delta f_c)=\max_d\max_{\Delta f_c}\Lambda(N_d,\Delta f_c)=\max_d\Lambda(N_d,\Delta\hat{f}_c(N_d)) \tag{9-63}$$

对于频偏 Δf_c,使式(9-61)最大化可得

$$2\pi\Delta f_c+\arg[\gamma(N_d)]=2n\pi \tag{9-64}$$

于是,可得 Δf_c 的最大似然估计为

$$\Delta\hat{f}_c(N_d)=-\frac{1}{2\pi}\arg[\gamma(N_d)]+n \tag{9-65}$$

考虑一般情况下,载波频偏应在一个较小的范围内,可取 $n=0$,于是,有

$$\Delta\hat{f}_c=-\frac{1}{2\pi}\arg[\gamma(N_d)] \tag{9-66}$$

令式(9-61)中的 cos 项为1,得到有关定时 N_d 的最大似然函数为

$$\Lambda[N_d,\Delta\hat{f}_c(N_d)]=|\gamma(N_d)|-\rho\Phi(N_d) \tag{9-67}$$

由于式(9-67)只与 N_d 有关,因此令 $\Lambda[N_d,\Delta\hat{f}_c(N_d)]$ 最大化可得 N_d 的最大似然估计值 $\hat{N}_d$,于是 N_d 和 Δf_c 的联合最大估计为

$$N_d=\arg\max[|\gamma(N_d)-\rho\Phi(N_d)|] \tag{9-68}$$

$$\Delta\hat{f}_c(N_d)=-\frac{1}{2\pi}\arg[\gamma(N_d)] \tag{9-69}$$

由式(9-56)、式(9-59)可以看到,在滑动相关过程中,当 $N_d=0$ 时,$\gamma(N_d)$ 取得最大值,出现相关峰;而 $\Phi(N_d)$ 是保护间隔内的信号能量,在相关过程中基本为一常量。因此,可利用图9-20中相关器输出的相关峰,即 $\gamma(N_d)$ 的最大值来实现符号定时,如图9-21所示是包含10个 OFDM 码元的相关输出的结果。

图9-21所示的仿真中,路径时延 $t_p=20$ ms,子载波数为192,循环前缀的时间为 $t_g=3\times t_p=60$ ms,采用256点的FFT,码元时间 $t_s=5\times t_g=300$ ms。仿真时未加入噪声。由图9-21可见,相关输出的旁瓣会影响定时的精度。当参与相关运算的独立样本数越多,或子载波数越

多时，定时估计的偏差越小。

有关频偏、定时估计的算法还有很多，如基于导频、特殊训练符号的估计算法，针对整数频偏和小数频偏的估计算法等。具体算法可参考有关文献。

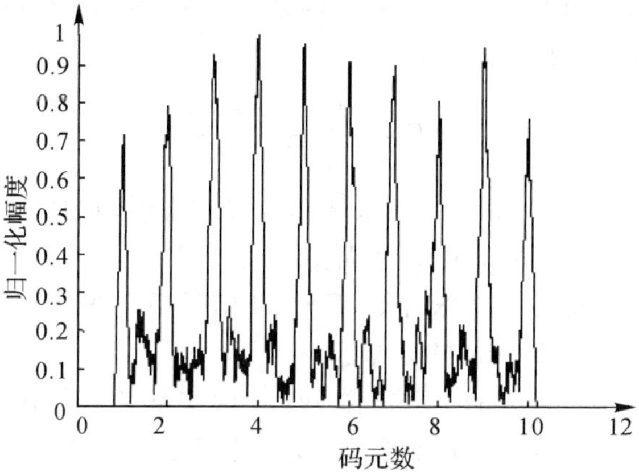

图 9－21　OFDM 码元的相关输出

9.6　OFDM 中的峰均功率比问题

OFDM 系统的另一个主要缺点是具有较大的峰值平均功率比（峰均比，PAPR，Peak-to-Average Power Ratio）。一个 OFDM 码元是由多个独立的调制子载波信号相加而成的。在某一时刻，若多个子载波以同一相位进行累加，就会产生较大的峰均比问题，它直接影响着整个系统的运行成本和效率。

大的峰值功率要求功放具有很大的线性区域，否则，当信号峰值进入功放的非线性区域时，就会使信号产生畸变，进而产生子载波间的互调干扰和带外辐射，破坏子载波间的正交性。然而，很大的线性区域又将导致非常低的放大效率，并提升发射机成本。因此，必须采取一定的技术来降低 OFDM 信号的峰均比，使发射机中的功率放大器高效工作，并提高系统的整体性能。

9.6.1　峰均比的定义及分布

对一个有 N 个子载波的 OFDM 信号，复基带信号可以表示为

$$x_n = \frac{1}{N}\sum_{k=0}^{N-1} x_k \mathrm{e}^{\mathrm{j}2\pi nk/N} \tag{9-70}$$

式中　x_k—— 调制信号，$k=0, \cdots, N-1$。

定义峰均比(PAPR)为

$$\mathrm{PAPR}=\frac{\max\limits_{n}\{|x_n|^2\}}{E\{|x_n|^2\}} \tag{9-71}$$

另一个常用的参数是 OFDM 信号的峰值因数(CF,Crest Facter),定义为 OFDM 信号的峰值与均方根(RMS)幅值之比,即

$$CF=\frac{\max\limits_{n}\{|x_n|\}}{\sqrt{E\{|x_n|^2\}}} \tag{9-72}$$

PAPR 和 CF 都可以用对数表示,对于一个未调制的载波来说,其 PAPR 为 0 dB,CF 为 3 dB,对于调制载波,PAPR 和 CF 也存在 3 dB 的差异。

由于存在峰均比问题,在某一特殊时刻,OFDM 信号呈现非常大的峰值,且不可预测。因此,可以采用概率分布来描述 PAPR 的分布。

根据中心极限定理,对于较大的子载波数 N,x_n 的实部和虚部样值均服从均值为 0,方差为 1/2 的高斯分布;信号的幅度服从瑞利分布,功率服从自由度为 2 的中心 χ^2 分布,其累积分布函数为

$$F_{\text{power}}(z)=P\{\text{power}\leqslant z\}=1-\mathrm{e}^{-z} \tag{9-73}$$

式中 power —— 信号功率

一般,不采用过采样时,可满足 N 个样值之间互不相关。OFDM 信号的 PAPR 大于门限 δ^2 的概率为

$$P(\delta)=P\{\mathrm{PAPR}>\delta^2\}=1-F_{\text{power}}(\delta^2)^N=1-(1-\mathrm{e}^{-\delta^2})^N \tag{9-74}$$

若采用过采样,上面的假设不再成立,式(9-74)就不能很准确地反映此时的 PAPR 分布,可以利用 αN 个子载波进行非过采样来近似描述对 N 个载波的过采样,其中 $\alpha>1$。则过采样后 OFDM 信号的 PAPR 大于门限 δ^2 的概率为

$$P(\delta)=P(\mathrm{PAPR}>\delta^2)=1-(1-\mathrm{e}^{-\delta^2})^{\alpha N} \tag{9-75}$$

9.6.2 峰均比问题的解决方法

目前用来降低 PAPR 的方法主要有三类:第一类是信号预畸变技术,即对峰值功率附近的信号幅度进行非线性处理来降低峰值功率,这类技术包括限幅、峰值加窗和峰值消除技术等;第二类是编码技术,即避免使用出现较大峰值功率的纠错编码的码字;第三类是概率类技术,这类技术并不着眼于降低信号幅度的最大值,而是降低峰值出现的概率,其基本思想是在每个 OFDM 序列中加入不同的扰码,从中选出 PAPR 最小的序列。下面分别简要介绍这几类方法。

1. 信号预畸变技术

最简单的降低 PAPR 的方法是在信号经过非线性部件之前对其进行限幅，使得峰值信号低于预期的最大电平值，但它会导致严重的带内干扰和带外辐射功率的增加。限幅后滤波可以降低带外频谱干扰，但这又导致峰值再生，且滤波器会引入额外计算量。

限幅技术有各种不同的实现方法。一般是将 OFDM 信号乘以一个矩形窗，将高于某个幅值的波形削平。因此，限幅后带外频谱主要由 OFDM 信号频谱和矩形窗函数频谱中频带较大的决定，通常由矩形窗函数决定，这样带外的信号下降很慢。

另一种方法是对 IFFT 后、加入循环前缀前的信号进行限幅处理，但限幅后的信号在数模变换前必须进行插值，这将导致峰值再生。为此，可对插值后的信号进行限幅，其原理图如图 9－22 所示。

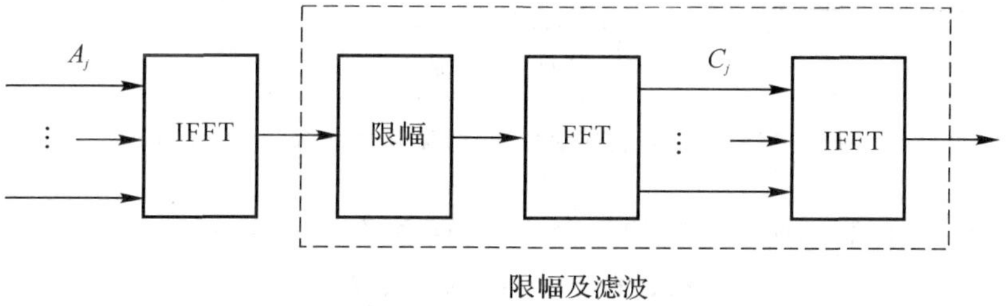

图 9－22　插值后限幅滤波原理图

在图 9－22 中，首先进行 IFFT，把输入数据向量从频域过采样转换到时域，对于给定的过采样因子 J，在数据向量中添加 $N(J-1)$个 0 来扩充原数据向量，这在时域中等效于三角内插值。接着对信号进行限幅。为了消除带外干扰，图 9－22 中采用了一种新的滤波器结构，它先将时域信号转换到频域，然后人为地将带外信号置零，再将信号转换到时域，完成对信号的滤波过程。这样的滤波可完全消除带外干扰，与未限幅的 OFDM 信号一样，但无法消除带内限幅噪声。

另外还可以通过多次限幅滤波过程来进一步改善信号的 PAPR 值。

为了减小直接限幅带来的带外干扰，可以采用非矩形窗的滤波器，如高斯窗函数。理想的窗函数应具有尽可能窄的带宽，窗口在时域不能太宽，因为这样会增加信号采样数，从而增加系统的误比特率。合适的窗函数有 Cosine，Kaiser 和 Hamming 窗等。

预畸变类技术还有压扩变换(C 变换)和峰值抵消技术，这两种技术具有相同的基本思想。C 变换技术的基本思想是把大功率发射信号压缩，把小功率发射信号进行放大，从而使发射信号的平均功率相对保持不变，这样不但可以减小系统的 PAPR，还可提高系统的抗干扰能力。

C 变换的基本过程如图 9－23 所示，在发送端对信号进行压扩，在接收端进行相反的操作。

峰值抵消也可以直接对 OFDM 时域信号进行处理，它包括一个功率峰值检测器和一个比较器，当检测到信号的功率超过设定的门限时，就减小峰值及周期信号样点的幅度。

2. 编码类技术

编码类技术用来限制可用于传输的信号码字集合，只有那些幅度峰值小于门限的码字才能被选用，从而避免了出现大的信号峰值。这类技术是线性过程，不会出现限幅类技术的限幅噪声。

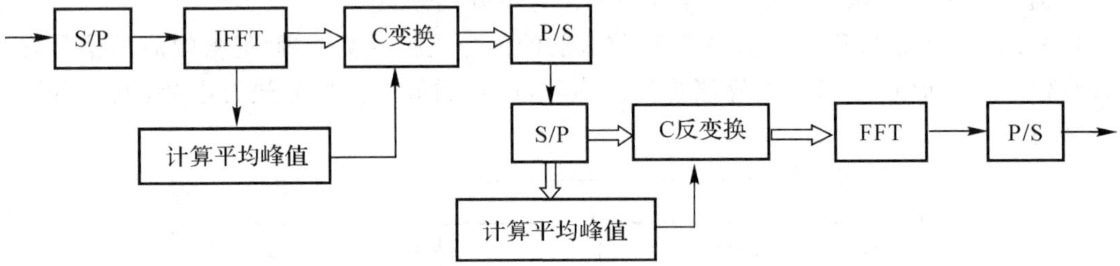

图 9-23 C 变换的基本过程(参见参考文献[3]图 6-6)

用 c 表示码字，C 表示所有码字的集合，对于码字集合 C，定义

$$\mathrm{PAPR}(c)=\max_{c\in C}\mathrm{PAPR}(c) \tag{9-76}$$

编码的任务就是要选择子集 C，使得 $\mathrm{PAPR}(c)\leqslant\delta_{\max}^{2}$，$\delta_{\max}^{2}$ 表示归一化的信号功率的最大值，编码类技术的基本思想是对所有可能的码字，计算每个码字的 PAPR 值，选择使 $\mathrm{PAPR}(c)\leqslant\delta_{\max}^{2}$ 的码字作为传输码字。

OFDM 系统的 PAPR 值与子载波数 N、信号星座大小 q，信息速率 R 等有关，设编码后的信息速率为 R，则有

$$R=\frac{\mathrm{lb}\left[q^{N}P\left\{\mathrm{PAPR}(c)<\delta_{\max}^{2}\right\}\right]}{\mathrm{lb}q^{N}} \tag{9-77}$$

式中　$P\{x\}$ —— x 的概率。

通常小的 PAPR 值会带来小的信息速率。因此，编码类技术是以降低信息传输速率为代价来改善 PAPR 性能的。

编码类技术的核心是寻找合适的码组，这些码组应具备以下特点：① 适合任意载波数、任意调制阶数、任意编码效率；② 能有效实现编译码；③ 具有检错 / 纠错能力。

互补 Golay 序列可以用来构造降低信号 PAPR 的传输码集。采用 Golay 序列可以将信号的 PAPR 限制在 3 dB 以内，而与输入的数据无关。于是，在实际系统中，可以预先知道功放的动态范围；而且这种码具有前向纠错能力，可以进一步改善系统的性能。

构造互补 Golay 序列的方法可参见文献[2] 和[3] 等。

3. 概率类技术

这类技术并不着眼于降低信号幅度的最大值，而是降低峰值出现的概率。OFDM 系统中出现较大峰值功率信号的原因在于多个子载波信号的叠加，如果可以利用多个序列来表示同一组信息的传输，则在给定的 PAPR 门限条件下，可以从中选择一组用于传输，这样就会显著减小峰值信号出现的概率。这一类方法主要有选择性映射(SLM，Selected Mapping) 和部分传输序列(PTS，Partial Transmit Sequence) 等。

概率类技术最基本的方法是通过线性变换来实现的，即

$$Y_n = A_n X_n + B_n,\qquad 1 \leqslant n \leqslant N \tag{9-78}$$

式中　Y_n—— 输入到 IFFT 的 N 个数据向量 $\boldsymbol{Y}$ 的元素；

X_n—— 原始频域向量 $\boldsymbol{X}$ 的元素；

A_n, B_n—— 向量 $\boldsymbol{A}$ 和 $\boldsymbol{B}$ 中的元素。

该方法的目的是寻找 N 点向量 $\boldsymbol{A}$ 和 $\boldsymbol{B}$，使得传输信号 $y = \mathrm{IFFT}(\boldsymbol{Y})$ 具有较好的 PAPR 性能。

SLM 和 PTS 方法都是选择合适的向量 $\boldsymbol{A}$，而设 $\boldsymbol{B}$ 为零向量；它们都利用了 $\boldsymbol{A}$ 向量中的元素具有单位幅值的限制，即 $A_n = \mathrm{e}^{\mathrm{j}\theta_n}, \theta_n \in [0,\ 2\pi], 1 \leqslant n \leqslant N$，是纯相位旋转。

SLM 方法的基本思想是利用 M 个统计独立的向量 $\boldsymbol{Y}_n$ 表示相同的信息，选择其时域信号 y_m 中具有最小 PAPR 值的一路用于传输，其原理图如图 9-24 所示，所有这 M 路相互独立的信号 PAPR 值都超过门限 δ^2 的概率 $P_M(\delta)$ 为

$$P_M(\delta) = P(\delta)^M = [1 - (1 - \mathrm{e}^{-\delta^2})^N]^M \tag{9-79}$$

式中　$P(\delta)$ —— 一路 OFDM 信号 PAPR 值大于门限 δ^2 的概率，也就是 OFDM 信号幅度峰值因子 CF 大于门限 δ 的概率。

这 M 路相互独立的向量 $\boldsymbol{Y}_m$ 是由 M 个固定的但完全不同的旋转向量 $\boldsymbol{A}_m$ 产生的，$m = 1, \cdots, M$，且 $\boldsymbol{A}_m \in \{\pm 1, \pm j\}$。当原始数据向量发送过来后，所有 M 路并行计算其对应的时域信号 y_m，并选择具有最小 PAPR 值的一路进行传送，在接收端进行相反操作以恢复出传送的原始信息。为此，可将选择的支路序号 M 作为边带信息一起传送。

SLM 算法的缺点是需要额外计算 $M-1$ 组 IFFT 运算，因而运算量较大。

PTS 方法的原理与 SLM 相似，但其转换向量具有不同的结构，如图 9-25 所示。PTS 方法首先将数据向量划分成 V 个互不重叠的子向量 $\boldsymbol{X}_V$，每个子向量的长度为 N/V。假设每个分组中所包含的子载波数是相同的，将 V 个分组按下列方式组合起来。

$$\boldsymbol{X} = \sum_{v=1}^{V} b_v \boldsymbol{X}_v \tag{9-80}$$

式中　b_v—— 加权系数，$v = 1, \cdots, V$，且满足 $b_v = \exp(\mathrm{j}\varphi_v), \varphi_v \in [0,\ 2\pi]$。

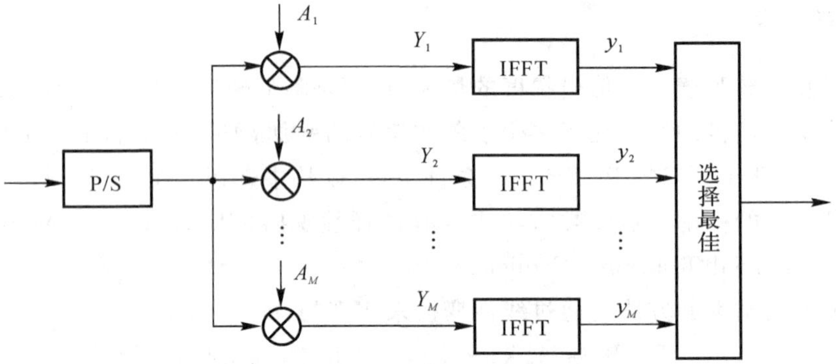

图 9-24　SLM 的原理图

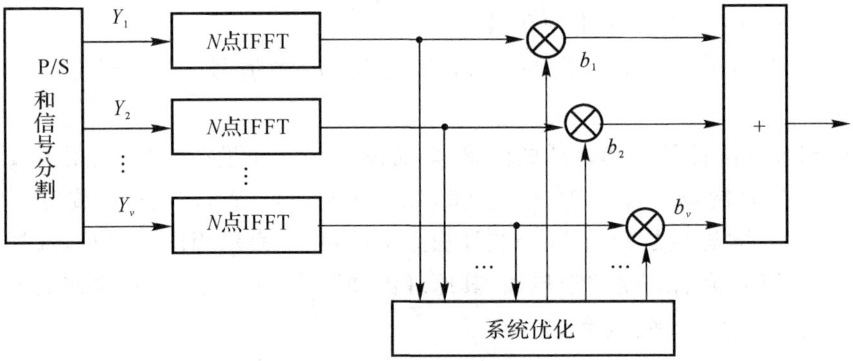

图 9-25　PTS 原理图

对 x 进行 IFFT,并利用 IFFT 的线性性质可得

$$x = \sum_{\nu=1}^{V} b_\nu \mathrm{IFFT}\{X_\nu\} \tag{9-81}$$

通过选择加权系数$\{ b_v,\ v=1,\ \cdots,\ V \}$,使得其峰值信号得到最佳化,其原理图如图 9-25 所示。最优加权系数应满足

$$\{X_1, b_2, \cdots, b_v\} = \underset{\{b_1, b_2, \cdots, b_r\}}{\arg\min} \left[\max_{1 \leqslant n \leqslant N} \left| \sum_{v=1}^{V} b_\nu X_\nu \right|^2 \right] \tag{9-82}$$

这样就以 $V-1$ 次 IFFT 运算获得最佳的$\{ b_v,\ v=1,\ \cdots,\ V \}$系数,从而获得 PAPR 性能的改善。

PTS 方法的缺点在于需要采用遍布搜索的方法来得到最优的$\{b_v\}$,优化一个符号需要 VP^V 次迭代运算,其中,P 为 b_v 可能取的相位值数。因此,其计算复杂度极大。为此可通过限制 b_v 的取值范围,采用适当的分割方法,以及迭代搜索方法等来降低复杂度,具体的方法可参见文献[2]和[3]。

除 SLM 和 PTS 方法外，概率方法还包括脉冲整形(PS,Pulse Shaping)、TI(Tone Injection)、TR(Tone Rejection)等。

9.7　OFDM 在水声通信系统中的应用

水声信道是一个时变多径衰落信道,水声通信系统中通常采用自适应均衡器来克服码间干扰。当在高速率传输时,均衡器的结构和算法都有一定的复杂度。

OFDM 采用多载波调制,将串行高速数据流转换成并行的低速数据流,并在码元中加入保护间隔来减少码间干扰的影响。接收机可以采用结构简单的均衡器,甚至不用均衡器,因而大大简化了接收机的复杂度。这无疑对水声通信系统很有吸引力,从而受到了广泛的重视。

1994 年,法国 Brest 大学 S. Coatelan 等人设计了 OFDM 水声通信系统,利用 DFT 滤波器来实现正交频分复用多路传输。该系统在子载波上采用 BFSK 调制方式,因此,实际上是个 MFSK 调制系统。数据信号以帧为单位进行编码,每帧包含一个冗余字符、一个同步字符和 10 ～ 50 个 OFDM 信息码元。由于利用了长达 30 ms 的保护间隔,其数据率只有 50 b/s。该系统分别在水深 25 m、距离 650 m 和水深 27 m、距离 1 920 m 的浅海信道上进行了海试。在信噪比分别为 16 dB 和 27.5 dB 的情况下,未采用差错编码时的误码率低于 10^{-4}。

2000 年,美国纽约 Polytech 大学的 Byung-Chul Kim 等人以 OFDM 水声通信方案参加了美国海军组织的 Signal-Ex 试验,该试验用于评价不同水下通信声呐在不同水文条件下的性能。Kim 的 OFDM 系统带宽为 3 kHz,采用 COFDM 调制,子载波间隔为 3.91 Hz,共有 768 个子载波,其中数据子载波 638 个,还有 64 个导频和 66 个空子载波,调制方式采用 QPSK,循环前缀的长度为 92 ～ 100 ms,通信速率约为 3 584 b/s。Kim 采用了循环前缀来估计 Doppler 频移,并采用了基于 MMSE 的信道估计和均衡。试验中使用了两套 Telesonar 试验平台,一个布放在水下 200 m 左右,另外一个固定在距其 3 km,5 km 和 7 km 处。试验结果显示当信噪比大于 15 dB 时,误码率可以小于 1%。

新加坡国立大学的 Mandar Chitre 等人设计的 COFDM 系统在新加坡浅海水域试验中使用 24 kHz 的带宽在 350 m 距离上达到 5.3 kb/s 的传输率,误码率小于 10^{-4}。美国 WHOI 的 Andrey K. Morozov 等人采用最大似然序列检测算法使 OFDM 系统在 2 km 通信距离的试验中达到了 2.5 kb/s 的传输率。

OFDM 在水声信道应用中遇到的最大挑战在系统同步方面,特别是在频率同步方面。由于声波传播速度(标称值为 $c=1\ 500$ m/s)远小于空气中电磁波的传播速度,这使得相对运动导致的多普勒失真要比无线电系统严重得多。在水声通信系统中,移动系统,如自主水下航行器(AUV)可能以 10^0 m/s 量级的速度 v 运动,所导致的相对多普勒频移 $\Delta f_d = v/c$ 在 10^{-3} 的量级上。即使没有明显的相对运动,自由悬浮的发射机和接收机也会因海面波浪和海流而浮动。当在平静海面时，其浮动速率为 10^{-1} m/s 量级；在粗糙海面情况下，其浮动速率可能为 10^{0} m/s 量级。结果造成在宽带水声通信系统中，多普勒频移在整个系统带宽内不是均匀的。除此之外，水声信道的时变多径也会造成 10^{0} Hz 量级的多普勒扩展。非均匀的多普勒频移及多普勒扩展成为制约 OFDM 性能的主要因素，因此，多普勒频移的补偿及频域补偿成为目前水声 OFDM 系统研究的重点。

B. K. Lam 等提出了一种编码 OFDM(COFDM) 调制方案，其特点是利用相干伪随机信号作为信道探测信号来测量信道的复传递函数用于频域均衡。

M. Stojanoric 和 B. S. Li 等人对非均匀多普勒补偿进行了研究。其方案的核心思想是认为多普勒频移在整个系统带宽内是不均匀的，但在每个路径上相对多普勒频移 $\Delta f_d = v/c$ 是相同的。针对零填充(ZP)的 OFDM 信号，借助于重采样进行非均匀多普勒补偿，将宽带问题转化为窄带问题，对剩余多普勒进行高分辨多普勒补偿。系统采用导频信号进行信道估计，接收信号按照 OFDM 分组进行处理，因而该方法适用于快变信道。Stojanovic 和 Li 等人在 Wood Hole 海域附近进行了两次试验，试验系统带宽为 12 kHz，采用 QPSK 调制，2/3 码率的卷积码，载波数分别为 512，1 024 和 2 048，实现的数据率分别为 7.8 kb/s，9.6 kb/s 和 9.7 kb/s。试验结果表明，即使发射机和接收机之间的相对运动速度达到 10 kn，多普勒频移大于 OFDM 子载波间隔，OFDM 系统也取得了良好的性能。这些结果表明，在有非均匀多普勒频移的宽带水声信道中，OFDM 也是高速通信的一个可行的选项。

随着 MIMO 技术的发展，将 MIMO 技术与 OFDM 相结合的水声 MIMO-OFDM 通信技术也得到广泛的关注，有关研究内容可参见参考文献[22]～[23]。

思考与练习题

9-1 OFDM 技术的特点是什么？它有哪些优点和缺点？

9-2 OFDM 信号如何构成？保护间隔和循环前缀的作用是什么？怎样产生 OFDM 信号？

9-3 根据 OFDM 系统的组成框图，简述 OFDM 系统的工作过程。

9-4 设计一个水声通信系统，要求满足如下条件：

(1)比特率为 5 kb/s；

(2)信道中的时延扩展为 4 ms；

(3)带宽应小于 6.5 kHz。

9-5 信道估计的基本方法有哪些？在 OFDM 系统中常用的信道估计算法有哪些？

9-6 载波频偏对 OFDM 信号有怎样的影响？OFDM 系统中需要哪些同步算法？如何实现载波同步和定时同步？

9-7 峰均功率比问题对 OFDM 系统有什么影响？峰均比问题的解决方法有哪些？

参 考 文 献

[1] Richardvan Nee, Ramjee P. OFDM for wireless multimedia communications [M]. Boston London: Artech House Publishers, 2000.

[2] 王文博，郑侃. 宽带无线通信 OFDM 技术[M]. 北京：人民邮电出版社，2007.

[3] 郑裕民. OFDM 关键技术与应用[M]. 北京：机械工业出版社，2007.

[4] Moose P H. A technique for orthogonal frequency division multiplexing frequency offset correction [J]. IEEE Trans. Communications, 1994, 42(10): 1908 - 1914.

[5] Van de Beck J J, Sandell M, et al. Low complex frame synchronization in OFDM systems [C]. IEEE Proc. Universal Personal communications, 1995, 6: 928 - 986.

[6] Van De Beck J J, Sandell M, Borjesson P O. ML estimation of time and offset in OFDM systems [J]. IEEE Trans. Signal Processing, 1997, 45(7):1800 - 1805.

[7] Schmidl T M, Cox C. Rubust frequency and time synchronization for OFDM [J]. IEEE Trans. Communications, 1997, 45(12):1613 - 1621.

[8] Stefan H M, Johannes B H. A comparison of peak power reduction schemes for OFDM [C]. IEEE Global Telecommunications Conference 1997, 1:3 - 8.

[9] Kim B C, Lu I T. Parameter study of OFDM underwater communications system [A]. IEEE Proc. OCEANS 2000, 2000:1251 - 1255.

[10] Coatelan S, Glavieux A. Design and test of a multicarrier transmission system on the shallow water aeoustic channel [C]. IEEE Proc. OCEANS 1994:472 - 477.

[11] Coatelan S, Glavieux A. Design and test of a coding OFDM system on the shallow water acoustic channel [C]. MTS/IEEE OCEANS 1995, 1995, 3:2065 - 2070.

[12] Zakharov Y V, Kodanev V P. Multipath-Doppler diversity of OFDM signals in an underwater acoustic channel [C]. IEEE Proc. Acoust Speech Signal Process, 2000, 5:2941 - 2944.

[13] Lam W K, Ormondroyed R F. A novel broadband COFDM modulatior scheme for rubust communication over underwater aconstic channel [C]. IEEE Proc. MILCOM 1998, 1998:129 - 133.

[14] Lam W K, Ormondroyd R F, Davies J J. A frequency domain adaptive coded decision feedback equalizer for a broadband UWA COFDM system [C]. IEEE Proc. OCEANS 1998, 1998, 794 - 799.

[15] Stojanovic M. Low complexity OFDM detector for underwater acoustic channels [C]. IEEE Proc. OCEANS 2006, 2006:1 - 6.

[16] Stojanovic M. OFDM for underwater acoustic Communications: adaptive synchronization and sparse channel estimation [C]. IEEE Proc. Acoustic, Speech, Signal Processing, I CASSP 2008, 2008:5289 - 5291.

[17] Chitre M, Ong S H, Potter J. Performance of coded OFDM in very shallow water channels and snapping shrimp noise [C]. IEEE/MTS OCEANS 2005,2005:18 - 23.

[18] Morozov A K, Preisig J C. Underwater acoustic communications with multi-carrier modulation [C]. IEEE Proc. OCEANS 2006, 2006:1 - 6.

[19] Li B S, Zhou S L, et al. Multicarrier communicatios over underwater acoustic channels with nonuniform Doppler shifts [J]. IEEE Journal of Oceanic Engineering, 2008, 32(2): 199 - 209.

[20] Li B S, Zhou S L, et al. Pilot tone ZP-OFDM demodulation for an underwater acoustic channel [C]. IEEE Proc. OCEANS 2006, 2006:1 - 6.

[21] Li B S, Zhou S L, et al. MIMO-OFDM over an underwater ccoustic channel [C]. IEEE Proc. OCEANS 2007, 2007:1 - 6.

[22] Carrascosa P C, Stojanovic M. Adaptive MIMO detection of OFDM signals in an underwater acoustic channel [C]. IEEE Proc. OCEANS 2008, 2008:1 - 7.

第 10 章　水声网络技术

随着人们对海洋的科学研究和商业开发活动的增加，以及沿海地区军事防御力量的加强，高效、可靠的水下网络技术研究的重要性日益凸显。因为无线电波在水下衰减很快，所以，水声通信仍是水下网络中进行信息交互的有效工具。而水声通信技术的性能和稳健性的提高也使得水声通信的研究从点对点的通信扩大到点对多点的通信，使得水声通信网络的研究成为可能。无论是海洋研究与开发，还是军事活动，都需要对海洋环境、海底底质及其变化进行长期、连续、多采样点的信息采集、处理、分析和研究。借助于水声通信网络，可以使这些信息参数的获取和应用更加快速、方便和有效。因此，水声通信网络技术的研究，对海洋环境监测和保护、海洋地质灾害预报、海底矿产资源开发以及海洋军事活动等方面都具有重要意义。

本章介绍水声网络的概念及其相关技术。

10.1　水声网络的概念

10.1.1　水声网络的功能

按照水下网络的功能来看，目前水下网络大致有用于海底观测、水文数据采集、信道探测的传感器网络，用于沿岸海域水下目标侦察与探测的警戒探测网络，以及用于网络中心战的水下作战网络等。在水下网络中，各种不同类型的节点通过水声通信网络链接在一起，进行信息的采集、处理、分析，通过水声网络传递控制命令。

水声通信网络，简称水声网络，是一种借助于水声通信建立起来的无线网络。一个典型的水声网络由水下固定节点、移动节点、水面浮标等组成，如图 10－1 所示。其中，固定节点主要是位置固定的传感器、水雷等；而移动节点包括可移动的传感器、鱼雷、潜艇、无人水下航行器(UUV)等；水面浮标通常担当网关的作用，有水声和无线电两套收发装置，负责水声网络与水面、岸基、空中以及卫星等其他网络之间的信息交互。它可以将水下网络的数据传输到水面舰船或岸站，也可以将来自岸基或水面舰船的控制信息传递到水下网络中的各个节点。在控制中心的遥控下，水声网络的不同节点可以协同完成信息采集、监测以及作战等任务。

在水声网络中，各节点间传递的信息可以是节点传感器采集的信息数据，也可以是中心控制节点或网关发出的控制命令、导航信息等。借助于水声网络，可以大大改善原有系统的性能。

以借助于传感器的海洋监测系统为例。传统的海洋监测和信息获取方法是首先布放水下传感器,用传感器记录所需数据,回收传感器获取数据;再将传感器重新布放复位,继续进行监测。这种获取海洋信息的方法是一种非实时的数据获取方法,只有当传感器被回收时才能获得数据,此时通常是在监测任务开始几个月之后。这对实时监视,如地震、海啸等需要实时信息传递的应用来说是不可接受的。由于控制中心与水下监测设备之间不能实时交换信息,控制中心无法进行实时控制,不能自适应地调整这些设备。当有异常事件或故障发生时,不能及时检测到,这可能导致整个监视系统完全瘫痪。此外,由于水下设备的内存和硬盘空间有限,所获得的数据量是非常有限的。而借助于水声网络,水下传感器采集的数据可以实时地传递到控制中心,及时地进行数据处理和存储;控制中心与水下节点可以实现控制信息的实时交互,及时掌握水下传感器节点的状态。因此,这种水下网络更能适应环境的变化。

为了适应未来水下网络信息化的需要,水声网络的功能将从单一通信向通信、导航、识别等具有信息综合能力的方向发展,借助于水声链路链接网络中的各个节点,可以实时地从网络中获取海量的、准确的环境、导航和控制信息,使得水下感知能力有质的飞跃。

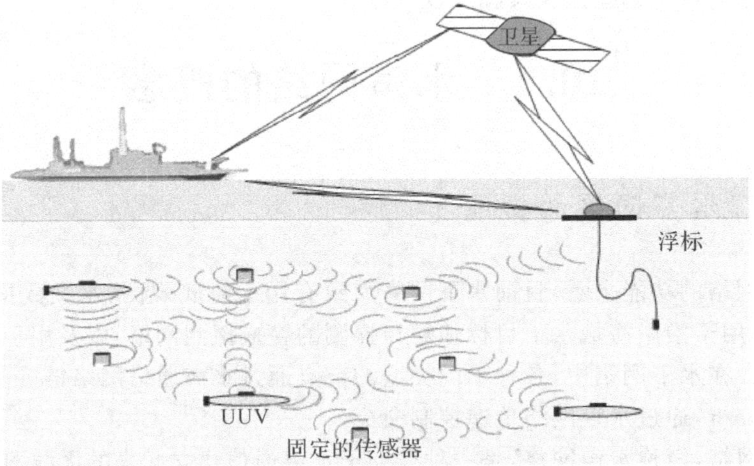

图 10-1 水声网络的组成

10.1.2 水声网络的组成

从水声网络的构成来看,实现不同功能的网络中的节点性质差异很大,既有传感器,也有潜艇、UUV 等,但这种差异主要体现在节点的载体上。从一个节点完成的主要功能来看,水声网络主要由传感器节点、转发器节点、主节点和网关等部件组成。

传感器节点主要是指通过配置各种不同类型的水下探测装置,如换能器、水流计、地震仪、声呐、视频摄像机等来获取水下生物、化学和声、光、磁等物理现象的参数,并通过水声调制解调器(modem)把信息发送出去的节点,其主要功能是获取水下环境的参数数据。一个传感器节点主要由6部分组成,如图10—2所示。

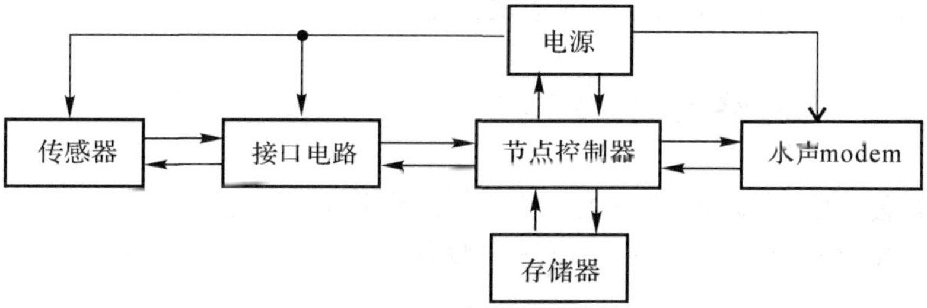

图 10-2 水下传感器节点的组成

传感器(sensor)主要用于获取的环境参数,并将所获取的数据转换成电信号,通过接口电路送给节点控制器。节点控制器根据一定的网络协议,把获取的数据组成数据分组,通过水声modem发送给转发器节点或主节点。除此之外,节点控制器还可以负责电源管理、本地数据的存取或一些本地的计算、分析等功能。电源模块多数为电池组,负责节点上所有模块的供电。不同的应用决定了所使用的传感器类型不同,例如测量水文参数的传感器,如测量海水特性的温度、盐度、深度传感器CTD;测量海流的声学多普勒流速剖面仪(ADCP);测量化学成分的传感器,如热液硫化物、硅酸盐的测量;测量金属离子的沉积层的电极传感器;测量声学参数的换能器;采集水下光学参数的视频摄像机等。传感器采集的环境参数既可以民用,也可以军用。如海洋的各种声学信息,民用可以进行海啸的预报、鱼类丰量分析等;军用则可以用于敌方水下目标的探测。传感器数据还可以用来定位,如借助于长、短基线的应答声信号的水下定位。传感器节点通常同时使用多种传感器。

转发器(repeater)主要用于转发来自传感器节点或其他转发器的数据。它本身可能并不具备采集数据的功能,而是把接收的声信号按照一定的路由协议,重新变换后发出去。其功能是延长传感器数据传播的深度或广度,增加传感器网络的作用范围。在转发器上,用来完成收发功能的模块是水声 modem。

主节点和网关(master and gateway)是将水声网络接入陆地或空中常规网络的关键节点。主节点的功能是集中接收水声网络的数据分组;网关的功能是将主节点收到的数据分组经变换后,变成常规网络所接收的数据格式,再经由无线电信道或有线信道转发出去;主节点还须将发送给水下网络的命令控制分组转换成水声网络的数据格式和声信号,通过水声 modem 传送至水下网络的相应节点。主节点和网关通常在一个载体上合二为一,也可以分开布放。如果网关用于无线电网络的接入,则主节点可能是一个水面站,以专用浮标或水面船为载体;如果网关用于有线网络的接入,那么主节点可能是一个岸基站。主节点和网关具有水声和无线电两套收发装置,用于水声信号和无线电信号的接收和发射。根据数据流量的需要,网络中可以有多个主节点和网关。

由水声网络的节点功能来看,水声 modem 是构成水声网络的关键部件。水声 modem 也被称为“telesonar”,即具有远距离通信能力的声呐。

10.1.3 水声网络的特点

从实现的功能来看,水声网络与常规的通信网络相似,但由于水声信道传播特性的复杂性以及水下节点的特殊性,水声网络具有以下一些特点。

(1)网络规模大

水声网络的大规模性包括两方面的含义:一方面是网络节点分布在很大的海域内,如在海洋中采用传感器进行水下环境监测时,需要布放很多的传感器节点,以覆盖需要监测的整个海域;另一方面是在一定的海域内集中布放大量的节点。水声网络的大规模性具有如下优点:通过不同空间、区域获得的大量信息经过分布式处理和数据融合后,能够提高监测的精确度,降低对单个节点精度的要求;大量冗余节点的存在,使得系统具有很强的容错性能;大量节点能够增大覆盖的监测区域,减少盲区。在这种大规模的水声网络中,如何选择合适的网络拓扑结构,保证节点间有效的数据传输是需要解决的关键问题之一。

(2)动态拓扑

水声网络的拓扑结构可能因为下列因素而改变:新节点的加入;由于海水侵蚀、污垢或电能耗尽等原因导致水下节点出现故障或失效;信道传输条件变化造成水声通信链路的中断以及水下节点的移动等。这就要求水声网络能够适应这种变化,具有动态的网络可重构性。

(3)自组织性

许多水下节点是通过飞机或舰船布放到面积广阔的海域当中的,节点被放置在没有基础通信设施的地方,节点的位置不能预先设定,或由于海流等的作用偏离原先预定的位置,节点之间的相互邻居关系预先也不知道。这就要求传感器节点具有自组织能力,能够自动进行配置和管理,通过拓扑控制机制和网络协议自动形成多跳水声网络。而且,水声网络的自组织性要能够适应网络拓扑结构的动态变化。

(4)节点电池能量有限

许多水下节点靠电池供电,能量十分有限。由于水下节点分布海域广,回收复杂、周期长,通过更换电池的方式来补充能源是不现实的。因此,如何高效使用能量来最大化网络生命周期是水声网络面临的首要问题。长时间处于通信状态、大功率发射等都不适合靠电池供电的水下节点。节点的通信可以设置具有发送、接收、空闲和睡眠四种状态,在发送状态的能量消耗最大,在空闲状态和接收状态的能量消耗接近或略小于发送状态的能量消耗,在睡眠状态的能量消耗最少。如何让网络通信更有效率,减少不必要的转发和接收,并在不需要通信时尽快进入睡眠状态,有通信任务时尽快唤醒,是水声网络协议设计需要重点考虑的问题。

(5)水声通信能力有限

水声信道的传播损失随着通信距离和发射频率的增加而增加,因此,节点间的通信距离会受到限制,特别是在高频、高速率通信时。水声信道的时变多径特性使得通信速率低,通信的质量会随信道环境发生变化。如何设计网络通信机制以满足水下网络的通信需求是水声网络面临的挑战之一。

(6)节点的计算和存储能力有限

由于空间、功耗、功能、任务、成本等的限制,许多水下节点携带的处理器能力有限,存储器容量小。水下节点往往需要完成监测数据的采集和转换、数据的管理和处理、应答主节点的任务请求和节点控制等多种工作。如何利用有限的计算和存储资源完成网络协同任务成为水声网络设计的又一个挑战。

(7)可靠性要求高

水下环境恶劣,水下节点容易受损或失效,节点往往随机布放。这些都要求水下节点非常坚固,不易损坏,适应各种恶劣环境。水声网络的维护十分困难甚至不可维护,而且,通信的保密性和安全性也十分重要。因此,水声网络的软、硬件必须具有较强的稳健性和容错性。

10.1.4　水声网络的应用前景

我国有广阔的海域,为水声网络的应用带来广阔的前景。不论何种应用,水声网络的概念是相同的,根据应用的不同采用不同的水下传感器,便可获得不同的水下环境信息,应用于各种水下工程和研究领域,如有关海洋学的数据收集、污染监测、远洋探测、海底观测、辅助导航和军事上的战术监视等。具体来说,水声网络可以在以下领域得到应用。

(1)海洋信息采集网络

可以建立沿海立体监测网络,自适应地获取物理的、化学的、气象的和声学的等海洋环境的多维信息,为海洋资源的利用、海洋灾害的预防、海洋气象的准确预报,以及海洋研究数据的获取创造条件。

(2)环境监测

可以用于海洋污染,包括化学的、生物学的和核的污染等的监测。例如,它能够详细分析水中的抗生素、雌性激素和杀虫剂等,从而监视河流、江、湖和海湾,现场分析水质;监视海流和风,改进天气预报的准确性,检测气候变化,了解和预测人类活动对海洋生态系统的影响;进行生物学监视,跟踪鱼群或微生物等。

(3)海洋勘探

水声网络可以用于水下勘探数据的实时采集与传递,水下电缆等设备的布放定位;在海上石油平台附近建立小范围的监测网,为石油平台的生产提供环境和安全参数。

(4)灾难预报

可以建立近海地震监测的传感器网络,为地震监测和海啸预报获取数据,向岸上提供地震和海啸警报或研究海啸的影响。

(5)辅助导航

利用水声网络的自组织能力,为水下移动平台(如无人水下航行器等)提供导航参数;传感器可以用于识别海底的障碍,定位危险的暗礁或浅滩,停泊处和失事的船只,以及用于海底勘察等。

(6)分布式的战术监视

可以建立沿海广大区域的警戒侦察网,和各种水下节点一起协作完成监视、侦察、入侵检测和目标识别等监控任务。例如,一个战术监视系统的水声网络通过感知的机械、光、磁和声的数据,能够对潜艇等各种水下目标进行检测和分类。水声网络能够综合不同位置、不同类型传感器的测量数据,通过数据融合来检测和分辨水下目标,提高目标探测的距离与识别精度。水声网络可以利用其灵活性和协同能力,对快速事件做出反应,提高海防水平。水下网络中的各个节点借助于水声通信链路,可以实时地从网络中获取海量的、准确的环境、导航和控制信息,使得水下感知能力有质的飞跃。

随着水声网络的深入研究和广泛应用,人类将能更加深入地了解海洋、研究海洋、开发海洋和利用海洋,进而为水声网络提供更多的应用需求和环境。

10.1.5 水声网络的研究现状与发展

水下通信网络的研究始于 10 世纪 90 年代,从 21 世纪开始,其研究受到了各个国家的极大关注。美国和欧洲等相继启动了关于水下网络的研究计划,投入了大量的人力、物力进行水下通信网络的技术研究。20 世纪 90 年代中期至今,水声通信技术和水下网络技术在同时稳步发展着。

最早提出的水声网络概念是 1993 年的自主海洋采样网(AOSN,Autonomous Ocean Sampling Network)。ASON 是推动水声网络发展的典型应用之一。该项目由美国 ONR (Office of Naval Research)资助,其目标是开发一个以水下机器人为移动传感器平台的智能水下采集网络,将智能水下机器人接入网络来提高观察和预测海洋的能力,预测海洋的物理特性,如温度、海流以及其他的生物学和化学特性。AOSN 的关键技术之一就是开发控制策略,控制机器人到能够采集到最有用数据的地方采集数据。在 AOSN 中,网络节点上配有各种水下探测装置,如换能器、水流计、地震仪、声呐和视频摄像机等。位于岸上或舰船上的用户可以通过水面浮标与 ASON 网络中的水下节点进行通信,收集水下信息。ASON 于 2003 年在蒙特雷湾(Monterey Bay)进行了海试,取得了巨大成功。

DADS(Deployable Autonomous Distributed System)是由美国 ONR 发起的一个探测性

研究计划，由SPAWAR(Space and Naval Warfare Center)着手研究。此计划的目标是开发一个水下通信网络来检测和跟踪水面的行船和潜艇，并验证建立一个协作检测和数据融合系统的可行性。在有限能源的情况下，DADS的目标就是使用分布式检测和数据融合技术来延长网络寿命、减少域级的虚警概率、增加域级检测、正确分类概率和目标位置估计的准确率。

Seaweb是DADS计划的一个扩展项目，以完成沿海地区大范围的水下监视任务。Seaweb可以为DADS提供命令、控制、通信和导航等功能。它使用水声modem来链接固定和移动节点，并采用先进的组网协议来完成给定的任务。网络节点包括自治的、静止的传感器节点、通信中继节点和网关节点，网关节点提供到命令中心的接口。

FRONT(Front Resolving Observational Network with Telemetry)项目是由美国NOPP(National Oceanographic Partnership Program)资助的、涉及多学科的一个项目，用来估计在沿海海域进行海洋预报的可行性。FRONT把一组实测数据输入到一个数字海洋观测模型，来估计这个海洋模型预测的准确性。FRONT的试验场地在纽约长岛东南部，其目标是在一个动态复杂的环境下开发并测试观测系统模型，其关键是要开发可实时地远程探测海洋声速、温度和盐度结构的一种技术。FRONT是Seaweb的非军事应用，它采用水声通信技术和组网方法为海洋传感器提供通信、命令和控制，以实现实时的数据传输。

与这些水声网络项目同时进行的是水声网络技术的研究。由于水声网络具有长传播时延、低传输速率和易于出现差错的特点，水声网络技术与陆地无线网络技术有很大不同，传统的网络协议或由于低效，或由于无法使用而不能直接应用于水下网络中。因此，在水声网络层结构、网络协议等方面吸引了大量的研究。

在物理层和链路层研究方面，自适应调制和功率控制是最大化信道容量和效率的关键。在媒体接入控制(MAC)协议方面，研究发现，基于发送请求/准予发送(RTS/CTS)握手的避碰多址(MACA)协议比较适合水声网络，但在某些应用中，由于长传播时延和有用数据传输的低效而无法使用。因此，各种修正MACA及其扩展和增强协议得到研究，如在等待CTS时执行其他操作；或根据节点距离进行功率控制来避碰等。在链路层的自动重传请求(ARQ)协议方面，由于水声信道的低质量和长时延，ARQ协议中的停止和等待使得网络流量效率极低，而选择最佳的数据分组长度有助于改善网络流量。

总之，由于水声网络系统中完成信息传递的关键部件是水声modem，因此，制约水声网络性能的瓶颈技术将是水声通信技术。水声网络还有一些开放的研究课题，比如针对水声通信与组网的研究，如水声信道的测量和自适应均衡算法、鲁棒性水声通信技术、延迟宽容网络(DTN)、水声网络安全、跨层协议等；针对应用的研究，如水下网络的时间同步、定位和跟踪算法、数据融合算法、水下传感器节点平台技术等都有待深入研究。因此，对水声网络的研究方兴未艾。

10.2 水声网络的拓扑结构

与无线电网络一样，水声网络的结构包括网络拓扑结构和网络协议体系结构两部分。网络的拓扑结构决定了网络的路由方式、能量损耗、网络容量和可靠性等。本节介绍水声网络的拓扑结构。

10.2.1 通信网络的拓扑结构

拓扑可变的网络包括四种基本结构：中心式、分层中心式、完全分布式和分层分布式。前两种属于中心式(集中式)结构；后两种属于分布式结构，又分别称为平面结构和分级结构。

在中心式结构的网络中，网络中的节点被分为两类：中心控制节点和普通节点，中心节点和普通节点的地位不同。中心节点负责网络管理，为网络中所有节点进行路由选择，管理网络中节点的加入与离开，实施流量控制等。而普通节点的功能要比中心节点简单得多，主要负责产生和接收数据包。网络中任意两个节点之间的通信都必须通过中心节点的控制管理才能实现。中心节点作为网络管理设备监控所有节点对网络的访问，管理普通节点对信道的竞争。在这种网络结构中，普通节点设备简单，维护费用低，而中心节点的设备较复杂。中心式网络的管理集中单一，控制开销小，但网络的抗毁性很差，一旦中心节点被毁或出现故障会导致整个网络瘫痪。

分布式结构的网络中，所有节点地位平等，无须设置任何中心控制节点，节点之间通过分布式网络协议实现网络的自组织、自管理和自运行，网络具有很强的抗毁性。这种网络也被称为无线自组织网(Ad Hoc 网络)。在 Ad Hoc 网络中，每个节点既可充当终端节点，又可充当中间(或中继)节点，为其他节点转发信息，形成信息的多跳传输。Ad Hoc 网络可以通过无线链接构成任意的网络拓扑，网络中的节点不仅具有普通节点所需的功能，而且具有信息转发能力。当通信的源节点和目的节点不在直接通信范围之内时，可通过中间节点的多跳转发进行通信。

分布式结构又分为平面结构和分级结构。平面结构的示意图如图 10－3 所示，其特点是比较简单，所有的节点在网络控制、路由选择和流量管理上都是平等的，因此，又被称为对等式结构。这种结构原则上不存在瓶颈，网络比较稳健，可以较好地实现负载平衡、选择最佳路由。平面结构中节点的覆盖范围小，相对比较安全。平面结构的最大缺点是网络的规模受限。在网络中，每个节点都需要知道到达其他所有节点的路由。但当节点数目很多，特别是节点在大量移动时，维护这些动态变化的路由信息需要大量的控制消息。网络的规模越大，路由维护的开销就越大。在网络的规模增加到一定程度后，所有的带宽都可能会被路由协议消耗掉。因此，平面结构网络的可扩充性差。

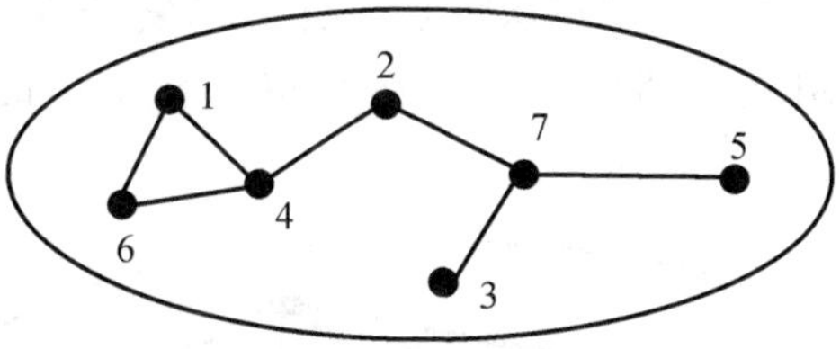

图 10－3　平面网络结构

在分级结构中，网络被划分为一个到多个簇，每个簇由一个簇头（簇首）和多个簇成员组成，而多个簇头又形成了高一级的网络。簇头节点负责簇间数据的转发。簇头可以预先指定，也可以由节点使用算法选举产生。在分级结构的网络中，簇成员的功能比较简单，基本上不需要维护路由信息，这大大减少了网络中路由控制信息的数量。簇头节点要复杂一些，它要维护到达其他簇头的路由，还要知道所有节点与簇的所属关系。但总的来说，在相同网络规模的条件下，分级结构的路由开销要小于平面结构。如果当簇内通信的信息量占较大比例时，各簇可以互不干扰地进行通信，系统的吞吐量显然要比平面结构的大。分级结构的网络又可以分为单频率分级和多频率分级两种。

单频率分级网络如图 10－4 所示，所有节点使用同一个频率通信。为了实现簇头之间的通信，要有网关节点（同时位于两个簇头通信范围内的节点）的支持。簇头和网关节点形成高一级的网络。多频率分级网络如图 10－5 所示，其中不同级间采用不同的通信频率。低级节点的通信范围较小，而高级节点要覆盖较大的范围。高级的节点同时处于多个级中，有多个频率，用不同的频率实现不同级间的通信。在图 10－5 所示的两级网络中，簇头节点有两个频率：频率 1 用于簇头与簇成员的通信；频率 2 用于簇头之间的通信。若有硬件支持，分级网络的每个节点都可以成为簇头，这就需要适当的簇头选举算法，算法要能根据网络拓扑的变化来重新分簇。

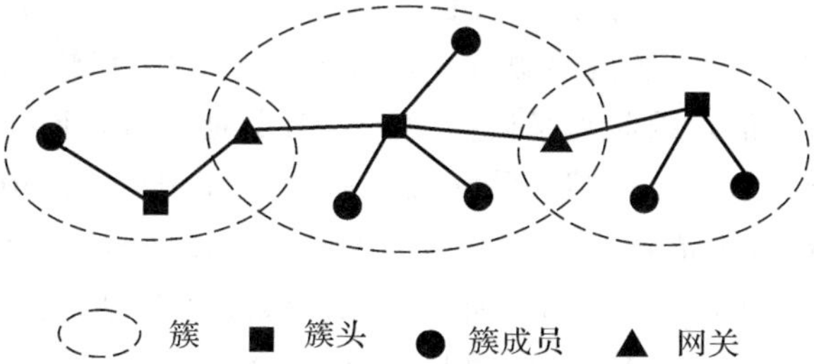

图 10－4　单频率分级网络结构

分级结构的最大优点是可扩充性好，抗毁性也很强，网络规模不受限制，必要时可通过增加簇的个数或级数来提高网络的容量。但分级结构也有其自身的缺点。首先，维护分级结构需要较复杂的簇头选举算法，簇头选举算法增加了计算的复杂性；其次，簇间的信息都要经过簇头寻径，因此不一定能使用最佳路由；最后，作为集中转发点的簇头有可能会成为网络的瓶颈。

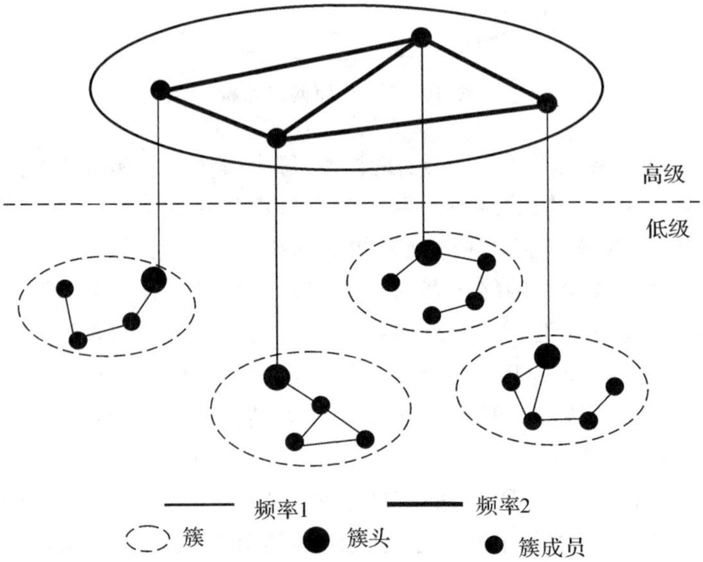

图 10－5　多频率分级网络结构

10.2.2　Ad Hoc 网络及其特点

Ad Hoc 网络是一种特殊的无线移动通信网络。Ad Hoc 网络中所有节点的地位平等，无须设置任何中心控制节点，具有很强的抗毁性。网络中的节点不仅具有普通移动终端所需的功能，而且具有路由的功能。当通信的源节点和目的节点不在直接通信范围之内时，它们可以通过中间节点转发进行通信。因此它又被称为多跳无线网(Multi-hop Wireless Network)、自组织网络(Self-organized Network)或无固定设施的网络(Infrastructureless Network)。

"Ad Hoc"一词源自拉丁语，其含义为"For the specific purpose only"，中文的意思是"特别的，临时的"。Ad Hoc 网络是由一组带有无线收发装置的移动节点组成的一个多跳的临时性自治系统。网络中的移动节点具有路由和分组转发功能，可以通过无线链接构成任意的网络拓扑。这种网络可以独立工作，也可以接入 Internet 或蜂窝无线网络。

在 Ad Hoc 网络中，每个移动节点兼备路由器和主机两种功能。作为主机，节点需要运行面向用户的应用程序；作为路由器，节点需要运行相应的路由协议，根据路由策略和路由表，参与分组转发和路由维护工作。在 Ad Hoc 网络中，节点间的路由通常由多跳(Hop)组成。由于终端的无线传输范围有限，两个无法直接通信的节点往往会通过多个中间节点的转发来实现通信。

无线 Ad Hoc 网络是由一组自主的无线节点或终端相互合作而形成的，整个网络中没有固定的路由器，所有节点都是移动的，并且都能以任何方式动态地保持与其他节点的联系。这种特殊的网络结构决定了 Ad Hoc 网络有着鲜明的特点。

(1)独立组网能力

Ad Hoc 网络可以在任何时间、任何地点不依赖现有的信息基础网络设施的支持，节点通过分层协议和分布式算法协调各自的行为，节点开机后就可以快速地实现一个移动通信网络的自主构建、自主组织和自主管理。

(2)动态网络拓扑结构

在 Ad Hoc 网络中，由于节点的随机移动、随时开机和关机、发射机发送功率的变化、无线信道间的互相干扰以及地形等综合因素的影响，移动节点间通过无线信道形成的网络拓扑结构随时可能发生变化，而且变化的方式和速度都是难以预测的，具体的体现就是拓扑结构中，节点的增加或消失、链路的增加和消失、网络拓扑结构的分割和合并等。

(3)无中心网络

Ad Hoc 网络没有严格的控制中心，所有节点地位平等，组成一个对等式网络，其中节点可以随时加入和离开网络，任何节点的故障都不会影响整个网络的运行，与有中心的网络相比，Ad Hoc 网络具有很强的抗毁性。

(4)多跳路由

由于节点发射功率的限制，节点的覆盖范围是有限的。如图 10-6 所示，当 Ad Hoc 网络中的节点要与其覆盖范围之外的节点进行通信时，需要通过中间节点的多跳转发，即要经过多跳。与固定网络中的多跳不同，Ad Hoc 网络的多跳路由是由普通节点共同协作完成的，而不是由专用的路由设备完成的。

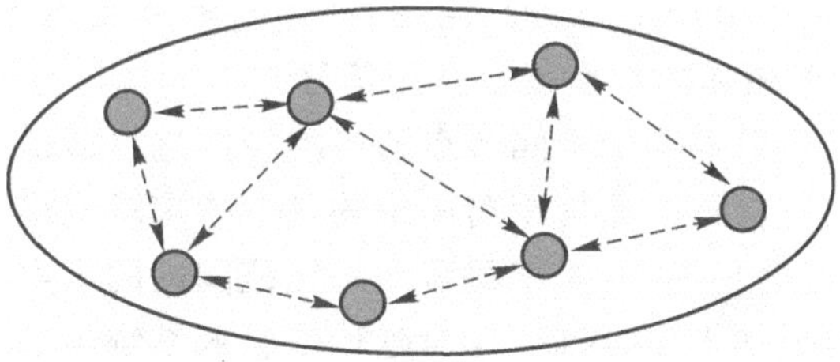

图 10-6 Ad Hoc 的多跳组网方式

(5)有限的无线传输带宽

Ad Hoc 网络采用无线传输技术，由于无线信道本身的物理特性决定了它所能提供的网络带宽相对于有线信道要低得多，再加上竞争共享无线信道时产生的冲突、信号衰落、噪声干扰和信道间干扰等多种因素的影响，节点可获得的实际带宽远远小于理论上的最大带宽，并且会随时间动态地发生变化。

(6)网络的可扩展性不强

Ad Hoc网络动态变化的拓扑结构使得子网技术所带来的网络可扩展性不能得到应用。

(7)安全性差

由于采用无线信道、有限电源、分布式控制等技术，Ad Hoc网络更加容易受到被窃听、主动入侵、拒绝服务、剥夺“睡眠”、伪造等各种网络攻击。

(8)存在单向无线信道

由于各个节点发射功率的不同以及地形环境的影响可能产生单向信道。

(9)生存时间短

组网通常是由于某个特定原因而临时创建的，使用结束后，网络环境将会自动消失。Ad Hoc网络的生存时间相对于固定网络而言是短暂的。

10.2.3 水声网络的拓扑结构

和陆地上的无线电网络一样，水声网络的拓扑结构也可采用中心式结构和分布式结构。中心式拓扑结构适合于布放在海底的、用来采集水文数据的传感器网络。带有水声和无线电调制解调器的水面浮标充当中心节点，控制发送到海底传感器节点的控制信息和接收由海底传感器节点发送的数据信息。中心式拓扑结构的主要缺陷是会出现单个故障点。如果中心节点出现故障，那么整个网络的通信就会中断。并且由于单个调制解调器的通信距离有限，网络的覆盖范围受限。

在采用分布式结构的水声网络中，每个节点都可以与其他节点直接或借助于多跳链接。采用直接链接的网络，减少了对路由的需求，然而当节点分散在很大的区域时，对通信所需的功率却大大地增加了，并且还会产生“远近”问题，即当一个节点A正在往远端的某节点发送数据包时，会阻塞与节点A相邻的节点接收其他信号。

采用多跳链接的网络可以借助于中间节点的多跳转发进行通信。由于网络的覆盖范围是由节点数而不是水声调制解调器的通信距离决定的，因此，多跳网络可覆盖相当大的区域。这种多跳链接的网络中，节点的功耗小，对于覆盖宽海域范围内的水声网络很适用。但中继的增加使得数据包的传输延迟也加大了，因此，在对延迟敏感的系统中的应用受到限制。

实际的水声网络采用何种拓扑结构取决于多种因素，如网络的功能与覆盖范围要求，节点的功耗与数据处理能力，网络的隐蔽与安全等。如有功耗和隐蔽性要求的传感器节点，其通信的时间和次数会受到限制，无法频繁参与通信。因此，不宜参与多跳链接。

对于节点类型较多的水声网络，可以采用多频分级式拓扑结构或中心式和分布式相结合的拓扑结构。如采用分级结构的水声传感器网络，将采集环境数据的传感器节点和数据转发器形成一簇，布放在海底，以数据转发器为簇头。每一传感器的数据在水平链路上直接传送到簇头，簇头收集的数据在垂直链路上以直接或多跳的方式转发，到达主节点（如水面浮标、水面舰船、水下航行器等）。

在水声网络中，总有一个接入水上其他常规网络的问题。通常用一个水面站、网关或主节点的特殊节点，来完成这一工作。水面站或主节点不但要有声学调制解调器，用于与水下网络的通信，而且要有无线电或有线的调制解调器与卫星或岸基的网络进行通信。水面站或主节点可以浮标为载体，也可以水面舰船为载体。

网络拓扑结构决定了网络的路由方式、能量损耗、网络容量和可靠性。研究表明，一个沿直线等间距分布的多传感器节点构成的网络，采用直接路由方式的功耗大于多跳路由方式；而网络容量也受网络拓扑结构的影响。

10.3　水声网络的网络协议体系结构

10.3.1　水声网络的分层结构

水声网络也采用分层结构，与常用的网络协议栈的概念是相同的。参照国际标准化组织（ISO）计算机网络系统的七层协议栈模型，可以将水声网络的协议栈划分为五层：物理层、数据链路层、网络层、传输层和应用层，表 10－1 为水声网络的协议栈及其功能的简单说明。

表 10－1　水声网络的协议栈

协　议　栈	功　　能
应用层（application layer）	应用服务
传输层（transport layer）	传输服务
网络层（network layer）	分组转发和路由
链路层（data link layer）	链路控制/信道接入
物理层（physical layer）	无线信道

物理层要解决的是怎样利用信道特性和相应的调制方法，进行有效的数据传输。水声通信涉及的就是网络协议层中典型的物理层问题。物理层提供简单、稳健的信号调制解调和收发技术，在发射端把信息比特变成信道能够传输的水声信号，在接收端又变回信息比特；物理层要尽可能保证比特流的正确传输。物理层功能包括水声信道的参数估计、通信信号的检测和调制解调等。水声网络对物理层传输链路的容量、流量和可靠性提出了更高的要求。由于时变多径的水声信道会带来频率选择性衰落、码间干扰以及网络节点间信号的干扰，使得物理

层的水声链路成为制约水声网络性能和技术发展的瓶颈。

数据链路层要解决接入方式，以及数据的传送、同步、纠错和流量控制等问题，负责数据成帧、帧检测、媒质访问控制和差错控制，主要解决多个用户合理有效地利用信道，即媒体访问方式和纠错控制问题。媒体访问方式又可分为多路访问方式和随机访问方式。多路访问方式，也称多址访问方式，就是多个节点共享有限的通信信道，利用空闲信道进行通信的方式，也称为复用方式，复用方式决定了可同时使用信道的节点数。随机访问方式，也称多址接入控制(MAC)，是当多个节点在使用同一条通信信道时，对信道使用的方式和次序进行控制。早期的无线通信网络常采用同步通信技术，通过时分复用的方法，不同的节点占用不同的时隙。这种方法能够在一定程度上保证信道接入的公平性，但是需要确保时钟的同步、时隙的合理分配和调度。此外，当网络中节点的数量较多时，时隙的分配和调度将变得非常复杂、难以实现。因此目前多数通信网络都采用异步信道共享技术。异步共享接入可以分为受控接入和随机接入两种方式。对于受控接入，各个用户不能随意接入信道，必须服从一定的控制规则。典型的控制规则包括令牌环技术和轮询技术等。随机接入中较常使用的协议有 ALOHA、载波侦听复用(CSMA)、避免冲突复用(MACA)等。

纠错控制是通过一定的机制保证发射和接收数据的正确性。数据链路层常见的错误控制机制有检错重发(ARQ)，即接收机根据接收数据的情况，请求重发，以及前向纠错(FEC)技术，即发射信号中增加冗余代码，接收机根据冗余代码就能进行纠错，不需要重发。

网络层解决的是路由问题，即确定源节点(提供信息的节点)和目的节点(接收信息的节点)之间的最佳路径，其功能包括邻居发现、路由和网络互联等。邻居发现主要用于收集网络拓扑信息；路由的作用是发现和维护源节点和目的节点之间的路径，路由的方式取决于网络的拓扑结构。按照路由发现策略可将路由协议分为表驱动和按需驱动路由协议。表驱动式(table driven)是通过定时广播包含路由表的控制包，来维护每一个节点到其他节点的最新路由信息。按需驱动(on demand)协议是在需要到达目的节点的路由时，节点才启动一个路由发现的过程。路由发现之后，需要路由维持，直到不再需要该路由。

传输层完成数据流的传输控制，是保证通信服务质量的重要部分。传输层向应用层提供可靠的端到端的服务，使上层与下层相隔离，依据网络层提供的服务有效利用网络资源。

应用层的主要功能是提供面向用户的各种应用(业务)服务，包括一系列基于监测任务的应用层软件、具有严格时延和丢失率限制的实时应用等。在采用跨层设计的协议栈中，应用层对于提高网络效率起到了重要作用。在实际实施的时候，可以采用各种各样的应用层协议和标准。

目前，在水声网络技术的研究中，研究工作主要集中在物理层、数据链路层和网络层。物理层主要解决水声通信问题，在前面各章已有介绍，下面分别介绍数据链路层协议和网络层协议。

10.3.2　多路访问方式

水声信道的资源(频带、时间等)是有限的,这些有限的资源可以利用媒体访问控制协议得到有效共享。数据链路层的媒体访问控制分为多路访问方式,即多址方式,以及随机访问方式,即随机多址接入控制。

多路访问方式用来决定多个节点如何共享有限的信道资源进行有效的传输,因此协议设计的目标有两个方面:一个公平性,尽量保证节点公平占用信道;二是信道利用率高,充分利用信道资源。在许多信息网络中,通信是猝发式的,用户在信道发送信息的时间通常比信息无发送的时间短,因此,网络用户应以有效方式分享可用的频带和时间。有三种主要的多址方式,即频分多址(FDMA)、时分多址(TDMA)和码分多址(CDMA)。

FDMA 把可用频带划分为若干等间隔的频道,每个频道作为一个信道分配给每个用户,且当每次通信时,每一个频道只供一个用户进行发送和接收。在设计 FDMA 系统时,频道的宽度不仅与调制方式有关,而且还与每路信息的传输速率或带宽有关。进行频道划分时,为了减小频道间的相互干扰,在相邻两个频道中传输的信号之间,应留有一定的频率间隔。同时,发射机的输出应具有良好的发射滤波器,以尽量减少相邻频道的干扰。由于 FDMA 系统每频道的传输速率较低,频道的带宽可能比传输信道的相干带宽小,码间干扰也比较小,因而 FDMA 用户较少遇到频率选择性衰落问题,一般不需要均衡处理。在采用频分双工的 FDMA 系统中,由于每个信道中的信息是以一种不间断的发送模式传输的,因而无法用于猝发式通信中,但用于系统同步的开销较少。由于信道的带宽是固定不变的,因而该方法适应性不强。

TDMA 把每帧时间分为时隙,一个时隙分配给一个用户使用。在 TDMA 系统中,每一帧的时隙数取决于调制方式、有效带宽和每路信号的传输速率等因素。设计每帧的时隙结构时,除了考虑信息的传输外,通常还要考虑控制和信令信息的传输、信道多径的影响、由于传输距离的不同而导致的不同的传输时延以及系统的同步等主要问题。

由于数据保存在缓冲区内一直到分配给该用户时隙,因而 TDMA 的传输是以猝发式进行的。在空闲时间关闭发射机,可以降低电源消耗。由于是突发传输,为了便于收发双方的同步,在每个时隙中还要传输一些同步序列。与 FDMA 相比,猝发式传输需要很高的位速率,因而增加了码间干扰,通常需要采用自适应均衡器。为了便于接收端采用均衡器来克服码间干扰的影响,在时隙中要插入均衡器所需的训练序列。相邻时隙分组之间的碰撞可用保护时间来避免,保护时间的长度与信道中的传播时延成正比。这种多余的时间形成开销,时隙和开销位组成帧。因此,TDMA 比 FDMA 需要更多的开销位。

TDMA 的主要优点是灵活性强,多个用户可以共享一个频道。由于每个用户的调制解调器硬件是相同的,而分配给每个用户的时隙是可改变的,不需另加硬件,这样,可以根据需要提高用户的数据速率。TDMA 的主要缺点是需要严格的同步,定时基准信号的时隙要保持足够长,以避免由于传播延迟的不同而引起碰撞。另外,信道中的大传播延迟也会引起长的空闲时间,使通信量降低。

扩频多址(SSMA)是以扩频技术为基础的一类多址方式,它利用不同的码型来实现不同用户的信息传输。扩频多址包括跳频多址(FHMA)和直接序列扩频码分多址(DS-CDMA),简称 CDMA 两类。

在 FHMA 中,首先将给定的频带范围划分成许多子频道。但与 FDMA 不一样的是每个用户的载波频率不是固定在一个频道上,而是受 PN 码的控制在不断地变化。接收方也必须按照相同的规律和时间顺序改变接收频率,以保持和发送方的同步。FHMA 技术的关键是各用户所使用的载波频率序列(跳频图案)应该相互正交,即在一个 PN 序列周期对应的时间区间内,各用户使用的载波频率在任一时刻互不相同。由于各个用户所使用的载波频率都是不断地随机变化的,因此,若不知其变化规律,就无法正确地接收信号。因此,这种多址方式具有良好的保密性。FHMA 的另一个优点是其具有良好的抗小尺度衰落的能力。

在 CDMA 中,所有的用户工作在相同的载波频率上,信道中的信号经过扩频调制后传输。每个用户分配唯一的伪噪声(PN)扩频码,不同的用户用不同的 PN 码,这些 PN 码相互正交。在接收端,只有采用完全相同的 PN 码的用户才能够正确地接收到发送方的信号,而其他用户由于与发送的 PN 码不同,发送信息不能正确接收,被作为噪声处理,所以,CDMA 系统利用 PN 码来区分不同的用户(或信道)。

在 CDMA 系统中,由于 PN 码的带宽远大于信道的相干带宽,因而可以用来抗频率选择性衰落。在 CDMA 系统中,若采用 Rake 接收机来组合可分辨的多径信号,则接收机可获得多径分集增益。

由于不同用户信号在同一时间和同一频带上传输,CDMA 系统性能会受到多路访问干扰(MAI)制约,这种干扰是其他用户的信号对本地用户信号的干扰产生的。因此,需要设计具有大的扩展增益的码和采用多用户接收机来克服 MAI。CDMA 系统还容易受远-近效应的影响,即远距离传来的弱信号会受到近距离的强信号的影响。这个问题可以采用功率控制算法来降低每一个节点的输出功率级,在可靠传输的同时不产生过多的干扰。另外,研究表明,CDMA 系统的功率要求比 TDMA 系统的要低。

在 CDMA 系统中,增加新的用户就是增加一个 PN 码,因此,CDMA 系统具有软容量的性质,即对用户容量没有严格的限制。

还有各种混合码分多址技术,如 FDMA 与 CDMA 混合(FD/CDMA),TDMA 与 CDMA 的混合(TD/CDMA),TDMA 与跳频的混合(TDMA/FH),FHMA 与 CDMA 的混合(DS/FHMA)等。

总的来说,CDMA 是无线通信网络中,特别是水声网络中很有前景的多路访问技术。

10.3.3　随机多址接入协议

多址接入控制(MAC)协议的主要目标是在解决多个节点公平接入共享信道的基础上，尽量提高信道的利用率。MAC 协议是通信网络协议的重要组成部分，是数据分组在无线信道上发送和接收的直接控制者。信道接入协议能否有效地使用无线信道的有限带宽，将对通信网络的性能起着决定性的作用。

对于有空间复用、传播时延和移动节点的网络，会产生隐藏终端和暴露终端等问题。隐藏终端是指位于发送节点覆盖范围之外而处于接收节点覆盖范围之内的节点，如图 10－7(a)中所示的 C 节点。隐蔽终端按照类型不同可分为隐藏发送终端和隐藏接收终端。在图 10－7(a)中，隐藏节点 C 因侦听不到发送节点 A 发送数据而可能向相同的接收节点 B 发送数据，从而导致数据在接收节点 B 处冲突。冲突后发送节点要重传冲突的数据，这会降低信道的利用率。暴露终端是指处于发送节点覆盖范围之内而在接收节点覆盖范围之外的节点，如图10－7(b)所示的 C 节点。暴露终端可分为暴露发送终端和暴露接收终端。在图 10－7(b)中，暴露节点 C 因可以侦听到发送节点 B 向节点 A 的发送而可能造成向节点 D 的发送延迟。由于它在接收节点 A 的通信范围以外，它的发送不会造成冲突，其延迟发送引入了不必要的延迟。这些问题严重影响 MAC 协议的性能，必须设法解决，以便获得较高的信道利用率、较低的时延和较好的公平性。

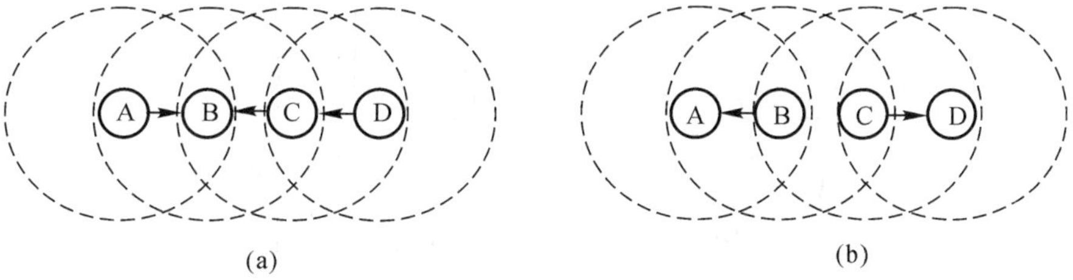

图 10－7　隐蔽终端和暴露终端

(a)C 为隐蔽终端；　(b)C 为暴露终端

在随机 MAC 协议中，ALOHA 协议简单、易实现，是最基本的随机多址协议。ALOHA 协议的基本原理是允许节点在任何时刻进行广播，无论何时用户有信息要发送，马上发送；如果无任何错误地接收到分组，接收机发回确认字符(ACK)。但由于发送时间是任意的，难免发生碰撞，因而会丢失分组。这种情况下，接收就不会发出 ACK。于是，发送节点在一个任意选定的时间后，重新发送它的分组。如果用信息传输所需的有用时间与发送的总平均时间之比来表示 MAC 方法的通信量，则采用 ALOHA 方法的最大通信量是 18%。

时隙 ALOHA 协议是 ALOHA 协议的改进。在该协议中，时间被分成时隙，网络中每个节点的本地时钟按照这些时隙来同步，节点的数据分组的发送是在预先确定的时隙内进行的。

采用这种在预定时隙内发送的方法可降低分组的碰撞，使最大的通信量可提高到 36％。总的来说，ALOHA 方法对于猝发式通信来说是低效的，当网络负载加重时，其通信量会大大降低，而且通过重发来解决碰撞会增加节点的功耗，缩短整个网络的使用期限。

载波侦听多址接入(CSMA，Carrier Sense Multiple Access)协议是在发送分组前用户先侦听信道，当信道空闲时才发送分组。为了解决隐藏终端问题，CSMA 引入了发送请求/准予发送(RTS/CTS)机制，即发送节点在发送数据帧之前，首先发送 RTS 帧，目的节点在收到 RTS 帧后用 CTS 帧确认。RTS 帧中包含了完成后续 CTS 帧的发送所需的时间，CTS 帧给出了完成后续的数据帧的发送所需的时间。发送节点在收到 CTS 帧后发送数据帧。收到 RTS 帧(或 CTS 帧)的非目的节点(或非发送节点)将根据该时间作时延等待。CSMA 采用 RTS-CTS-DATA 的帧交换方式，其原理流程图如图 10－8 所示。由于目的节点的相邻节点不会在目的节点接收数据帧的时间内发送信号，因此，目的节点对数据帧的接收不会被相邻节点干扰。这样可以有效避免碰撞的发生，信道资源可得到更好的利用。但是 CSMA 却不能在接收节点处避免碰撞。解决这种问题的方法是在发送之间加上保护时间，保护时间与网络中出现的最大传播时间成正比。对于传输时延较大的通信网络，如水声网络，保护时间会造成在大部分时间内该信道是空闲的，通信率很低。故采用这种方法的目的是强调可靠性，而不是有效性。

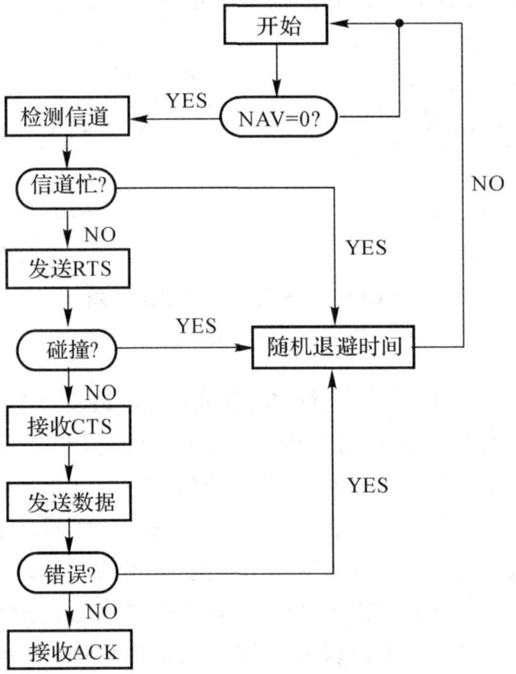

图 10－8　CSMA 协议原理流程图

避碰多址(MACA,Multiple Access with Collision Avoidance)协议采用了信道预约机制,用以检测接收节点处的碰撞。将 CSMA 协议中的载波监听和 ACK 应答去掉就成了 MACA。MACA 认为在网络中,由于隐藏终端的存在,节点检测不到载波并不意味着信道空闲可以发送数据;由于暴露终端的存在,节点检测到载波也并不意味着信道忙不能发送数据,即载波监听的结果不一定有用。为了简化硬件设计,降低硬件实现的复杂度,MACA 建议不使用载波监听。但是由于 MACA 不具备链路层确认机制,当发生冲突时需要上层超时重发,效率很低。而且,MACA 中采用 RTS/CTS 的握手协议,在整个数据传输过程中约 67%的时间用于控制指令的传输,大大增加了系统时延,降低了网络吞吐量。

上述几种协议都是基于单信道的网络信道接入协议。DBTMA(Dual Busy Tone Multiple Access)协议是一种基于双信道加上忙音信道的 MAC 协议。单信道是指所有信号都在同一个信道上传输,为了避免数据信号与控制信号的冲突,可以把信道分成控制信道和数据信道,分别传输控制信号和数据信号。在 DBTMA 中,除了控制信道和数据信道之外,还有两个带外忙音:发送忙音 BT_t和接收忙音 BT_r。RTS - CTS 控制分组在控制信道上传输,数据分组在数据信道上传输。

当一个节点要发送数据时,它首先要监听信道上是否有 BT_r信号。如果检测到 BT_r,说明自己是隐藏终端。如果没有检测到 BT_r 信号,它在控制信道上发送一个 RTS 控制分组,在这期间,节点要一直监听 BT_r信号;如果这时检测到 BT_r,它也要延迟发送。当接收端接收到 RTS 时,要监听 BT_t信号,如果没有检测到 BT_t,那么它在控制信道应答一个 CTS 控制分组,并发送 BT_r信号,否则保持沉默。发送端收到 CTS 后,开始发送 BT_t,并通过数据信道向接收端发送数据分组。在数据传输完毕后,停止发送 BT_t和 BT_r。

在 DBTMA 协议中,RTS-CTS 分组握手不再担负预约信道的作用,而只是用来探测接收节点能否接收数据分组。它的预约和判断完全依赖于对两个忙音信号的检测。

以上讨论的几种 MAC 协议的目标是减少分组冲突、消除隐藏终端和暴露终端以及改善接入的公平性,但它们都没有考虑如何减少终端的能耗问题。为此提出了 PAMAS(Power Aware Multiple Access protocol with Signaling,带信令的功率感知多址接入协议),这是一种功率控制型多址接入协议,其目标是在解决信道接入问题的基础上尽量节约功耗。

在无线通信网络中,由于使用的是无线广播信道,处于发送者范围内的节点都能接收到发送信号,但是实际的接收者只有一个,因此造成了能量的浪费。PAMAS 试图通过在空闲时关闭发射、接收机来节约电能,它也采用控制信道和数据信道分开的方式,但是与 DBTMA 不同之处在于它只使用一个忙音信号。

PAMAS 关闭发射、接收机的策略如下:如果一个节点没有数据要发送,当它的某个邻居节点发送数据时,它应关闭发射机;如果它的一个邻居节点在发送,另一个邻居节点在接收,它应关闭接收机,因为此时它既不能发送也不能接收。考虑到关闭发射机期间,可能又有邻居节点开始发送数据,因此开启发射机后要执行二进制查找式探测算法,来决定是否还需要关闭以及关闭多长时间。因为探测信道需要额外的控制分组，一种可选的策略是只关闭数据信道的发射机，而保持控制信道处于激活状态，从而节点可以随时监听信道，及时将发射、接收机唤醒。另外可以采取的一种改进措施是一旦获取信道后，发送节点可以发送多个分组。

只要关闭发射、接收机的时机和时间长度合适，采用这种方法，可以不考虑探测算法带来的开销。PAMAS不会对系统的吞吐量和时延带来影响。PAMAS的网络仿真发现，在全互联网络中，节能可达50%以上，并且网络负荷越小，节能越多；在线性网络中，节能可达8%以上，最高可达20%；在随机形状网络中，节能10%以上，最高可达60%。

扩频技术由于具有频带利用率高、抗干扰能力强等特点，被认为是移动通信系统首选的多址接入方式。扩频多址接入协议的特点是将扩频技术应用于接入技术中，分为跳频多址接入协议和直接序列扩频多址接入协议。典型的采用跳频技术的多址接入协议有CHMA；通过直接序列扩频技术来实现的协议有MACA-RT和MACA-CT/CR。

CHMA(Channel Hopping Multiple Access Protocol)协议结合了跳频技术和MACA技术，它适用于多信道的分布式网络。网络中所有的节点遵循一个共用的跳频序列。每个跳频点驻留时间足够长，以便使节点能接收RTS/CTS控制分组，以避免冲突。如图10-9所示为CHMA协议的示意图。假设节点A有数据包发送到节点B，首先要在当前的跳频信道上发送RTS分组，在当前频率的驻留时间过后，所有的节点跳到下一个频率点上；节点B成功接收到A的RTS后，在当前的跳频信道应答一个CTS；此时，该次RTS/CTS交互成功，A和B开始在这个跳频信道上通信，而其他节点继续跳到下面的跳频点上。在通信结束后，节点A和B重新与系统同步。图10-9还给出了两种传输失败的情况：当节点X向Y发送RTS分组，Y正在忙，此时节点Y无法应答X，节点X退避；节点C和D同时发送RTS分组，发生了碰撞，节点C，D进行退避。该协议也是采用RTS/CTS握手机制来避免隐藏终端和暴露终端问题的，但不能完全解决入侵终端的问题。如果入侵终端采用相同的频率，当进入接收节点的覆盖范围内开始通信时，就会发生冲突，但这样的概率比较小。

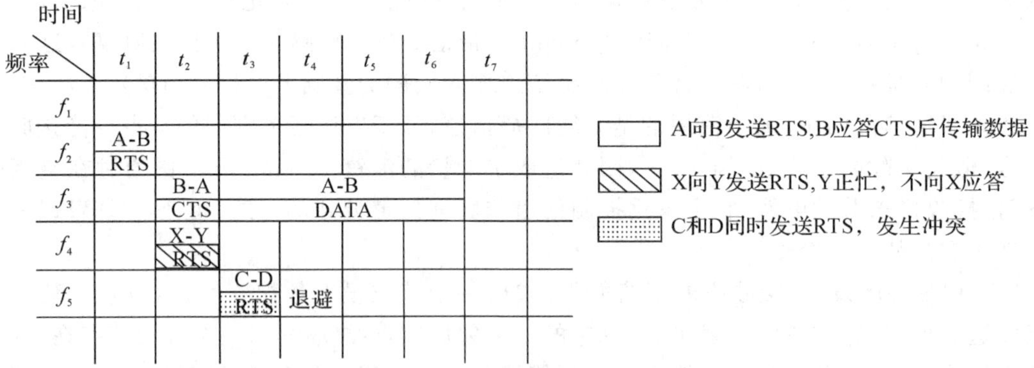

图10-9 CHMA协议的示意图

在 MACA－RT(MACA Receiver－Transmitter－Based Protocol)协议中，网络给每个节点 X 都预先分配好了一个发送扩频码(记为 C_{tx})和接收扩频码(记为 C_{rx})。当节点处于空闲状态时，守候在各自的 C_r 信道上。假设当节点 A 有分组要传给节点 B 时，其过程如下：节点 A 在 C_{rb} 上给节点 B 发送 RTS，并将接收机调谐在 C_{tb} 上，准备接收节点 B 的 CTS 帧。节点 B 成功接收到节点 A 发送的 RTS 帧，就采用自己的 C_{tb} 应答一个 CTS，并将接收机调谐在 C_{ta} 上，准备接收节点 A 的数据帧。节点 A 收到节点 B 的 CTS 帧应答，就开始在 C_{ta} 上传输数据。如果 RTS 分组发送失败，节点 A 将退避后重传。如图 10－10 所示为 MACA-RT 协议的示意图。

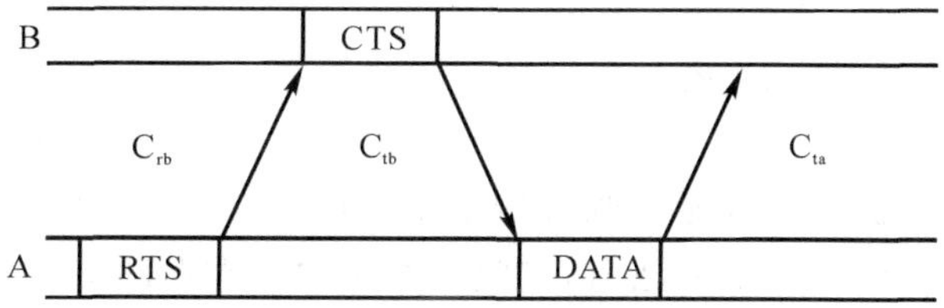

图 10－10　MACA-RT 协议的示意图

MACA － CT/CR (MACA Common-Transmitter-Based/Common-Receiver-Based Protocol)协议在传输分组的报头部分利用 MACA 的随机接入技术进行“预约”，传输使用公共码，成功后转入使用专用码的数据部分传输。以 MACA－CT 为例说明其传输过程。RTS/CTS 分组采用公共码发送，其中包含了源地址、目的地址和数据包的长度。之后的数据发送采用专用码。当网络中的节点处于空闲状态时都守候在公共扩频码信道 C 上。假设某节点 A 有分组要传给节点 B 时，其过程如下：节点 A 采用公用码 C 给节点 B 发送 RTS 帧，节点 B 成功地接收到节点 A 发的 RTS 帧，就产生一个 CTS 帧应答，并将接收机调谐在节点 A 的发射码 C_{ta} 上，准备接收数据帧。节点 A 收到节点 B 的 CTS 帧，就开始传输使用了本地发射码扩频后的数据帧。如图 10－11 所示为 MACA－CT 协议的示意图。MACA－CR 协议原理同上，不同之处是当发送数据帧时，发送节点要采用目的节点的接收码扩频后发送数据。

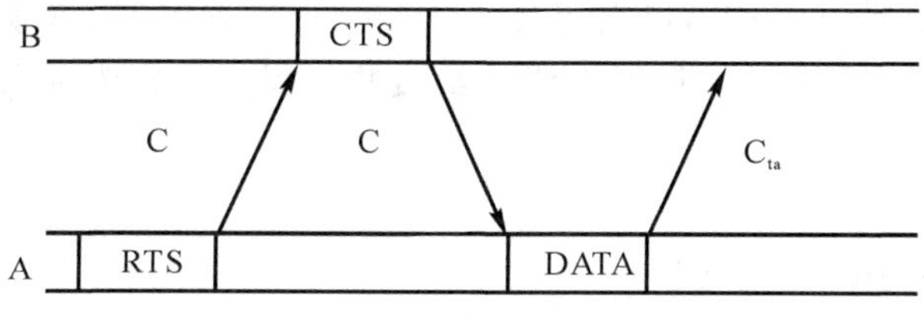

图 10－11　MACA-CT 协议的示意图

研究表明，直接序列扩频多址接入协议可以明显地降低隐藏终端、暴露终端以及入侵终端对网络造成的影响。但是这类协议的弊端就是发送节点和接收节点要预先知道彼此的扩频码，因此如何对有限的扩频码进行分配就成了一个关键问题。一般来说，相隔两跳的节点不能使用相同的码字。对于有移动节点的网络，码的分配方案还应能适应拓扑结构的变化。因此，在分配码字时，最好是每个节点有一定的冗余，节点移动引起的码字调整只在局部进行，对其他节点的影响很小或没有。

综上所述，随机接入协议通过竞争来占用信道，其最大的特点是稳健性好，适应动态网络；缺点是接入的时间不确定。即使赋予节点优先接入的能力，也不能保证该节点能够在限定的时间内成功地接入信道。接入时间的不确定性对有传输时延要求的业务有非常大的影响，无法针对实时业务提供 QoS 保障。

10.3.4 自动重传请求

在数据链路层，常见的错误控制机制有检错重发(ARQ)和前向纠错(FEC)技术。当采用 ARQ 检测到数据链路控制层中的差错时，接收机根据接收数据的情况，请求重发差错分组；而 FEC 技术在发射信号中增加了信息冗余代码，接收机根据冗余代码就能进行纠错，不需要重发。

有三种基本的 ARQ 方法：停止和等待、退 N 及可选重复协议。停止和等待 ARQ 是最简单的一种方法。在发送下一个数据分组之前，发送节点等待接收节点的 ACK；假如过了预设时间仍没接收到 ACK，则发送节点重发该分组。在往返传输期间，信道是空闲的。在全双工链路中，发送节点可以在等待 ACK 时继续发送同样的分组，这样可提高系统的通信量，但所需的功率非常大。

当采用退 N - ARQ 方法时，发送节点在长为 N 个分组的时窗里发送分组，不必等待任何 ACK，数据分组是进行编号的。接收节点发回的 ACK 分组含有确认分组，对于一个分组的 ACK 表示对它以前所有分组的确认，如果发送节点没有接收到分组的 ACK，则从未确认的分组起开始重发。接收节点有序地接收分组，因而可以取消对缓冲的要求。

如果接收节点处采用缓冲器，那么分组的接收就可以不按次序进行，于是发送节点只需发送没有确认的分组。这种方法称为可选重复 ARQ，是三种方法中最有效的一种。

退 N 和可选重复协议需要全双工链路。给接收和发送分配专用频带时的频分双工会降低系统的数据传输速率。

10.3.5 路由选择协议

多跳性是分布式网络，特别是 Ad Hoc 网络的主要特征，要实现分组的多跳转发，必须有路由协议的支持。

常规的路由选择是基于最短路径算法的。网络中每一路径被赋予一个代价值，这个代价值是物理距离和拥塞的函数。最短路径算法就是用于找到具有最低代价的从源节点到目的节点的最短路径。在分布式系统中，每一个节点确定发送每一个数据分组到其邻近节点的代价，并与网络其他节点分享这种信息。这样，每一个节点就是一个数据库，反映出可能路由的代价。

当网络中有移动节点时，网络的拓扑结构会发生变化，网络需要获得每一条路径的最新状态，以确定分组的最佳路由。但当节点移动或信道快时变时，路由更新率很高，大大增加了路由开销。如何在降低路由信息开销的同时寻找最佳路径，是路由研究的主要问题。

最常见的路由协议分类方法是按路由发现策略或驱动方式分为表驱动和按需驱动两类。表驱动路由协议又称先应式路由协议，是一种基于表格的路由协议。在这种路由协议中，每个节点维护一个或多个表格。这些表格中包含到达网络中所有其他节点的路由信息，通过广播包含了路由表的控制包，来维持每一个节点到每一个其他节点的最新路由信息。当检测到网络中的拓扑结构发生变化时，节点在网络中发送更新消息，收到更新消息的节点更新自己的表格，以维护一致、及时、准确的路由信息。不同的表驱动路由协议的区别在于拓扑更新消息在网络中传播的方式和需要存储的表的类型。

按需驱动路由协议，也称反应式路由协议、源驱动路由协议，是一种只有在节点需要路由时才建立路由的路由选择方式。节点并不保存实时、准确的路由信息，当源节点要向目的节点发送信息时，源节点才在网络中开始路由查找的过程。找到相应的路由后，开始发送信息。为了提高效率，节点可以将找到的路由信息保存在缓冲区中以备后用。通信过程中维持路由，通信完毕就不再维持路由，从而有效地节约了网络资源，是一类更适合移动无线网络的路由选择协议。

目前，研究较多的路由协议有信宿序列距离向量(DSDV)，时间排列路由选择算法(TORA)，动态信源路由选择(DSR)，特定的按需距离向量(AODV)，分簇网关路由(CGSR)协议等。

DSDV 协议是一种表驱动路由协议，需要每一个节点周期性地播出路由选择更新信息，以更新路由选择表。TORA 是一种按需路由协议，路由是按不同的需要来选择的，该协议可快速向信宿提供多个路由。路径最佳化是第二位考虑的，因此可降低路由选择开销。

DSR 也是一种按需路由协议，DSR 将获得的路由信息携带在每一个数据分组的报头中，收到该分组的每一个中间节点根据分组携带的路由信息对该分组进行转发。这样，中间节点不需要对路由信息进行实时维护。在 DSR 协议中，当网络中有数据要发往一个目的节点而本地节点没有到达该目的节点的路由信息时，DSR 进行路由发现去寻找路由，之后通过路由维护机制实现对该路由的维护。当且仅当某一条路径在使用时，DSR 才会对其进行路由维护。路由维护要求监测该路径，当发现一个无法修复的错误时，本地节点向源节点发送错误数据分组；源节点收到报告时就将出错的那一跳从路由缓存中删除，以维持路由信息的正确性和实时性。

AODV 也是一种按需路由选择方法，其显著特点是为每一路由表的表项维持一个目的序列号，该序列号由目的节点产生并包含在目的节点发往源触发节点的任何路由信息中，以防止产生环路由。如果有两条到达目的节点的路由，源触发节点会选择序列号大的那条路径。AODV 的发现过程与 DSR 类似，其路由的维护过程也类似。

CGSR 是为了减少网络的路由信息而设计的一种分簇路由算法。一般来说，簇内交换的信息多，簇间交换的信息少，通过簇头来控制信息的传播，可以减少网络的路由信息。基于分簇结构的路由协议通过分簇结构可以减少由于节点移动对路由算法带来的影响和路由过程中的洪泛开销，并且能够加速路由的查找过程。为了防止路由算法对于拓扑变化的过度反应，节点通常只在簇内维持完整的路由信息，而簇间的路由借助于虚拟骨干，使用分级聚集或按需路由以及两者的结合来屏蔽簇内的拓扑变化，从而减少节点移动对路由协议的影响。另外，采用分簇路由可以减少参考路由计算的节点数目和路由表的大小，从而降低交换路由信息所需的通信开销和维护路由表所需的内存开销，可扩展性好。当网络规模较大时，采用分簇的路由算法是一种较好的选择，其代价是得到的路由可能不是最佳的，并且需要进行簇维护，不如分布式路由稳健。

在移动无线电环境中，若当只考虑可靠性、路由选择开销、路径最优性时，DSR 协议的性能最佳，但把这些路由选择协议应用于水声信道时，还得考虑功率控制引起的远程传播延迟和信道非轴对称影响等问题。

10.4 水声信道对水声网络技术的影响

水声信道的传播损失随传输距离和信号频率的增加而增大，使得信道的可用带宽严重受限，其距离×数据率大约在 40 km×kb/s 左右。因此，长距离通信只能选择低速率，而要高速率通信，则传输距离有限。水声信道的多径时延扩展严重会造成高速率传输信号中产生码间干扰。水声信道的这些传输特性会使水声网络受到比陆地无线电网络更为严峻的挑战。

在物理层方面，FSK 是基于能量检测的非相干检测方法，具有内在的抗频率选择性衰落的特性，在时变、频变水声信道中是一种稳健的调制技术。但由于 FSK 的带宽利用率低，以及水声信道的可用带宽有限，因此，FSK 调制不适合高速率、多用户的水声通信。需要采用带宽利用率高的相位调制技术，如 PSK，DPSK，QAM 等。但由于水声信道的时变多径特性，相位调制信号的解调需要将相位检测、跟踪与抗码间干扰的均衡方法结合起来。近几年，正交频分复用（OFDM）技术在水声通信系统中也引起了广泛关注，它是一种多载波调制技术。OFDM 将串行的数据信息在多个正交子载波上并行发射信号，在信号持续时间相同的情况下，可以大大提高数据率，是一种频谱利用率较高的调制技术；在保持同样的数据速率情况下，可以使每一个子载波的符号持续时间加长，因而对多径时延有较好的鲁棒性。OFDM 可以根据信道的情况，对衰减小的子载波分配较高的比特数，对衰减高的子载波分配较低的比特数。但是由于信道的时变性，对子载波比特数的分配，也是一个繁重的任务。水声信道的快速时变和多普勒扩展也会对 OFDM 信号的时间和频率同步造成较大困难，从而影响了 OFDM 系统的性能。

在多路访问方面，由于信道的可用带宽受限，使得用于复用的频带数有限，频分复用(FDMA)技术不太适合水声网络。由于水声信道的时延长，且时延方差大，时间同步很难做到，加长保护时隙又会使带宽效率大大降低，因此，基于时隙分配的时分复用(TDMA)适合在节点间距离近的水声网络应用。码分多址(CDMA)方法具有较好的抗频率选择性衰落的特性，扩充性好，可以通过功率控制算法来调节节点的输出功率级，其系统功耗要低于 TDMA 系统。在水声网络中，尽可能降低节点功耗，延迟使用寿命是很重要的。因此，CDMA 是水下网络中较有潜力的多路访问方式。

在随机多址接入控制(MAC)方面，MACA，CSMA 等协议都是通过 RTS－CTS 控制分组，实现发射和接收的握手来避碰的。由于水声信道有较大延迟，例如，最大通信距离为 10 km，数据率为 1 kb/s，分组为 1 000 b 的一个水声网络，发送延迟和最大传播延迟分别为1 s 和6.7 s，握手协议的来回传送会加重信号延迟之外的延迟，造成网络吞吐量降低，CSMA 也会由于水声信道的延迟，发现信道侦听为空闲而发射却正在进行的情况，造成冲突的发生。由于水下节点的功耗限制，一些具有节能作用的 MAC 协议，如 PAMAS，比较适合水声网络。总之，应用于陆地的多址接入协议在水下通信网络中的应用时，需要进一步地研究以满足水声网络的要求。

在网络层方面，表驱动路由方式需要维持网络中所有节点的路由表，这不仅造成信道资源的浪费，而且由于水声通信的猝发性，对水声网络也不是很必要。按需路由只有在需要时才启动路由发现的过程，节省了信道资源，但仍需要大量的控制分组来建立路由。并且由于水声信道的变化，使得有时链路变成一个单向的链接，这对所有依赖于对称链接的协议造成使用上的困难。当把这些路由选择协议应用于水声信道时，还得考虑功率控制引起的远程传播延迟和信道非轴对称影响问题。除此之外，对于水声网络来说，还要求路由算法能够简单有效，必须尽可能缩短发射时间和减少发射的数据量，以节省能源。

总之，由于水声网络的复杂性和特殊性，常规的无线通信网络技术往往无法直接应用于水声网络中，需要根据水声网络的特点和要求进行改进、修正或重新研究。

10.5　水下网络的应用 —— Seaweb 介绍

Seaweb 是目前最为成功的水下网络系统。Seaweb 系统可军民两用，军用时，构建自主分布式系统(DADS，Deployed Autonomous Distributed System)，用于沿海广大区域的警戒、反潜和反水雷，实施命令、控制、通信和导航功能；民用时，构建对沿海大陆架的监测系统 FRONT(the Front-Resolving Observational Network with Telemetry)和气象海洋系统。它们的共同点都是以水声 modem 或称远程通信声呐(telesonar，telecommunications sound navigation ranging)为水下通信的工具，以 Seaweb 的概念构成水下网络；不同点是根据应用的需求不同，采用了不同类型的水下传感器，具有不同的功能。

10.5.1 Seaweb 概述

Seaweb 是一种布放在海底的水声传感器网络，借助于水声通信链路将固定节点、移动节点和网关节点连接成网。固定节点是一组驻留水下的自治节点，包括可布放的传感器节点和水声中继节点；移动节点如潜艇、无人水下航行器（UUV）、蛙人或海底爬行器等；网关节点是一种携带无线/水声通信（RACOM）modem 的节点，具有水声通信接口和无线通信接口功能，其载体包括固定浮标和 UUV。水声通信接口实现与 Seaweb 网络的水声通信链接，无线通信接口提供 Seaweb 网络与岸基、飞机或卫星的无线链接，可为卫星或海上巡逻飞机访问水下节点提供服务。移动网关节点在水下移动时采集传感器节点数据，适时浮出海面与岸基或舰基指控中心进行无线通信。潜艇在潜行中使用水声通信链路访问 Seaweb 网络资源或通过 Seaweb 网络与远程浮标网关通信。

如图 10－12 所示是 Seaweb 服务器与 Seaweb 网络的接口关系示意图。部署在舰艇、飞机或岸基中心的指控中心，通过卫星链路或陆地 Internet 接入浮标网关节点。高级 Seaweb 服务器负责管理、控制和配置水下无线网络。各个 Seaweb 服务器都能记录和处理 Seaweb 数据包，以数据库管理的方式管理 Seaweb 网络中的任意一个节点访问数据。按照 Seaweb 设计原理，Seaweb 网络应能做到节点识别、时钟同步、地理定位、接纳网络新节点、放弃网络失效节点以及重新修复网络。Seaweb 水声通信结构主要涉及物理层、数据链路层和网络层，其高层结构将与常规的 TCP / IP 协议兼容。

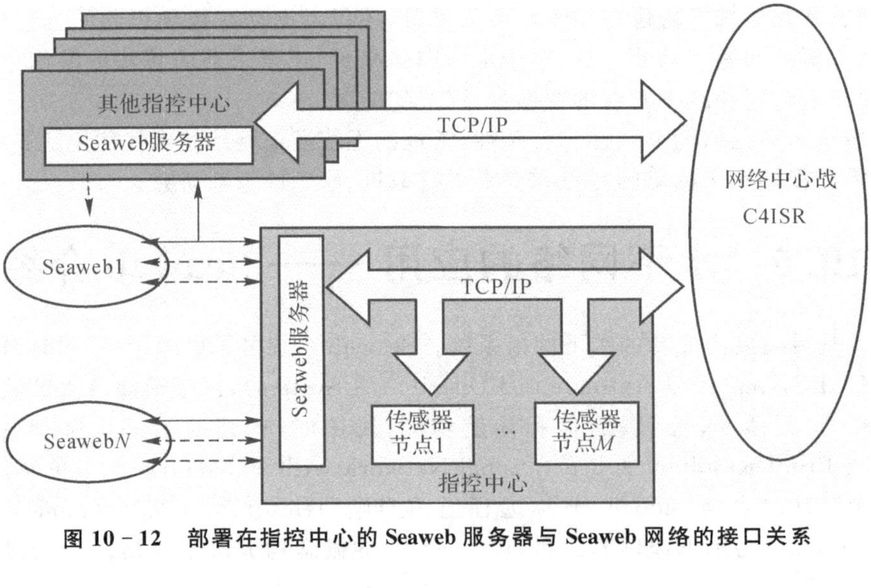

图 10－12 部署在指控中心的 Seaweb 服务器与 Seaweb 网络的接口关系

在 Seaweb 服务器的控制下，Seaweb 网络部署各阶段的主要任务包括：

1）准备阶段：分析任务需求，测量或评估水下环境，建立信道传输模型，预计网络分布范围，规定节点间距、路径和节点分布；

2）安装和启动阶段：服从节点间距的限制，测试主节点与网关链路，激活网络节点和搜索其相邻节点；

3）系统初始化和注册登记阶段：获取节点间的信道响应，节点定位和时间同步，探测节点深度，设置发射功率和声谱波型，报告链路信息和节点配置；

4）优化组合和运行阶段：选择主要路径或备用路径、指定协议，监视电能、链路和网关，优化节点寿命、隐蔽性和传输时延。

10.5.2 Seaweb 海试

为了验证 Seaweb 这个概念的可行性，美国海军从 1998 年起启动了一个每年度的 Seaweb 试验，目的在于推动 telesonar 和 Seaweb 技术的发展，从 1999 年起启动了 FRONT 的年度试验。

1996 年的浮标遥测环境数据（TBED，Telemetry Buoy Environmental Data）试验是 Seaweb 的先驱项目，它使用第一代的 telesonar——ATM850。ATM850 是一种商业化 DSP 产品，使用 TDMA 格式传送多频移键控（MFSK）调制信号，每个节点在指定的时隙内发送出节点传感器数据。中继节点也在相应的时隙转发其接收的数据，以便将数据最终传送到网关节点。TDMA 调制解调器传输的数据可靠，但网络效率很低。TBED'96 试验系统能支持 10 个节点，但只进行了 4 个节点的测试。

在 Seaweb'98 试验中，Seaweb 网络的 telesonar 为 ATM875，其带宽为 5 kHz，采用 MFSK 调制，传输速率为 50 b/s。网络中，10 个节点按地理位置分布被组成树状结构的 3 个簇，每个簇内有一个节点为簇头。簇头比其他节点具有更高的权限，负责管理网络拓扑、路由和节点访问信道。簇内其他节点只接收本簇内节点发送的数据，簇头负责与网关节点通信。在簇内采用的多址接入为 TDMA，在簇间采用 FDMA。携带 RACOM 的浮标作为网关，将接收到的来自水下网络主节点的传感器数据通过无线电链接到岸上的控制中心。为了减少簇间的访问干扰，ATM875 使用 FDMA 技术，为不同的簇分配不同的频率，以此提高网络性能。Seaweb'98 试验时，水深 10 m，节点有效链接可达 4 km，网关到节点的有效距离为 7 km。试验结果证明了采用分簇的方式构成广域水声网络的可行性。远程自主节点的数据包经过多次水声中继和一次无线通信中继后，高质量地、可靠地到达岸基指控中心。

Seaweb'98 强调了水声网络与常规网络的差别；在有限的功率、有限的带宽和长传播时延条件下，试验证明了 Seaweb 是可行的，但需要采用数据压缩、前向纠错和滤波等技术来降低误码率；要仔细设计各网络层，自适应调制和功率控制被认为是提高信道容量和效率的关键因素。

Seaweb'98 的意义在于验证了水声网络的概念,推动了 ATM875 等水声 modem 的改进,验证了 DADS 概念的可行性。美军对 DADS 系统的设想是遵从 Ad Hoc 拓扑结构和 Seaweb 的概念,能够实现节点识别、秒级的时钟同步、百米量级的节点几何定位和新节点的同化等功能以及节点失效后的自愈能力,希望节点的持续能力在 90 d。

Seaweb'99 试验继续完善 1998 年试验的水下无线网络结构,尤其在多路访问结构方面。Seaweb'99 有 15 个节点,telesonar 仍采用 ATM875,接入采用改进的 FDMA。在 Seaweb'99 中引入了 Seaweb 服务器,用来管理 Seaweb 的网关和节点,监视、显示和记录网络状态。服务器还可以建立网关和网关的路由,telesonar 允许服务器远程配置路由拓扑结构,这为未来的网络自配置和网络动态控制奠定了基础。Seaweb'99 试验实现了节点对节点的测距定位,还实现了 Seaweb 服务器与网络节点的双向通信,它在给节点下发指控报文的同时也接收节点上传的传感器数据包。但 Seaweb'99 也暴露了 ATM875 的局限性:DSP 有限的存储器和处理速度限制了硬件的改进;FDMA 浪费了宝贵的带宽。

Seaweb'00 试验的节点扩大到 17 个,采用第三代的 telesonar ATM885,它克服了前两代产品的不足,具有数据记录功能。ATM885 将水声 modem 与水声换能器集成为一体,它能布放在水下 2 000 m,并能以 2 400 b/s 的数据率通信。多址接入采用混合 CDMA/TDMA 技术,允许多个节点同时共用整个水声通信带宽。ATM885 内置的 TMS320C5410 数字处理器,能依据水下环境状态和网络配置进行自适应数据编码,结合先进的通信算法和纠错算法实现高可靠的数据传输。其核心特色之一是实现了一个紧凑的、结构化的网络协议,通过一个 64 位的功能分组和信道自适应的任意长度数据分组,有效地把网络层和 MAC 层映射到物理层,实现了 7 种类型的功能。另一个特色是把协议和信道测量结合起来,MAC 协议采用 MACA,并采用 RTS－ATS 控制分组避碰,同时兼做信道测试信号,从中估计信道。节点根据信道估计的结果,给出合适的调制参数,以接近最优的比特率、调制方法、编码和声源级来发送数据分组。

Seaweb'01 试验及其后的试验在网络覆盖域、资源优化、网络容量和质量服务等方面进一步完善 Seaweb 网络,并采用了许多新技术,诸如扩展频谱信号、定向水声换能器、信道实时估计、自适应调制、随机网络初始化和节点测距与定位。如图 10－13 所示,2005 年的试验中 Seaweb 网成功地实现了对移动目标 UUV 的定位,且定位精度不低于 GPS。

Seaweb 的成功带动了美国多种 Seaweb 应用计划:海洋研究(FRONT 项目)、海洋警戒(DADS 演示项目)、舰队作战实验(FBE－I)、浅海反潜战 ASW(Hydra 项目)、水下通信(Sublink 项目)以及 UUV 的命令与控制(SLOCOM 和 EMAIT 项目)等,Seaweb 还可以用于导航和反水雷系统。

Sublink 是 Seaweb 研发项目的潜艇水声通信项目。2000 年,美国"海豚"级潜艇使用 ATM885 进行了一系列 Sublink 通信试验。据报道,当潜艇在水深约 122 m 航行时,通过浮标网关中继向岸基 Internet 发送 E-mail 报文。E-mail 报文含有文字、图像、图表和其他信息。尽管试验发现 Sublink 技术还有待进一步完善，但它比潜艇采用的超低频无线通信优越，因为后者是单向的低数据率通信。“海豚”级潜艇还进行了与水下其他设备的调制解调器演示通信和指控功能。在 Seaweb 网络支持下，Sublink 提供了潜艇隐蔽通信的新手段，克服了传统通信手段隐蔽性差的弱点。

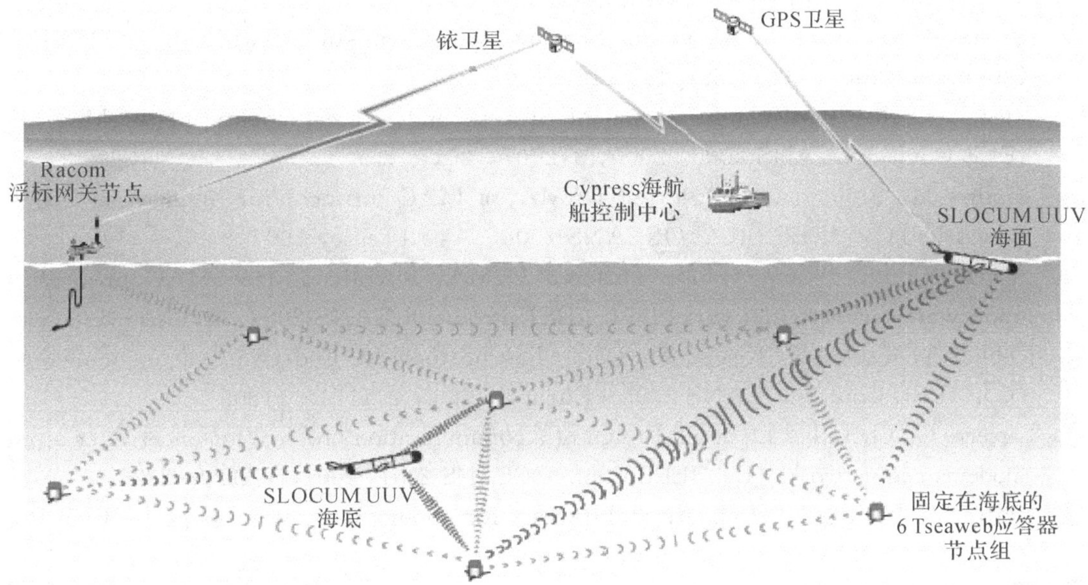

图 10 - 13　Seaweb'05 试验示意图

总之，Seaweb 系统提出了水声网络的概念，其成功试验显示了水声网络的可行性。和水声通信技术一样，由于水声信道传输特性的复杂性，水声网络技术的研究也面临着挑战。水声网络需要更多适合海洋环境和应用环境的组网技术。

思考与练习题

10 - 1　水声网络的主要功能是什么？它有哪些主要的组成部分？

10 - 2　水声网络有哪些特点？

10 - 3　通信网络中的拓扑结构主要有哪些？各有什么优、缺点？水声网络主要采用什么拓扑结构？

10 - 4　Ad Hoc 网络的特点是什么？

10 - 5　水声网络的协议栈及其主要功能是什么？水声信道的物理环境对通信网络有什

么影响？

10－6 常用的多路访问方式有哪些？简述主要的随机多址接入协议。

10－7 概述 Seaweb 网络的组成。

参 考 文 献

[1] Proakis J G, Sozer E M, et al. Shallow water acoustic networks [J]. IEEE M. Communications, 2001, 39(11): 114－119.

[2] Rice J, Creber B, et al. Evolution of Seaweb underwater acoustic networking [C]. IEEE Conf. OCEANS 2000, 2000, 3:2007－2017.

[3] Molins M, Stojanovic M. Slotted FAMA: a MAC protocol for underwater acoustic networks [C]. IEEE Proc. OCEANS 2006－Asia Pacific, 2007:1－7.

[4] Chen Yinjun, Wang Haoli. Ordered CSMA: a collision-free MAC protocol for underwater acoustic networks [C]. IEEE Proc. OCEANS 2007, 2007:1－6.

[5] Kebkal A, Kebkal K, Komar M. Data－link protocol for underwater acoustic networks [C]. IEEE Conf. OCEANS 2005－Europe, 2005, 2:1174－1180.

[6] Lapierre G, Chevallier L, et al. Design of a communication protocol for underwater acoustic modems and networks [C]. IEEE Conf. OCEANS 2001, 2001, 4:2220－2226.

[7] Chitre M, Freitag L, et al. An architecture for underwater networks [C]. IEEE Proc. OCEANS 2006-Asia Pacific, 2007:1－5.

[8] Chitre M, Shahabudeen S, et al. Recent advances in underwater acoustic communications & networking [C]. IEEE Proc. OCEANS 2008, 2008:1－10.

[9] Jornet J M, Stojanovic M. Distributed power control for underwater acoustic networks [C]. IEEE Proc. OCEANS 2008, 2008:1－7.

[10] Stojanovic M. Underwater acoustic communications: design considerations on the physical layer [C]. IEEE Proc. Wireless on Demand Network Systems and Services, 2008:1－10.

[11] Salva-Garau F, Stojanovic M. Multi-cluster protocol for ad hoc mobile underwater acoustic networks [C]. IEEE Proc. OCEANS 2003, 2003, 1:91－98.

[12] 高明生，陆佶人，姜卫东. 一种并行传输的水声 Ad Hoc 网络多址接入(PTMA)协议[J]. 电子学报，2005，33(7):1271－1274.

[13] 李淑秋，李启虎，张春华. 第六讲　水下声学传感器网络的发展和应用 [J]. 物理，2006，35(11):945－952.